动物卫生监督执法试题

农业部兽医局

中国动物疫病预防控制中心　组编

中国农业出版社

图书在版编目（CIP）数据

动物卫生监督执法试题 / 农业部兽医局，中国动物疫病
预防控制中心组编. —北京：中国农业出版社，2018.1
ISBN 978-7-109-23853-4

Ⅰ. ① 动… Ⅱ. ① 农… ② 中… Ⅲ. ① 动物防疫法－
行政执法－中国－习题集 Ⅳ. ① D922.4-44

中国版本图书馆CIP数据核字（2018）第005871号

中国农业出版社出版
（北京市朝阳区麦子店街18号楼）
（邮政编码100125）
责任编辑　王宏宇　刘　玮

北京通州皇家印刷厂印刷　　新华书店北京发行所发行
2018年1月第1版　　2018年1月北京第1次印刷

开本：889mm×1194mm　1/16　印张：29.25
字数：800千字
定价：180.00元
（凡本版图书出现印刷、装订错误，请向出版社发行部调换）

本书编写人员

主　　编：张　弘　卢　旺　寇占英　赵　婷

副 主 编：朱长光　王瑞红　徐　一　张志远　李　杨

参编人员（以姓氏笔画排序）：

　　　　　王玉顺　石　磊　任晓玲　刘洪增　刘新宇　牟爱生　李海涛
　　　　　赵宏海　胡　斌　柳长君　郭洪军　郭家鹏　常　鹏

前 言

食品安全影响着每个人的日常生活和健康。习近平总书记指示食品安全工作要"牢固树立以民为中心的发展理念，落实'四个最严'的要求，切实保障人民群众舌尖上的安全"。动物源性食品做为食品的重要组成部分，对食品安全的实现具有重要的影响和意义。随着我国社会主义市场经济不断发展，越来越多的食品安全问题得以暴露，社会对食品安全的高度关注、民众的期待，客观上都对动物卫生监督执法工作提出了新的、更高的要求。与此相比，基层动物卫生监督执法队伍在法治意识、法律应用等方面还存在一定不足。为此，农业部提出了一系列要求，开展了为期三年的官方兽医培训活动，制定了"畜牧兽医行政执法六条禁令"等规范性文件，运用现代信息技术开展网络教育培训，强化动物卫生监督执法队伍的法制意识，提升依法行政能力，落实"全面推进依法治国，必须坚持严格执法"的要求。

本书是在农业部兽医局指导下，由中国动物疫病预防控制中心的同志们结合当前的工作要求，组织有关专家编辑的。全书围绕《行政法》《畜牧法》《动物防疫法》《动物检疫管理办法》等法律法规，以及动物卫生监督行政执法要求、动物检疫技术规程等规范性文件，以单选题、多选题、判断题的形式呈现动物卫生监督工作所依据的核心内容，并将试题所依据的文件一并汇编成书，以便学习。本书作者均为长期从事法律研究和动物卫生监督管理实践方面的专家，有丰富的理论和实践经验，因而本书针对性强，应用价值高，融理论和实践为一体，既可作为动物卫生监督执法人员考试辅导教材，也可以作为日常工作指导用书。

本书旨在使全国有一个统一的培训和考试素材，并在此基础上不断完善，从而促进我国动物卫生监督执法队伍在理论和实践两方面的能力得以提高，全面履行动物卫生监督执法职责。

编　者

2017年9月

目　　录

一、中华人民共和国畜牧法

单 选 题

1.《中华人民共和国畜牧法》规定，畜禽养殖场未建立养殖档案的，或者未按照规定保存养殖档案的，由县级以上人民政府畜牧兽医行政主管部门责令限期改正，可以处（　　）罚款。

    A．一千元以下　　　　　　　　　　　　B．三千元以下

    C．五千元以下　　　　　　　　　　　　D．一万元以下

> **答案：D**
>
> 《中华人民共和国畜牧法》第六十六条规定，违反本法第四十一条规定，畜禽养殖场未建立养殖档案的，或者未按照规定保存养殖档案的，由县级以上人民政府畜牧兽医行政主管部门责令限期改正，可以处一万元以下罚款。

2.《中华人民共和国畜牧法》规定，运输畜禽，必须符合法律、行政法规和国务院畜牧兽医行政主管部门规定的（　　）。

    A．动物检疫条件　　　　　　　　　　　B．动物防疫条件

    C．消毒条件　　　　　　　　　　　　　D．技术标准

> **答案：B**
>
> 《中华人民共和国畜牧法》第五十三条第一款规定，运输畜禽，必须符合法律、行政法规和国务院畜牧兽医行政主管部门规定的动物防疫条件，采取措施保护畜禽安全，并为运输的畜禽提供必要的空间和饲喂饮水条件。

3.《中华人民共和国畜牧法》规定，畜禽批发市场选址，应当符合法律、行政法规和国务院畜牧兽医行政主管部门规定的动物防疫条件，并距离种畜禽场和大型畜禽养殖场（　　）千米以外。

    A．一　　　　　　B．三　　　　　　C．五　　　　　　D．十

> **答案：B**
>
> 《中华人民共和国畜牧法》第五十一条第二款规定，畜禽批发市场选址，应当符合法律、行政法规和国务院畜牧兽医行政主管部门规定的动物防疫条件，并距离种畜禽场和大型畜禽养殖场三公里以外。

4.《中华人民共和国畜牧法》规定，从事畜禽养殖，应当依照（　　）的规定，做好畜禽疫病的防治工作。

    A.《中华人民共和国畜牧法》　　　　　B.《重大动物疫情应急条例》

    C.《中华人民共和国农业法》　　　　　D.《中华人民共和国动物防疫法》

答案：D

《中华人民共和国畜牧法》第四十四条规定，从事畜禽养殖，应当依照《中华人民共和国动物防疫法》的规定，做好畜禽疫病的防治工作。

5.《中华人民共和国畜牧法》规定，畜牧业生产经营者应当依法履行（　　）和环境保护义务，接受有关主管部门依法实施的监督检查。

A. 畜产品安全　　　　B. 动物防疫　　　　C. 动物检疫　　　　D. 疫病研究

答案：B

《中华人民共和国畜牧法》第六条规定，畜牧业生产经营者应当依法履行动物防疫和环境保护义务，接受有关主管部门依法实施的监督检查。

6.《中华人民共和国畜牧法》规定，畜禽养殖者应当按照国家关于畜禽标识管理的规定，在应当加施标识的畜禽（　　）部位加施标识。

A. 任意　　　　　　　B. 指定　　　　　　C. 肢体　　　　　　D. 尾

答案：B

《中华人民共和国畜牧法》第四十五条规定，畜禽养殖者应当按照国家关于畜禽标识管理的规定，在应当加施标识的畜禽的指定部位加施标识。

多 选 题

1.《中华人民共和国畜牧法》规定，禁止在（　　）内建设畜禽养殖场、养殖小区。

A. 生活饮用水的水源保护区，风景名胜区

B. 自然保护区的核心区和缓冲区

C. 城镇居民区、文化教育科学研究区等人口集中区域

D. 法律、法规规定的其他禁养区

答案：ABCD

《中华人民共和国畜牧法》第四十条规定，禁止在下列区域内建设畜禽养殖场、养殖小区：（一）生活饮用水的水源保护区，风景名胜区，以及自然保护区的核心区和缓冲区；（二）城镇居民区、文化教育科学研究区等人口集中区域；（三）法律、法规规定的其他禁养区域。

2.《中华人民共和国畜牧法》规定，畜禽批发市场选址，应当符合法律、行政法规和国务院畜牧兽医行政主管部门规定的动物防疫条件，并距离（　　）三公里之外。

A. 种畜禽场　　　　B. 养殖场　　　　C. 养殖小区　　　　D. 大型畜禽养殖场

答案：AD

《中华人民共和国畜牧法》第五十一条第二款规定，畜禽批发市场选址，应当符合法律、行政法规和国务院畜牧兽医行政主管部门规定的动物防疫条件，并距离种畜禽场和大型畜禽养殖场三公里以外。

3. 《中华人民共和国畜牧法》规定，畜禽养殖场应当建立养殖档案，载明的内容是（　　　）。

A. 畜禽的品种、数量、繁殖记录、标识情况、来源和进出场日期

B. 饲料、饲料添加剂、兽药等投入品的来源、名称、使用对象、时间和用量

C. 检疫、免疫、消毒情况

D. 畜禽发病、死亡和无害化处理情况

答案：ABCD

《中华人民共和国畜牧法》第四十一条规定，畜禽养殖场应当建立养殖档案，载明以下内容：（一）畜禽的品种、数量、繁殖记录、标识情况、来源和进出场日期；（二）饲料、饲料添加剂、兽药等投入品的来源、名称、使用对象、时间和用量；（三）检疫、免疫、消毒情况；（四）畜禽发病、死亡和无害化处理情况；（五）国务院畜牧兽医行政主管部门规定的其他内容。

4. 违反《中华人民共和国畜牧法》有关规定，畜禽养殖场未建立养殖档案的，或者未按照规定保存养殖档案的，由县级以上人民政府畜牧兽医行政主管部门（　　　）。

A. 责令限期改正　　　　　　　　　B. 没收违法所得

C. 处10000元以下罚款　　　　　　D. 处3000元以上30000元以下罚款

答案：AC

《中华人民共和国畜牧法》第六十六条规定，违反本法第四十一条规定，畜禽养殖场未建立养殖档案的，或者未按照规定保存养殖档案的，由县级以上人民政府畜牧兽医行政主管部门责令限期改正，可以处一万元以下罚款。

5. 违反《中华人民共和国畜牧法》有关规定，使用伪造、变造的畜禽标识的，由县级以上人民政府畜牧兽医行政主管部门（　　　）。

A. 没收伪造、变造的畜禽标识　　　B. 没收违法所得

C. 并处3000元以上30000元以下罚款　　D. 并处1000元以上10000元以下罚款

答案：ABC

《中华人民共和国畜牧法》第六十八条第二款规定，违反本法有关规定，使用伪造、变造的畜禽标识的，由县级以上人民政府畜牧兽医行政主管部门没收伪造、变造的畜禽标识和违法所得，并处三千元以上三万元以下罚款。

6. 《中华人民共和国畜牧法》规定，畜牧业生产经营者应当依法履行（　　　）义务，接受有关主管

部门依法实施的监督检查。

    A．动物检疫   B．动物防疫   C．稳步发展   D．环境保护

答案：BD

    《中华人民共和国畜牧法》第六条规定，畜牧业生产经营者应当依法履行动物防疫和环境保护义务，接受有关主管部门依法实施的监督检查。

7．《中华人民共和国畜牧法》规定，畜禽养殖场、养殖小区应当具备的条件是（   ）。

    A．有与其饲养规模相适应的生产场所和配套的生产设施

    B．有为其服务的畜牧兽医技术人员

    C．具备法律、行政法规和国务院畜牧兽医行政主管部门规定的防疫条件

    D．有对畜禽粪便、污水和其他固体废弃物进行综合利用的沼气池等设施或者其他无害化处理设施

答案：ABCD

    《中华人民共和国畜牧法》第三十九条规定，畜禽养殖场、养殖小区应当具备下列条件：（一）有与其饲养规模相适应的生产场所和配套的生产设施；（二）有为其服务的畜牧兽医技术人员；（三）具备法律、行政法规和国务院畜牧兽医行政主管部门规定的防疫条件；（四）有对畜禽粪便、废水和其他固体废弃物进行综合利用的沼气池等设施或者其他无害化处理设施；（五）具备法律、行政法规规定的其他条件。

    养殖场、养殖小区兴办者应当将养殖场、养殖小区的名称、养殖地址、畜禽品种和养殖规模，向养殖场、养殖小区所在地县级人民政府畜牧兽医行政主管部门备案，取得畜禽标识代码。

    省级人民政府根据本行政区域畜牧业发展状况制定畜禽养殖场、养殖小区的规模标准和备案程序。

8．《中华人民共和国畜牧法》规定，从事畜禽养殖，不得实施的行为是（   ）。

    A．违反法律、行政法规的规定和国家技术规范的强制性要求使用饲料、饲料添加剂、兽药

    B．使用未经高温处理的餐馆、食堂的泔水饲喂畜禽

    C．在垃圾场或者使用垃圾场中的物质饲养畜禽

    D．法律法规和国务院畜牧兽医行政主管部门规定的危害人和畜禽健康的其他行为

答案：ABCD

    《中华人民共和国畜牧法》第四十三条规定，从事畜禽养殖，不得有下列行为：（一）违反法律、行政法规的规定和国家技术规范的强制性要求使用饲料、饲料添加剂、兽药；（二）使用未经高温处理的餐馆、食堂的泔水饲喂家畜；（三）在垃圾场或者使用垃圾场中的物质饲养畜禽；（四）法律、行政法规和国务院畜牧兽医行政主管部门规定的危害人和畜禽健康的其他行为。

判 断 题

1. 畜牧业生产经营者应当依法履行动物防疫和环境保护义务，接受有关主管部门依法实施的监督检查。（　　）

答案：对
《中华人民共和国畜牧法》第六条规定，畜牧业生产经营者应当依法履行动物防疫和环境保护义务，接受有关主管部门依法实施的监督检查。

2. 经批准的，从境外引进畜禽遗传资源的，应依照《中华人民共和国进出境动植物检疫法》的规定办理相关手续并实施检疫。（　　）

答案：对
《中华人民共和国畜牧法》第十五条规定，从境外引进畜禽遗传资源的，应当向省级人民政府畜牧兽医行政主管部门提出申请；受理申请的畜牧兽医行政主管部门经审核，报国务院畜牧兽医行政主管部门经评估论证后批准。经批准的，依照《中华人民共和国进出境动植物检疫法》的规定办理相关手续并实施检疫。

3. 向境外输出畜禽遗传资源的，应当依照《中华人民共和国动物防疫法》的规定办理相关手续并实施检疫。（　　）

答案：错
《中华人民共和国畜牧法》第十六条规定，向境外输出畜禽遗传资源的，还应当依照《中华人民共和国进出境动植物检疫法》的规定办理相关手续并实施检疫。

4. 销售种畜禽时，应当附具动物卫生监督机构出具的动物检疫合格证明。（　　）

答案：对
《中华人民共和国畜牧法》第二十九条规定，销售的种畜禽和家畜配种站（点）使用的种公畜，必须符合种用标准。销售种畜禽时，应当附具种畜禽场出具的种畜禽合格证明、动物防疫监督机构出具的检疫合格证明，销售的种畜还应当附具种畜禽场出具的家畜系谱。

5. 种畜禽场和孵化场（厂）销售商品代雏禽的，可以不需要检疫合格证明。（　　）

答案：错
《中华人民共和国畜牧法》第三十二条规定，种畜禽场和孵化场（厂）销售商品代仔畜、雏禽的，应当向购买者提供其销售的商品代仔畜、雏禽的主要生产性能指标、免疫情况、饲养技术要求和有关咨询服务，并附具动物防疫监督机构出具的检疫合格证明。

6. 畜禽养殖者应当按照国家关于畜禽标识管理的规定，在应当加施标识的畜禽的指定部位加施标识。（　　）

> **答案：对**
> 《中华人民共和国畜牧法》第四十五条规定，畜禽养殖者应当按照国家关于畜禽标识管理的规定，在应当加施标识的畜禽的指定部位加施标识。

7. 畜牧兽医行政主管部门提供畜禽标识可以收费。（　　）

> **答案：错**
> 《中华人民共和国畜牧法》第四十五条规定，畜牧兽医行政主管部门提供标识不得收费，所需费用列入省级人民政府财政预算。

8. 畜牧兽医行政主管部门提供畜禽标识可以重复使用。（　　）

> **答案：错**
> 《中华人民共和国畜牧法》第四十五条第二款规定，畜禽标识不得重复使用。

9. 养蜂生产者在国内转地放蜂，不需要携带动物检疫合格证明（　　）。

> **答案：错**
> 《中华人民共和国畜牧法》第四十九条规定，养蜂生产者在国内转地放蜂，凭国务院畜牧兽医行政主管部门统一格式印制的检疫合格证明运输蜂群。

10. 为方便仔猪交易，在距离种猪场500米处设立了生猪交易市场。（　　）

> **答案：错**
> 《中华人民共和国畜牧法》第五十一条规定，畜禽批发市场选址，应当符合法律、行政法规和国务院畜牧兽医行政主管部门规定的动物防疫条件，并距离种畜禽场和大型畜禽养殖场三公里以外。

11. 国务院畜牧兽医行政主管部门规定应当加施标识而没有标识的畜禽，不得销售和收购。（　　）

> **答案：对**
> 《中华人民共和国畜牧法》第五十二条规定，国务院畜牧兽医行政主管部门规定应当加施标识而没有标识的畜禽，不得销售和收购。

12. 使用伪造、变造的畜禽标识的，由县级以上动物卫生监督机构没收伪造、变造的畜禽标识和违法所得，并给予经济处罚。（　　）

答案：错

《中华人民共和国畜牧法》第六十八条规定，违反本法有关规定，使用伪造、变造的畜禽标识的，由县级以上人民政府畜牧兽医行政主管部门没收伪造、变造的畜禽标识和违法所得，并处三千元以上三万元以下罚款。

二、中华人民共和国防疫法

单 选 题

1.《中华人民共和国动物防疫法》的空间适用范围是（　　）。

A. 动物贸易签约国家　　　　　　B. 我国领域内的动物防疫及其监督管理活动

C. 港、澳地区　　　　　　　　　D. 台湾地区

答案：B

《中华人民共和国动物防疫法》第二条第一款规定，本法适用于在中华人民共和国领域内的动物防疫及其监督管理活动。

2.《中华人民共和国动物防疫法》所称的动物是（　　）。

A. 家畜家禽和合法捕获的其他动物　　B. 家畜家禽和人工饲养的其他动物

C. 人工饲养和合法捕获的其他动物　　D. 家畜家禽和人工饲养、合法捕获的其他动物

答案：D

《中华人民共和国动物防疫法》第三条第一款规定，本法所称动物，是指家畜家禽和人工饲养、合法捕获的其他动物。

3.《中华人民共和国动物防疫法》所指的动物疫病包括（　　）。

A. 动物内、外、产科病　　　　　B. 动物传染病和动物内、外、产科病

C. 动物内、外、产科病和动物寄生虫病　　D. 动物传染病和动物寄生虫病

答案：D

《中华人民共和国动物防疫法》第三条第三款规定，本法所称动物疫病，是指动物传染病、寄生虫病。

4.《中华人民共和国动物防疫法》所称的动物防疫是指动物疫病的（　　）。

A. 免疫、检疫、消毒、扑杀　　　B. 预防、控制、扑灭和动物、动物产品的检疫

C. 预防、控制和扑灭动物疫病　　D. 免疫、消毒、扑杀和动物、动物产品的检疫

答案：B

《中华人民共和国动物防疫法》第三条第四款规定，本法所称动物防疫，是指动物疫病的预防、控制、扑灭和动物、动物产品的检疫。

5.《中华人民共和国动物防疫法》所指动物防疫不包括（　　）。

A. 动物的检疫
B. 动物疫病的控制

C. 动物品种的研究
D. 动物疫病的扑杀

答案：C

《中华人民共和国动物防疫法》第三条第四款规定，本法所称动物防疫，是指动物疫病的预防、控制、扑灭和动物、动物产品的检疫。

6.《中华人民共和国动物防疫法》规定，可以确定强制免疫的动物疫病病种名录的是（　　）。

A. 农业部
B. 全国畜牧兽医总站

C. 中国动物疫病预防控制中心
D. 各省人民政府

答案：A

《中华人民共和国动物防疫法》第十三条规定，国家对严重危害养殖业生产和人体健康的动物疫病实施强制免疫。国务院兽医主管部门确定强制免疫的动物疫病病种和区域，并会同国务院有关部门制定国家动物疫病强制免疫计划。省、自治区、直辖市人民政府兽医主管部门根据国家动物疫病强制免疫计划，制订本行政区域的强制免疫计划；并可以根据本行政区域内动物疫病流行情况增加实施强制免疫的动物疫病病种和区域，报本级人民政府批准后执行，并报国务院兽医主管部门备案。

7.《中华人民共和国动物防疫法》中，一类疫病指的是（　　）。

A. 可造成重大经济损失、需要采取严格控制扑灭措施的疫病

B. 常见多发、可造成重大经济损失、需要控制和净化的动物疫病

C. 对人和动物危害严重、需要采取紧急、严厉的强制预防、控制和扑灭措施的动物疫病

D. 重大中毒性动物疾病

答案：C

《中华人民共和国动物防疫法》第四条第一款第一项规定，一类疫病是指对人与动物危害严重，需要采取紧急、严厉的强制预防、控制、扑灭等措施的。

8.《中华人民共和国动物防疫法》规定，国家对动物疫病实行以（　　）为主的方针。

A. 预防
B. 控制

C. 扑灭
D. 治疗

答案：A

《中华人民共和国动物防疫法》第五条规定，国家对动物疫病实行预防为主的方针。

9.《中华人民共和国动物防疫法》规定，（　　）制定并组织实施动物疫病防治规划。

A．县级以上动物卫生监督机构 　　　　B．县级以上动物疫病预防控制机构

C．县级以上兽医主管部门 　　　　　　D．县级以上人民政府

答案：D

《中华人民共和国动物防疫法》第六条第一款规定，县级以上人民政府应当加强对动物防疫工作的统一领导，加强基层动物防疫队伍建设，建立健全动物防疫体系，制定并组织实施动物疫病防治规划。

10.《中华人民共和国动物防疫法》规定，（　　）应当组织群众协助做好本管辖区域内的动物疫病预防与控制工作。

A．县级以上人民政府 　　　　　　　　B．县级以上兽医主管部门

C．县级以上动物疫病预防控制机构 　　D．乡级人民政府、城市街道办事处

答案：D

《中华人民共和国动物防疫法》第六条第二款规定，乡级人民政府、城市街道办事处应当组织群众协助做好本管辖区域内的动物疫病预防与控制工作。

11.《中华人民共和国动物防疫法》规定，动物卫生监督机构负责动物、动物产品的检疫工作和其他有关动物防疫的（　　）工作。

A．监督管理 　　　B．监督管理执法 　　　C．监督检查执法 　　　D．监督执法

答案：B

《中华人民共和国动物防疫法》第八条规定，县级以上地方人民政府设立的动物卫生监督机构依照本法规定，负责动物、动物产品的检疫工作和其他有关动物防疫的监督管理执法工作。

12.《中华人民共和国动物防疫法》中对动物卫生监督机构职责进行了明确规定，下列不是动物卫生监督机构职责的是（　　）。

A．动物检疫 　　　　　　　　　　　　B．动物产品检疫

C．动物防疫的监督管理执法工作 　　　D．"瘦肉精"检测

答案：D

《中华人民共和国动物防疫法》第八条规定，县级以上地方人民政府设立的动物卫生监督机构依照本法规定，负责动物、动物产品的检疫工作和其他有关动物防疫的监督管理执法工作。

13.《中华人民共和国动物防疫法》规定，动物、动物产品检疫由（   ）实施。

    A．卫生部门   B．动物卫生监督机构

    C．动物疫病预防控制机构   D．兽医主管部门

答案：B

    《中华人民共和国动物防疫法》第八条规定，县级以上地方人民政府设立的动物卫生监督机构依照本法规定，负责动物、动物产品的检疫工作和其他有关动物防疫的监督管理执法工作。

14．依照《中华人民共和国动物防疫法》规定，负责动物、动物产品的检疫工作和其他有关动物防疫的监督管理执法工作的是（   ）。

    A．县级以上人民政府   B．县级以上动物卫生监督机构

    C．县级以上兽医主管部门   D．县级以上动物疫病预防控制机构

答案：B

    《中华人民共和国动物防疫法》第八条规定，县级以上地方人民政府设立的动物卫生监督机构依照本法规定，负责动物、动物产品的检疫工作和其他有关动物防疫的监督管理执法工作。

15．《中华人民共和国动物防疫法》规定，动物疫病预防控制机构，承担动物疫病的监测、检测、诊断、流行病学调查、疫情报告以及（   ）等技术工作。

    A．免疫、消毒   B．免疫、控制   C．预防、消毒   D．预防、控制

答案：D

    《中华人民共和国动物防疫法》第九条规定，县级以上人民政府按照国务院的规定，根据统筹规划、合理布局、综合设置的原则建立动物疫病预防控制机构，承担动物疫病的监测、检测、诊断、流行病学调查、疫情报告以及其他预防、控制等技术工作。

16．《中华人民共和国动物防疫法》规定，国务院兽医主管部门对动物疫病状况进行（   ），根据评估结果制定相应的动物疫病预防、控制措施。

    A．免疫监测评估   B．风险评估   C．预防技术评估   D．控制技术评估

答案：B

    《中华人民共和国动物防疫法》第十二条第一款规定，国务院兽医主管部门对动物疫病状况进行风险评估，根据评估结果制定相应的动物疫病预防、控制措施。

17．《中华人民共和国动物防疫法》规定，国务院兽医主管部门根据国内外动物疫情和保护养殖业生产及人体健康的需要，及时制定并公布动物疫病的（   ）规范。

    A．免疫消毒   B．免疫控制   C．预防消毒   D．预防控制

答案：D

《中华人民共和国动物防疫法》第十二条第二款规定，国务院兽医主管部门根据国内外动物疫情和保护养殖业生产及人体健康的需要，及时制定并公布动物疫病预防控制技术规范。

18.《中华人民共和国动物防疫法》规定，（   ）应当建立健全动物疫情监测网络，加强动物疫情监测。

A. 县级以上人民政府兽医主管部门　　　　B. 县级以上人民政府

C. 县级以上动物卫生监督机构　　　　　　D. 县级以上动物疫病预防控制机构

答案：B

《中华人民共和国动物防疫法》第十五条第一款规定，县级以上人民政府应当建立健全动物疫情监测网络，加强动物疫情监测。

19.《中华人民共和国动物防疫法》规定，（   ）应当根据对动物疫病发生、流行趋势的预测，及时发出动物疫情预警。

A. 省级以上人民政府兽医主管部门　　　　B. 省级以上人民政府

C. 县级以上人民政府兽医主管部门　　　　D. 县级以上人民政府

答案：A

《中华人民共和国动物防疫法》第十六条规定，国务院兽医主管部门和省、自治区、直辖市人民政府兽医主管部门应当根据对动物疫病发生、流行趋势的预测，及时发出动物疫情预警。

20.《中华人民共和国动物防疫法》规定，从事动物饲养、屠宰、经营、隔离、运输以及动物产品生产、经营、加工、贮藏等活动的单位和个人，应当依照本法和国务院兽医主管部门的规定，做好（   ）等动物疫病预防工作。

A. 防疫、控制　　　B. 免疫、控制　　　C. 防疫、消毒　　　D. 免疫、消毒

答案：D

《中华人民共和国动物防疫法》第十七条规定，从事动物饲养、屠宰、经营、隔离、运输以及动物产品生产、经营、加工、贮藏等活动的单位和个人，应当依照本法和国务院兽医主管部门的规定，做好免疫、消毒等动物疫病预防工作。

21.《中华人民共和国动物防疫法》规定，（   ）应当符合国务院兽医主管部门规定的健康标准。

A. 特种动物、经济动物　　　　　　B. 官方兽医、执业兽医和乡村兽医

C. 种用、乳用动物和宠物　　　　　D. 经济动物、野生动物和宠物

答案：C

《中华人民共和国动物防疫法》第十八条第一款规定，种用、乳用动物和宠物应当符合国务院兽医主管部门规定的健康标准。

22. 《中华人民共和国动物防疫法》规定，种用、乳用动物应当接受（　　）的定期检测；检测不合格的，应当按照国务院兽医主管部门的规定予以处理。

A. 动物卫生监督机构　　　　　　　　　B. 兽医主管部门

C. 动物疫病预防控制机构　　　　　　　D. 卫生部门

答案：C

《中华人民共和国动物防疫法》第十八条第二款规定，种用、乳用动物应当接受动物疫病预防控制机构的定期检测；检测不合格的，应当按照国务院兽医主管部门的规定予以处理。

23. 《中华人民共和国动物防疫法》规定，发放《动物防疫条件合格证》的行政主体是（　　）。

A. 动物卫生监督机构　　　　　　　　　B. 县级以上兽医主管部门

C. 动物疫病预防控制中心　　　　　　　D. 县级人民政府

答案：B

《中华人民共和国动物防疫法》第二十条第一款规定，兴办动物饲养场（养殖小区）和隔离场所，动物屠宰加工场所，以及动物和动物产品无害化处理场所，应当向县级以上地方人民政府兽医主管部门提出申请，并附具相关材料。受理申请的兽医主管部门应当依照本法和《中华人民共和国行政许可法》的规定进行审查。经审查合格的，发给动物防疫条件合格证。

24. 《中华人民共和国动物防疫法》规定，在下列选项中，所有场所需要申办《动物防疫条件合格证》的是（　　）。

A. 家禽批发市场、奶牛养殖小区、养猪场、经营猪肉的农贸市场

B. 奶牛养殖小区、种猪场、生猪隔离场、动物和动物产品无害化处理场

C. 苗猪批发市场、养猪场、动物和动物产品无害化处理场、生猪定点屠宰场

D. 散养户、养猪场、动物和动物产品无害化处理场、生猪定点屠宰场

答案：B

《中华人民共和国动物防疫法》第二十条第一款规定，兴办动物饲养场（养殖小区）和隔离场所，动物屠宰加工场所，以及动物和动物产品无害化处理场所，应当向县级以上地方人民政府兽医主管部门提出申请，并附具相关材料。

25. ××县某生猪定点屠宰场在开办过程中需向（　　）申领《动物防疫条件合格证》。

A. ××县兽医主管部门　　　　　　　　B. ××县商务局

C. ××县动物卫生监督所　　　　　　　D. ××县动物疫病预防控制中心

答案：A

《中华人民共和国动物防疫法》第二十条第一款规定，兴办动物饲养场（养殖小区）和隔离场所，动物屠宰加工场所，以及动物和动物产品无害化处理场所，应当向县级以上地方人民政府兽医主管部门提出申请，并附具相关材料。

26.《中华人民共和国动物防疫法》规定，患有（　　）的人员不得直接从事动物诊疗以及易感染动物的饲养、屠宰、经营、隔离、运输等活动。

A. 心脏病　　　　B. 高血压　　　C. 人畜共患传染病　D. 遗传性疾病

答案：C

《中华人民共和国动物防疫法》第二十三条第一款规定，患有人畜共患传染病的人员不得直接从事动物诊疗以及易感染动物的饲养、屠宰、经营、隔离、运输等活动。

27.《中华人民共和国动物防疫法》规定，养殖场发现染疫或疑似染疫的动物，应当立即向当地（　　）报告。

A. 动物卫生监督机构　　　　　　B. 动物疫病预防控制机构

C. 兽医主管部门　　　　　　　　D. 以上都可以

答案：D

《中华人民共和国动物防疫法》第二十六条第一款规定，从事动物疫情监测、检验检疫、疫病研究与诊疗以及动物饲养、屠宰、经营、隔离、运输等活动的单位和个人，发现动物染疫或者疑似染疫的，应当立即向当地兽医主管部门、动物卫生监督机构或者动物疫病预防控制机构报告，并采取隔离等控制措施，防止动物疫情扩散。

28. ××市的（　　）是可以接受动物疫情报告的。

A. ××市政府、××市农林局

B. ××市动物疫病预防控制中心、××市动物卫生监督所

C. ××市卫生局、××市动物卫生监督所

D. ××市政府、××市动物疫病预防控制中心

答案：B

《中华人民共和国动物防疫法》第二十六条第一款规定，从事动物疫情监测、检验检疫、疫病研究与诊疗以及动物饲养、屠宰、经营、隔离、运输等活动的单位和个人，发现动物染疫或者疑似染疫的，应当立即向当地兽医主管部门、动物卫生监督机构或者动物疫病预防控制机构报告，并采取隔离等控制措施，防止动物疫情扩散。

29. 某动物医院在对犬诊疗时，怀疑犬患有狂犬病，应当立即向市动物卫生监督所报告，并要采取（　　）等控制措施。

A. 免疫   B. 治疗   C. 隔离   D. 扑杀

答案：C

《中华人民共和国动物防疫法》第二十六条第一款规定，从事动物疫情监测、检验检疫、疫病研究与诊疗以及动物饲养、屠宰、经营、隔离、运输等活动的单位和个人，发现动物染疫或者疑似染疫的，应当立即向当地兽医主管部门、动物卫生监督机构或者动物疫病预防控制机构报告，并采取隔离等控制措施，防止动物疫情扩散。

30．××县发生一类动物疫病时，（   ）应当立即派人到现场，划定疫点、疫区、受威胁区，调查疫源，及时报请××县人民政府对疫区实行封锁。

A．××县动物卫生监督所   B．××县动物疫病预防控制中心

C．××县兽医主管部门   D．××县防治重大动物疫病指挥部

答案：C

《中华人民共和国动物防疫法》第三十一条第一项规定，发生一类动物疫病时，当地县级以上地方人民政府兽医主管部门应当立即派人到现场，划定疫点、疫区、受威胁区，调查疫源，及时报请本级人民政府对疫区实行封锁。

31.《中华人民共和国动物防疫法》规定，疫区封锁令的发布机关是（   ）。

A．兽医主管部门   B．县级以上人民政府

C．公安机关   D．人民法院

答案：B

《中华人民共和国动物防疫法》第三十一条第一项规定，发生一类动物疫病时，当地县级以上地方人民政府兽医主管部门应当立即派人到现场，划定疫点、疫区、受威胁区，调查疫源，及时报请本级人民政府对疫区实行封锁。

32.《中华人民共和国动物防疫法》规定，发生动物疫情后，疫点、疫区、受威胁区的划定机关是（   ）。

A．县级以上人民政府兽医主管部门   B．县级以上人民政府

C．动物卫生监督机构   D．防治重大动物疫病指挥部

答案：A

《中华人民共和国动物防疫法》第三十一条第一项规定，发生一类动物疫病时，当地县级以上地方人民政府兽医主管部门应当立即派人到现场，划定疫点、疫区、受威胁区，调查疫源，及时报请本级人民政府对疫区实行封锁。

33．××县发生三类动物疫病时，（   ）应当按照国务院兽医主管部门的规定组织防治和净化。

A．××县农牧局、发生疫情的有关乡镇畜牧兽医站

B．××县动物疫病预防控制中心、发生疫情有关的乡镇畜牧兽医站

C．××县农牧局、发生疫情有关的乡镇人民政府

D．××县人民政府、发生疫情有关的乡镇人民政府

> **答案：D**
>
> 《中华人民共和国动物防疫法》第三十四条规定，发生三类动物疫病时，当地县级、乡级人民政府应当按照国务院兽医主管部门的规定组织防治和净化。

34.《中华人民共和国动物防疫法》规定，（　　）依照本法和国务院兽医主管部门的规定对动物、动物产品实施检疫。

A．动物卫生监督机构　　　　　　　　B．动物疫病预防控制机构

C．县级以上人民政府兽医主管部门　　D．乡镇（街道）畜牧兽医站

> **答案：A**
>
> 《中华人民共和国动物防疫法》第四十一条第一款规定，动物卫生监督机构依照本法和国务院兽医主管部门的规定对动物、动物产品实施检疫。

35.《中华人民共和国动物防疫法》规定，动物卫生监督机构的（　　）具体实施动物、动物产品检疫。

A．动物检疫员　　B．动物检验员　　C．动物疫病防治员　　D．官方兽医

> **答案：D**
>
> 《中华人民共和国动物防疫法》第四十一条第二款规定，动物卫生监督机构的官方兽医具体实施动物、动物产品检疫。

36.《中华人民共和国动物防疫法》所称官方兽医，是指具备规定的资格条件并经（　　）任命的，负责出具检疫等证明的国家兽医工作人员。

A．动物卫生监督机构　　　　　　　　B．兽医主管部门

C．人民政府　　　　　　　　　　　　D．动物疫病预防控制机构

> **答案：B**
>
> 《中华人民共和国动物防疫法》第四十一条第三款规定，本法所称官方兽医，是指具备规定的资格条件并经兽医主管部门任命的，负责出具检疫等证明的国家兽医工作人员。

37.《中华人民共和国动物防疫法》规定，屠宰、出售或者运输动物以及出售或者运输动物产品前，下列哪个机构或部门货主应当按照国务院兽医主管部门的规定向当地（　　）申报检疫。

A．动物卫生监督机构　　　　　　　　B．兽医主管部门

C．人民政府　　　　　　　　　　　　D．动物疫病预防控制机构

答案：A

《中华人民共和国动物防疫法》第四十二条第一款规定，屠宰、出售或者运输动物以及出售或者运输动物产品前，货主应当按照国务院兽医主管部门的规定向当地动物卫生监督机构申报检疫。

38.《中华人民共和国动物防疫法》规定，实施现场检疫的官方兽医应当在检疫证明、检疫标志上签字或者盖章，并对（ ）负责。

A. 检疫结论　　　B. 检疫结果　　　C. 检疫证明　　　D. 检疫行为

答案：A

《中华人民共和国动物防疫法》第四十二条第二款规定，实施现场检疫的官方兽医应当在检疫证明、检疫标志上签字或者盖章，并对检疫结论负责。

39.《中华人民共和国动物防疫法》规定，经营和运输的动物产品，应当附有（ ）。

A. 检疫标志　　　B. 检疫证明　　　C. 免疫证　　　D. 检疫证明、检疫标志

答案：D

《中华人民共和国动物防疫法》第四十三条第一款规定，屠宰、经营、运输以及参加展览、演出和比赛的动物，应当附有检疫证明；经营和运输的动物产品，应当附有检疫证明、检疫标志。

40. 根据动物疫病对养殖业生产和人体健康的危害程度，《中华人民共和国动物防疫法》规定管理的动物疫病分为（ ）类。

A. 2　　　B. 3　　　C. 4　　　D. 5

答案：B

《中华人民共和国动物防疫法》第四条规定，根据动物疫病对养殖业生产和人体健康的危害程度，本法规定管理的动物疫病分为下列三类。

41.《中华人民共和国动物防疫法》规定，对经营、运输动物、动物产品，动物卫生监督机构可以查验检疫证明、检疫标志，进行（ ）。

A. 监督抽查　　　B. 采样收费　　　C. 重新检疫　　　D. 补检收费

答案：A

《中华人民共和国动物防疫法》第四十三条第二款规定，对前款规定的动物、动物产品，动物卫生监督机构可以查验检疫证明、检疫标志，进行监督抽查，但不得重复检疫收费。

42.《中华人民共和国动物防疫法》规定，运载动物动物产品的运载工具在装载前和卸载后应当及时（ ）。

A．清洗、冲刷　　　B．消毒　　　　　C．清扫、消毒　　　D．清洗、消毒

答案：D

《中华人民共和国动物防疫法》第四十四条第二款规定，运载工具在装载前和卸载后应当及时清洗、消毒。

43．《中华人民共和国动物防疫法》规定，向无规定动物疫病区输入的动物、动物产品，无规定动物疫病区应当根据要求进行检疫，检疫所需费用纳入（　　）地方人民政府财政预算。

A．输出地　　　　　B．输入地　　　　　C．省级下拨　　　　D．中央下拨

答案：B

《中华人民共和国动物防疫法》第四十五条规定，输入到无规定动物疫病区的动物、动物产品，货主应当按照国务院兽医主管部门的规定向无规定动物疫病区所在地动物卫生监督机构申报检疫，经检疫合格的方可进入；检疫所需费用纳入无规定动物疫病区所在地地方人民政府财政预算。

44．《中华人民共和国动物防疫法》规定，跨省、自治区、直辖市引进乳用动物、种用动物及其精液、胚胎、种蛋的，应当向（　　）申请办理审批手续。

A．输出地省、自治区、直辖市动物卫生监督机构

B．输出地省、自治区、直辖市兽医主管部门

C．输入地省、自治区、直辖市动物卫生监督机构

D．输入地省、自治区、直辖市兽医主管部门

答案：C

《中华人民共和国动物防疫法》第四十六条第一款规定，跨省、自治区、直辖市引进乳用动物、种用动物及其精液、胚胎、种蛋的，应当向输入地省、自治区、直辖市动物卫生监督机构申请办理审批手续，并依照本法第四十二条的规定取得检疫证明。

45．《中华人民共和国动物防疫法》规定，跨省、自治区、直辖市引进的乳用动物、种用动物到达输入地后，货主应当按照国务院兽医主管部门的规定对引进的乳用动物、种用动物进行（　　）。

A．重新检疫　　　　B．消毒　　　　　C．健康检查　　　D．隔离观察

答案：D

《中华人民共和国动物防疫法》第四十六条第二款规定，跨省、自治区、直辖市引进的乳用动物、种用动物到达输入地后，货主应当按照国务院兽医主管部门的规定对引进乳用动物、种用动物进行隔离观察。

46．《中华人民共和国动物防疫法》规定，人工捕获的可能传播动物疫病的野生动物，应当报经捕获地的（　　）检疫合格后，方可饲养、经营和运输。

A. 兽医主管部门　　　　　　　　　　　B. 野生动物保护部门

C. 林业部门　　　　　　　　　　　　　D. 动物卫生监督机构

答案：D

《中华人民共和国动物防疫法》第四十七条规定，人工捕获的可能传播动物疫病的野生动物，应当报经捕获地动物卫生监督机构检疫，经检疫合格的，方可饲养、经营和运输。

47.《中华人民共和国动物防疫法》规定，经检疫不合格的动物产品，货主应当在动物卫生监督机构监督下按照国务院兽医主管部门的规定处理，处理费用由（　　）承担。

A. 动物卫生监督机构　　　　　　　　　B. 兽医主管部门

C. 当地财政部门　　　　　　　　　　　D. 货主

答案：D

《中华人民共和国动物防疫法》第四十八条规定，经检疫不合格的动物、动物产品，货主应当在动物卫生监督机构监督下按照国务院兽医主管部门的规定处理，处理费用由货主承担。

48. 根据《中华人民共和国动物防疫法》的规定，下列（　　）主管本行政区域内的动物防疫工作。

A. 县级以上动物卫生监督机构　　　　　B. 县级以上地方人民政府兽医主管部门

C. 县级以上地方人民政府农业主管部门　D. 县级以上动物疫病预防控制机构

答案：B

《中华人民共和国动物防疫法》第七条规定，县级以上地方人民政府兽医主管部门主管本行政区域内的动物防疫工作。

49. ××县张某要设立宠物门诊，应当向（　　）申请动物诊疗许可证。

A. ××县兽医主管部门　　　　　　　　B. ××县动物卫生监督所

C. ××县动物疫病预防控制中心　　　　D. ××县工商局

答案：A

《中华人民共和国动物防疫法》第五十一条规定，从事动物诊疗活动的机构，应当向县级以上地方人民政府兽医主管部门申请动物诊疗许可证。

50.《中华人民共和国动物防疫法》规定，国家对从事动物诊疗和动物保健等经营活动的兽医实行（　　）制度。

A. 长期聘任　　　　　　　　　　　　　B. 定期鉴定

C. 执业兽医资格考试　　　　　　　　　D. 临时评估

答案：C

《中华人民共和国动物防疫法》第五十四条第一款规定，国家实行执业兽医资格考试制度。具有兽医相关专业大学专科以上学历的，可以申请参加执业兽医资格考试；考试合格的，由省、自治区、直辖市人民政府兽医主管部门颁发执业兽医资格证书；从事动物诊疗的，还应当向当地县级人民政府兽医主管部门申请注册。执业兽医资格考试和注册办法由国务院兽医主管部门商国务院人事行政部门制定。

51.《中华人民共和国动物防疫法》规定，国家实行执业兽医资格考试制度。具有兽医相关专业，且具有（　　）以上学历的可以申请参加执业兽医资格考试。

A．大学本科　　　　B．大学专科　　　　C．中等专业　　　　D．技校

答案：B

《中华人民共和国动物防疫法》第五十四条第一款规定，国家实行执业兽医资格考试制度。具有兽医相关专业大学专科以上学历的，可以申请参加执业兽医资格考试。

52.《中华人民共和国动物防疫法》所称执业兽医，是指从事（　　）等经营活动的兽医。

A．免疫、消毒　　　　　　　　　　B．检疫、检验

C．动物诊疗、动物美容　　　　　　D．动物诊疗、动物保健

答案：D

《中华人民共和国动物防疫法》第五十四条第二款规定，前款所称执业兽医，是指从事动物诊疗和动物保健等经营活动的兽医。

53.《中华人民共和国动物防疫法》规定，执业兽医取得资格证书以后，还要向（　　）申请注册，方可从事动物诊疗活动。

A．动物卫生监督机构　　　　　　　B．当地县级人民政府兽医主管部门

C．工商部门　　　　　　　　　　　D．畜牧兽医协会

答案：B

《中华人民共和国动物防疫法》第五十四条第一款规定，国家实行执业兽医资格考试制度。从事动物诊疗的，还应当向当地县级人民政府兽医主管部门申请注册。第五十五条第一款，经注册的执业兽医方可从事动物诊疗、开具兽药处方等活动。

54.××市的执业兽医、乡村兽医服务人员应当按照（　　）的要求，参加预防、控制和扑灭动物疫病的活动。

A．××市农牧局或××市动物卫生监督所

B．××市农牧局或××市动物疫病预防控制中心

C．××市动物卫生监督所或××市动物疫病预防控制中心

D．××市人民政府或××市兽医主管部门

答案：D

《中华人民共和国动物防疫法》第五十五条第二款规定，执业兽医、乡村兽医服务人员应当按照当地人民政府或者兽医主管部门的要求，参加预防、控制和扑灭动物疫病的活动。

55. ××县动物卫生监督机构根据动物疫病预防、控制需要，经（　　）批准，可以在车站、港口等相关场所派驻官方兽医。

A. ××县兽医主管部门　　　　　　　B. ××县人民政府

C. ××县农牧局办公室　　　　　　　D. ××县人民政府办公室

答案：B

《中华人民共和国动物防疫法》第五十九条第二款规定，动物卫生监督机构根据动物疫病预防、控制需要，经当地县级以上地方人民政府批准，可以在车站、港口、机场等相关场所派驻官方兽医。

56. 《中华人民共和国动物防疫法》规定，（　　）是动物卫生监督机构及其工作人员不得从事的行为。

A. 进入生猪定点屠宰场进行监督检查　　B. 进入动物诊疗机构进行监督检查

C. 进入饲养场进行监督检查，并不收取费用　　D. 开办动物医院

答案：D

《中华人民共和国动物防疫法》第六十条第二款规定，动物卫生监督机构及其工作人员不得从事与动物防疫有关的经营性活动，进行监督检查不得收取任何费用。

57. 《中华人民共和国动物防疫法》规定，（　　）应当采取有效措施，加强村级防疫员队伍建设。

A. 县级人民政府和乡级人民政府　　　　B. 县级人民政府和县级人民政府兽医主管部门

C. 县级人民政府兽医主管部门和乡级人民政府　D. 县级人民政府兽医主管部门和乡级畜牧兽医站

答案：A

《中华人民共和国动物防疫法》第六十三条第一款规定，县级人民政府和乡级人民政府应当采取有效措施，加强村级防疫员队伍建设。

58. 《中华人民共和国动物防疫法》规定，县级以上（　　）应当储备动物疫情应急处理工作所需的防疫物资。

A. 动物疫病预防控制机构　　　　　　　B. 动物卫生监督机构

C. 人民政府兽医主管部门　　　　　　　D. 人民政府

答案：D

《中华人民共和国动物防疫法》第六十五条规定，县级以上人民政府应当储备动物疫情应急处理工作所需的防疫物资。

59.《中华人民共和国动物防疫法》规定，对在动物疫病预防和控制、扑灭过程中强制扑杀的动物、销毁的动物产品和相关物品，县级以上（　　　）应当给予补偿。

A. 动物疫病预防控制机构　　　　　　B. 动物卫生监督机构

C. 人民政府兽医主管部门　　　　　　D. 人民政府

答案：D

《中华人民共和国动物防疫法》第六十六条第一款规定，对在动物疫病预防和控制、扑灭过程中强制扑杀的动物、销毁的动物产品和相关物品，县级以上人民政府应当给予补偿。具体补偿标准和办法由国务院财政部门会同有关部门制定。

60.《中华人民共和国动物防疫法》规定，因依法实施强制免疫造成动物应激死亡的，给予补偿。具体补偿标准和办法由（　　　）会同有关部门制定。

A. 国务院财政部门　　　　　　　　　B. 国务院兽医主管部门

C. 省级财政部门　　　　　　　　　　D. 省级兽医主管部门

答案：A

《中华人民共和国动物防疫法》第六十六条第二款规定，因依法实施强制免疫造成动物应激死亡的，给予补偿。具体补偿标准和办法由国务院财政部门会同有关部门制定。

61. 下列具体行政行为中，在《中华人民共和国动物防疫法》中有规定，而《中华人民共和国行政处罚法》中没有的是（　　　）。

A. 行政拘留　　　B. 责令停产停业　　　C. 没收违法所得　　　D. 代处理

答案：D

《中华人民共和国动物防疫法》第七十三条规定，违反本法规定，有下列行为之一的，由动物卫生监督机构责令改正，给予警告；拒不改正的，由动物卫生监督机构代作处理，所需处理费用由违法行为人承担，可以处一千元以下罚款：（一）对饲养的动物不按照动物疫病强制免疫计划进行免疫接种的；（二）种用、乳用动物未经检测或者经检测不合格而不按照规定处理的；（三）动物、动物产品的运载工具在装载前和卸载后没有及时清洗、消毒的。《行政处罚法》第八条，行政处罚的种类：（一）警告；（二）罚款；（三）没收违法所得、没收非法财物；（四）责令停产停业。

62.《中华人民共和国动物防疫法》规定，养殖场对饲养的动物不按照动物疫病强制免疫计划进行免疫接种的，由动物卫生监督机构责令改正，给予警告；拒不改正的，由动物卫生监督机构代作处理，（　　　）。

A. 所需处理费用由动物卫生监督机构承担，可以处一千元以下罚款

B. 所需处理费用由违法行为人承担，可以处一千元以下罚款

C. 所需处理费用由动物卫生监督机构承担，并处一千元以下罚款

D．所需处理费用由违法行为人承担，并处一千元以下罚款

答案：B

《中华人民共和国动物防疫法》第七十三条第一项规定，违反本法规定，有下列行为之一的，由动物卫生监督机构责令改正，给予警告；拒不改正的，由动物卫生监督机构代作处理，所需处理费用由违法行为人承担，可以处一千元以下罚款：（一）对饲养的动物不按照动物疫病强制免疫计划进行免疫接种的。

63．《中华人民共和国动物防疫法》规定，动物、动物产品的运载工具在装载前和卸载后没有及时清洗、消毒的，由动物卫生监督机构责令改正，给予警告；拒不改正的，由动物卫生监督机构代作处理，（　　）。

A．所需处理费用由动物卫生监督机构承担，可以处一千元以下罚款

B．所需处理费用由违法行为人承担，可以处一千元以下罚款

C．所需处理费用由动物卫生监督机构承担，并处一千元以下罚款

D．所需处理费用由违法行为人承担，并处一千元以下罚款

答案：B

《中华人民共和国动物防疫法》第七十三条第三项规定，违反本法规定，有下列行为之一的，由动物卫生监督机构责令改正，给予警告；拒不改正的，由动物卫生监督机构代作处理，所需处理费用由违法行为人承担，可以处一千元以下罚款：（三）动物、动物产品的运载工具在装载前和卸载后没有及时清洗、消毒的。

64．《中华人民共和国动物防疫法》规定，下列选项中需要由动物卫生监督机构代作处理的行为之一是（　　）。

A．对饲养的动物按照动物疫病强制免疫计划进行免疫接种的

B．经检测合格的种用、乳用动物按照规定处理

C．动物、动物产品的运载工具在装载前和卸载后没有及时清洗、消毒，拒不改正的

D．屠宰经检疫合格的动物

答案：C

《中华人民共和国动物防疫法》第七十三条第三项规定，违反本法规定，有下列行为之一的，由动物卫生监督机构责令改正，给予警告；拒不改正的，由动物卫生监督机构代作处理，所需处理费用由违法行为人承担，可以处一千元以下罚款：（一）对饲养的动物不按照动物疫病强制免疫计划进行免疫接种的；（二）种用、乳用动物未经检测或者经检测不合格而不按照规定处理的；（三）动物、动物产品的运载工具在装载前和卸载后没有及时清洗、消毒的。

65．违反《中华人民共和国动物防疫法》规定，对经强制免疫的动物未按照国务院兽医主管部门规定建立免疫档案、加施畜禽标识的，依照（　　）的有关规定处罚。

A. 《动物检疫管理办法》   B. 《中华人民共和国畜牧法》

C. 《畜禽标识和养殖档案管理办法》   D. 《动物诊疗管理办法》

答案：B

《中华人民共和国动物防疫法》第七十四条规定，违反本法规定，对经强制免疫的动物未按照国务院兽医主管部门规定建立免疫档案、加施畜禽标识的，依照《中华人民共和国畜牧法》的有关规定处罚。

66. 《中华人民共和国动物防疫法》规定，经营病死动物产品的应该（　　）。

A. 由动物卫生监督机构责令改正、采取补救措施，没收违法所得，可以处同类检疫合格动物产品货值金额一倍以上五倍以下罚款

B. 由动物卫生监督机构责令改正、采取补救措施，没收违法所得，并处同类检疫合格动物产品货值金额一倍以上五倍以下罚款

C. 由动物卫生监督机构责令改正、采取补救措施，没收违法所得和动物产品，可以处同类检疫合格动物产品货值金额一倍以上五倍以下罚款

D. 由动物卫生监督机构责令改正、采取补救措施，没收违法所得和动物产品，并处同类检疫合格动物产品货值金额一倍以上五倍以下罚款

答案：D

《中华人民共和国动物防疫法》第七十六条规定，违反本法第二十五条规定，屠宰、经营、运输动物或者生产、经营、加工、贮藏、运输动物产品的，由动物卫生监督机构责令改正、采取补救措施，没收违法所得和动物、动物产品，并处同类检疫合格动物、动物产品货值金额一倍以上五倍以下罚款。

67. 《中华人民共和国动物防疫法》规定，未办理审批手续，跨省、自治区、直辖市引进乳用动物、种用动物及其精液、胚胎、种蛋的应该（　　）。

A. 由动物卫生监督机构责令改正，处一千元以上五千元以下罚款；情节严重的，处五千元以上五万元以下罚款

B. 由动物卫生监督机构责令改正，处一千元以上一万元以下罚款；情节严重的，处一万元以上五万元以下罚款

C. 由动物卫生监督机构责令改正，处一千元以上五万元以下罚款；情节严重的，处五万元以上十万元以下罚款

D. 由动物卫生监督机构责令改正，处一千元以上一万元以下罚款；情节严重的，处一万元以上十万元以下罚款

答案：D

《中华人民共和国动物防疫法》第七十七条第二项规定，违反本法规定，有下列行为之一

的，由动物卫生监督机构责令改正，处一千元以上一万元以下罚款；情节严重的，处一万元以上十万元以下罚款：（二）未办理审批手续，跨省、自治区、直辖市引进乳用动物、种用动物及其精液、胚胎、种蛋的。

68.《中华人民共和国动物防疫法》规定，屠宰、经营、运输的动物未附有检疫证明，经营和运输的动物产品未附有检疫证明、检疫标志的，由动物卫生监督机构责令改正，处同类检疫合格动物、动物产品货值金额（　　　）的罚款。

A. 百分之十以上百分之三十以下　　　　B. 百分之十以上百分之五十以下

C. 百分之二十以上百分之四十以下　　　D. 一倍以上五倍以下

答案：B

《中华人民共和国动物防疫法》第七十八条第一款规定，违反本法规定，屠宰、经营、运输的动物未附有检疫证明，经营和运输的动物产品未附有检疫证明、检疫标志的，由动物卫生监督机构责令改正，处同类检疫合格动物、动物产品货值金额百分之十以上百分之五十以下罚款；对货主以外的承运人处运输费用一倍以上三倍以下罚款。

69.《中华人民共和国动物防疫法》规定，经营依法应当检疫而未经检疫动物产品的，应当（　　　）。

A. 由动物卫生监督机构责令改正，补检合格的处同类检疫合格动物产品货值金额百分之十以上百分之五十以下罚款

B. 由动物卫生监督机构责令改正，补检不合格的，依法没收销毁，处同类检疫合格动物产品货值金额百分之十以上百分之五十以下罚款

C. 由动物卫生监督机构责令改正，补检合格的，处同类检疫合格动物产品货值金额一至五倍罚款

D. 由动物卫生监督机构责令改正，不具备补检条件的，依法没收销毁，处同类检疫合格动物产品货值金额百分之十以上百分之五十以下罚款

答案：A

《中华人民共和国动物防疫法》第七十六条规定，违反本法第二十五条规定，屠宰、经营、运输动物或者生产、经营、加工、贮藏、运输动物产品的，由动物卫生监督机构责令改正、采取补救措施，没收违法所得和动物、动物产品，并处同类检疫合格动物、动物产品货值金额一倍以上五倍以下罚款；其中依法应当检疫而未检疫的，依照本法第七十八条的规定处罚。第七十八条第一款规定，违反本法规定，屠宰、经营、运输的动物未附有检疫证明，经营和运输的动物产品未附有检疫证明、检疫标志的，由动物卫生监督机构责令改正，处同类检疫合格动物、动物产品货值金额百分之十以上百分之五十以下罚款；对货主以外的承运人处运输费用一倍以上三倍以下罚款。

70.《中华人民共和国动物防疫法》规定，运输未附具检疫证明动物的，对货主以外承运人应当（　　　）。

A. 处运输费用一至二倍罚款　　　　B. 处运输费用一至三倍罚款

C. 处运输费用一至四倍罚款　　　　D. 处运输费用一至五倍罚款

答案：B

《中华人民共和国动物防疫法》第七十八条第一款规定，违反本法规定，屠宰、经营、运输的动物未附有检疫证明，经营和运输的动物产品未附有检疫证明、检疫标志的，由动物卫生监督机构责令改正，处同类检疫合格动物、动物产品货值金额百分之十以上百分之五十以下罚款；对货主以外的承运人处运输费用一倍以上三倍以下罚款。

71.《中华人民共和国动物防疫法》规定，参加展览、演出和比赛的动物未附有检疫证明的，应当（　　）。

A. 由动物卫生监督机构责令改正，处五百元以上二千元以下罚款

B. 由动物卫生监督机构责令改正，处五百元以上三千元以下罚款

C. 由动物卫生监督机构责令改正，处一千元以上二千元以下罚款

D. 由动物卫生监督机构责令改正，处一千元以上三千元以下罚款

答案：D

《中华人民共和国动物防疫法》第七十八条第二款规定，违反本法规定，参加展览、演出和比赛的动物未附有检疫证明的，由动物卫生监督机构责令改正，处一千元以上三千元以下罚款。

72. 违反《中华人民共和国动物防疫法》规定，转让、伪造或者变造检疫证明、检疫标志或者畜禽标识的，由动物卫生监督机构没收违法所得，收缴检疫证明、检疫标志或者畜禽标识，并处（　　）罚款。

A. 五万元以下　　　　　　　　　　B. 一万元以下

C. 三千元以下　　　　　　　　　　D. 三千元以上三万元以下

答案：D

《中华人民共和国动物防疫法》七十九条规定，违反本法规定，转让、伪造或者变造检疫证明、检疫标志或者畜禽标识的，由动物卫生监督机构没收违法所得，收缴检疫证明、检疫标志或者畜禽标识，并处三千元以上三万元以下罚款。

73. 违反《中华人民共和国动物防疫法》规定，不遵守县级以上人民政府及其兽医主管部门依法作出的有关控制、扑灭动物疫病规定的，由哪个机构或部门责令改正，处（　　）罚款。

A. 兽医主管部门，五百元以上五千元以下

B. 动物卫生监督机构，五百元以上五千元以下

C. 兽医主管部门，一千元以上一万元以下

D. 动物卫生监督机构，一千元以上一万元以下

答案：D

《中华人民共和国动物防疫法》第八十条第一项规定，违反本法规定，有下列行为之一的，由动物卫生监督机构责令改正，处一千元以上一万元以下罚款：（一）不遵守县级以上人民政府及其兽医主管部门依法作出的有关控制、扑灭动物疫病规定的。

74. 违反《中华人民共和国动物防疫法》规定，擅自发布动物疫情的处（   ）罚款。

A. 五千元
B. 三千元
C. 一千元以上一万元以下
D. 三千元以上三万元以下

答案：C

《中华人民共和国动物防疫法》第八十条第三项规定，违反本法规定，有下列行为之一的，由动物卫生监督机构责令改正，处一千元以上一万元以下罚款：（三）发布动物疫情的。

75. 违反《中华人民共和国动物防疫法》规定，未取得动物诊疗许可证从事动物诊疗活动的，由（   ）责令停止诊疗活动，没收违法所得。

A. 兽医主管部门
B. 动物卫生监督机构
C. 省级以上兽医主管部门
D. 动物疫病预防控制中心

答案：B

《中华人民共和国动物防疫法》第八十一条第一款规定，违反本法规定，未取得动物诊疗许可证从事动物诊疗活动的，由动物卫生监督机构责令停止诊疗活动，没收违法所得；违法所得在三万元以上的，并处违法所得一倍以上三倍以下罚款；没有违法所得或者违法所得不足三万元的，并处三千元以上三万元以下罚款。

76. ××市某兽医人员未取得《动物诊疗许可证》从事动物诊疗活动，至××市动物卫生监督所查处时，该兽医人员共取得违法所得5000元，××市动物卫生监督所正确的处罚行为是（   ）。

A. 责令停止诊疗活动，并处罚款五万元
B. 责令停止诊疗活动，没收违法所得5000元，并处罚款二万元
C. 没收违法所得5000元，并处罚款二万元
D. 责令停止诊疗活动，没收违法所得5000元，并处罚款五万元

答案：B

《中华人民共和国动物防疫法》第八十一条第一款规定，违反本法规定，未取得动物诊疗许可证从事动物诊疗活动的，由动物卫生监督机构责令停止诊疗活动，没收违法所得；违法所得在三万元以上的，并处违法所得一倍以上三倍以下罚款；没有违法所得或者违法所得不足三万元的，并处三千元以上三万元以下罚款。

77. 动物诊疗机构违反《中华人民共和国动物防疫法》规定，造成动物疫病扩散的，由动物卫生监

督机构责令改正,(   )。

A. 处一万元以上三万元以下罚款,情节严重的,由动物卫生监督机构责令停止诊疗活动

B. 处一万元以上三万元以下罚款,情节严重的,由发证机关吊销动物诊疗许可证

C. 处一万元以上五万元以下罚款,情节严重的,由动物卫生监督机构责令停止诊疗活动

D. 处一万元以上五万元以下罚款,情节严重的,由发证机关吊销动物诊疗许可证

答案:D

《中华人民共和国动物防疫法》第八十一条第二款规定,动物诊疗单位违反本法规定,造成动物疫病扩散的,由动物卫生监督机构责令改正,处一万元以上五万元以下罚款;情节严重的,由发证机关吊销动物诊疗许可证。

78. 执业兽医张某使用过期兽药给养殖户付某饲养的猪治疗,以下对张某的处罚符合法律规定的是(   )。

A. 警告、责令暂停8个月动物诊疗活动　　　B. 罚款800元

C. 罚款1800元　　　D. 责令改正

答案:A

《中华人民共和国动物防疫法》第八十二条第二款第二项规定,执业兽医有下列行为之一的,由动物卫生监督机构给予警告,责令暂停六个月以上一年以下动物诊疗活动;情节严重的,由发证机关吊销注册证书:(二)使用不符合国家规定的兽药和兽医器械的。

79. 违反《中华人民共和国动物防疫法》规定,未经兽医执业注册从事动物诊疗活动的,由动物卫生监督机构责令停止动物诊疗活动,没收违法所得,并处(   )罚款。

A. 一千元以上五千元以下　　　B. 一万元以下

C. 五万元以上　　　D. 一千元以上一万元以下

答案:D

《中华人民共和国动物防疫法》第八十二条第一款规定,违反本法规定,未经兽医执业注册从事动物诊疗活动的,由动物卫生监督机构责令停止动物诊疗活动,没收违法所得,并处一千元以上一万元以下罚款。

80. 违反有关动物诊疗的操作技术规范,造成或者可能造成动物疫病传播、流行的,由动物卫生监督机构给予警告,责令暂停(   )动物诊疗活动,情节严重的,由发证机关吊销注册证书。

A. 6个月　　　B. 6个月以上1年以下

C. 1年　　　D. 2年

答案:B

《中华人民共和国动物防疫法》第八十二条第二款第一项规定,执业兽医有下列行为之一

的，由动物卫生监督机构给予警告，责令暂停六个月以上一年以下动物诊疗活动；情节严重的，由发证机关吊销注册证书：（一）违反有关动物诊疗的技术操作规范，造成或者可能造成动物疫病传播、流行的。

81. 执业兽医违反有关动物诊疗的操作技术规范，造成或者可能造成动物疫病传播、流行的，依法应当给予的处罚是（   ）。

A. 由动物卫生监督机构给予警告，责令暂停六个月以上一年以下动物诊疗活动；情节严重的，由发证机关吊销注册证书

B. 由动物卫生监督机构给予警告，责令暂停一年以上二年以下动物诊疗活动；情节严重的，由动物卫生监督机构吊销注册证书

C. 由动物卫生监督机构给予警告，责令暂停六个月以上一年以下动物诊疗活动；情节严重的，由动物卫生监督机构吊销注册证书

D. 由动物卫生监督机构给予警告，责令暂停一年以上二年以下动物诊疗活动；情节严重的，由发证机关吊销注册证书

答案：A
《中华人民共和国动物防疫法》第八十二条第二款第一项规定，执业兽医有下列行为之一的，由动物卫生监督机构给予警告，责令暂停六个月以上一年以下动物诊疗活动；情节严重的，由发证机关吊销注册证书：（一）违反有关动物诊疗的技术操作规范，造成或者可能造成动物疫病传播、流行的。

82. 执业兽医使用不符合国家规定的兽药和兽医器械的，依法应当给予的处罚是（   ）。

A. 由动物卫生监督机构给予警告，责令暂停六个月以上一年以下动物诊疗活动；情节严重的，由发证机关吊销注册证书

B. 由动物卫生监督机构给予警告，责令暂停一年以上二年以下动物诊疗活动；情节严重的，由动物卫生监督机构吊销注册证书

C. 由动物卫生监督机构给予警告，责令暂停六个月以上一年以下动物诊疗活动；情节严重的，由动物卫生监督机构吊销注册证书

D. 由动物卫生监督机构给予警告，责令暂停一年以上二年以下动物诊疗活动；情节严重的，由发证机关吊销注册证书

答案：A
《中华人民共和国动物防疫法》第八十二条第二款第二项规定，执业兽医有下列行为之一的，由动物卫生监督机构给予警告，责令暂停六个月以上一年以下动物诊疗活动；情节严重的，由发证机关吊销注册证书：（二）使用不符合国家规定的兽药和兽医器械的。

83. 执业兽医不按照当地人民政府或者兽医主管部门要求参加动物疫病预防、控制和扑灭活动的，依法应当给予的处罚是（　　）。

　　A．由动物卫生监督机构给予警告，责令暂停六个月以上一年以下动物诊疗活动；情节严重的，由发证机关吊销注册证书

　　B．由动物卫生监督机构给予警告，责令暂停一年以上二年以下动物诊疗活动；情节严重的，由动物卫生监督机构吊销注册证书

　　C．由动物卫生监督机构给予警告，责令暂停六个月以上一年以下动物诊疗活动；情节严重的，由动物卫生监督机构吊销注册证书

　　D．由动物卫生监督机构给予警告，责令暂停一年以上二年以下动物诊疗活动；情节严重的，由发证机关吊销注册证书

答案：A

《中华人民共和国动物防疫法》第八十二条第二款第三项规定，执业兽医有下列行为之一的，由动物卫生监督机构给予警告，责令暂停六个月以上一年以下动物诊疗活动；情节严重的，由发证机关吊销注册证书：（三）不按照当地人民政府或者兽医主管部门要求参加动物疫病预防、控制和扑灭活动的。

84. 某动物诊疗机构（单位）发现就诊的犬患有狂犬病，未履行动物疫情报告义务，依法应当给予的处罚是（　　）。

　　A．由动物卫生监督机构责令改正；并对动物诊疗机构处一千元以上一万元以下罚款

　　B．由动物卫生监督机构责令改正；拒不改正的，对动物诊疗机构处一千元以上一万元以下罚款

　　C．由动物卫生监督机构责令改正；并对动物诊疗机构处五百元以下罚款

　　D．由动物卫生监督机构责令改正；拒不改正的，对动物诊疗机构处五百元以下罚款

答案：B

《中华人民共和国动物防疫法》第八十三条第一项规定，违反本法规定，从事动物疫病研究与诊疗和动物饲养、屠宰、经营、隔离、运输，以及动物产品生产、经营、加工、贮藏等活动的单位和个人，有下列行为之一的，由动物卫生监督机构责令改正；拒不改正的，对违法行为单位处一千元以上一万元以下罚款，对违法行为个人可以处五百元以下罚款：（一）不履行动物疫情报告义务的。

85. 某动物饲养场不如实提供与动物防疫活动有关资料，依法应当给予的处罚是（　　）。

　　A．由动物卫生监督机构责令改正；并对动物饲养场处一千元以上一万元以下罚款

　　B．由动物卫生监督机构责令改正；拒不改正的，对动物饲养场处一千元以上一万元以下罚款

　　C．由动物卫生监督机构责令改正；并对动物饲养场处五百元以下罚款

　　D．由动物卫生监督机构责令改正；拒不改正的，对动物饲养场处五百元以下罚款

答案：B

《中华人民共和国动物防疫法》第八十三条第二项规定，违反本法规定，从事动物疫病研究与诊疗和动物饲养、屠宰、经营、隔离、运输，以及动物产品生产、经营、加工、贮藏等活动的单位和个人，有下列行为之一的，由动物卫生监督机构责令改正；拒不改正的，对违法行为单位处一千元以上一万元以下罚款，对违法行为个人可以处五百元以下罚款：（二）不如实提供与动物防疫活动有关资料的。

86．某生猪定点屠宰场（单位）拒绝动物卫生监督机构进行监督检查，依法应当给予的处罚是（ ）。

A．由动物卫生监督机构责令改正；并对生猪定点屠宰场处一千元以上一万元以下罚款

B．由动物卫生监督机构责令改正；拒不改正的，对生猪定点屠宰场处一千元以上一万元以下罚款

C．由动物卫生监督机构责令改正；并对生猪定点屠宰场处五百元以下罚款

D．由动物卫生监督机构责令改正；拒不改正的，对生猪定点屠宰场处五百元以下罚款

答案：B

《中华人民共和国动物防疫法》第八十三条第三项规定，违反本法规定，从事动物疫病研究与诊疗和动物饲养、屠宰、经营、隔离、运输，以及动物产品生产、经营、加工、贮藏等活动的单位和个人，有下列行为之一的，由动物卫生监督机构责令改正；拒不改正的，对违法行为单位处一千元以上一万元以下罚款，对违法行为个人可以处五百元以下罚款：（三）拒绝动物卫生监督机构进行监督检查的。

87．某活禽经营户拒绝动物疫病预防控制机构进行动物疫病监测、检测，依法应当给予的处罚是（ ）。

A．由动物卫生监督机构责令改正；并对活禽经营户处一千元以上一万元以下罚款

B．由动物卫生监督机构责令改正；拒不改正的，对活禽经营户场处一千元以上一万元以下罚款

C．由动物卫生监督机构责令改正；并对活禽经营户处五百元以下罚款

D．由动物卫生监督机构责令改正；拒不改正的，对活禽经营户处五百元以下罚款

答案：D

《中华人民共和国动物防疫法》第八十三条第四项规定，违反本法规定，从事动物疫病研究与诊疗和动物饲养、屠宰、经营、隔离、运输，以及动物产品生产、经营、加工、贮藏等活动的单位和个人，有下列行为之一的，由动物卫生监督机构责令改正；拒不改正的，对违法行为单位处一千元以上一万元以下罚款，对违法行为个人可以处五百元以下罚款：（四）拒绝动物疫病预防控制机构进行动物疫病监测、检测的。

88．对不履行动物疫情报告义务的养殖户，由动物卫生监督机构责令改正，拒不改正的可以处（ ）以下罚款。

A．五百　　　　　B．一千　　　　　C．五千　　　　　D．一万

答案：A

《中华人民共和国动物防疫法》第八十三条第一项规定，违反本法规定，从事动物疫病研究与诊疗和动物饲养、屠宰、经营、隔离、运输，以及动物产品生产、经营、加工、贮藏等活动的单位和个人，有下列行为之一的，由动物卫生监督机构责令改正；拒不改正的，对违法行为单位处一千元以上一万元以下罚款，对违法行为个人可以处五百元以下罚款：（一）不履行动物疫情报告义务的。

89．跨省、自治区、直辖市引进乳用动物、种用动物及其精液、胚胎、种蛋的，应当向输入地（　　）申请办理审批手续。

A．省级兽医主管部门　　　　　　　　B．省级动物卫生监督机构

C．县级兽医主管部门　　　　　　　　D．县级动物卫生监督机构

答案：B

《中华人民共和国动物防疫法》第四十六条规定，跨省、自治区、直辖市引进乳用动物、种用动物及其精液、胚胎、种蛋的，应当向输入地省、自治区、直辖市动物卫生监督机构申请办理审批手续，并依照本法第四十二条的规定取得检疫证明。

90．动物检疫是（　　）行为。

A．个人　　　　　B．行政　　　　　C．企业　　　　　D．技术

答案：B

《中华人民共和国动物防疫法》第四十一条第一款规定，动物卫生监督机构依照本法和国务院兽医主管部门的规定对动物、动物产品实施检疫。

91．动物卫生监督机构及其工作人员不得从事与动物防疫有关的（　　）活动。

A．宣传性　　　　　B．公益性　　　　　C．技术性　　　　　D．经营性

答案：D

《中华人民共和国动物防疫法》第六十条第二款规定，动物卫生监督机构及其工作人员不得从事与动物防疫有关的经营性活动，进行监督检查不得收取任何费用。

92．根据《中华人民共和国动物防疫法》规定，军队和武装警察部队现役动物及饲养自用动物的防疫工作由（　　）负责。

A．县以上人民政府兽医主管部门

B．县级以上动物疫病预防控制中心

C．县以上动物卫生监督机构

D．军队和武装警察部队动物卫生监督职能部门

答案：D

《中华人民共和国动物防疫法》第七条第四款规定，军队和武装警察部队动物卫生监督职能部门分别负责军队和武装警察部队现役动物及饲养自用动物的防疫工作。

93.《中华人民共和国动物防疫法》明确规定了动物强制免疫过程中的责任与分工，（　　）负责组织实施动物疫病强制免疫计划。

A. 县以上人民政府　　　　　　　　　B. 县以上人民政府兽医主管部门

C. 县级以上动物疫病预防控制中心　　D. 县以上动物卫生监督机构

答案：B

《中华人民共和国动物防疫法》第十四条规定，县级以上地方人民政府兽医主管部门组织实施动物疫病强制免疫计划。

94.《中华人民共和国动物防疫法》中所称动物疫病，指的是（　　）。

A. 动物传染病　　　　　　　　　　　B. 动物寄生虫病

C. 动物传染病和寄生虫病　　　　　　D. 动物病毒病和细菌病

答案：C

《中华人民共和国动物防疫法》第三条第三款规定，本法所称动物疫病，是指动物传染病、寄生虫病。

95. 申请从事动物诊疗活动的机构，应当向县以上地方人民政府的（　　）申请动物诊疗许可证。

A. 工商部门　　　　　　　　　　　　B. 兽医主管部门

C. 动物疫病预防控制中心　　　　　　D. 动物卫生监督机构

答案：B

《中华人民共和国动物防疫法》第五十一条规定，设立从事动物诊疗活动的机构，应当向县级以上地方人民政府兽医主管部门申请动物诊疗许可证。

96.《中华人民共和国动物防疫法》的立法目的是（　　）。

A. 为了加强对动物防疫工作的管理

B. 为了加强对动物检疫监督工作的管理，预防、控制和扑灭动物疫病，保护养殖业发展、保护人体健康，维护公共卫生安全

C. 为了加强对动物防疫活动的管理，预防、控制和扑灭动物疫病，促进养殖业发展，保护人体健康，维护公共卫生安全

D. 为了加强对动物防疫活动的管理，预防、控制和扑灭动物疫病，促进养殖业发展，保护人体健康

答案：C

《中华人民共和国动物防疫法》第一条规定，为了加强对动物防疫活动的管理，预防、控制和扑灭动物疫病，促进养殖业发展，保护人体健康，维护公共卫生安全。

97.《中华人民共和国动物防疫法》规定，未经注册从事动物诊疗活动的执业兽医，由（　　　　）实施处罚。

A．兽医主管部门　　　　　　　　　　B．动物卫生监督机构

C．动物疫病预防控制机构　　　　　　D．城管部门

答案：B

《中华人民共和国动物防疫法》第八十二条规定，违反本法规定，未经兽医执业注册从事动物诊疗活动的，由动物卫生监督机构责令停止动物诊疗活动，没收违法所得，并处一千元以上一万元以下罚款。

98．按照《中华人民共和国动物防疫法》规定，下列有关动物卫生监督机构的职责叙述错误的是（　　　　）。

A．对动物、动物产品实施检疫

B．对动物饲养、屠宰、经营、隔离、运输、以及动物产品生产、经营、加工、贮藏、运输等活动中的动物防疫实施监督管理

C．加强村级动物防疫员的队伍建设

D．种用、乳用动物未经检测或者检测不合格而不按照规定处理的，由动物卫生监督机构代作处理

答案：C

《中华人民共和国动物防疫法》第八条规定，县级以上地方人民政府设立的动物卫生监督机构依照本法规定，负责动物、动物产品的检疫工作和其他有关动物防疫的监督管理执法工作。第四十一条第一款规定，动物卫生监督机构依照本法和国务院兽医主管部门的规定对对动物、动物产品实施检疫。第五十八条规定，动物卫生监督机构依照本法规定，对动物饲养、屠宰、经营、隔离、运输、以及动物产品生产、经营、加工、贮藏、运输等活动中的动物防疫实施监督管理。第六十三条第一款规定，县级人民政府和乡级人民政府应当采取措施，加强村级动物防疫员的队伍建设。第七十三条第二项规定，违反本法规定，有下列行为之一的，由动物卫生监督机构责令改正，给予警告；拒不改正的，由动物卫生监督机构代作处理，所需处理费用由违法行为人承担，可以处一千元以下罚款：（二）种用、乳用动物未经检测或者经检测不合格而不按照规定处理的。

99．进出境动物、动物产品的检疫，适用（　　　　）。

A．《中华人民共和国动物防疫法》　　　　B．《中华人民共和国畜牧法》

C．《动物检疫管理办法》　　　　　　　　D．《中华人民共和国进出境动植物检疫法》

答案：D

《中华人民共和国动物防疫法》第二条第二款，进出境动物、动物产品的检疫，适用《中华人民共和国进出境动植物检疫法》。

100. 二类疫病是指可能造成重大经济损失，需要（　　）。

A. 紧急、严厉的强制预防、控制、扑灭等措施的

B. 严格控制、扑灭等措施，防止扩散的

C. 控制和净化措施的

D. 紧急、严厉控制、扑灭等措施的

答案：B

《中华人民共和国动物防疫法》第四条第一款第二项规定，根据动物疫病对养殖业生产和人体健康的危害程度，本法规定管理的动物疫病分为下列三类：（二）二类疫病，是指可能造成重大经济损失，需要采取严格控制、扑灭等措施，防止扩散的。

101. 《中华人民共和国动物防疫法》中对县级以上人民政府动物防疫职责进行了明确规定，下列描述不正确的是（　　）。

A. 加强基层动物防疫队伍建设　　　B. 建立健全动物防疫体系

C. 制定并组织实施动物疫病防治规划　　D. 主管本行政区域内的防疫工作

答案：D

《中华人民共和国动物防疫法》第六条第一款规定，县级以上人民政府应当加强对动物防疫工作的统一领导，加强基层动物防疫队伍建设，建立健全动物防疫体系，制定并组织实施动物疫病防治规划。

102. 主管全国的动物防疫工作的是（　　）。

A. 中国动物疫病预防控制中心　　　B. 国务院兽医主管部门

C. 畜牧兽医局　　　　　　　　　　D. 卫生部

答案：B

《中华人民共和国动物防疫法》第七条第一款规定，国务院兽医主管部门主管全国的动物防疫工作。

103. 主管县级以上行政区域内的动物防疫工作的部门是（　　）。

A. 县级以上人民政府

B. 县级以上人民政府兽医主管部门

C. 县级以上人民政府设立的动物卫生监督机构

D. 县级以上人民政府设立的动物疫病预防控制中心

答案：B

《中华人民共和国动物防疫法》第七条第二款规定，县级以上地方人民政府兽医主管部门主管本行政区域内的动物防疫工作。

104．动物防疫行政执法主体是（　　　）。

A．动物卫生监督机构　B．畜牧兽医局　　　　C．动物疫病预防控制中心　D．县人民政府

答案：A

《中华人民共和国动物防疫法》第八条规定，县级以上地方人民政府设立的动物卫生监督机构依照本法规定，负责动物、动物产品的检疫工作和其他有关动物防疫的监督管理执法工作。

105．国家对严重危害养殖业生产和人体健康的动物疫病实施（　　　）。

A．强制免疫　　　　　B．计划免疫　　　　　C．强制治疗　　　　　D．免费治疗

答案：A

《中华人民共和国动物防疫法》第十三条第一款规定，国家对严重危害养殖业生产和人体健康的动物疫病实施强制免疫。国务院兽医主管部门确定强制免疫的动物疫病病种和区域，并会同国务院有关部门制定国家动物疫病强制免疫计划。

106．根据《中华人民共和国动物防疫法》规定，实施强制免疫疫病病种名录和区域由（　　　）规定并公布。

A．国务院畜牧兽医行政管理部门会同国务院卫生主管部门

B．县级以上畜牧兽医主管部门会同卫生部门

C．国务院卫生主管部门

D．国务院兽医主管管理部门

答案：D

《中华人民共和国动物防疫法》第十三条第一款规定，国家对严重危害养殖业生产和人体健康的动物疫病实施强制免疫。国务院兽医主管部门确定强制免疫的动物疫病病种和区域，并会同国务院有关部门制定国家动物疫病强制免疫计划。

107．《中华人民共和国动物防疫法》规定，由（　　　）制定各省、自治区、直辖市区域内的强制免疫计划。

A．省、自治区、直辖市人民政府兽医主管部门

B．省、自治区、直辖市人民政府动物卫生监督部门

C．省、自治区、直辖市人民政府

D．省、自治区、直辖市人民政府动物疫病预防控制部门

答案：A

《中华人民共和国动物防疫法》第十三条第二款规定，省、自治区、直辖市人民政府兽医主管部门根据国家动物疫病强制免疫计划，制订本行政区域的强制免疫计划；并可以根据本行政区域内动物疫病流行情况增加实施强制免疫的动物疫病病种和区域，报本级人民政府批准后执行，并报国务院兽医主管部门备案。

108. 我国《中华人民共和国动物防疫法》对动物疫病进行分类的根据是（   ）。

A. 发病率和死亡率

B. 公共卫生

C. 经济损失

D. 对养殖业生产和人体健康的危害程度

答案：D

《中华人民共和国动物防疫法》第四条规定，根据动物疫病对养殖业生产和人体健康的危害程度，本法规定管理的动物疫病分为下列三类。

109.《中华人民共和国动物防疫法》中规定不需要申领《动物防疫条件合格证》的单位是（   ）。

A. 奶牛养殖小区养猪场　　　　　　　　B. 养猪场

C. 生猪屠宰场　　　　　　　　　　　　D. 经营猪肉的农贸市场

答案：D

《中华人民共和国动物防疫法》第二十条第一款规定，兴办动物饲养场（养殖小区）和隔离场所，动物屠宰加工场所，以及动物和动物产品无害化处理场所，应当向县级以上地方人民政府兽医主管部门提出申请，并附具相关材料。第三款规定，经营动物、动物产品的集贸市场应当具备国务院兽医主管部门规定的动物防疫条件，并接受动物卫生监督机构的监督检查。

110. 人畜共患传染病名录由国务院兽医主管部门会同（   ）制定并公布。

A. 国务院卫生主管部门　　　　　　　　B. 国务院疾病预防控制部门

C. 国家传染病实验室　　　　　　　　　D. 国家动物卫生监督部门

答案：A

《中华人民共和动物防疫法》第二十三条第二款规定，人畜共患传染病名录由国务院兽医主管部门会同国务院卫生主管部门制定并公布。

111. 动物疫情由（   ）以上人民政府兽医主管部门认定；其中重大动物疫情由省、自治区、直辖市人民政府兽医主管部门认定，必要时报国务院兽医主管部门认定。

A. 县级　　　　　　B. 市级　　　　　　C. 镇级　　　　　　D. 省级

答案：A

《中华人民共和国动物防疫法》第二十七条规定，动物疫情由县级以上人民政府兽医主管部门认定；其中重大动物疫情由省、自治区、直辖市人民政府兽医主管部门认定，必要时报国务院兽医主管部门认定。

112. 发生一类动物疫病时，（　　）应当立即组织有关部门和单位采取封锁、隔离、扑杀、销毁、消毒、无害化处理、紧急免疫接种等强制性措施，迅速扑灭疫情。

A. 县级以上人民政府兽医主管部门　　　　B. 县级以上地方人民政府

C. 当地县级以上卫生主管部门　　　　　　D. 当地县级以上人民政府动物预防控制机构

答案：B

《中华人民共和国动物防疫法》第三十一条第二项规定，发生一类动物疫病时，应当采取下列控制和扑灭措施：（二）县级以上地方人民政府应当立即组织有关部门和单位采取封锁、隔离、扑杀、销毁、消毒、无害化处理、紧急免疫接种等强制性措施，迅速扑灭疫病。

113. 疫点、疫区、受威胁区的撤销和疫区封锁的解除，按照国务院兽医主管部门规定的标准和程序评估后，由（　　）决定并宣布。

A. 县级人民政府　　B. 省级人民政府　　C. 市级人民政府　　D. 原决定机关

答案：D

《中华人民共和国动物防疫法》第三十三条规定，疫点、疫区、受威胁区的撤销和疫区封锁的解除，按照国务院兽医主管部门规定的标准和程序评估后，由原决定机关决定并宣布。

114. 发生（　　）类动物疫病时，当地县级、乡级人民政府应当按照国务院兽医主管部门的规定组织防治和净化。

A. 一　　　　　　B. 二　　　　　　C. 三　　　　　　D. 二和三

答案：C

《中华人民共和国动物防疫法》第三十四条规定，发生三类动物疫病时，当地县级、乡级人民政府应当按照国务院兽医主管部门的规定组织防治和净化。

115. 二、三类动物疫病呈（　　）流行时，按照一类动物疫病处理。

A. 急性　　　　　B. 亚急性　　　　　C. 暴发性　　　　　D. 以上都对

答案：C

《中华人民共和国动物防疫法》第三十五条规定，二、三类动物疫病呈暴发性流行时，按照一类动物疫病处理。

116. 依照《中华人民共和国动物防疫法》和国务院兽医主管部门规定对动物、动物产品实施检疫的是（　　）。

A. 动物卫生监督机构　　　　　　　　B. 动物疫病预防控制机构

C. 商业部门　　　　　　　　　　　　D. 兽医主管部门

答案：A

《中华人民共和国动物防疫法》第四十一条规定，动物卫生监督机构依照本法和国务院兽医主管部门的规定对动物、动物产品实施检疫。

117. 《中华人民共和国动物防疫法》规定，输入到无规定动物疫病区的动物、动物产品，货主应当按照国务院兽医主管部门的规定向无规定动物疫病区的（　　）申报检疫，经检疫合格的，方可进入。

A. 所在地动物卫生监督机构　　　　　B. 地市级动物卫生监督机构

C. 县级派出机构　　　　　　　　　　D. 所在地动物疫病预防控制中心

答案：A

《中华人民共和国动物防疫法》第四十五条规定，输入到无规定动物疫病区的动物、动物产品，货主应当按照国务院兽医主管部门的规定向无规定动物疫病区所在地动物卫生监督机构申报检疫，经检疫合格的，方可进入；检疫所需费用纳入无规定动物疫病区所在地地方人民政府财政预算。

118. 从事动物诊疗活动的机构取得动物诊疗许可证后，在取得（　　）后，方可从事动物诊疗活动。

A. 人员健康证　　　B. 营业执照　　　C. 经营许可证　　　D. 卫生合格证

答案：B

《中华人民共和国动物防疫法》第五十一条规定，设立从事动物诊疗活动的机构，应当向县级以上地方人民政府兽医主管部门申请动物诊疗许可证。受理申请的兽医主管部门应当依照本法和《中华人民共和国行政许可法》的规定进行审查。经审查合格的，发给动物诊疗许可证；不合格的，应当通知申请人并说明理由。申请人凭动物诊疗许可证向工商行政管理部门申请办理登记注册手续，取得营业执照后，方可从事动物诊疗活动。

119. 执业兽医必须完成（　　），方可从事动物诊疗、开具兽药处方等活动。

A. 考试　　　　　B. 注册　　　　　C. 登记　　　　　D. 备案

答案：B

《中华人民共和国动物防疫法》第五十五条第一款规定，经注册的执业兽医，方可从事动物诊疗、开具兽药处方等活动。但是，本法第五十七条对乡村兽医服务人员另有规定的，从其规定。

120. 官方兽医执行动物防疫监督检查任务，应当（　　）。

A. 无明确规定，只出示工作证即可　　B. 着统一装，佩戴统一标识

C. 出示行政执法证件，佩戴统一标志　　D. 着装整齐，佩戴统一标志，出示行政执法证件

答案：C

《中华人民共和国动物防疫法》第六十条第一款规定，官方兽医执行动物防疫监督检查任务，应当出示行政执法证件，佩带统一标志。

121. 不按照国务院兽医主管部门规定处理病死或者死因不明的动物尸体的，由动物卫生监督机构责令无害化处理，所需处理费由违法行为人承担，可以处（　　）罚款。

A. 三千元以下　　B. 四千元以下　　C. 五千元以下　　D. 六千元以下

答案：A

《中华人民共和国动物防疫法》第七十五条规定，违反本法规定，不按照国务院兽医主管部门规定处置染疫动物及其排泄物，染疫动物产品，病死或者死因不明的动物尸体，运载工具中的动物排泄物以及垫料、包装物、容器等污染物以及其他经检疫不合格的动物、动物产品的，由动物卫生监督机构责令无害化处理，所需处理费用由违法行为人承担，可以处三千元以下罚款。

122. 未取得动物诊疗许可证从事动物诊疗活动的规定，由动物卫生监督机构责令停止诊疗活动，没收违法所得，违法所得在三万元以上的，并处违法所得的（　　）罚款。

A. 一倍以上三倍以下　　B. 一倍以上五倍以下　　C. 一倍以上四倍以下　　D. 一倍以上六倍以下

答案：A

《中华人民共和国动物防疫法》第八十一条第一款规定，违反本法规定，未取得动物诊疗许可证从事动物诊疗活动的，由动物卫生监督机构责令停止诊疗活动，没收违法所得；违法所得在三万元以上的，并处违法所得一倍以上三倍以下罚款；没有违法所得或者违法所得不足三万元的，并处三千元以上三万元以下罚款。

123. 未取得动物诊疗许可证从事动物诊疗活动的，由动物卫生监督机构责令停止诊疗活动，没收违法所得，违法所得不足三万的，并处（　　）罚款。

A. 一千元以上三千元以下　　B. 一千元以上一万元以下

C. 三千元以上一万元以下　　D. 三千元以上三万元以下

答案：D

《中华人民共和国动物防疫法》第八十一条第一款规定，违反本法规定，未取得动物诊疗许可证从事动物诊疗活动的，由动物卫生监督机构责令停止诊疗活动，没收违法所得；违法所得在三万元以上的，并处违法所得一倍以上三倍以下罚款；没有违法所得或者违法所得不足三万元的，并处三千元以上三万元以下罚款。

124. 在动物防疫工作中，乡级人民政府、城市街道办事处的作用十分重要，下面对其职责描述最准确的是（　　）。

A. 负责动物防疫的宣传工作

B. 负责动物防疫消毒卫生工作

C. 负责组织群众协助做好本管辖区域内的动物疫病预防与控制工作

D. 负责辖区内免疫实施工作

答案：C

《中华人民共和国动物防疫法》第六条第二款规定，乡级人民政府、城市街道办事处应当组织群众协助做好本管辖区域内的动物疫病预防与控制工作。

125. 强制免疫的动物疫病病种和区域由（　　）确定。

A. 国务院兽医主管部门　　　　　　　　B. 省级兽医主管部门

C. 中国动物疫病预防控制中心　　　　　D. 省级动物疫病预防控制中心

答案：A

《中华人民共和国动物防疫法》第十三条规定，国家对严重危害养殖业生产和人体健康的动物疫病实施强制免疫。国务院兽医主管部门确定强制免疫的动物疫病病种和区域，并会同国务院有关部门制定国家动物疫病强制免疫计划。

126. 不按照（　　）的规定处置染疫动物及其排泄物、染疫动物产品、病死或者死因不明的动物尸体，由动物卫生监督机构责令无害化处理，所需处里费用由违法行为人承担。

A. 国务院兽医主管部门　　　　　　　　B. 市政府

C. 省政府　　　　　　　　　　　　　　D. 县政府

答案：A

《中华人民共和国动物防疫法》第七十五条规定，违反本法规定，不按照国务院兽医主管部门规定处置染疫动物及其排泄物，染疫动物产品，病死或者死因不明的动物尸体，运载工具中的动物排泄物以及垫料、包装物、容器等污染物以及其他经检疫不合格的动物、动物产品的，由动物卫生监督机构责令无害化处理，所需处理费用由违法行为人承担，可以处三千元以下罚款。

多 选 题

1.《中华人民共和国动物防疫法》的立法宗旨包括（　　）。

A. 加强对动物防疫活动的管理　　　　　B. 预防、控制和扑灭动物疫病

C. 促进养殖业发展，保护人体健康　　　D. 维护公共卫生安全

答案：ABCD

《中华人民共和国动物防疫法》第一条规定，为了加强对动物防疫活动的管理，预防、控制和扑灭动物疫病，促进养殖业发展，保护人体健康，维护公共卫生安全，制定本法。

2. 按照《中华人民共和国动物防疫法》规定，(　　　)属于必检的动物产品。

A. 生猪皮　　　　　B. 羊的精液　　　　C. 牛胚胎　　　　D. 生鸡蛋

答案：ABC

《中华人民共和国动物防疫法》第三条第二款规定，本法所称动物产品，是指动物的肉、生皮、原毛、绒、脏器、脂、血液、精液、卵、胚胎、骨、蹄、头、角、筋以及可能传播动物疫病的奶、蛋等。

3. 《中华人民共和国动物防疫法》所称动物，是指(　　　)。

A. 家畜家禽　　　　　　　　　B. 人工饲养、合法捕获的其他动物

C. 野生动物　　　　　　　　　D. 水生动物

答案：AB

《中华人民共和国动物防疫法》第三条第一款规定，本法所称动物，是指家畜家禽和人工饲养、合法捕获的其他动物。

4. 《中华人民共和国动物防疫法》所称动物防疫，是指动物疫病防疫的(　　　)和动物、动物产品的检疫。

A. 预防　　　　　　B. 控制　　　　　　C. 扑灭　　　　　　D. 治疗

答案：ABC

《中华人民共和国动物防疫法》第三条第四款规定，本法所称动物防疫，是指动物疫病的预防、控制、扑灭和动物、动物产品的检疫。

5. 《中华人民共和国动物防疫法》所称动物疫病，是指动物(　　　)。

A. 传染病　　　　　B. 寄生虫病　　　　C. 外科疾病　　　　D. 内科疾病

答案：AB

《中华人民共和国动物防疫法》第三条第三款规定，本法所称动物疫病，是指动物传染病、寄生虫病。

6. 《中华人民共和国动物防疫法》所称的动物产品，包括(　　　)。

A. 动物的肉、生皮、原毛、绒、骨、蹄、头、角、筋

B. 动物的脏器、脂、血液

C. 动物的精液、卵、胚胎

D．可能传播动物疫病的奶、蛋

答案：ABCD

《中华人民共和国动物防疫法》第三条第二款规定，本法所称动物产品，是指动物的肉、生皮、原毛、绒、脏器、脂、血液、精液、卵、胚胎、骨、蹄、头、角、筋以及可能传播动物疫病的奶、蛋等。

7．根据《中华人民共和国动物防疫法》规定，应当符合国务院兽医主管部门规定的健康标准的动物包括（　　）。

A．育肥动物　　　　B．种用动物　　　　C．乳用动物　　　　D．宠物

答案：BCD

《中华人民共和国动物防疫法》第十八条第一款规定，种用、乳用动物和宠物应当符合国务院兽医主管部门规定的健康标准。

8．应当申请办理《动物防疫条件合格证》的场所有（　　）。

A．动物饲养场　　　　　　　　　　B．经营动物的集贸市场

C．动物屠宰加工场所　　　　　　　D．动物诊疗场所

答案：AC

《中华人民共和国动物防疫法》第二十条第一款规定，兴办动物饲养场（养殖小区）和隔离场所，动物屠宰加工场所，以及动物和动物产品无害化处理场所，应当向县级以上地方人民政府兽医主管部门提出申请，并附具相关材料。受理申请的兽医主管部门应当依照本法和《中华人民共和国行政许可法》的规定进行审查。经审查合格的，发给动物防疫条件合格证；不合格的，应当通知申请人并说明理由。需要办理工商登记的，申请人凭动物防疫条件合格证向工商行政管理部门申请办理登记注册手续。

9．《中华人民共和国动物防疫法》规定，应当申请办理《动物防疫条件合格证》的场所有（　　）。

A．动物饲养场和养殖小区　　　　　B．动物屠宰加工场所

C．动物隔离场所　　　　　　　　　D．无害化处理场所

答案：ABCD

《中华人民共和国动物防疫法》第二十条第一款规定，兴办动物饲养场（养殖小区）和隔离场所，动物屠宰加工场所，以及动物和动物产品无害化处理场所，应当向县级以上地方人民政府兽医主管部门提出申请，并附具相关材料。受理申请的兽医主管部门应当依照本法和《中华人民共和国行政许可法》的规定进行审查。经审查合格的，发给动物防疫条件合格证；不合格的，应当通知申请人并说明理由。需要办理工商登记的，申请人凭动物防疫条件合格证向工商行政管理部门申请办理登记注册手续。

10.《中华人民共和国动物防疫法》规定，下列动物、动物产品的（　　）等应当符合国务院兽医主管部门规定的动物防疫要求。

　　A. 运载工具　　　　B. 垫料　　　　　　C. 包装物　　　　　D. 容器

答案：ABCD

　　《中华人民共和国动物防疫法》第二十一条第一款规定，动物、动物产品的运载工具、垫料、包装物、容器等应当符合国务院兽医主管部门规定的动物防疫要求。

11.《中华人民共和国动物防疫法》规定，下列动物禁止屠宰、经营、运输的是（　　）。

　　A. 疫区内易感染的　　　　　　　　　　B. 病死或者死因不明的

　　C. 染疫或者疑似染疫的　　　　　　　　D. 依法应当检疫而未经检疫或检疫不合格的

答案：ABCD

　　《中华人民共和国动物防疫法》第二十五条规定，禁止屠宰、经营、运输下列动物和生产、经营、加工、贮藏、运输下列动物产品：（一）封锁疫区内与所发生动物疫病有关的；（二）疫区内易感染的；（三）依法应当检疫而未经检疫或者检疫不合格的；（四）染疫或者疑似染疫的；（五）病死或者死因不明的；（六）其他不符合国务院兽医主管部门有关动物防疫规定的。

12.《中华人民共和国动物防疫法》规定，发生动物疫情，任何单位和个人不得（　　）。

　　A. 瞒报　　　　　　B. 谎报　　　　　　C. 迟报　　　　　　D. 漏报

答案：ABCD

　　《中华人民共和国动物防疫法》第三十条规定，任何单位和个人不得瞒报、谎报、迟报、漏报动物疫情，不得授意他人瞒报、谎报、迟报动物疫情，不得阻碍他人报告动物疫情。

13.《中华人民共和国动物防疫法》规定，发生一类动物疫病时，县级以上地方人民政府应当立即组织有关部门和单位除采取封锁、隔离、扑杀外，还需要采取（　　）等强制性措施，迅速扑灭疫病。

　　A. 销毁　　　　　　B. 消毒　　　　　　C. 无害化处理　　　D. 紧急免疫接种

答案：ABCD

　　《中华人民共和国动物防疫法》第三十一条第二项规定，发生一类动物疫病时，应当采取下列控制和扑灭措施：（二）县级以上地方人民政府应当立即组织有关部门和单位采取封锁、隔离、扑杀、销毁、消毒、无害化处理、紧急免疫接种等强制性措施，迅速扑灭疫病。

14.《中华人民共和国动物防疫法》规定，发生一类动物疫病时，在封锁期间，禁止（　　）动物、动物产品流出疫区，禁止非疫区的易感染动物进入疫区，并根据扑灭动物疫病的需要对出入疫区的人员、运输工具及有关物品采取消毒和其他限制性措施。

　　A. 染疫的　　　　　B. 疑似染疫的　　　C. 易感染的　　　　D. 死亡的

答案：ABC

　　《中华人民共和国动物防疫法》第三十一条第三项规定，发生一类动物疫病时，应当采取下列控制和扑灭措施：（三）在封锁期间，禁止染疫、疑似染疫和易感染的动物、动物产品流出疫区，禁止非疫区的易感染动物进入疫区，并根据扑灭动物疫病的需要对出入疫区的人员、运输工具及有关物品采取消毒和其他限制性措施。

15.《中华人民共和国动物防疫法》规定，封锁适用的情况有（　　　）。

A. 发生一类传染病时　　　　　　　　B. 发生二类传染病时

C. 发生三类传染病时　　　　　　　　D. 二类、三类传染病呈爆发紧急流行时

答案：AD

　　《中华人民共和国动物防疫法》第三十一第一项、第三十五条第三十一条第一项规定，发生一类动物疫病时，应当采取下列控制和扑灭措施：（一）当地县级以上地方人民政府兽医主管部门应当立即派人到现场，划定疫点、疫区、受威胁区，调查疫源，及时报请本级人民政府对疫区实行封锁。疫区范围涉及两个以上行政区域的，由有关行政区域共同的上一级人民政府对疫区实行封锁，或者由各有关行政区域的上一级人民政府共同对疫区实行封锁。必要时，上级人民政府可以责成下级人民政府对疫区实行封锁。第三十五条，二、三类动物疫病呈暴发性流行时，按照一类动物疫病处理。

16.《中华人民共和国动物防疫法》规定，下列有权发布封锁令的机关是（　　　）。

A. ××省农业厅　　　　　　　　　　B. ××县人民政府

C. 农业部　　　　　　　　　　　　　D. ××省人民政府

答案：BD

　　《中华人民共和国动物防疫法》第三十一条第二项规定，发生一类动物疫病时，应当采取下列控制和扑灭措施：（二）县级以上地方人民政府应当立即组织有关部门和单位采取封锁、隔离、扑杀、销毁、消毒、无害化处理、紧急免疫接种等强制性措施，迅速扑灭疫病。

17.《中华人民共和国动物防疫法》规定，发生一类动物疫病时，当地县级以上人民政府兽医主管部门应当立即派人到现场，划定的区域有（　　　）。

A. 疫点　　　　　B. 疫区　　　　　C. 受威胁区　　　　　D. 疫源

答案：ABC

　　《中华人民共和国动物防疫法》第三十一条第一项规定，发生一类动物疫病时，应当采取下列控制和扑灭措施：（一）当地县级以上地方人民政府兽医主管部门应当立即派人到现场，划定疫点、疫区、受威胁区，调查疫源，及时报请本级人民政府对疫区实行封锁。疫区范围涉及两个以上行政区域的，由有关行政区域共同的上一级人民政府对疫区实行封锁，或者由各有

关行政区域的上一级人民政府共同对疫区实行封锁。必要时，上级人民政府可以责成下级人民政府对疫区实行封锁。

18.《中华人民共和国动物防疫法》规定，适于封锁的情况有（　　　）。

A. 发生猪瘟时

B. 旋毛虫病呈爆发性流行时

C. 发生鸡新城疫时

D. 牛皮蝇蛆病呈爆发性流行时

答案：ABCD

《中华人民共和国动物防疫法》第三十一条第二项、第三十五条第三十一条第二项规定，发生一类动物疫病时，应当采取下列控制和扑灭措施：（二）县级以上地方人民政府应当立即组织有关部门和单位采取封锁、隔离、扑杀、销毁、消毒、无害化处理、紧急免疫接种等强制性措施，迅速扑灭疫病。第三十五条，二、三类动物疫病呈暴发性流行时，按照一类动物疫病处理。

19.《中华人民共和国动物防疫法》规定，（　　　）的撤销和疫区封锁的解除，按照国务院兽医主管部门规定的标准和程序评估后，由原决定机关决定并公布。

A. 疫点
B. 疫区
C. 受威胁区
D. 疫源

答案：ABC

《中华人民共和国动物防疫法》第三十三条规定，疫点、疫区、受威胁区的撤销和疫区封锁的解除，按照国务院兽医主管部门规定的标准和程序评估后，由原决定机关决定并宣布。

20.《中华人民共和国动物防疫法》规定，对于禽结核病一般应采取的措施是（　　　）。

A. 封锁
B. 扑杀
C. 防治
D. 净化

答案：CD

《一、二、三类动物疫病病种名录》三类动物疫病禽病（4种），鸡病毒性关节炎、禽传染性脑脊髓炎、传染性鼻炎、禽结核病《中华人民共和国动物防疫法》第三十四条，发生三类动物疫病时，当地县级、乡级人民政府应当按照国务院兽医主管部门的规定组织防治和净化。

21.《中华人民共和国动物防疫法》规定，（　　　）动物，应当附有检疫证明。

A. 屠宰的

B. 经营的

C. 运输的

D. 参加展览、演出和比赛的

答案：ABCD

《中华人民共和国动物防疫法》第四十三条第一款规定，屠宰、经营、运输以及参加展览、演出和比赛的动物，应当附有检疫证明；经营和运输的动物产品，应当附有检疫证明、检疫标志。

22.《中华人民共和国动物防疫法》规定，从事动物诊疗活动的机构，应当具备的条件是（　　　）。

A. 有与动物诊疗活动相适应并符合动物防疫条件的场所

B. 有与动物诊疗活动相适应的执业兽医

C. 有与动物诊疗活动相适应的兽医器械和设备

D. 有完善的管理制度

答案：ABCD

《中华人民共和国动物防疫法》第五十条规定，从事动物诊疗活动的机构，应当具备下列条件：（一）有与动物诊疗活动相适应并符合动物防疫条件的场所；（二）有与动物诊疗活动相适应的执业兽医；（三）有与动物诊疗活动相适应的兽医器械和设备；（四）有完善的管理制度。

23.《中华人民共和国动物防疫法》规定，动物卫生监督机构执行监督检查任务，对染疫或者疑似染疫的动物、动物产品及相关物品进行（　　　）措施，有关单位和个人不得拒绝或者阻碍。

A. 隔离　　　　　　B. 查封　　　　　　C. 扣押　　　　　　D. 处理

答案：ABCD

《中华人民共和国动物防疫法》第五十九条第一款第二项规定，动物卫生监督机构执行监督检查任务，可以采取下列措施，有关单位和个人不得拒绝和阻碍：（二）对染疫或者疑似染疫的动物、动物产品及相关物品进行隔离、查封、扣押和处理。

24. 根据《中华人民共和国动物防疫法》，下面有关"国家对动物疫病区域化管理的规定"的叙述，正确的是（　　　）。

A. 国家对动物疫病实行区域化管理

B. 逐步建立无规定动物疫病区

C. 无规定动物疫病区应当符合国务院兽医主管部门规定的标准

D. 无规定动物疫病区需经国务院兽医主管部门验收合格予以公布

答案：ABCD

《中华人民共和国动物防疫法》第二十四条，国家对动物疫病实行区域化管理，逐步建立无规定动物疫病区。无规定动物疫病区应当符合国务院兽医主管部门规定的标准，经国务院兽医主管部门验收合格予以公布。本法所称无规定动物疫病区，是指具有天然屏障或者采取人工措施，在一定期限内没有发生规定的一种或者几种动物疫病，并经验收合格的区域。

25.《中华人民共和国动物防疫法》规定，动物卫生监督机构及其工作人员有（　　　）行为之一的，由本级人民政府或者兽医主管部门责令改正，通报批评。

A. 对未经现场检疫的动物、动物产品出具检疫证明、加施检疫标志的

B. 对附有检疫证明、检疫标志的动物重复检疫的

C. 从事与动物防疫有关的经营性活动

D. 国务院财政部门、物价主管部门规定外加收费用、重复收费的

答案：ABCD

《中华人民共和国动物防疫法》第七十条规定，动物卫生监督机构及其工作人员违反本法规定，有下列行为之一的，由本级人民政府或者兽医主管部门责令改正，通报批评；对直接负责的主管人员和其他直接责任人员，依法给予处分：（一）对未经现场检疫或者检疫不合格的动物、动物产品出具检疫证明、加施检疫标志，或者对检疫合格的动物、动物产品拒不出具检疫证明、加施检疫标志的；（二）对附有检疫证明、检疫标志的动物、动物产品重复检疫的；（三）从事与动物防疫有关的经营性活动，或者在国务院财政部门、物价主管部门规定外加收费用、重复收费的。

26.《中华人民共和国动物防疫法》规定，有（   ）行为之一的单位或个人，由动物卫生监督机构责令改正，给予警告；拒不改正的，由动物卫生监督机构代作处理，所需处理费用由违法行为人承担，可以处一千元以下罚款。

A. 对饲养的动物不按照动物疫病强制免疫计划进行免疫接种的

B. 种用、乳用动物未经检测或者经检测不合格而不按照规定处理的

C. 动物、动物产品的运载工具在装载前和卸载后没有及时清洗、消毒的

D. 从疫区贩运易感动物的

答案：ABC

《中华人民共和国动物防疫法》第七十三条规定，违反本法规定，有下列行为之一的，由动物卫生监督机构责令改正，给予警告；拒不改正的，由动物卫生监督机构代作处理，所需处理费用由违法行为人承担，可以处一千元以下罚款：（一）对饲养的动物不按照动物疫病强制免疫计划进行免疫接种的；（二）种用、乳用动物未经检测或者经检测不合格而不按照规定处理的；（三）动物、动物产品的运载工具在装载前和卸载后没有及时清洗、消毒的。

27. 2017年3月9日，A县动物卫生监督所接到B兽医站报告，3月8日，蛋鸡养殖户刘某以担心蛋鸡出现免疫应激反应为由拒绝对其养殖的2000只蛋鸡进行高致病性禽流感免疫。该所派出执法人员调查核实，并当场给予警告。3月19日该所再次接到B兽医站报告，刘某仍未进行强制免疫。A县动物卫生监督所依法立案查处，下列对刘某处理、处罚正确的是（   ）。

A. 罚款800元

B. 罚款2000元

C. 由动物卫生监督所代作处理，费用由刘某承担

D. 对刘某饲养的2000只蛋鸡进行焚毁处理

答案：AC

《中华人民共和国动物防疫法》第七十三条第一项规定，违反本法规定，有下列行为之

一的，由动物卫生监督机构责令改正，给予警告；拒不改正的，由动物卫生监督机构代作处理，所需处理费用由违法行为人承担，可以处一千元以下罚款：（一）对饲养的动物不按照动物疫病强制免疫计划进行免疫接种的。

28. 2017年3月3日，A县动监所接到群众举报，该县张某在自己家加工死猪肉并出售。县动监所立即派出执法人员调查，经查张某正在加工的死因不明的猪肉共计320公斤（检疫合格猪肉20元/公斤），县动监所依法立案查处，下列处理处罚正确的是（   ）。

    A. 责令当事人立即改正违法行为　　　　　B. 没收死因不明猪肉320公斤

    C. 罚款1280元　　　　　　　　　　　　D. 罚款12800元

答案：ABD

《中华人民共和国动物防疫法》七十六条规定，违反本法第二十五条规定，屠宰、经营、运输动物或者生产、经营、加工、贮藏、运输动物产品的，由动物卫生监督机构责令改正、采取补救措施，没收违法所得和动物、动物产品，并处同类检疫合格动物、动物产品货值金额一倍以上五倍以下罚款；其中依法应当检疫而未检疫的，依照本法第七十八条的规定处罚。

29. 张某以每公斤10元的价格收购生猪12头，共计1000公斤。他没有报检就将这12头猪装车运输，被动物卫生监督机构查获，如果这12头生猪符合补检条件，动物卫生监督机构对张某采取的措施可以是（   ）。

    A. 补检　　　　　　　　　　　　　　　B. 加倍收取检疫费

    C. 罚款1000元　　　　　　　　　　　　D. 罚款10000元

答案：AC

《中华人民共和国动物防疫法》五十九条第一款第三项规定，动物卫生监督机构执行监督检查任务，可以采取下列措施，有关单位和个人不得拒绝和阻碍：（三）对依法应当检疫而未经检疫的动物实施补检。七十八条第一款，违反本法规定，屠宰、经营、运输的动物未附有检疫证明，经营和运输的动物产品未附有检疫证明、检疫标志的，由动物卫生监督机构责令改正，处同类检疫合格动物、动物产品货值金额百分之十以上百分之五十以下罚款；对货主以外的承运人处运输费用一倍以上三倍以下罚款。

30. 2017年6月3日，A县动监所接到群众举报，该县胡某养猪场无《动物防疫条件合格证》饲养生猪三个月。县动监所派出执法人员调查核实，该场饲养生猪500头，无《动物防疫条件合格证》，县动监所依法立案查处，下列处理处罚正确的是（   ）。

    A. 责令当事人立即改正违法行为　　　　　B. 警告

    C. 罚款800元　　　　　　　　　　　　D. 罚款8000元

答案：AD

《中华人民共和国动物防疫法》第七十七条规定，违反本法规定，有下列行为之一的，由动物卫生监督机构责令改正，处一千元以上一万元以下罚款；情节严重的，处一万元以上十万元以下罚款：（一）兴办动物饲养场（养殖小区）和隔离场所，动物屠宰加工场所，以及动物和动物产品无害化处理场所，未取得动物防疫条件合格证的。

31. 有（　　）行为之一的单位或个人，由动物卫生监督机构责令改正，处一千元以上一万元以下罚款；情节严重的，处一万元以上十万元以下的罚款。

A. 兴办动物养殖小区未取得动物防疫条件合格证的

B. 未办理审批手续，跨省引进种蛋的

C. 未经检疫，向无规定动物疫病区输入动物的

D. 对饲养的肉鸡不按照规定进行免疫接种的

答案：ABC

《中华人民共和国动物防疫法》第七十七条规定，违反本法规定，有下列行为之一的，由动物卫生监督机构责令改正，处一千元以上一万元以下罚款；情节严重的，处一万元以上十万元以下罚款：（一）兴办动物饲养场（养殖小区）和隔离场所，动物屠宰加工场所，以及动物和动物产品无害化处理场所，未取得动物防疫条件合格证的；（二）未办理审批手续，跨省、自治区、直辖市引进乳用动物、种用动物及其精液、胚胎、种蛋的；（三）未经检疫，向无规定动物疫病区输入动物、动物产品的。

32. 赵某因伪造检疫证明被动物卫生监督机构一举查获，其已获得违法收入500元，动物卫生监督机构可以对其采取（　　）。

A. 责令改正 　　　　　　　　　　B. 没收违法所得500元

C. 罚款15000元 　　　　　　　　D. 收缴检疫证明

答案：BCD

《中华人民共和国动物防疫法》第七十九条规定，违反本法规定，转让、伪造或者变造检疫证明、检疫标志或者畜禽标识的，由动物卫生监督机构没收违法所得，收缴检疫证明、检疫标志或者畜禽标识，并处三千元以上三万元以下罚款。

33. A县动监所监督检查时发现，该县胡某养猪场生猪佩戴的耳标为假耳标，共1000枚，已使用300枚，经调查该批耳标为本县赵某伪造，经营该批耳标共获违法收入500元。县动监所依法立案查处，下列对赵某处理处罚正确的是（　　）。

A. 责令当事人立即改正违法行为 　　B. 没收违法所得500元

C. 收缴检疫证明 　　　　　　　　　D. 罚款20000元

答案：BD

《中华人民共和国动物防疫法》七十九条规定，违反本法规定，转让、伪造或者变造检疫证明、检疫标志或者畜禽标识的，由动物卫生监督机构没收违法所得，收缴检疫证明、检疫标志或者畜禽标识，并处三千元以上三万元以下罚款。

34.《中华人民共和国动物防疫法》规定，有（　　）行为之一的单位和个人，由动物卫生监督机构责令改正，处一千元以上一万元以下罚款。

A. 不遵守县级以上人民政府依法作出的有关控制、扑灭动物疫病规定的

B. 盗掘已被依法处理的动物产品的

C. 发布动物疫情的

D. 未办理审批手续，跨省引进种蛋，情节严重的

答案：ABC

《中华人民共和国动物防疫法》第八十条规定，违反本法规定，有下列行为之一的，由动物卫生监督机构责令改正，处一千元以上一万元以下罚款：（一）不遵守县级以上人民政府及其兽医主管部门依法作出的有关控制、扑灭动物疫病规定的；（二）藏匿、转移、盗掘已被依法隔离、封存、处理的动物和动物产品的；（三）发布动物疫情的。第七十七条第二项，违反本法规定，有下列行为之一的，由动物卫生监督机构责令改正，处一千元以上一万元以下罚款；情节严重的，处一万元以上十万元以下罚款，（二）未办理审批手续，跨省、自治区、直辖市引进乳用动物、种用动物及其精液、胚胎、种蛋的。

35. 下列选项是《中华人民共和国动物防疫法》所称的动物产品有（　　）。

A. 生猪肉　　　　B. 精液　　　　C. 血液　　　　D. 卵

答案：ABCD

《中华人民共和国动物防疫法》第三条第二款规定，本法所称动物产品，是指动物的肉、生皮、原毛、绒、脏器、脂、血液、精液、卵、胚胎、骨、蹄、头、角、筋以及可能传播动物疫病的奶、蛋等。

36. 按《中华人民共和国动物防疫法》需要申办《动物防疫条件合格证》的场所有（　　）。

A. 动物饲养场和养殖小区　　　　B. 动物屠宰加工场所

C. 动物诊疗场所　　　　　　　　D. 动物经营场所

答案：AB

《中华人民共和国动物防疫法》第二十条规定，兴办动物饲养场（养殖小区）和隔离场所，动物屠宰加工场所，以及动物和动物产品无害化处理场所，应当向县级以上地方人民政府兽医主管部门提出申请，并附具相关材料。

37.《中华人民共和国动物防疫法》规定，下列物品应当按照国务院兽医主管部门规定处理，不得随意处置的有（　　）。

A. 染疫动物及其排泄物

B. 染疫动物产品

C. 病死或者死因不明的动物尸体

D. 运载工具中的动物排泄物以及垫料、包装物、容器等污染物

答案：ABCD

《中华人民共和国动物防疫法》第二十一条第二款规定，染疫动物及其排泄物、染疫动物产品，病死或者死因不明的动物尸体，运载工具中的动物排泄物以及垫料、包装物、容器等污染物，应当按照国务院兽医主管部门的规定处理，不得随意处置。

38.《中华人民共和国动物防疫法》规定，禁止屠宰、经营、运输的动物和生产、经营、加工、贮藏、运输的动物产品包括（　　）。

A. 封锁疫区内与所发生动物疫病有关的　　　B. 疫区内易感染的

C. 依法应当检疫而未经检疫或者检疫不合格的　D. 染疫或者疑似染疫的

答案：ABCD

《中华人民共和国动物防疫法》第二十五条规定，禁止屠宰、经营、运输下列动物和生产、经营、加工、贮藏、运输下列动物产品：（一）封锁疫区内与所发生动物疫病有关的；（二）疫区内易感染的；（三）依法应当检疫而未经检疫或者检疫不合格的；（四）染疫或者疑似染疫的；（五）病死或者死因不明的；（六）其他不符合国务院兽医主管部门有关动物防疫规定的。

39. 按照《中华人民共和国动物防疫法》要求，不用办理《动物防疫条件合格证》的是（　　）。

A. 动物饲养场　　　B. 动物交易市场　　　C. 动物屠宰加工场所　D. 动物产品集贸市场

答案：BD

《中华人民共和国动物防疫法》第二十条规定，兴办动物饲养场（养殖小区）和隔离场所，动物屠宰加工场所，以及动物和动物产品无害化处理场所，应当向县级以上地方人民政府兽医主管部门提出申请，并附具相关材料。

40. 按照《中华人民共和国动物防疫法》规定，（　　）动物应当附有检疫证明。

A. 屠宰的　　　　B. 运输的　　　　C. 饲养的　　　　D. 经营的

答案：ABD

《中华人民共和国动物防疫法》第四十三条第一款规定，屠宰、经营、运输以及参加展览、演出和比赛的动物，应当附有检疫证明；经营和运输的动物产品，应当附有检疫证明、检疫标志。

41. A县动物卫生监督所官方兽医朱某有（　　　）行为之一的，由本县人民政府或者兽医主管部门责令改正，通报批评；对直接负责的主管人员和其他直接责任人员依法给予处分。

A．自己办了一个规模养猪场

B．对检疫合格的猪产品拒不出具检疫证明、加施检疫标志

C．对未经现场检疫的鸡出具了检疫合格证明

D．对附有检疫证明的50头生猪进行了检疫，并收取100元检疫费

答案：ABCD

《中华人民共和国动物防疫法》第七十条规定，动物卫生监督机构及其工作人员违反本法规定，有下列行为之一的，由本级人民政府或者兽医主管部门责令改正，通报批评；对直接负责的主管人员和其他直接责任人员，依法给予处分：（一）对未经现场检疫或者检疫不合格的动物、动物产品出具检疫证明、加施检疫标志，或者对检疫合格的动物、动物产品拒不出具检疫证明、加施检疫标志的；（二）对附有检疫证明、检疫标志的动物、动物产品重复检疫的；（三）从事与动物防疫有关的经营性活动，或者在国务院财政部门、物价主管部门规定外加收费用、重复收费的。

42. 根据《中华人民共和国动物防疫法》规定，对未经现场检疫或者检疫不合格的动物、动物产品出具检疫证明的直接责任人员依法给予（　　　）。

A．罚款　　　　　　　B．责令改正　　　　　C．警告　　　　　D．通报批评

答案：BD

《中华人民共和国动物防疫法》第七十条第一项规定，动物卫生监督机构及其工作人员违反本法规定，有下列行为之一的，由本级人民政府或者兽医主管部门责令改正，通报批评；对直接负责的主管人员和其他直接责任人员依法给予处分：（一）对未经现场检疫或者检疫不合格的动物、动物产品出具检疫证明、加施检疫标志，或者对检疫合格的动物、动物产品拒不出具检疫证明、加施检疫标志的。

43. 动物卫生监督机构执行监督检查任务，可以对动物、动物产品按照规定采取的措施有（　　　）。

A．采样　　　　　　　B．拍卖　　　　　　　C．抽检　　　　　D．清理

答案：AC

《中华人民共和国动物防疫法》第五十九条第一款第一项规定，动物卫生监督机构执行监督检查任务，可以采取下列措施，有关单位和个人不得拒绝或者阻碍：（一）对动物、动物产品按照规定采样、留验、抽检。

44. 动物卫生监督机构的法定职责包括（　　　）。

A．动物防疫执法　　　　　　　　　B．动物、动物产品的检疫

C．兽药执法　　　　　　　　　　　D．"瘦肉精"执法

答案：AB

《中华人民共和国动物防疫法》第八条规定，县级以上地方人民政府设立的动物卫生监督机构依照本法规定，负责动物、动物产品的检疫工作和其他有关动物防疫的监督管理执法工作。

45．动物卫生监督机构依照《中华人民共和国动物防疫法》的规定，可以对（　　　　）动物防疫实施监督管理。

A．动物饲养场　　　　B．生猪屠宰场　　　　C．动物交易市场　　　　D．猪肉经营市场

答案：ABCD

《中华人民共和国动物防疫法》第五十八条规定，动物卫生监督机构依照本法规定，对动物饲养、屠宰、经营、隔离、运输以及动物产品生产、经营、加工、贮藏、运输等活动中的动物防疫实施监督管理。

46．口蹄疫疫情发生后，疫点内应采取的措施有（　　　　）。

A．封锁疫点

B．扑杀所有的病畜及同群畜，并对所有病死畜、被扑杀畜及其产品，按国家规定标准进行无害化处理

C．对其他易感动物进行紧急强制免疫，并加强监测

D．对动物排泄物、被污染饲料、垫料、污水等进行无害化处理，对被污染的物品、交通工具、用具、圈舍、场地进行严格彻底消毒

答案：ABCD

《一、二、三类动物疫病病种名录（中华人民共和国农业部公告第1125号）》规定，口蹄疫是一类动物疫病。《中华人民共和国动物防疫法》第三十一条，发生一类动物疫病时，应当采取下列控制和扑灭措施：（一）当地县级以上地方人民政府兽医主管部门应当立即派人到现场，划定疫点、疫区、受威胁区，调查疫源，及时报请本级人民政府对疫区实行封锁。疫区范围涉及两个以上行政区域的，由有关行政区域共同的上一级人民政府对疫区实行封锁，或者由各有关行政区域的上一级人民政府共同对疫区实行封锁。必要时，上级人民政府可以责成下级人民政府对疫区实行封锁；（二）县级以上地方人民政府应当立即组织有关部门和单位采取封锁、隔离、扑杀、销毁、消毒、无害化处理、紧急免疫接种等强制性措施，迅速扑灭疫病；（三）在封锁期间，禁止染疫、疑似染疫和易感染的动物、动物产品流出疫区，禁止非疫区的易感染动物进入疫区，并根据扑灭动物疫病的需要对出入疫区的人员、运输工具及有关物品采取消毒和其他限制性措施。

47．A县农牧局的工作人员对不符合动物防疫条件的养殖场颁发了《动物防疫条件合格证》，应当对其作出的处理是（　　　　）。

A．由A县人民政府责令改正，通报批评

B. 由A县农牧局责令改正，通报批评

C. 由A县本级人民政府对直接负责的主管人员和其他直接责任人员依法给予处分

D. 由A县农牧局对直接负责的主管人员和其他直接责任人员依法给予处分

答案：AC

《中华人民共和国动物防疫法》第六十九条第二项规定，县级以上人民政府兽医主管部门及其工作人员违反本法规定，有下列行为之一的，由本级人民政府责令改正，通报批评；对直接负责的主管人员和其他直接责任人员依法给予处分：（二）对不符合条件的颁发动物防疫条件合格证、动物诊疗许可证，或者对符合条件的拒不颁发动物防疫条件合格证、动物诊疗许可证的。

48. 下列属于行政许可的事项有（   ）。

A. 动物免疫　　　　　　　　　　　　B. 申办《动物诊疗许可证》

C. 跨省引进乳用种用动物检疫审批　　D. 申办《动物防疫条件合格证》

答案：BCD

《中华人民共和国动物防疫法》第二十条第一款规定，兴办动物饲养场（养殖小区）和隔离场所，动物屠宰加工场所，以及动物和动物产品无害化处理场所，应当向县级以上地方人民政府兽医主管部门提出申请，并附具相关材料。受理申请的兽医主管部门应当依照本法和《中华人民共和国行政许可法》的规定进行审查。经审查合格的，发给动物防疫条件合格证；不合格的，应当通知申请人并说明理由。需要办理工商登记的，申请人凭动物防疫条件合格证向工商行政管理部门申请办理登记注册手续。第五十一条规定，设立从事动物诊疗活动的机构，应当向县级以上地方人民政府兽医主管部门申请动物诊疗许可证。

49. 为了加强对动物防疫活动的管理，（   ）动物疫病，促进养殖业发展，保护人体健康，维护公共卫生安全，制定动物防疫法。

A. 预防　　　　　B. 控制　　　　　C. 治疗　　　　　D. 扑灭

答案：ABD

《中华人民共和国动物防疫法》第一条规定，为了加强对动物防疫活动的管理，预防、控制和扑灭动物疫病，促进养殖业发展，保护人体健康，维护公共卫生安全，制定本法。

50. 以下属于《中华人民共和国动物防疫法》规定的动物产品的有（   ）。

A. 脏器　　　　　B. 皮蛋　　　　　C. 酸奶制品　　　　　D. 卵

答案：AD

《中华人民共和国动物防疫法》第三条第二款规定，本法所称动物产品，是指动物的肉、生皮、原毛、绒、脏器、脂、血液、精液、卵、胚胎、骨、蹄、头、角、筋以及可能传播动物疫病的奶、蛋等。

51.《中华人民共和国动物防疫法》规定动物卫生监督机构的职责是（　　　）。

A．动物检疫 　　　　　　　　　　B．动物产品检疫

C．动物疫病的预防和控制 　　　　D．动物防疫监督管理

答案：ABD

《中华人民共和国动物防疫法》第八条规定，县级以上地方人民政府设立的动物卫生监督机构依照本法规定，负责动物、动物产品的检疫工作和其他有关动物防疫的监督管理执法工作。

52．经强制免疫的动物，应当按照国务院兽医主管部门的（　　　）规定。

A．建立免疫档案 　　　　　　　　B．加施畜禽标识

C．实施可追溯管理 　　　　　　　D．统筹规划

答案：ABC

《中华人民共和国动物防疫法》第十四条第三款规定，经强制免疫的动物，应当按照国务院兽医主管部门的规定建立免疫档案，加施畜禽标识，实施可追溯管理。

53．（　　　）应当根据对动物疫病发生、流行趋势的预测，及时发出动物疫情预警。

A．国务院兽医主管部门 　　　　　B．省兽医主管部门

C．自治区兽医主管部门 　　　　　D．直辖市兽医主管部门

答案：ABCD

《中华人民共和国动物防疫法》第十六条规定，国务院兽医主管部门和省、自治区、直辖市人民政府兽医主管部门应当根据对动物疫病发生、流行趋势的预测，及时发出动物疫情预警。

54．经检查张某患有布鲁氏菌病，张某不得从事活动有（　　　）。

A．动物诊疗 　　B．奶牛的饲养 　　C．生猪的屠宰 　　D．羔羊的运输

答案：ABCD

《中华人民共和国动物防疫法》第二十三条第一款规定，患有人畜共患传染病的人员不得直接从事动物诊疗以及易感染动物的饲养、屠宰、经营、隔离、运输等活动。

55．《中华人民共和国动物防疫法》规定，对禽大肠杆菌一般采取的措施是（　　　）。

A．扑杀 　　　　B．销毁 　　　　C．防治 　　　　D．净化

答案：CD

《中华人民共和国动物防疫法》第三十四条规定，发生三类动物疫病时，当地县级、乡级人民政府应当按照国务院兽医主管部门的规定组织防治和净化。

56.《中华人民共和国动物防疫法》规定，任何单位和个人对已被隔离、封存、处理的动物和动物产品不得（　　　）。

A. 藏匿　　　　　B. 转移　　　　　C. 盗掘　　　　　D. 登记

答案：ABC

《中华人民共和国动物防疫法》第三十八条第二款规定，任何单位和个人不得藏匿、转移、盗掘已被依法隔离、封存、处理的动物和动物产品。

57.《中华人民共和国动物防疫法》规定，任何单位和个人不得藏匿、转移、盗掘已被（　　　）的动物和动物产品。

A. 隔离　　　　　B. 封存　　　　　C. 处理　　　　　D. 消毒

答案：ABC

《中华人民共和国动物防疫法》第三十八条第二款规定，任何单位和个人不得藏匿、转移、盗掘已被依法隔离、封存、处理的动物和动物产品。

58. 从事动物饲养、屠宰、经营、隔离、运输以及动物产品生产、经营、加工、贮藏等活动的单位和个人，应当依照《中华人民共和国动物防疫法》和国务院兽医主管部门的规定，做好免疫、消毒等动物疫病预防工作。这里"免疫"指的是（　　　）。

A. 国家规定的强制免疫　　　　　B. 省级规定的强制免疫

C. 其他动物疫病的常规预防免疫　　　　　D. 抗体治疗

答案：ABC

《中华人民共和国动物防疫法》第十四条规定，县级以上地方人民政府兽医主管部门组织实施动物疫病强制免疫计划。乡级人民政府、城市街道办事处应当组织本管辖区域内饲养动物的单位和个人做好强制免疫工作。饲养动物的单位和个人应当依法履行动物疫病强制免疫义务，按照兽医主管部门的要求做好强制免疫工作。

59. 对违法屠宰、经营、加工《中华人民共和国动物防疫法》规定禁止屠宰、经营、加工动物、动物产品的，可以给予的处理处罚是（　　　）。

A. 由动物卫生监督机构责令改正、采取补救措施

B. 没收违法所得和动物、动物产品

C. 并处同类检疫合格动物、动物产品货值金额一倍以上五倍以下罚款

D. 并处同类检疫合格动物、动物产品货值金额一倍以上三倍以下罚款

答案：ABC

《中华人民共和国动物防疫法》第七十六条规定，违反本法第二十五条规定，屠宰、经营、运输动物或者生产、经营、加工、贮藏、运输动物产品的，由动物卫生监督机构责令改

正、采取补救措施，没收违法所得和动物、动物产品，并处同类检疫合格动物、动物产品货值金额一倍以上五倍以下罚款；其中依法应当检疫而未检疫的，依照本法第七十八条的规定处罚。

60. 违反《中华人民共和国动物防疫法》规定，未取得动物诊疗许可证从事动物诊疗活动的，动物卫生监督机构可以给予的处罚是（　　）。

A. 责令停止诊疗活动

B. 没收违法所得

C. 违法所得在三万元以上的，并处违法所得一倍以上三倍以下罚款

D. 没有违法所得或者违法所得不足三万元的，并处三千元以上三万元以下罚款

答案：ABCD

《中华人民共和国动物防疫法》第八十一条第一款规定，违反本法规定，未取得动物诊疗许可证从事动物诊疗活动的，由动物卫生监督机构责令停止诊疗活动，没收违法所得；违法所得在三万元以上的，并处违法所得一倍以上三倍以下罚款；没有违法所得或者违法所得不足三万元的，并处三千元以上三万元以下罚款。

61. 根据《中华人民共和国动物防疫法》规定，对未经现场检疫或者检疫不合格的动物、动物产品出具检疫证明的直接责任人员依法给予的处理处罚是（　　）。

A. 罚款　　　　　　B. 责令改正　　　　　　C. 警告　　　　　　D. 通报批评

答案：BD

《中华人民共和国动物防疫法》第七十条第一项规定，动物卫生监督机构及其工作人员违反本法规定，有下列行为之一的，由本级人民政府或者兽医主管部门责令改正，通报批评；对直接负责的主管人员和其他直接责任人员依法给予处分：（一）对未经现场检疫或者检疫不合格的动物、动物产品出具检疫证明、加施检疫标志，或者对检疫合格的动物、动物产品拒不出具检疫证明、加施检疫标志的。

62. 根据《中华人民共和国动物防疫法》规定，地方各级人民政府、有关部门及其工作人员有（　　）行为的，由上级人民政府或者有关部门责令改正，通报批评；对直接负责的主管人员和其他直接责任人员依法给予处分。

A. 瞒报、谎报动物疫情的　　　　　　B. 授意他人瞒报、谎报、迟报动物疫情的

C. 阻碍他人报告动物疫情的　　　　　　D. 迟报、漏报动物疫情的

答案：ABCD

《中华人民共和国动物防疫法》第七十二条，地方各级人民政府、有关部门及其工作人员瞒报、谎报、迟报、漏报或者授意他人瞒报、谎报、迟报动物疫情，或者阻碍他人报告动物疫

情的，由上级人民政府或者有关部门责令改正，通报批评；对直接负责的主管人员和其他直接责任人员依法给予处分。

63. 根据《中华人民共和国动物防疫法》规定，禁止屠宰、经营、运输下列动物和生产、经营、加工、贮藏、运输（　　）动物产品。

A. 封锁疫区内与所发生动物疫病有关的、易感染的

B. 依法应当检疫而未经检疫或检疫不合格的

C. 染疫或疑似染疫、病死或死因不明的

D. 其他不符合国务院兽医主管部门有关动物防疫规定的

答案：ABCD

《中华人民共和国动物防疫法》第二十五条规定，禁止屠宰、经营、运输下列动物和生产、经营、加工、贮藏、运输下列动物产品：（一）封锁疫区内与所发生动物疫病有关的；（二）疫区内易感染的；（三）依法应当检疫而未经检疫或者检疫不合格的；（四）染疫或者疑似染疫的；（五）病死或者死因不明的；（六）其他不符合国务院兽医主管部门有关动物防疫规定的。

64. 《中华人民共和国动物防疫法》规定，动物检疫证明、检疫标志或者畜禽标识，禁止下列哪些行为。（　　　）

A. 转让　　　　　B. 伪造　　　　　C. 查验　　　　　D. 变造

答案：ABD

《中华人民共和国动物防疫法》第六十一条第一款规定，禁止转让、伪造或者变造检疫证明、检疫标志和畜禽标识。

65. 发生二类动物疫病时，应当采取的控制和扑灭措施有（　　　）。

A. 当地县级以上地方人民政府兽医主管部门应当划定疫点、疫区、受威胁区。

B. 当地县级以上地方人民政府兽医主管部门应当立即派人到现场，划定疫点、疫区、受威胁区，调查疫源，及时报请本级人民政府对疫区实行封锁。

C. 县级以上地方人民政府根据需要组织有关部门和单位采取隔离、扑杀、销毁、消毒、无害化处理、紧急免疫接种、限制易感染的动物和动物产品及有关物品出入等控制、扑灭措施。

D. 县级以上地方人民政府应当立即组织有关部门和单位采取封锁、隔离、扑杀、销毁、消毒、无害化处理、紧急免疫接种等强制性措施，迅速扑灭疫病。

答案：AC

《中华人民共和国动物防疫法》第三十二条规定，发生二类动物疫病时，应当采取下列控制和扑灭措施：（一）当地县级以上地方人民政府兽医主管部门应当划定疫点、疫区、受威胁区。（二）县级以上地方人民政府根据需要组织有关部门和单位采取隔离、扑杀、销毁、消

毒、无害化处理、紧急免疫接种、限制易感染的动物和动物产品及有关物品出入等控制、扑灭措施。

66. 河北省A县动物卫生监督所监督检查时发现，胡某养猪场在未办理引种审批手续的情况下，从河南省B市引入43头长白种猪。该县动物卫生监督所依法立案查处，下列处理处罚对胡某正确的是（　　）。

A. 责令当事人立即改正违法行为　　　　　B. 警告

C. 罚款800元　　　　　　　　　　　　　D. 罚款8000元

答案：AD

《中华人民共和国动物防疫法》第七十七条第二项规定，违反本法规定，有下列行为之一的，由动物卫生监督机构责令改正，处一千元以上一万元以下罚款；情节严重的，处一万元以上十万元以下罚款：（二）未办理审批手续，跨省、自治区、直辖市引进乳用动物、种用动物及其精液、胚胎、种蛋的。

67. 依照《中华人民共和国动物防疫法》规定，县级以上动物卫生监督机构的主要职责有（　　）。

A. 负责动物的检疫工作　　　　　　　　　B. 负责动物产品的检疫工作

C. 有关动物防疫的监督管理执法工作　　　D. 负责动物疫病监测工作

答案：ABC

《中华人民共和国动物防疫法》第四十一条规定，动物卫生监督机构依照本法和国务院兽医主管部门的规定对动物、动物产品实施检疫。第五十八条规定，动物卫生监督机构依照本法规定，对动物饲养、屠宰、经营、隔离、运输以及动物产品生产、经营、加工、贮藏、运输等活动中的动物防疫实施监督管理。

68. A县动监所监督检查时发现，某动物批发市场生猪贩运户张某在卸完生猪后将车上排泄物、垫料等在市场外随处丢弃。县动监所依法立案查处，下列对张某处理处罚正确的是（　　）。

A. 警告　　　　　　　　　　　　　　　　B. 责令张某无害化处理

C. 承担无害化处理费用50元　　　　　　　D. 罚款800元

答案：BCD

《中华人民共和国动物防疫法》七十五条规定，违反本法规定，不按照国务院兽医主管部门规定处置染疫动物及其排泄物，染疫动物产品，病死或者死因不明的动物尸体，运载工具中的动物排泄物以及垫料、包装物、容器等污染物以及其他经检疫不合格的动物、动物产品的，由动物卫生监督机构责令无害化处理，所需处理费用由违法行为人承担，可以处三千元以下罚款。

69.《中华人民共和国动物防疫法》中所称的动物是指（　　　　）。

A．家畜
B．家禽
C．人工饲养、合法捕获的其他动物
D．野生动物

答案：ABC

　　《中华人民共和国动物防疫法》第三条规定，本法所称动物，是指家畜家禽和人工饲养、合法捕获的其他动物。

70．动物卫生监督所不得从事的活动包括（　　　　）。

A．动物疾病诊疗　　B．动物保健　　C．畜禽饲养统计　　D．兽药、饲料经营

答案：ABD

　　《中华人民共和国动物防疫法》第六十条规定，动物卫生监督机构及其工作人员不得从事与动物防疫有关的经营性活动，进行监督检查不得收取任何费用。

71．按照《中华人民共和国动物防疫法》规定，参加执业兽医资格考试需具备的条件包括（　　　　）。

A．兽医相关专业　　B．大专以上学历　　C．中专以上学历　　D．畜牧相关专业

答案：AB

　　《中华人民共和国动物防疫法》第五十四条规定，国家实行执业兽医资格考试制度。具有兽医相关专业大学专科以上学历的，可以申请参加执业兽医资格考试；考试合格的，由省、自治区、直辖市人民政府兽医主管部门颁发执业兽医资格证书；从事动物诊疗的，还应当向当地县级人民政府兽医主管部门申请注册。执业兽医资格考试和注册办法由国务院兽医主管部门商国务院人事行政部门制定。

72．《中华人民共和国动物防疫法》规定，动物卫生监督机构执行监督检查任务，对染疫或者疑似染疫的动物、动物产品及相关物品进行（　　　）措施，有关单位和个人不得拒绝或者阻碍。

A．隔离
B．查封
C．扣押
D．处理

答案：ABCD

　　《中华人民共和国动物防疫法》第五十九条第一款第二项规定，动物卫生监督机构执行监督检查任务，可以采取下列措施，有关单位和个人不得拒绝和阻碍：（二）对染疫或者疑似染疫的动物、动物产品及相关物品进行隔离、查封、扣押和处理。

73．《中华人民共和国动物防疫法》规定，动物卫生监督机构执行监督检查任务，可以采取（　　　）措施，有关单位和个人不得拒绝或阻碍。

A．对动物、动物产品按照规定采样、留验、抽检

B．对染疫或者疑似染疫的动物、动物产品及相关物品进行隔离、查封、扣押和处理

C．对依法应当检疫而未经检疫的动物实施补检

D. 对依法应当检疫而未经检疫的动物产品，具备补检条件的实施补检，不具备补检条件的予以没收销毁

答案：ABCD

《中华人民共和国动物防疫法》第五十九条第一款规定，动物卫生监督机构执行监督检查任务，可以采取下列措施，有关单位和个人不得拒绝和阻碍：（一）对动物、动物产品按照规定采样、留验、抽检；（二）对染疫或者疑似染疫的动物、动物产品及相关物品进行隔离、查封、扣押和处理；（三）对依法应当检疫而未经检疫的动物实施补检；（四）对依法应当检疫而未经检疫的动物产品，具备补检条件的实施补检，不具备补检条件的予以没收销毁；（五）查验检疫证明、检疫标志和畜禽标识；（六）进入有关场所调查取证，查阅、复制与动物防疫有关的资料。

74.《中华人民共和国动物防疫法》的立法宗旨包括（　　）。

A. 加强对动物防疫活动的管理　　　　B. 预防、控制和扑灭动物疫病

C. 促进养殖业发展，保护人体健康　　D. 维护公共卫生安全

答案：ABCD

《中华人民共和国动物防疫法》第一条规定，为了加强对动物防疫活动的管理，预防、控制和扑灭动物疫病，促进养殖业发展，保护人体健康，维护公共卫生安全，制定本法。

75.《中华人民共和国动物防疫法》对动物疫情监测的规定包括（　　）。

A. 国务院兽医主管部门应当制定国家动物疫病监测计划

B. 省、自治区、直辖市人民政府兽医主管部门应当根据国家动物疫病监测计划，制定本行政区域的动物疫病监测计划

C. 动物疫病预防控制机构应当按照国务院兽医主管部门的规定，对动物疫病的发生、流行等情况进行监测

D. 从事动物饲养、屠宰、经营、隔离、运输以及动物产品生产、经营、加工、贮藏等活动的单位和个人不得拒绝或者阻碍监测

答案：ABCD

《中华人民共和国动物防疫法》第十五条规定，县级以上人民政府应当建立健全动物疫情监测网络，加强动物疫情监测。国务院兽医主管部门应当制定国家动物疫病监测计划。省、自治区、直辖市人民政府兽医主管部门应当根据国家动物疫病监测计划，制定本行政区域的动物疫病监测计划。动物疫病预防控制机构应当按照国务院兽医主管部门的规定，对动物疫病的发生、流行等情况进行监测；从事动物饲养、屠宰、经营、隔离、运输以及动物产品生产、经营、加工、贮藏等活动的单位和个人不得拒绝或者阻碍。

判 断 题

1.《中华人民共和国动物防疫法》适用于在中华人民共和国领域内的动物防疫及其监督管理活动。( )

> 答案：对
>
> 《中华人民共和国动物防疫法》第二条第一款规定，本法适用于在中华人民共和国领域内的动物防疫及其监督管理活动。

2.《中华人民共和国动物防疫法》规定，进出境动物、动物产品的检疫，适用《中华人民共和国进出境动植物检疫法》。( )

> 答案：对
>
> 《中华人民共和国动物防疫法》第二条第二款规定，进出境动物、动物产品的检疫，适用《中华人民共和国进出境动植物检疫法》。

3.《中华人民共和国动物防疫法》所称动物防疫，是指动物疫病的预防、控制、扑灭和动物、动物产品的检疫。( )

> 答案：对
>
> 《中华人民共和国动物防疫法》第三条第四款规定，本法所称动物防疫，是指动物疫病的预防、控制、扑灭和动物、动物产品的检疫。

4.《中华人民共和国动物防疫法》规定，乡级人民政府、城市街道办事处应当组织群众协助做好本管辖区域内的动物疫病预防与控制工作。( )

> 答案：对
>
> 《中华人民共和国动物防疫法》第六条第二款规定，乡级人民政府、城市街道办事处应当组织群众协助做好本管辖区域内的动物疫病预防与控制工作。

5.《中华人民共和国动物防疫法》规定，县级以上地方人民政府兽医主管部门主管本行政区域内的动物防疫工作。( )

> 答案：对
>
> 《中华人民共和国动物防疫法》第七条第二款规定，县级以上地方人民政府兽医主管部门主管本行政区域内的动物防疫工作。

6.《中华人民共和国动物防疫法》规定，国务院兽医主管部门主管全国的动物防疫工作，但是不包括军队和武警部队现役动物的防疫工作。( )

答案：错

《中华人民共和国动物防疫法》第七条第一款规定，国务院兽医主管部门主管全国的动物防疫工作。第七条第四款，军队和武装警察部队动物卫生监督职能部门分别负责军队和武装警察部队现役动物及饲养自用动物的防疫工作。

7.《中华人民共和国动物防疫法》规定，国务院兽医主管部门对动物状况进行风险评估，根据评估结果制定相应的动物疫病预防、控制措施。（　　）

答案：错

《中华人民共和国动物防疫法》第十二条第一款规定，国务院兽医主管部门对动物疫病状况进行风险评估，根据评估结果制定相应的动物疫病预防、控制措施。

8.《中华人民共和国动物防疫法》规定，国务院兽医主管部门根据国内外动物疫情和保护养殖业生产及人体健康的需要，及时制定并公布动物疫病预防、控制技术规范。（　　）

答案：对

《中华人民共和国动物防疫法》第十二条第二款规定，国务院兽医主管部门根据国内外动物疫情和保护养殖业生产及人体健康的需要，及时制定并公布动物疫病预防控制技术规范。

9.《中华人民共和国动物防疫法》规定，饲养动物的单位和个人应当依法履行动物疫病强制免疫义务，按照兽医主管部门的要求做好强制免疫工作。（　　）

答案：对

《中华人民共和国动物防疫法》第十四条第二款规定，饲养动物的单位和个人应当依法履行动物疫病强制免疫义务，按照兽医主管部门的要求做好强制免疫工作。

10.《中华人民共和国动物防疫法》规定，饲养动物的单位和个人应当依法履行动物疫病强制免疫义务。（　　）

答案：对

《中华人民共和国动物防疫法》第十四条第二款规定，饲养动物的单位和个人应当依法履行动物疫病强制免疫义务，按照兽医主管部门的要求做好强制免疫工作。

11.《中华人民共和国动物防疫法》规定，国家对动物疫病实行区域化管理，逐步建立无规定动物疫病区。无规定动物疫病区应当符合国务院兽医主管部门规定的标准，经国务院兽医主管部门验收合格予以公布。（　　）

答案：对

《中华人民共和国动物防疫法》第二十四条第一款规定，国家对动物疫病实行区域化管理，逐步建立无规定动物疫病区。无规定动物疫病区应当符合国务院兽医主管部门规定的标准，经国务院兽医主管部门验收合格予以公布。

12.《中华人民共和国动物防疫法》规定，从事动物疫情监测、检验检疫、疫病研究与诊疗以及动物饲养、屠宰、经营、隔离、运输等活动的单位和个人，发现动物染疫或者疑似染疫的，应当立即向当地动物诊疗机构报告。（　　）

答案：错

《中华人民共和国动物防疫法》第二十六条第一款规定，从事动物疫情监测、检验检疫、疫病研究与诊疗以及动物饲养、屠宰、经营、隔离、运输等活动的单位和个人，发现动物染疫或者疑似染疫的，应当立即向当地兽医主管部门、动物卫生监督机构或者动物疫病预防控制机构报告，并采取隔离等控制措施，防止动物疫情扩散。其他单位和个人发现动物染疫或者疑似染疫的，应当及时报告。

13.《中华人民共和国动物防疫法》规定，动物卫生监督机构可以依据《食品安全法》的有关条款，对经营、生产病死动物、动物产品的违法行为给予处罚。（　　）

答案：错

《中华人民共和国动物防疫法》第八条规定，县级以上地方人民政府设立的动物卫生监督机构依照本法规定，负责动物、动物产品的检疫工作和其他有关动物防疫的监督管理执法工作。

14.《中华人民共和国动物防疫法》规定，任何单位和个人不得瞒报、谎报、迟报、漏报动物疫情，不得授意他人瞒报、谎报、迟报动物疫情，不得阻碍他人报告动物疫情。（　　）

答案：对

《中华人民共和国动物防疫法》第三十条规定，任何单位和个人不得瞒报、谎报、迟报、漏报动物疫情，不得授意他人瞒报、谎报、迟报动物疫情，不得阻碍他人报告动物疫情。

15.《中华人民共和国动物防疫法》规定，动物卫生监督机构的官方兽医具体实施动物、动物产品检疫。（　　）

答案：对

《中华人民共和国动物防疫法》第四十一条第二款规定，动物卫生监督机构的官方兽医具体实施动物、动物产品检疫。

16.《中华人民共和国动物防疫法》规定，屠宰、出售或者运输动物以及出售或者运输动物产品前，货主应当按照国务院兽医主管部门的规定向当地动物卫生监督机构申报检疫。（　　）

答案：对

《中华人民共和国动物防疫法》第四十二条第一款规定，屠宰、出售或者运输动物以及出售或者运输动物产品前，货主应当按照国务院兽医主管部门的规定向当地动物卫生监督机构申报检疫。

17. 发生一类动物疫病时，当地县级以上地方人民政府兽医主管部门应当立即派人到现场，划定疫点、疫区、受威胁区，并发布封锁令。（　　　）

答案：错

《中华人民共和国动物防疫法》第三十一条规定，发生一类动物疫病时，应当采取下列控制和扑灭措施，（一）当地县级以上地方人民政府兽医主管部门应当立即派人到现场，划定疫点、疫区、受威胁区，调查疫源，及时报请本级人民政府对疫区实行封锁。

18.《中华人民共和国动物防疫法》规定，设立从事动物诊疗活动的机构，应当向县级以上地方人民政府兽医主管部门申请动物诊疗许可证。（　　　）

答案：对

《中华人民共和国动物防疫法》五十一条规定，从事动物诊疗活动的机构，应当向县级以上地方人民政府兽医主管部门申请动物诊疗许可证。申请人凭动物诊疗许可证向工商行政管理部门申请办理登记注册手续，取得营业执照后，方可从事动物诊疗活动。

19.《中华人民共和国动物防疫法》规定，经营动物、动物产品的集贸市场应当具备国务院兽医主管部门规定的动物防疫条件，并接受动物卫生监督机构的监督检查。（　　　）

答案：对

《中华人民共和国动物防疫法》第二十条第三款规定，经营动物、动物产品的集贸市场应当具备国务院兽医主管部门规定的动物防疫条件，并接受动物卫生监督机构的监督检查。

20.《中华人民共和国动物防疫法》规定，动物卫生监督机构在执行监督检查任务时，可以对疑似染疫动物、动物产品采取隔离、查封、扣押、处理措施。（　　　）

答案：对

《中华人民共和国动物防疫法》第五十九条第一款第二项规定，动物卫生监督机构执行监督检查任务，可以采取下列措施，有关单位和个人不得拒绝和阻碍：（二）对染疫或者疑似染疫的动物、动物产品及相关物品进行隔离、查封、扣押和处理。

21.《中华人民共和国动物防疫法》规定，禁止转让、伪造或者变造检疫证明、检疫标志或者畜禽标识。（　　　）

答案：对

《中华人民共和国动物防疫法》第六十一条第一款规定，禁止转让、伪造或者变造检疫证明、检疫标志和畜禽标识。

22. 发生一类动物疫病时，在封锁期间，禁止非疫区的所有动物进入疫区。（　　　）

答案：错

《中华人民共和国动物防疫法》第三十一条规定，发生一类动物疫病时，应当采取下列控制和扑灭措施：（一）（二）略；（三）在封锁期间，禁止染疫、疑似染疫和易感染的动物、动物产品流出疫区，禁止非疫区的易感染动物进入疫区，并根据扑灭动物疫病的需要对出入疫区的人员、运输工具及有关物品采取消毒和其他限制性措施。

23. 设立从事动物诊疗活动的机构，应当向县级以上地方人民政府兽医主管部门申请动物诊疗许可证。（　　　）

答案：对

《中华人民共和国动物防疫法》第五十一条规定，设立从事动物诊疗活动的机构，应当向县级以上地方人民政府兽医主管部门申请动物诊疗许可证。受理申请的兽医主管部门应当依照本法和《中华人民共和国行政许可法》的规定进行审查。经审查合格的，发给动物诊疗许可证；不合格的，应当通知申请人并说明理由。申请人凭动物诊疗许可证向工商行政管理部门申请办理登记注册手续，取得营业执照后，方可从事动物诊疗活动。

24. 转让、伪造、变造检疫证明、检疫标志或畜禽标识的，按照《畜牧法》进行处理处罚。（　　　）

答案：错

《中华人民共和国动物防疫法》第七十九条规定，违反本法规定，转让、伪造或者变造检疫证明、检疫标志或者畜禽标识的，由动物卫生监督机构没收违法所得，收缴检疫证明、检疫标志或者畜禽标识，并处三千元以上三万元以下罚款。

25. 未经检疫，向无规定动物疫病区输入动物、动物产品的，由动物卫生监督机构责令改正，处一万元以上两万元以下罚款。（　　　）

答案：错

《中华人民共和国动物防疫法》第七十七条第三项规定，违反本法规定，有下列行为之一的，由动物卫生监督机构责令改正，处一千元以上一万元以下罚款；情节严重的，处一万元以上十万元以下罚款：（三）未经检疫，向无规定动物疫病区输入动物、动物产品的。

26. 兴办动物饲养场、隔离场所和动物屠宰加工场所，未取得动物防疫条件合格证的，由动物卫生监督机构责令改正，处一千元以上一万元以下罚款。（　　　）

答案：对

《中华人民共和国动物防疫法》第七十七条第一项规定，违反本法规定，有下列行为之一的，由动物卫生监督机构责令改正，处一千元以上一万元以下罚款；情节严重的，处一万元以上十万元以下罚款：（一）兴办动物饲养场（养殖小区）和隔离场所，动物屠宰加工场所，以及动物和动物产品无害化处理场所，未取得动物防疫条件合格证的。

27. 执业兽医，是指具备规定的资格条件并经兽医主管部门任命的，负责出具检疫等证明的国家兽医工作人员。（   ）

答案：错

《中华人民共和国动物防疫法》第四十一条规定，本法所称官方兽医，是指具备规定的资格条件并经兽医主管部门任命的，负责出具检疫等证明的国家兽医工作人员。第五十四条规定，本法所称执业兽医，是指从事动物诊疗和动物保健等经营活动的兽医。

28. 张某的养猪场未按规定对生猪进行强制免疫，警告后仍不改正，该县动物卫生监督所对其处以2000元的罚款，并代作处理。（   ）

答案：错

《中华人民共和国动物防疫法》第七十三条第一项规定，违反本法规定，有下列行为之一的，由动物卫生监督机构责令改正，给予警告；拒不改正的，由动物卫生监督机构代作处理，所需处理费用由违法行为人承担，可以处一千元以下罚款：（一）对饲养的动物不按照动物疫病强制免疫计划进行免疫接种的。

29. 根据《中华人民共和国动物防疫法》规定，乡镇动物卫生监督分所官方兽医从事动物疫病诊疗、兽药经营行为是不允许的。（   ）

答案：对

《中华人民共和国动物防疫法》第七十条第三项规定，动物卫生监督机构及其工作人员违反本法规定，有下列行为之一的，由本级人民政府或者兽医主管部门责令改正，通报批评；对直接负责的主管人员和其他直接责任人员依法给予处分：（三）从事与动物防疫有关的经营性活动，或者在国务院财政部门、物价主管部门规定外加收费用、重复收费的。

30.《中华人民共和国动物防疫法》规定，县级人民政府兽医主管部门可以根据动物防疫工作的需要，向乡、镇、或特定区域派驻兽医机构。（   ）

答案：对

《中华人民共和国动物防疫法》第六十三条第二款规定，县级人民政府兽医主管部门可以根据动物防疫工作需要，向乡、镇或者特定区域派驻兽医机构。

31．国家实行执业兽医资格考试制度，必须具有兽医相关专业大学本科以上学历才可申请参加执业兽医考试。（　　　）

答案：错

《中华人民共和国动物防疫法》第五十四条第一款规定，国家实行执业兽医资格考试制度。具有兽医相关专业大学专科以上学历的，可以申请参加执业兽医资格考试；考试合格的，由国务院兽医主管部门颁发执业兽医资格证书；从事动物诊疗的，还应当向当地县级人民政府兽医主管部门申请注册。执业兽医资格考试和注册办法由国务院兽医主管部门商国务院人事行政部门制定。

32．动物诊疗许可证载明事项变更的，应当申请变更或者换发动物诊疗许可证。（　　　）

答案：对

《中华人民共和国动物防疫法》第五十二条第二款规定，动物诊疗许可证载明事项变更的，应当申请变更或者换发动物诊疗许可证，并依法办理工商变更登记手续。

33．人工捕获的野生动物，不需要报检，就可饲养、经营和运输。（　　　）

答案：错

《中华人民共和国动物防疫法》第四十七条规定，人工捕获的可能传播动物疫病的野生动物，应当报经捕获地动物卫生监督机构检疫，经检疫合格的，方可饲养、经营和运输。

34．官方兽医是指具备国家规定的资格条件，负责出具检疫、检测等证明的国家兽医工作人员。（　　　）

答案：错

《中华人民共和国动物防疫法》第四十一条规定，本法所称官方兽医，是指具备规定的资格条件并经兽医主管部门任命的，负责出具检疫等证明的国家兽医工作人员。

35．发生动物疫情时，航空、铁路、公路、水路等运输部门应当优先组织运送控制、扑灭疫病的人员和有关物资。（　　　）

答案：对

《中华人民共和国动物防疫法》第三十九条规定，发生动物疫情时，航空、铁路、公路、水路等运输部门应当优先组织运送控制、扑灭疫病的人员和有关物资。

36．任何单位和个人不得藏匿、转移、盗掘已被依法隔离、封存、处理的动物和动物产品。（　　　）

答案：对

《中华人民共和国动物防疫法》第三十八条第二款规定，任何单位和个人不得藏匿、转移、盗掘已被依法隔离、封存、处理的动物和动物产品。

37．发生人畜共患传染病时，兽医主管部门应当组织对疫区易感的人群进行监测，并采取相应的预防、控制措施。（　　）

答案：错

《中华人民共和国动物防疫法》第三十七条规定，发生人畜共患传染病时，卫生主管部门应当组织对疫区易感染的人群进行监测，并采取相应的预防、控制措施。

38．当二、三类疫病呈暴发流行时，同样采取封锁等强制性措施。（　　）

答案：对

《中华人民共和国动物防疫法》第三十五条规定，二、三类动物疫病呈暴发性流行时，按照一类动物疫病处理。

39．《中华人民共和国动物防疫法》规定，任何单位和个人不得瞒报、谎报、迟报、漏报动物疫情。（　　）

答案：对

《中华人民共和国动物防疫法》第三十条规定，任何单位和个人不得瞒报、谎报、迟报、漏报动物疫情，不得授意他人瞒报、谎报、迟报动物疫情，不得阻碍他人报告动物疫情。

40．国务院兽医主管部门负责向社会及时公布全国动物疫情，也可以根据需要授权省、自治区、直辖市人民政府兽医主管部门公布本行政区域内的动物疫情。其他单位和个人不得发布动物疫情。（　　）

答案：对

《中华人民共和国动物防疫法》第二十九条规定，国务院兽医主管部门负责向社会及时公布全国动物疫情，也可以根据需要授权省、自治区、直辖市人民政府兽医主管部门公布本行政区域内的动物疫情。其他单位和个人不得发布动物疫情。

41．动物疫情由县级以上人民政府认定；其中重大动物疫情由省、自治区、直辖市人民政府认定，必要时报国务院认定。（　　）

答案：错

《中华人民共和国动物防疫法》第二十七条规定，动物疫情由县级以上人民政府兽医主管部门认定；其中重大动物疫情由省、自治区、直辖市人民政府兽医主管部门认定，必要时报国务院兽医主管部门认定。

42．患有人畜共患传染病的人员可以直接从事动物诊疗以及易感染动物的饲养、屠宰、经营、隔离、运输等活动。（　　）

答案：错

《中华人民共和国动物防疫法》第二十三条第一款规定，患有人畜共患传染病的人员不得直接从事动物诊疗以及易感染动物的饲养、屠宰、经营、隔离、运输等活动。

43. 无规定动物疫病区，是指具有天然屏障或者采取人工措施，在一定期限内没有发生规定的一种或者几种动物疫病的区域。（　　）

答案：错

《中华人民共和国动物防疫法》第二十四条第二款规定，前款所称无规定动物疫病区，是指具有天然屏障或者采取人工措施，在一定期限内没有发生规定的一种或者几种动物疫病，并经验收合格的区域。

44. 对从事动物检疫的官方兽医，有关单位应当按照国家规定采取有效的卫生防护措施和医疗保健措施。（　　）

答案：对

《中华人民共和国动物防疫法》第六十七条规定，对从事动物疫病预防、检疫、监督检查、现场处理疫情以及在工作中接触动物疫病病原体的人员，有关单位应当按照国家规定采取有效的卫生防护措施和医疗保健措施。

45. 动物、动物产品的运载工具、垫料、包装物、容器等应当符合国务院兽医主管部门规定的动物防疫要求。（　　）

答案：对

《中华人民共和国动物防疫法》第二十一条第一款规定，动物、动物产品的运载工具、垫料、包装物、容器等应当符合国务院兽医主管部门规定的动物防疫要求。

46. 经营动物、动物产品的集贸市场应当具备国务院兽医主管部门规定的动物防疫条件，并接受动物卫生监督机构的监督检查。（　　）

答案：对

《中华人民共和国动物防疫法》第二十条第三款规定，经营动物、动物产品的集贸市场应当具备国务院兽医主管部门规定的动物防疫条件，并接受动物卫生监督机构的监督检查。

47. 种用、乳用动物应当接受动物疫病预防控制机构的定期检测；检测不合格的，应当按照国务院兽医主管部门的规定予以销毁。（　　）

答案：错

《中华人民共和国动物防疫法》第十八条第二款规定，种用、乳用动物应当接受动物疫病预防控制机构的定期检测；检测不合格的，应当按照国务院兽医主管部门的规定予以处理。

48．省、自治区、直辖市人民政府兽医主管部门根据国家动物疫病强制免疫计划，制定本行政区域的强制免疫计划。（   ）

答案：对

《中华人民共和国动物防疫法》第十三条第二款规定，省、自治区、直辖市人民政府兽医主管部门根据国家动物疫病强制免疫计划，制订本行政区域的强制免疫计划。

49．国家对严重危害养殖业生产和人体健康的动物疫病实施强制免疫。（   ）

答案：对

《中华人民共和国动物防疫法》第十三条规定，国家对严重危害养殖业生产和人体健康的动物疫病实施强制免疫。

50．县级以上人民政府设立的动物卫生监督机构依照《中华人民共和国动物防疫法》规定负责动物、动物产品的检疫、检验、检测工作和其他有关动物防疫监督管理执法工作。（   ）

答案：错

《中华人民共和国动物防疫法》第八条规定，县级以上地方人民政府设立的动物卫生监督机构依照本法规定，负责动物、动物产品的检疫工作和其他有关动物防疫的监督管理执法工作。

51．军队和武警警察部队动物卫生监督职能部门分别负责军队和武警警察部队现役动物及饲养自用动物的防疫工作。（   ）

答案：对

《中华人民共和国动物防疫法》第七条第四款规定，军队和武装警察部队动物卫生监督职能部门分别负责军队和武装警察部队现役动物及饲养自用动物的防疫工作。

52．县级以上人民政府主管本行政区域内的动物防疫工作。（   ）

答案：错

《中华人民共和国动物防疫法》第七条第二款规定，县级以上地方人民政府兽医主管部门主管本行政区域内的动物防疫工作。

53．乡级人民政府、城市街道办事处主管本管辖区域内的动物防疫工作。（   ）

答案：错

《中华人民共和国动物防疫法》第六条第二款规定，乡级人民政府、城市街道办事处应当组织群众协助做好本管辖区域内的动物疫病预防与控制工作。

54. 县级以上人民政府应当加强对动物防疫工作的统一领导，制定并组织实施动物疫病防治规划。（   ）

答案：对

《中华人民共和国动物防疫法》第六条第一款规定，县级以上人民政府应当加强对动物防疫工作的统一领导，加强基层动物防疫队伍建设，建立健全动物防疫体系，制定并组织实施动物疫病防治规划。

55. 国家对动物疫病实行预防为主的方针。（   ）

答案：对

《中华人民共和国动物防疫法》第五条规定，国家对动物疫病实行预防为主的方针。

56. 《中华人民共和国动物防疫法》中规定的三类疫病，是指可能造成重大经济损失，需要采取严格控制、扑灭等措施，防止扩散的。（   ）

答案：错

《中华人民共和国动物防疫法》第四条第一款第三项规定，根据动物疫病对养殖业生产和人体健康的危害程度，本法规定管理的动物疫病分为下列三类，（三）三类疫病，是指常见多发、可能造成重大经济损失，需要控制和净化的。

57. 《中华人民共和国动物防疫法》所称动物疫病，是指动物传染病、寄生虫病、普通病。（   ）

答案：错

《中华人民共和国动物防疫法》第三条第三款规定，本法所称动物疫病，是指动物传染病、寄生虫病。

58. 《中华人民共和国动物防疫法》规定，进出境动物、动物产品的检疫适用本法。（   ）

答案：错

《中华人民共和国动物防疫法》第二条规定，本法适用于在中华人民共和国领域内的动物防疫及其监督管理活动。进出境动物、动物产品的检疫，适用《中华人民共和国进出境动植物检疫法》。

59. 种用乳用动物跨省调运检疫审批是一种行政许可行为。（   ）

答案：对

《中华人民共和国动物防疫法》第四十六条第一款规定，跨省、自治区、直辖市引进乳用动物、种用动物及其精液、胚胎、种蛋的，应当向输入地省、自治区、直辖市动物卫生监督机构申请办理审批手续，并依照本法第四十二条的规定取得检疫证明。

60. 发生一类动物疫病时，当地县级以上地方人民政府兽医主管部门应当立即组织有关部门和单位采取封锁、隔离、扑杀、销毁、消毒、无害化处理、紧急免疫接种等强制性措施，迅速扑灭疫病。（　　）

答案：错

《中华人民共和国动物防疫法》第三十一条第二项规定，发生一类动物疫病时，应当采取下列控制和扑灭措施：（二）县级以上地方人民政府应当立即组织有关部门和单位采取封锁、隔离、扑杀、销毁、消毒、无害化处理、紧急免疫接种等强制性措施，迅速扑灭疫病。

61. 违反《中华人民共和国动物防疫法》规定，导致动物疫病传播、流行等，给他人人身、财产造成损害的，依法承担刑事责任。（　　）

答案：错

《中华人民共和国动物防疫法》第八十四条第二款规定，违反本法规定，导致动物疫病传播、流行等，给他人人身、财产造成损害的，依法承担民事责任。

62. 凡是涉及畜禽标识的案件，执法主体都是县级以上畜牧主管部门。（　　）

答案：错

《中华人民共和国动物防疫法》第七十九条规定，违反本法规定，转让、伪造或者变造检疫证明、检疫标志或者畜禽标识的，由动物卫生监督机构没收违法所得，收缴检疫证明、检疫标志或者畜禽标识，并处三千元以上三万元以下罚款。

63. 规模养殖场实施程序免疫，免疫责任主体是养殖场，散养户实行春秋两季强制免疫，免疫责任主体是村级防疫员。（　　）

答案：错

《中华人民共和国动物防疫法》第十四条第二款规定，饲养动物的单位和个人应当依法履行动物疫病强制免疫义务，按照兽医主管部门的要求做好强制免疫工作。

64. 官方兽医执行动物防疫监督检查任务，应当出示身份证，佩带统一标志。（　　）

答案：错

《中华人民共和国动物防疫法》第六十条规定，官方兽医执行动物防疫监督检查任务，应当出示行政执法证件，佩带统一标志。

65. 经检疫不合格的动物、动物产品，货主应当在动物卫生监督机构监督下按照国务院兽医主管部门的规定处理，处理费用由国家承担。（　　）

答案：错

《中华人民共和国动物防疫法》第四十八条规定，经检疫不合格的动物、动物产品，货主应当在动物卫生监督机构监督下按照国务院兽医主管部门的规定处理，处理费用由货主承担。

66. 从事动物诊疗活动，必须要有与动物诊疗活动相适应的官方兽医。（   ）

答案：错

《中华人民共和国动物防疫法》第六十条规定，动物卫生监督机构及其工作人员不得从事与动物防疫有关的经营性活动，第五十条规定，从事动物诊疗活动的机构，应当具备下列条件：（二）有与动物诊疗活动相适应的执业兽医。

67. 动物卫生监督机构执法人员进入屠宰场执行监督检查任务，可以复印与动物防疫有关的场方资料。（   ）

答案：对

《中华人民共和国动物防疫法》第五十九条规定，动物卫生监督机构执行监督检查任务，可以采取下列措施，有关单位和个人不得拒绝或者阻碍：（六）进入有关场所调查取证，查阅、复制与动物防疫有关的资料。

68. 设立从事动物诊疗活动的机构，应当向县级以上地方人民政府兽医主管部门申请动物诊疗许可证。未取得动物诊疗许可证从事动物诊疗活动的，由县级以上地方人民政府兽医主管部门责令停止诊疗活动，没收违法所得。（   ）

答案：错

《中华人民共和国动物防疫法》第八十一条规定，违反本法规定，未取得动物诊疗许可证从事动物诊疗活动的，由动物卫生监督机构责令停止诊疗活动，没收违法所得。

69. 经考试合格，由省、自治区、直辖市人民政府兽医主管部门颁发执业兽医资格证书的，即可开展动物诊疗活动。（   ）

答案：错

《中华人民共和国动物防疫法》第五十四条规定，国家实行执业兽医资格考试制度。具有兽医相关专业大学专科以上学历的，可以申请参加执业兽医资格考试；考试合格的，由省、自治区、直辖市人民政府兽医主管部门颁发执业兽医资格证书；从事动物诊疗的，还应当向当地县级人民政府兽医主管部门申请注册。

70. 从事动物保健活动的不属于执业兽医。（   ）

答案：错

《中华人民共和国动物防疫法》第五十四条第二款规定，本法所称执业兽医，是指从事动物诊疗和动物保健等经营活动的兽医。

71. 对在动物疫病扑灭过程中强制扑杀的动物，县级以上人民政府应当给予补偿。因依法实施强制免疫造成动物应激死亡的，不予补偿。（   ）

答案：错

《中华人民共和国动物防疫法》第六十六条规定，对在动物疫病预防和控制、扑灭过程中强制扑杀的动物、销毁的动物产品和相关物品，县级以上人民政府应当给予补偿。具体补偿标准和办法由国务院财政部门会同有关部门制定。因依法实施强制免疫造成动物应激死亡的，给予补偿。具体补偿标准和办法由国务院财政部门会同有关部门制定。

72. 在A县畜牧局工作的小张，对不符合条件养殖场颁发动物防疫条件合格证，A县人民政府对其通报批评，并给予行政处分。（   ）

答案：对

《中华人民共和国动物防疫法》第六十九条规定，县级以上人民政府兽医主管部门及其工作人员违反本法规定，有下列行为之一的，由本级人民政府责令改正，通报批评；对直接负责的主管人员和其他直接责任人员依法给予处分：（二）对不符合条件的颁发动物防疫条件合格证、动物诊疗许可证，或者对符合条件的拒不颁发动物防疫条件合格证、动物诊疗许可证的。

73. A县动物卫生监督所官方兽医小王对一车生猪没有检疫就出具了动物检疫合格证明，A县畜牧局对官方兽医小王和主管检疫工作的张副所长都进行了通报批评，并给予了行政处分。（   ）

答案：对

《中华人民共和国动物防疫法》第七十条规定，动物卫生监督机构及其工作人员违反本法规定，有下列行为之一的，由本级人民政府或者兽医主管部门责令改正，通报批评；对直接负责的主管人员和其他直接责任人员依法给予处分：（一）对未经现场检疫或者检疫不合格的动物、动物产品出具检疫证明、加施检疫标志，或者对检疫合格的动物、动物产品拒不出具检疫证明、加施检疫标志的。

74. 患有人畜共患病的人不得从事兽医执业活动。（   ）

答案：对

《中华人民共和国动物防疫法》第二十三条规定，患有人畜共患传染病的人员不得直接从事动物诊疗以及易感染动物的饲养、屠宰、经营、隔离、运输等活动。

75. 经营动物、动物产品的集贸市场需要取得动物防疫条件合格证。（   ）

答案：错

《中华人民共和国动物防疫法》第二十条第三款规定，经营动物、动物产品的集贸市场应当具备国务院兽医主管部门规定的动物防疫条件，并接受动物卫生监督机构的监督检查。

76. 人畜共患传染病名录由国务院兽医主管部门制定并公布。（　　　）

答案：错

《中华人民共和国动物防疫法》第二十三条第二款规定，人畜共患传染病名录由国务院兽医主管部门会同国务院卫生主管部门制定并公布。

77. 动物疫病预防控制机构应当按照国务院兽医主管部门的规定，对动物疫病的发生、流行等情况进行监测、检疫和监督工作。（　　　）

答案：错

《中华人民共和国动物防疫法》第十五条第三款规定，动物疫病预防控制机构应当按照国务院兽医主管部门的规定，对动物疫病的发生、流行等情况进行监测。

78. 生猪定点屠宰厂（场）应当依法取得动物防疫条件合格证。（　　　）

答案：对

《中华人民共和国动物防疫法》第二十条规定，兴办动物饲养场（养殖小区）和隔离场所，动物屠宰加工场所，以及动物和动物产品无害化处理场所，应当向县级以上地方人民政府兽医主管部门提出申请，并附具相关材料。受理申请的兽医主管部门应当依照本法和《中华人民共和国行政许可法》的规定进行审查。经审查合格的，发给动物防疫条件合格证。

79. 国家对动物疫病防控实行的方针是治疗为主。（　　　）

答案：错

《中华人民共和国动物防疫法》第五条规定，国家对动物疫病实行预防为主的方针。

80. 军队和武装警察部队现役动物及饲养自用动物的防疫工作由当地兽医防疫部门负责。（　　　）

答案：错

《中华人民共和国动物防疫法》第七条第四款规定，军队和武装警察部队动物卫生监督职能部门分别负责军队和武装警察部队现役动物及饲养自用动物的防疫工作。

81. 发生一类动物疫病时，禁止非疫区的易感染动物在封锁期间进入疫区。（　　　）

答案：对

《中华人民共和国动物防疫法》第三十一条规定：（三）在封锁期间，禁止染疫、疑似染疫和易感染的动物、动物产品流出疫区，禁止非疫区的易感染动物进入疫区，并根据扑灭动物疫病的需要对出入疫区的人员、运输工具及有关物品采取消毒和其他限制性措施。

82.《中华人民共和国动物防疫法》所称的无规定疫病区是指具有天然屏障或者采取人工措施，从来没有发生规定动物疫病，并经验收合格的区域。（　　　）

答案：错

《中华人民共和国动物防疫法》第二十四条第二款规定，本法所称无规定动物疫病区，是指具有天然屏障或者采取人工措施，在一定期限内没有发生规定的一种或者几种动物疫病，并经验收合格的区域。

83. 跨省、自治区、直辖市引进的乳用动物、种用动物取得动物检疫合格证明的，到达输入地后，可以直接进入养殖场。（　　　）

答案：错

《中华人民共和国动物防疫法》第四十六条第二款规定，跨省、自治区、直辖市引进的乳用动物、种用动物到达输入地后，货主应当按照国务院兽医主管部门的规定对引进的乳用动物、种用动物进行隔离观察。

84. 动物疫病预防控制机构的官方兽医具体实施动物、动物产品检疫。（　　　）

答案：错

《中华人民共和国动物防疫法》第四十一条规定，动物卫生监督机构依照本法和国务院兽医主管部门的规定对动物、动物产品实施检疫。动物卫生监督机构的官方兽医具体实施动物、动物产品检疫。

85. 实施现场检疫的官方兽医应当在检疫证明上签字或者盖章，并对检疫结论负责。（　　　）

答案：对

《中华人民共和国动物防疫法》第四十二条第二款规定，动物卫生监督机构接到检疫申报后，应当及时指派官方兽医对动物、动物产品实施现场检疫；检疫合格的，出具检疫证明、加施检疫标志。实施现场检疫的官方兽医应当在检疫证明、检疫标志上签字或者盖章，并对检疫结论负责。

86. 没有附带动物检疫合格证明的动物，承运人不得承运。（　　　）

答案：对

《中华人民共和国动物防疫法》第四十四条规定，经铁路、公路、水路、航空运输动物和动物产品的，托运人托运时应当提供检疫证明；没有检疫证明的，承运人不得承运。

87. 擅自从外省引进乳用动物的，应当承担法律责任。（   ）

答案：对

《中华人民共和国动物防疫法》第四十六条规定，跨省、自治区、直辖市引进乳用动物、种用动物及其精液、胚胎、种蛋的，应当向输入地省、自治区、直辖市动物卫生监督机构申请办理审批手续，并依照本法第四十二条的规定取得检疫证明。跨省、自治区、直辖市引进的乳用动物、种用动物到达输入地后，货主应当按照国务院兽医主管部门的规定对引进的乳用动物、种用动物进行隔离观察。第七十七条规定，违反本法规定，有下列行为之一的，由动物卫生监督机构责令改正，处一千元以上一万元以下罚款；情节严重的，处一万元以上十万元以下罚款：（二）未办理审批手续，跨省、自治区、直辖市引进乳用动物、种用动物及其精液、胚胎、种蛋的。

三、中华人民共和国行政诉讼法

单 选 题

1.《中华人民共和国行政诉讼法》规定，提起行政诉讼应当自知道或者应当知道作出行政行为之日起（   ）提出。

A. 两个月内　　　　B. 三个月内　　　　C. 六个月内　　　　D. 一年内

答案：C

《中华人民共和国行政诉讼法》第四十六条规定，公民、法人或者其他组织直接向人民法院提起诉讼的，应当自知道或者应当知道作出行政行为之日起六个月内提出。法律另有规定的除外。

2. 公民、法人或者其他组织认为行政机关和行政机关工作人员的具体行政行为侵犯其合法权益，有权依法向（   ）提起诉讼。

A. 人民政府　　　　B. 人民检察院　　　　C. 人民法院　　　　D. 公安局

答案：C

《中华人民共和国行政诉讼法》第二条第一款规定，公民、法人或者其他组织认为行政机关和行政机关工作人员的行政行为侵犯其合法权益，有权依照本法向人民法院提起诉讼。

3. 提起行政诉讼的主体是（   ）。

A. 行政机关或其工作人员

B. 认为侵犯其合法权益的公民、法人或者其他组织

C. 受委托的机构

D. 行政机关和行政机关工作人员

答案：B

《中华人民共和国行政诉讼法》第二条规定，公民、法人或者其他组织认为行政机关和行政机关工作人员的具体行政行为侵犯其合法权益，有权依照本法向人民法院提起诉讼。

4. A养殖场因不服所在地动物卫生监督所处罚向当地人民法院提起行政诉讼，在诉讼期间因A养殖场经营不善被B养殖场收购，那么行政诉讼的原告是（   ）。

A. A养殖场原法人 　　　　　　　B. B养殖场法人

C. A养殖场所在地政府组织 　　　D. 由人民法院指定

答案：B

《中华人民共和国行政诉讼法》第二十四条第三款规定，有权提起诉讼的法人或者其他组织终止，承受其权利的法人或者其他组织可以提起诉讼。

5. 郭某对当地动物卫生监督所行政处罚不服，提出行政复议。复议机关经审理，认为事实清楚、证据确凿，但处罚偏重，改变了原处罚数额。但郭某仍不服，应该将（   ）作为被告提起行政诉讼。

A. 当地动物卫生监督所 　　　　　B. 行政复议机关

C. 当地兽医主管部门 　　　　　　D. 作出行政处罚的执法人员

答案：B

《中华人民共和国行政诉讼法》第二十五条第二款规定，经复议的案件，复议机关决定维持原具体行政行为的，作出原具体行政行为的行政机关是被告；复议机关改变原具体行政行为的，复议机关是被告。

6. 诉讼过程中，（   ）负有举证责任。

A. 作出具体行政行为的被告 　　　B. 当事人和被告

C. 被告上级机关 　　　　　　　　D. 当事人

答案：A

《中华人民共和国行政诉讼法》第三十二条规定，被告对作出的具体行政行为负有举证责任，应当提供作出该具体行政行为的证据和所依据的规范性文件。

7. 下列情形中，人民法院应当判决驳回原告诉讼请求的是（   ）。

A. 被诉行政行为依法不成立的

B. 被诉行政行为违法，但不具有可撤销内容的

C. 被告不履行法定职责，但判决其履行职责已无实际意义的

D. 申请被告履行法定职责理由不成立的

答案：D

《中华人民共和国行政诉讼法》第六十九条规定，行政行为证据确凿，适用法律、法规正确，符合法定程序的，或者原告申请被告履行法定职责或者给付义务理由不成立的，人民法院判决驳回原告的诉讼请求。

8.《中华人民共和国行政诉讼法》规定，有权提起行政诉讼的公民死亡，（   ）可以提起诉讼。

A. 其近亲属　　　　　　　　　　　　B. 其所在单位推荐的人

C. 经人民法院许可的公民　　　　　　D. 经人民法院指定的人

答案：A

《中华人民共和国行政诉讼法》第二十五条规定，行政行为的相对人以及其他与行政行为有利害关系的公民、法人或者其他组织，有权提起诉讼。有权提起诉讼的公民死亡，其近亲属可以提起诉讼。

9. 行政诉讼中，行政处罚明显不当，或者其他行政行为涉及对款额的确定、认定确有错误的，人民法院可以判决（   ）。

A. 变更　　　　　　　　　　　　　　B. 重新作出行政行为

C. 责令履行　　　　　　　　　　　　D. 确认违法

答案：A

《中华人民共和国行政诉讼法》第七十七条规定，行政处罚明显不当，或者其他行政行为涉及对款额的确定、认定确有错误的，人民法院可以判决变更。

10. 行政诉讼中，被告无正当理由拒不到庭应诉的，人民法院可以（   ）。

A. 要求被告出庭应诉　　　　　　　　B. 要求原告撤诉

C. 按缺席审理判决　　　　　　　　　D. 通知其上级机关应诉

答案：C

《中华人民共和国行政诉讼法》第五十八条规定，被告无正当理由拒不到庭，或者未经法庭许可中途退庭的，可以缺席判决。

11. 行政诉讼中的原、被告一般是（   ）。

A. 原告为公民、法人或其他组织，被告是国家的行政机关

B. 原告是国家机关，被告是国家行政机关工作人员

C. 原被告均是国家机关行政工作人员

D. 原告是国家行政机关，被告是公民、法人或其他组织

答案：A

《中华人民共和国行政诉讼法》第二十六条规定，公民、法人或者其他组织直接向人民法院提起诉讼的，作出行政行为的行政机关是被告。

12. 行政诉讼中，人民法院审理行政机关行政行为的（ ）。

A. 合法性   B. 合理性   C. 适当性   D. 公平性

答案：A

《中华人民共和国行政诉讼法》第六条规定，人民法院审理行政案件，对行政行为是否合法进行审查。

13. 养殖户王某向人民法院起诉该县动物卫生监督所（以下简称动监所）不履行检疫出证职责。按照法律规定，王某应当向法院提供其向该动监所提出申请的证据，（ ）除外。

A. 动监所应当主动依职权检疫出证，不需申请

B. 动监所未书面拒绝检疫申请，无法提供证据

C. 王某检疫申报受理单遗失，申请人民法院依法调取

D. 王某的生猪未获得动物检疫合格证明属于事实

答案：C

《中华人民共和国行政诉讼法》第三十八条第一款规定，在起诉被告不履行法定职责的案件中，原告应当提供其向被告提出申请的证据。但有下列情形之一的除外：（一）被告应当依职权主动履行法定职责的；（二）原告因正当理由不能提供证据的。

14. 养殖户张某与某县动物卫生监督所的行政诉讼中，因各部门持续性给张某施压，张某主动申请撤诉，对于该申请，（ ）。

A. 法院应当尊重原告意愿，裁定准许

B. 诉讼已经进行，法院不得准许

C. 是否准许，由人民法院裁定

D. 以上都不对

答案：C

《中华人民共和国行政诉讼法》第六十二条规定，人民法院对行政案件宣告判决或者裁定前，原告申请撤诉的，或者被告改变其所作的行政行为，原告同意并申请撤诉的，是否准许，由人民法院裁定。

15. 行政机关拒绝履行判决、裁定、调解书的，第一审人民法院可以采取的措施是（ ）。

A. 将行政机关拒绝履行的情况予以公告

B. 通知银行从该行政机关的账户内划拨应当归还的罚款

C. 社会影响恶劣的，对该行政机关直接负责的主管人员和其他直接责任人员予以拘留

D. 以上都是

16. 诉讼参与人（　　），人民法院可以处一万元以下的罚款、十五日以下的拘留；构成犯罪的，依法追究刑事责任。

A. 以欺骗、胁迫等非法手段使原告撤诉的

B. 威胁、阻止证人作证的

C. 隐藏证据，妨碍人民法院审理案件的

D. 以上都是

多　选　题

1. 行政诉讼法规定，可以成为行政处罚证据的是（　　）。

A. 现场检查笔录　　　B. 技术鉴定报告　　　C. 当事人陈述　　　D. 领导批示

答案：ABC

《中华人民共和国行政诉讼法》第三十一条第一款规定，证据有以下几种：（一）书证；（二）物证；（三）视听资料；（四）证人证言；（五）当事人的陈述；（六）鉴定结论；（七）勘验笔录、现场笔录。

2. 公民、法人或者其他组织不能提起行政诉讼的情形包括（　　）。

A. 认为行政机关没有依法发给抚恤金的

B. 认为行政机关侵犯法律规定的经营自主权的

C. 认为行政机关对机关工作人员的奖惩、任免不合理的

D. 认为国防、外交等国家行为侵犯其合法权益的

答案：CD

《中华人民共和国行政诉讼法》第十二条规定，人民法院不受理公民、法人或者其他组织对下列事项提起的诉讼：（一）国防、外交等国家行为；（二）行政法规、规章或者行政机关制定、发布的具有普遍约束力的决定、命令；（三）行政机关对行政机关工作人员的奖惩、任免等决定；（四）法律规定由行政机关最终裁决的具体行政行为。

3. 在行政诉讼过程中，作为被告的可以是（　　）。

A. 作出具体行政行为的行政机关

B. 改变原具体行政行为的复议机关

C. 法律、法规授权的组织

D. 行政机关委托的组织

答案：ABC

《中华人民共和国行政诉讼法》第二十五条规定，公民、法人或者其他组织直接向人民法院提起诉讼的，作出具体行政行为的行政机关是被告。经复议的案件，复议机关决定维持原具体行政行为的，作出原具体行政行为的行政机关是被告；复议机关改变原具体行政行为的，复议机关是被告。由法律、法规授权的组织所作的具体行政行为，该组织是被告。由行政机关委托的组织所作的具体行政行为，委托的行政机关是被告。

4. （　　）可以作为行政诉讼中的证据使用，经法庭审查属实的，可以作为定案的根据。

A. 视听资料　　　　B. 当事人的陈述　　　　C. 鉴定结论　　　　D. 证人证言

答案：ABCD

《中华人民共和国行政诉讼法》第三十一条规定，证据有以下几种：（一）书证；（二）物证；（三）视听资料；（四）证人证言；（五）当事人的陈述；（六）鉴定结论；（七）勘验笔录、现场笔录。以上证据经法庭审查属实，才能作为定案的根据。

5. 行政诉讼的基本原则包括（　　　）。

A. 举证责任倒置原则　　　　　　　　B. 不适用调解原则

C. 独立审判原则　　　　　　　　　　D. 诉讼不停止执行原则

答案：ABCD

《中华人民共和国行政诉讼法》第三十四条规定，被告对作出的行政行为负有举证责任，应当提供作出该行政行为的证据和所依据的规范性文件。第六十条规定，人民法院审理行政案件，不适用调解。但是，行政赔偿、补偿以及行政机关行使法律、法规规定的自由裁量权的案件可以调解。第五十六条规定，诉讼期间，不停止行政行为的执行。但有下列情形之一的，裁定停止执行：（情形略）。

6. 行政诉讼中，原则上不停止被诉行政行为的执行，但（　　　）情形时除外。

A. 行政机关改变原行政行为的

B. 被告认为需要停止执行的

C. 原告或利害关系人申请停止执行且法院认为应当停止执行该行政行为且不损害国家、社会公共利益的

D. 人民法院认为应当停止执行的

答案：BCD

《中华人民共和国行政诉讼法》第五十六条规定，诉讼期间，不停止行政行为的执行。但有下列情形之一的，裁定停止执行：（一）被告认为需要停止执行的；（二）原告或者利害关系人申请停止执行，人民法院认为该行政行为的执行会造成难以弥补的损失，并且停止执行不损害国家利益、社会公共利益的；（三）人民法院认为该行政行为的执行会给国家利益、社会公共利益造成重大损害的；（四）法律、法规规定停止执行的。

7. 人民法院审理行政案件，以（　　　）为依据。

A. 法律　　　　　　B. 行政法规　　　　　　C. 地方性法规　　　　　　D. 规章

答案：ABC

《中华人民共和国行政诉讼法》第六十三条规定，人民法院审理行政案件，以法律和行政法规、地方性法规为依据。地方性法规适用于本行政区域内发生的行政案件。人民法院审理民族自治地方的行政案件，并以该民族自治地方的自治条例和单行条例为依据。人民法院审理行政案件，参照规章。

8. 人民法院在审理行政案件的过程中，认为行政机关的主管人员、直接责任人员违法违纪的，应当（　　　）。

A. 将有关材料移送上一级人民法院

B. 将有关材料移送同级检察院

C. 将有关材料移送监察机关

D. 将有关材料移送该行政机关或上一级行政机关

答案：CD

《中华人民共和国行政诉讼法》第六十六条规定，人民法院在审理行政案件中，认为行政机关的主管人员、直接责任人员违法违纪的，应当将有关材料移送监察机关、该行政机关或者其上一级行政机关；认为有犯罪行为的，应当将有关材料移送公安、检察机关。

9. 在行政诉讼中，人民法院判决驳回原告诉讼请求的情形有（　　）。

A. 行政行为证据确凿，适用法律法规正确，符合法定程序

B. 行政处罚显失公正的，变更处罚已无实际意义的

C. 原告申请被告履行法定职责不成立的

D. 原告申请被告履行给付义务理由不成立的

答案：ACD

《中华人民共和国行政诉讼法》第六十九条规定，行政行为证据确凿，适用法律、法规正确，符合法定程序的，或者原告申请被告履行法定职责或者给付义务理由不成立的，人民法院判决驳回原告的诉讼请求。

10. 行政行为有（　　）情形之一的，人民法院判决撤销或者部分撤销，并可以判决被告重新作出行政行为。

A. 主要证据不足的　　　　　　　　B. 适用法律、法规错误的

C. 违反法定程序的　　　　　　　　D. 超越滥用职权的

答案：ABCD

《中华人民共和国行政诉讼法》第七十条规定，行政行为有下列情形之一的，人民法院判决撤销或者部分撤销，并可以判决被告重新作出行政行为：（一）主要证据不足的；（二）适用法律、法规错误的；（三）违反法定程序的；（四）超越职权的；（五）滥用职权的；（六）明显不当的。

11. 行政行为有（　　）情形之一的，人民法院判决确认违法，但不撤销行政行为。

A. 被告改变原违法行政行为，原告仍要求确认原行政行为违法的

B. 行政行为依法应当撤销，但撤销会给国家利益、社会公共利益造成重大损害

C. 被告不履行或者拖延履行法定职责，判决履行没有意义的

D. 行政行为程序违法，但对原告权利不产生实际影响的

答案：BD

《中华人民共和国行政诉讼法》第七十四条规定，行政行为有下列情形之一的，人民法院判

决确认违法，但不撤销行政行为：（一）行政行为依法应当撤销，但撤销会给国家利益、社会公共利益造成重大损害的；（二）行政行为程序轻微违法，但对原告权利不产生实际影响的。

12. 行政诉讼中，（   ）可以作为证据使用。

A. 书证、物证

B. 视听资料、电子数据

C. 证人证言、当事人的陈述

D. 鉴定结论

答案：ABC

《中华人民共和国行政诉讼法》第三十三条规定，证据包括：（一）书证；（二）物证；（三）视听资料；（四）电子数据（五）证人证言；（六）当事人的陈述；（七）鉴定意见；（八）勘验笔录、现场笔录。以上证据经法庭审查属实，才能作为认定案件事实的根据。

13. 在行政诉讼过程中，被告及其诉讼代理人不得自行向（   ）收集证据。

A. 原告   B. 作出行政行为的行政机关   C. 证人   D. 第三人

答案：ACD

《中华人民共和国行政诉讼法》第三十五条规定，在诉讼过程中，被告及其诉讼代理人不得自行向原告、第三人和证人收集证据。

14. 行政行为有（   ）情形之一，不需要撤销或者判决履行的，人民法院判决确认违法。

A. 行政行为有实施主体不具有行政主体资格或者没有依据等重大且明显违法情形，原告申请确认行政行为无效

B. 行政行为违法，但不具有可撤销内容

C. 被告改变原违法行政行为，原告仍要求确认原行政行为违法

D. 被告不履行或者拖延履行法定职责，判决履行没有意义的

答案：BCD

《中华人民共和国行政诉讼法》第七十四条规定，行政行为有下列情形之一，不需要撤销或者判决履行的，人民法院判决确认违法：（一）行政行为违法，但不具有可撤销内容的；（二）被告改变原违法行政行为，原告仍要求确认原行政行为违法的；（三）被告不履行或者拖延履行法定职责，判决履行没有意义的。

判 断 题

1. 郭某对当地动物卫生监督所行政处罚不服，提出行政复议。复议机关经审理，认为事实清楚、证据确凿，维持原处罚决定。但郭某仍不服，将复议机关作为被告提起行政诉讼。（   ）

答案：错

《中华人民共和国行政诉讼法》第二十五条第二款规定，经复议的案件，复议机关决定维持原具体行政行为的，作出原具体行政行为的行政机关是被告；复议机关改变原具体行政行为的，复议机关是被告。

2. 诉讼过程中，被告不得自行向原告和证人收集证据。（   ）

答案：对

《中华人民共和国行政诉讼法》第三十三条规定，在诉讼过程中，被告不得自行向原告和证人收集证据。

3. 诉讼过程中，当事人没有提供或者补充证据的义务。（   ）

答案：错

《中华人民共和国行政诉讼法》第三十四条第一款规定，人民法院有权要求当事人提供或者补充证据。

4. 一般情况下对具体行政行为不服的，当事人可以先行申请复议，对复议不服的，再向人民法院提起诉讼；也可以直接向人民法院提起诉讼。（   ）

答案：对

《中华人民共和国行政诉讼法》第三十七条第一款规定，对属于人民法院受案范围的行政案件，公民、法人或者其他组织可以先向上一级行政机关或者法律、法规规定的行政机关申请复议，对复议不服的，再向人民法院提起诉讼；也可以直接向人民法院提起诉讼。

5. 经人民法院两次合法传唤，原告无正当理由拒不到庭的，可以缺席判决；被告无正当理由拒不到庭的，视为申请撤诉。（   ）

答案：错

《中华人民共和国行政诉讼法》第四十八条规定，经人民法院两次合法传唤，原告无正当理由拒不到庭的，视为申请撤诉；被告无正当理由拒不到庭的，可以缺席判决。

6. 在行政诉讼中，对行政机关的行政行为，由原告对其依据负有举证责任，如果不能证明，则可能败诉。（   ）

答案：错

《中华人民共和国行政诉讼法》第三十四条规定，被告对作出的行政行为负有举证责任，应当提供作出该行政行为的证据和所依据的规范性文件。

7. 按照行政诉讼法的规定，行政机关对其作出的具体行政行为的合法性承担举证责任。（   ）

答案：对

《中华人民共和国行政诉讼法》第三十四条规定，被告对作出的行政行为负有举证责任，应当提供作出该行政行为的证据和所依据的规范性文件。被告不提供或者无正当理由逾期提供证据，视为没有相应证据。但是，被诉行政行为涉及第三人合法权益，第三人提供证据的除外。

8. 原告向两个以上有管辖权的人民法院提起诉讼的，由最先立案的人民法院管辖。（   ）

答案：对

《中华人民共和国行政诉讼法》第二十一条规定，两个以上人民法院都有管辖权的案件，原告可以选择其中一个人民法院提起诉讼。原告向两个以上有管辖权的人民法院提起诉讼的，由最先立案的人民法院管辖。

9. 人民法院审查行政诉讼案件原则上不得进行调解，但行政赔偿、补偿以及行政机关行使法律、法规规定的自由裁量权的案件可以调解。（   ）

答案：对

《中华人民共和国行政诉讼法》第六十条规定，人民法院审理行政案件，不适用调解。但是，行政赔偿、补偿以及行政机关行使法律、法规规定的自由裁量权的案件可以调解。

10. 人民法院审理行政诉讼案件一律应当公开进行。（   ）

答案：错

《中华人民共和国行政诉讼法》第五十四条规定，人民法院公开审理行政案件，但涉及国家秘密、个人隐私和法律另有规定的除外。涉及商业秘密的案件，当事人申请不公开审理的，可以不公开审理。

11. 行政诉讼中，被告对作出的行政行为负有举证责任，不提供或者无正当理由逾期提供证据，可改由原告进行举证。（   ）

答案：错

《中华人民共和国行政诉讼法》第三十四条规定，被告对作出的行政行为负有举证责任，应当提供作出该行政行为的证据和所依据的规范性文件。被告不提供或者无正当理由逾期提供证据，视为没有相应证据。

12. 人民法院受理行政案件，行政机关及其工作人员不得干预、阻碍。（   ）

答案：对

《中华人民共和国行政诉讼法》第三条第二款规定，行政机关及其工作人员不得干预、阻碍人民法院受理行政案件。

13. 行政诉讼中，被诉行政机关负责人必须本人亲自出庭应诉，不能委托其他人员。（   ）

答案：错
《中华人民共和国行政诉讼法》第三条第三款规定，被诉行政机关负责人应当出庭应诉。不能出庭的，应当委托行政机关相应的工作人员出庭。

14. 行政诉讼中，若原告提供证明被告行政行为违法的证据不成立的，则被告的举证责任免除。（   ）

答案：错
《中华人民共和国行政诉讼法》第三十七条规定，原告可以提供证明行政行为违法的证据。原告提供的证据不成立的，不免除被告的举证责任。

15. 人民法院判决被告重新作出行政行为的，被告不得作出基本相同的行政行为。（   ）

答案：错
《中华人民共和国行政诉讼法》第七十一条规定，人民法院判决被告重新作出行政行为的，被告不得以同一的事实和理由作出与原行政行为基本相同的行政行为。

16. 行政行为程序轻微违法，但对原告权利不产生实际影响的，人民法院判决撤销。（   ）

答案：错
《中华人民共和国行政诉讼法》第七十四条规定，行政行为有下列情形之一的，人民法院判决确认违法，但不撤销行政行为：（二）行政行为程序轻微违法，但对原告权利不产生实际影响的。

四、中华人民共和国行政许可法

单 选 题

1. 行政机关组织听证的费用应当由（   ）承担。

A. 申请人　　　　　B. 行政机关　　　　　C. 利害关系人　　　　　D. 听证参加人

答案：B
《中华人民共和国行政许可法》第四十七条第二款规定，申请人、利害关系人不承担行政机关组织听证的费用。

2.《中华人民共和国行政许可法》规定，行政机关实施监测、检疫，应当自受理申请之日起（　　）日内指定两名以上工作人员按照技术标准，技术规范进行检验、检测、检疫。

A. 三　　　　　　　　B. 五　　　　　　　　C. 七　　　　　　　　D. 十

答案：B

《中华人民共和国行政许可法》第五十五条第二款规定，行政机关实施监测、检疫，应当自受理申请之日起五日内指派两名以上工作人员按照技术标准，技术规范进行检验、检测、检疫。不需要对检验、检测、检疫结果作进一步技术分析即可认定设备、设施、产品、物品是否符合技术标准、技术规范的，行政机关应当当场作出行政许可决定。

3. 行政许可的实施和结果，应当公开。不属于公开的事项是（　　）。

A. 国家秘密、商业秘密、个人隐私　　　　B. 执业兽医资格考核

C. 商业广告许可　　　　　　　　　　　　D. 动物防疫条件合格证的发放

答案：A

《中华人民共和国行政许可法》第五条规定，设定和实施行政许可，应当遵循公开、公平、公正的原则。有关行政许可的规定应当公布；未经公布的，不得作为实施行政许可的依据。行政许可的实施和结果，除涉及国家秘密、商业秘密或者个人隐私的外，应当公开。符合法定条件、标准的，申请人有依法取得行政许可的平等权利，行政机关不得歧视。

4. 公民、法人或者其他组织对行政机关实施行政许可，享有（　　）权利。

A. 陈述权、申辩权　　　　　　　　　　　B. 申请仲裁权

C. 要求违法实施行政许可损害的国家补偿权　D. 提起民事诉讼权

答案：A

《中华人民共和国行政许可法》第七条规定，公民、法人或者其他组织对行政机关实施行政许可，享有陈述权、申辩权；有权依法申请行政复议或者提起行政诉讼；其合法权益因行政机关违法实施行政许可受到损害的，有权依法要求赔偿。

5. 行政机关依法变更或者撤回已经生效的行政许可时，给公民、法人或者其他组织造成财产损失的，行政机关应当依法（　　）。

A. 追究责任　　　　B. 给予处罚　　　　C. 给予补偿　　　　D. 给予赔偿

答案：C

《中华人民共和国行政许可法》第八条规定，公民、法人或者其他组织依法取得的行政许可受法律保护，行政机关不得擅自改变已经生效的行政许可。行政许可所依据的法律、法

规、规章修改或者废止，或者准予行政许可所依据的客观情况发生重大变化的，为了公共利益的需要，行政机关可以依法变更或者撤回已经生效的行政许可。由此给公民、法人或者其他组织造成财产损失的，行政机关应当依法给予补偿。

6. 关于《中华人民共和国行政许可法》第十二条第四项所列事项的行政许可，下列说法错误的是（　　）。

A. 行政机关实施检验、检测、检疫，应当自受理申请之日起五日内指派两名以上工作人员进行

B. 行政机关根据检验、检测、检疫结果，作出不予行政许可决定，应当书面说明所依据的技术标准、技术规范

C. 行政机关应当当场根据检验、检测、检疫的结果作出行政许可决定

D. 行政机关应当根据检验、检测、检疫的结果作出行政许可决定

答案：C

《中华人民共和国行政许可法》第五十五条规定，实施本法第十二条第四项所列事项的行政许可的，应当按照技术标准、技术规范依法进行检验、检测、检疫，行政机关根据检验、检测、检疫的结果作出行政许可决定。行政机关实施检验、检测、检疫，应当自受理申请之日起五日内指派两名以上工作人员按照技术标准、技术规范进行检验、检测、检疫。不需要对检验、检测、检疫结果作进一步技术分析即可认定设备、设施、产品、物品是否符合技术标准、技术规范的，行政机关应当当场作出行政许可决定。行政机关根据检验、检测、检疫结果，作出不予行政许可决定的，应当书面说明不予行政许可所依据的技术标准、技术规范。

7. 临时性的行政许可（　　）需要继续实施的，应当提请本级人民代表大会及其常务委员会制定地方性法规。

A. 设定满一年　　　B. 实施满一年　　　C. 设定满两年　　　D. 实施满两年

答案：B

《中华人民共和国行政许可法》第十五条第一款规定，本法第十二条所列事项，尚未制定法律、行政法规的，地方性法规可以设定行政许可；尚未制定法律、行政法规和地方性法规的，因行政管理的需要，确需立即实施行政许可的，省、自治区、直辖市人民政府规章可以设定临时性的行政许可。临时性的行政许可实施满一年需要继续实施的，应当提请本级人民代表大会及其常务委员会制定地方性法规。

8. 下面关于行政许可实施机关的说法正确的是（　　）。

A. 凡是国家行政机关都可以对公民、法人或者其他组织实施行政许可

B. 行政机关可以将自己的行政许可权委托给具有管理公共事务职能的组织行使

C. 受委托的组织以委托行政机关的名义行使实施行政许可，也可以再委托其他组织实施行政许可

D. 行政机关具有的行政许可权应当在其法定职权范围内实施

答案：D

《中华人民共和国行政许可法》第二十二条规定，行政许可由具有行政许可权的行政机关在其法定职权范围内实施。第二十四条行政机关在其法定职权范围内，依照法律、法规、规章的规定，可以委托其他行政机关实施行政许可。委托机关应当将受委托行政机关和受委托实施行政许可的内容予以公告。委托行政机关对受委托行政机关实施行政许可的行为应当负责监督，并对该行为的后果承担法律责任。受委托行政机关在委托范围内，以委托行政机关名义实施行政许可；不得再委托其他组织或者个人实施行政许可。

9. 行政机关应当将法律、法规、规章规定的有关行政许可的事项、依据、条件、数量、程序、期限及需要提供的全部材料的目录和申请书文本等在（　　）公示。

A. 电视　　　　　　B. 报纸　　　　　　C. 办公场所　　　　　　D. 行政机关网站

答案：C

《中华人民共和国行政许可法》第三十条第一款规定，行政机关应当将法律、法规、规章规定的有关行政许可的事项、依据、条件、数量、程序、期限以及需要提交的全部材料的目录和申请书示范文本等在办公场所公示。

10. 行政许可采取统一办理的，办理的时间一般不超过（　　）日。

A. 10　　　　　　B. 30　　　　　　C. 45　　　　　　D. 90

答案：C

《中华人民共和国行政许可法》第四十二条第二款规定，依照本法第二十六条的规定，行政许可采取统一办理或者联合办理、集中办理的，办理的时间不得超过四十五日；四十五日内不能办结的，经本级人民政府负责人批准，可以延长十五日，并应当将延长期限的理由告知申请人。

11. 行政机关一般应当自受理行政许可申请之日起（　　）日内作出行政许可决定。

A. 10　　　　　　B. 20　　　　　　C. 25　　　　　　D. 30

答案：B

《中华人民共和国行政许可法》第四十二条第一款规定，除可以当场作出行政许可决定的外，行政机关应当自受理行政许可申请之日起二十日内作出行政许可决定。二十日内不能作出决定的，经本行政机关负责人批准，可以延长十日，并应当将延长期限的理由告知申请人。但是，法律、法规另有规定的，依照其规定。

12. 依法应当先经下级行政机关审查后报上级行政机关决定的行政许可，下级行政机关应当自其受理行政许可申请之日起（　　）日内审查完毕。

A. 10　　　　　　B. 20　　　　　　C. 30　　　　　　D. 45

答案：B

《中华人民共和国行政许可法》第四十三条规定，依法应当先经下级行政机关审查后报上级行政机关决定的行政许可，下级行政机关应当自其受理行政许可申请之日起二十日内审查完毕。但是，法律、法规另有规定的，依照其规定。

13. 行政机关作出准予行政许可的决定，应当自作出之日起（   ）日内向申请人颁发、送达行政许可证件，或者加贴标签、加盖检验、检测、检疫印章。

A. 3 　　　　　　B. 5 　　　　　　C. 10 　　　　　　D. 15

答案：C

《中华人民共和国行政许可法》第四十四条规定，行政机关作出准予行政许可的决定，应当自作出决定之日起十日内向申请人颁发、送达行政许可证件，或者加贴标签、加盖检验、检测、检疫印章。

14. 行政机关应当于举行听证的（   ）日前将举行听证的时间、地点通知申请人、利害关系人，必要时予以公告。

A. 3 　　　　　　B. 5 　　　　　　C. 7 　　　　　　D. 10

答案：C

《中华人民共和国行政许可法》第四十八条第一款第一项规定，听证按照下列程序进行：（一）行政机关应当于举行听证的七日前将举行听证的时间、地点通知申请人、利害关系人，必要时予以公告。

15. 除法律另有规定外，被许可人需要延续依法取得的行政许可的有效期的，应当在该行政许可有效期届满（   ）向作出行政许可决定的行政机关提出申请。

A. 30日后 　　　　B. 20日后 　　　　C. 30日前 　　　　D. 20日前

答案：C

《中华人民共和国行政许可法》第五十条第一款规定，被许可人需要延续依法取得的行政许可的有效期的，应当在该行政许可有效期届满三十日前向作出行政许可决定的行政机关提出申请。但是，法律、法规、规章另有规定的，依照其规定。

16. 赋予公民特定资格的行政许可，该公民死亡或者丧失行为能力的，行政机关应当依法（   ）。

A. 撤销许可 　　　　B. 吊销许可 　　　　C. 注销许可 　　　　D. 抵销许可

答案：C

《中华人民共和国行政许可法》第七十条第二项规定，有下列情形之一的，行政机关应当依法办理有关行政许可的注销手续：（一）略；（二）赋予公民特定资格的行政许可，该公民死亡或者丧失行为能力的。

17. 行政机关实施行政许可，擅自收费或者不按照法定项目和标准收费的，由（　　）责令退还非法收取的费用；对直接负责的主管人员和其他直接责任人员依法给予行政处分。

A. 本级行政机关

B. 上级行政机关或者监察机关

C. 诉讼机关

D. 复议机关

答案：B

《中华人民共和国行政许可法》第七十五条第一款规定，行政机关实施行政许可，擅自收费或者不按照法定项目和标准收费的，由其上级行政机关或者监察机关责令退还非法收取的费用；对直接负责的主管人员和其他直接责任人员依法给予行政处分。

18. 被许可人以欺骗、贿赂等不正当手段取得行政许可且该许可属于直接关系公共安全、人身健康、生命财产安全事项的，申请人在（　　）内不得再次申请该行政许可。

A. 1年　　　　　　B. 2年　　　　　　C. 3年　　　　　　D. 4年

答案：C

《中华人民共和国行政许可法》第七十九条规定，被许可人以欺骗、贿赂等不正当手段取得行政许可的，行政机关应当依法给予行政处罚；取得的行政许可属于直接关系公共安全、人身健康、生命财产安全事项的，申请人在三年内不得再次申请该行政许可；构成犯罪的，依法追究刑事责任。

19. 下列关于行政许可监督检查费用的说法中正确的有（　　）。

A. 实施行政许可以不收费为原则，所需要经费应当由本级财政予以保障

B. 监督检查原则上不允许收费，所需经费由单位自筹

C. 监督检查以收费为原则，不收费为例外

D. 行政机关可以自行决定是否收取相关费用

答案：A

《中华人民共和国行政许可法》第五十八条规定，行政机关实施行政许可和对行政许可事项进行监督检查，不得收取任何费用。但是，法律、行政法规另有规定的，依照其规定。行政机关提供行政许可申请书格式文本，不得收费。行政机关实施行政许可所需经费应当列入本行政机关的预算，由本级财政予以保障，按照批准的预算予以核拨。

20. 下列关于行政许可法律责任的说法中，错误的是（　　）。

A. 违反法定程序实施许可要承担相应的法律责任

B. 监督不力造成严重后果的要承担相应的法律责任

C. 申请人、被许可人违法要承担相应的法律责任

D．违法设定行政许可不承担法律责任

答案：D

《中华人民共和国行政许可法》第七十四条规定，行政机关实施行政许可，有下列情形之一的，由其上级行政机关或者监察机关责令改正，对直接负责的主管人员和其他直接责任人员依法给予行政处分；构成犯罪的，依法追究刑事责任：（一）对不符合法定条件的申请人准予行政许可或者超越法定职权作出准予行政许可决定的；（二）对符合法定条件的申请人不予行政许可或者不在法定期限内作出准予行政许可决定的；（三）依法应当根据招标、拍卖结果或者考试成绩择优作出准予行政许可决定，未经招标、拍卖或者考试，或者不根据招标、拍卖结果或者考试成绩择优作出准予行政许可决定的。

多 选 题

1. 行政许可申请可以通过（　　）等方式提出。

A．电话　　　　　B．电报、电传　　　　C．传真　　　　　D．电子邮件

答案：BCD

《中华人民共和国行政许可法》第二十九条第三款规定，行政许可申请可以通过信函、电报、电传、传真、电子数据交换和电子邮件等方式提出。

2. 设定和实施行政许可，应当遵循（　　）的原则。

A．公开　　　　　B．公平　　　　　C．公正　　　　　D．平等

答案：ABC

《中华人民共和国行政许可法》第五条第一款规定，设定和实施行政许可，应当遵循公开、公平、公正的原则。

3. 关于听证程序的规定，下列说法中错误的是（　　）。

A．行政机关应当在举行听证的5日前通知申请人、利害关系人

B．听证一律公开举行

C．听证会由负责审查行政许可申请的工作人员主持

D．举行听证时，申请人、利害关系人可以提出证据，并进行申辩和质证

答案：ABC

《中华人民共和国行政许可法》第四十八条规定，听证按照下列程序进行：（一）行政机关应当于举行听证的七日前将举行听证的时间、地点通知申请人、利害关系人，必要时予以公

告；（二）听证应当公开举行；（三）行政机关应当指定审查该行政许可申请的工作人员以外的人员为听证主持人，申请人、利害关系人认为主持人与该行政许可事项有直接利害关系的，有权申请回避；（四）举行听证时，审查该行政许可申请的工作人员应当提供审查意见的证据、理由，申请人、利害关系人可以提出证据，并进行申辩和质证；（五）听证应当制作笔录，听证笔录应当交听证参加人确认无误后签字或者盖章。行政机关应当根据听证笔录，作出行政许可决定。

4. 下列属于可以设定行政许可的事项有（　　　）。

A. 企业或者其他组织的设立等，需要确定主体资格的事项

B. 提供公众服务并且直接关系公共利益的职业、行业，需要确定具备特殊信誉、特殊条件或者特殊技能等资格、资质的事项

C. 直接涉及国家安全、公共安全、经济宏观调控、生态环境保护以及直接关系人身健康、生命财产安全等特定活动，需要按照法定条件予以批准的事项

D. 有限自然资源开发利用、公共资源配置以及直接关系公共利益的特定行业的市场准入等，需要赋予特定权利的事项

答案：ABCD

《中华人民共和国行政许可法》第十二条规定，下列事项可以设定行政许可：（一）直接涉及国家安全、公共安全、经济宏观调控、生态环境保护以及直接关系人身健康、生命财产安全等特定活动，需要按照法定条件予以批准的事项；（二）有限自然资源开发利用、公共资源配置以及直接关系公共利益的特定行业的市场准入等，需要赋予特定权利的事项；（三）提供公众服务并且直接关系公共利益的职业、行业，需要确定具备特殊信誉、特殊条件或者特殊技能等资格、资质的事项；（四）直接关系公共安全、人身健康、生命财产安全的重要设备、设施、产品、物品，需要按照技术标准、技术规范，通过检验、检测、检疫等方式进行审定的事项；（五）企业或者其他组织的设立等，需要确定主体资格的事项；（六）法律、行政法规规定可以设定行政许可的其他事项。

5.《中华人民共和国行政许可法》规定，事先予以规范，就可以不设行政许可的事项有（　　　）。

A. 公民、法人或者其他组织能够自主决定的

B. 市场竞争机制能够有效调节的

C. 行业组织或者中介机构能够自律管理的

D. 行政机关采用事后监督等其他行政管理方式能够解决的

答案：ABCD

《中华人民共和国行政许可法》第十三条规定，本法第十二条所列事项，通过下列方式能够予以规范的，可以不设行政许可：（一）公民、法人或者其他组织能够自主决定的；（二）市

场竞争机制能够有效调节的；（三）行业组织或者中介机构能够自律管理的；（四）行政机关采用事后监督等其他行政管理方式能够解决的。

6. 行政机关作出准予行政许可的决定，需要颁发行政许可证件的，应当向申请人颁发加盖本行政机关印章的行政许可证件。行政许可证件的类型包括（　　）。

A. 许可证、执照或者其他许可证书　　　　B. 资格证、资质证或者其他合格证书

C. 行政机关的批准文件或者证明文件　　　D. 法律、法规规定的其他行政许可证件

答案：ABCD

《中华人民共和国行政许可法》第三十九条规定，行政机关作出准予行政许可的决定，需要颁发行政许可证件的，应当向申请人颁发加盖本行政机关印章的下列行政许可证件：（一）许可证、执照或者其他许可证书；（二）资格证、资质证或者其他合格证书；（三）行政机关的批准文件或者证明文件；（四）法律、法规规定的其他行政许可证件。行政机关实施检验、检测、检疫的，可以在检验、检测、检疫合格的设备、设施、产品、物品上加贴标签或者加盖检验、检测、检疫印章。

7. 《中华人民共和国动物防疫法》中设立的行政许可有（　　）。

A. 动物和动物产品的检疫　　　　　　　　B. 动物诊疗许可

C. 执业兽医从业资格考试　　　　　　　　D. 动物防疫条件审查

答案：ABCD

《中华人民共和国行政许可法》第二条规定，本法所称行政许可，是指行政机关根据公民、法人或者其他组织的申请，经依法审查，准予其从事特定活动的行为。

8. 《中华人民共和国行政许可法》规定，行政机关可以对被许可人生产经营的产品依法进行（　　），对其生产经营场所依法进行实地检查。

A. 抽样检查　　　　B. 检验　　　　C. 检测　　　　D. 留验

答案：ABC

《中华人民共和国行政许可法》第六十二条第一款规定，行政机关可以对被许可人生产经营的产品依法进行抽样检查、检验、检测，对其生产经营场所依法进行实地检查。检查时，行政机关可以依法查阅或者要求被许可人报送有关材料；被许可人应当如实提供有关情况和材料。

9. 作出行政许可决定的行政机关或者其上级行政机关，根据利害关系人的请求或者依据职权，可以撤销行政许可的情形有（　　）。

A. 行政机关工作人员滥用职权、玩忽职守作出准予行政许可决定的

B. 超越法定职权作出准予行政许可决定的

C. 违反法定程序作出准予行政许可决定的

D. 对具备申请资格或者符合法定条件的申请人准予行政许可的

答案：ABC

《中华人民共和国行政许可法》第六十九条第一款规定，有下列情形之一的，作出行政许可决定的行政机关或者其上级行政机关，根据利害关系人的请求或者依据职权，可以撤销行政许可：（一）行政机关工作人员滥用职权、玩忽职守作出准予行政许可决定的；（二）超越法定职权作出准予行政许可决定的；（三）违反法定程序作出准予行政许可决定的；（四）对不具备申请资格或者不符合法定条件的申请人准予行政许可的；（五）依法可以撤销行政许可的其他情形。

10. 行政机关应当依法办理行政许可注销手续的情形是（   ）。

A. 行政许可有效期届满未延续的

B. 法人或者其他组织依法终止的

C. 因不可抗力导致行政许可事项无法实施的

D. 赋予公民特定资格的行政许可，该公民死亡或者丧失行为能力的

答案：ABCD

《中华人民共和国行政许可法》第七十条规定，有下列情形之一的，行政机关应当依法办理有关行政许可的注销手续：（一）行政许可有效期届满未延续的；（二）赋予公民特定资格的行政许可，该公民死亡或者丧失行为能力的；（三）法人或者其他组织依法终止的；（四）行政许可依法被撤销、撤回，或者行政许可证件依法被吊销的；（五）因不可抗力导致行政许可事项无法实施的；（六）法律、法规规定的应当注销行政许可的其他情形。

11. 行政机关应当将法律、法规、规章的有关行政许可的（   ）和条件、数量以及需要提交的全部材料的目录和申请书示范文本等在办公场所公示。

A. 事项   B. 依据   C. 程序   D. 期限

答案：ABCD

《中华人民共和国行政许可法》第三十条规定，行政机关应当将法律、法规、规章规定的有关行政许可的事项、依据、条件、数量、程序、期限以及需要提交的全部材料的目录和申请书示范文本等在办公场所公示。

12. 行政机关违法实施行政许可后，行政机关或直接责任人可能承担的法律责任有（   ）。

A. 民事赔偿   B. 国家赔偿   C. 刑事责任   D. 行政责任

答案：BCD

《中华人民共和国行政许可法》第七十六条规定，行政机关违法实施行政许可，给当事人

的合法权益造成损害的，应当依照国家赔偿法的规定给予赔偿。第七十四条　行政机关实施行政许可，有下列情形之一的，由其上级行政机关或者监察机关责令改正，对直接负责的主管人员和其他直接责任人员依法给予行政处分；构成犯罪的，依法追究刑事责任：

13. 可以撤销行政许可的情形有（　　）。

A. 超越法定职权作出准予行政许可决定的

B. 行政许可所依据的法律、法规、规章修改或者废止

C. 违反法定程序作出准予行政许可决定的

D. 准予行政许可所依据的客观情况发生重大变化的

答案：AC

《中华人民共和国行政许可法》第六十九条规定，有下列情形之一的，作出行政许可决定的行政机关或者其上级行政机关，根据利害关系人的请求或者依据职权，可以撤销行政许可：（一）行政机关工作人员滥用职权、玩忽职守作出准予行政许可决定的；（二）超越法定职权作出准予行政许可决定的；（三）违反法定程序作出准予行政许可决定的；（四）对不具备申请资格或者不符合法定条件的申请人准予行政许可的；（五）依法可以撤销行政许可的其他情形。被许可人以欺骗、贿赂等不正当手段取得行政许可的，应当予以撤销。

14. 下列关于委托实施行政许可的说法中，正确的有（　　）。

A. 受委托行政机关在委托范围内，以自己的名义实施行政许可

B. 受委托行政机关在委托范围内，以委托行政机关的名义实施行政许可

C. 委托方是行政机关，受委托一方可以是行政机关以外的其他组织

D. 委托方和受托方必须都是行政机关

答案：BD

《中华人民共和国行政许可法》第二十四条规定，行政机关在其法定职权范围内，依照法律、法规、规章的规定，可以委托其他行政机关实施行政许可。委托机关应当将受委托行政机关和受委托实施行政许可的内容予以公告。委托行政机关对受委托行政机关实施行政许可的行为应当负责监督，并对该行为的后果承担法律责任。受委托行政机关在委托范围内，以委托行政机关名义实施行政许可；不得再委托其他组织或者个人实施行政许可。

15.《中华人民共和国行政许可法》规定，属于行政许可证件的有（　　）。

A. 许可证 　　　　　　　　　　B. 执照

C. 行政机关的批准文件 　　　　D. 资格证、资质证

答案：ABCD

《中华人民共和国行政许可法》第三十九条规定，行政机关作出准予行政许可的决定，需

要颁发行政许可证件的，应当向申请人颁发加盖本行政机关印章的下列行政许可证件：（一）许可证、执照或者其他许可证书；（二）资格证、资质证或者其他合格证书；（三）行政机关的批准文件或者证明文件；（四）法律、法规规定的其他行政许可证件。

16. 下列说法中错误的有（　　）。

A. 行政法规不能设定行政许可

B. 国务院决定只能设定有效期为一年的临时性的行政许可

C. 省级政府规章不得设定企业或者其他组织的设立登记的许可，但对设立登记的一些前置性的许可可以设立

D. 地方性法规可以设立行政许可，但其设立权是有限的

答案：ABC

《中华人民共和国行政许可法》第十四条规定，尚未制定法律的，行政法规可以设定行政许可。必要时，国务院可以采用发布决定的方式设定行政许可。第十五条　本法第十二条所列事项，尚未制定法律、行政法规的，地方性法规可以设定行政许可；省、自治区、直辖市人民政府规章可以设定临时性的行政许可。临时性的行政许可实施满一年需要继续实施的，应当提请本级人民代表大会及其常务委员会制定地方性法规。地方性法规和省、自治区、直辖市人民政府规章，不得设定企业或者其他组织的设立登记及其前置性行政许可。

17. 行政机关工作人员有下列情形之一的，情节严重，不仅要依法给予行政处分，还有可能要承担刑事责任的有（　　）。

A. 对符合法定条件的行政许可申请不予行政许可的

B. 依法应当根据考试成绩择优作出准予行政许可决定，未经考试的

C. 依法应当举行听证而不举行听证的

D. 对不符合法定条件的申请人准予行政许可的的

答案：ABD

《中华人民共和国行政许可法》第七十四条规定，行政机关实施行政许可，有下列情形之一的，由其上级行政机关或者监察机关责令改正，对直接负责的主管人员和其他直接责任人员依法给予行政处分；构成犯罪的，依法追究刑事责任：（一）对不符合法定条件的申请人准予行政许可或者超越法定职权作出准予行政许可决定的；（二）对符合法定条件的申请人不予行政许可或者不在法定期限内作出准予行政许可决定的；（三）依法应当根据招标、拍卖结果或者考试成绩择优作出准予行政许可决定，未经招标、拍卖或者考试，或者不根据招标、拍卖结果或者考试成绩择优作出准予行政许可决定的。

18. 行政机关及其工作人员在实施、办理行政许可时，不得（　　）。

A. 向申请人提出购买指定商品　　　　　　B. 向申请人提出接受有偿服务

C. 索取或者收受申请人的财物　　　　　D. 谋取其他利益

答案：ABCD

《中华人民共和国行政许可法》第二十七条规定，行政机关实施行政许可，不得向申请人提出购买指定商品、接受有偿服务等不正当要求。行政机关工作人员办理行政许可，不得索取或者收受申请人的财物，不得谋取其他利益。

判 断 题

1. 行政机关实施监督检查，不得索取或者收受被许可人的财物。（　　　）

答案：正确

《中华人民共和国行政许可法》第六十三条规定，行政机关实施监督检查，不得妨碍被许可人正常的生产经营活动，不得索取或者收受被许可人的财物，不得谋取其他利益。

2. 行政机关应于举行行政许可听证的3日前，将举行听证的时间、地点通知申请人，利害关系人，必要时予以公告。（　　　）

答案：错

《中华人民共和国行政许可法》第四十八条第一款第一项规定，听证按照下列程序进行：（一）行政机关应当于举行听证的七日前将举行听证的时间、地点通知申请人、利害关系人，必要时予以公告。

3. 行政许可采取统一办理的，办理的时间一般不超过30日。（　　　）

答案：错

《中华人民共和国行政许可法》第四十二条第二款规定，依照本法第二十六条的规定，行政许可采取统一办理或者联合办理、集中办理的，办理的时间不得超过四十五日；四十五日内不能办结的，经本级人民政府负责人批准，可以延长十五日，并应当将延长期限的理由告知申请人。

4. 县级以上人民政府应当建立健全对行政机关实施行政许可的监督制度，加强对行政机关实施行政许可的监督检查。（　　　）

答案：对

《中华人民共和国行政许可法》第十条第一款规定，县级以上人民政府应当建立健全对行政机关实施行政许可的监督制度，加强对行政机关实施行政许可的监督检查。

5. 地方性法规和省、自治区、直辖市人民政府规章，可以设定由国家统一确定的公民、法人或者其他组织的资格、资质的行政许可。（ ）

答案：错

《中华人民共和国行政许可法》第十五条第二款规定，地方性法规和省、自治区、直辖市人民政府规章，不得设定应当由国家统一确定的公民、法人或者其他组织的资格、资质的行政许可。

6. 行政许可申请可以通过信函、电报、电传、传真、电子数据交换和电子邮件等方式提出。（ ）

答案：对

《中华人民共和国行政许可法》第二十九条第三款规定，行政许可申请可以通过信函、电报、电传、传真、电子数据交换和电子邮件等方式提出。

7. 行政许可的申请材料不齐全或者不符合法定形式的，可以分几次告知申请人需要补正的内容。（ ）

答案：错

《中华人民共和国行政许可法》第三十二条规定，行政机关对申请人提出的行政许可申请，应当根据下列情况分别作出处理：（四）申请材料不齐全或者不符合法定形式的，应当当场或者在五日内一次告知申请人需要补正的全部内容，逾期不告知的，自收到申请材料之日起即为受理。

8. 法律、行政法规设定的行政许可，其适用范围没有地域限制的，申请人取得的行政许可在全国范围内有效。（ ）

答案：对

《中华人民共和国行政许可法》第四十一条规定，法律、行政法规设定的行政许可，其适用范围没有地域限制的，申请人取得的行政许可在全国范围内有效。

9. 不予行政许可的决定，也应以书面形式作出，并应说明理由，并告知申请人申请复议或起诉权。（ ）

答案：对

《中华人民共和国行政许可法》第三十八条第二款规定，行政机关依法作出不予行政许可的书面决定的，应当说明理由，并告知申请人享有依法申请行政复议或者提起行政诉讼的权利。

10. 被许可人超越行政许可范围进行活动的，行政机关应当依法给予行政处分；构成犯罪的，依法追究刑事责任。（ ）

答案：错

《中华人民共和国行政许可法》第八十条规定，被许可人有下列行为之一的，行政机关应当依法给予行政处罚；构成犯罪的，依法追究刑事责任：（二）超越行政许可范围进行活动的。

11. 依法应当先由下级行政机关初审后再报上级行政机关决定的行政许可，下级行政机关应当自其受理行政许可申请之日起三十日内审查完毕。（　　）

答案：错

《中华人民共和国行政许可法》第四十三条规定，依法应当先经下级行政机关审查后报上级行政机关决定的行政许可，下级行政机关应当自其受理行政许可申请之日起二十日内审查完毕。

12. 行政机关作出行政许可的批准文件或证明文件属于行政许可证件。（　　）

答案：对

《中华人民共和国行政许可法》第三十九条规定，行政机关作出准予行政许可的决定，需要颁发行政许可证件的，应当向申请人颁发加盖本行政机关印章的下列行政许可证件：（一）许可证、执照或者其他许可证书；（二）资格证、资质证或者其他合格证书；（三）行政机关的批准文件或者证明文件；（四）法律、法规规定的其他行政许可证件。

13. 行政机关应当根据被许可人的申请，在该行政许可有效期届满前作出是否准予延续的决定；逾期未作决定的，应当重新申请。（　　）

答案：错

《中华人民共和国行政许可法》第五十条第二款规定，行政机关应当根据被许可人的申请，在该行政许可有效期届满前作出是否准予延续的决定；逾期未作决定的，视为准予延续。

14. 行政机关依法撤回已经生效的行政许可，由此给被许可人造成损失的，行政机关应当依法给予补偿。（　　）

答案：对

《中华人民共和国行政许可法》第八条第二款规定，行政许可所依据的法律、法规、规章修改或者废止，或者准予行政许可所依据的客观情况发生重大变化的，为了公共利益的需要，行政机关可以依法变更或者撤回已经生效的行政许可。由此给公民、法人或者其他组织造成财产损失的，行政机关应当依法给予补偿。

15. 行政机关实施行政许可的期限以工作日计算，不含法定节假日。（　　）

答案：对

《中华人民共和国行政许可法》第八十二条规定，本法规定的行政机关实施行政许可的期限以工作日计算，不含法定节假日。

16. 法律、法规授权组织对外不能以自己的名义实施行政许可。（　　　）

答案：错

《中华人民共和国行政许可法》第二十三条规定，法律、法规授权的具有管理公共事务职能的组织，在法定授权范围内，以自己的名义实施行政许可。被授权的组织适用本法有关行政机关的规定。

17. 法人或者其他组织依法终止的，行政机关应当依法撤销行政许可。（　　　）

答案：错

《中华人民共和国行政许可法》第七十条规定，有下列情形之一的，行政机关应当依法办理有关行政许可的注销手续：（三）法人或者其他组织依法终止的。

五、中华人民共和国赔偿法

单 选 题

1. S市动物卫生监督所违法对甲生猪屠宰场进行了罚款，甲向S市农牧局申请了行政复议，S市农牧局复议决定维持原处罚，甲应向（　　　）提出国家赔偿。

A. S市动物卫生监督所　　　　　　　　B. S市农牧局

C. S市政府　　　　　　　　　　　　　D. S市动物卫生监督所和S市农牧局

答案：A

《中华人民共和国赔偿法》第八条规定，经复议机关复议的，最初造成侵权行为的行政机关为赔偿义务机关，但复议机关的复议决定加重损害的，复议机关对加重的部分履行赔偿义务。

2. 赔偿义务机关应当自收到申请之日起（　　　）内，作出是否赔偿的决定。

A. 一个月　　　　B. 两个月　　　　C. 三个月　　　　D. 六个月

答案：B

《中华人民共和国国家赔偿法》第十三条第一款规定，赔偿义务机关应当自收到申请之日起两个月内，作出是否赔偿的决定。赔偿义务机关作出赔偿决定，应当充分听取赔偿请求人的意见，并可以与赔偿请求人就赔偿方式、赔偿项目和赔偿数额依照本法第四章的规定进行协商。

3. 赔偿义务机关决定赔偿的，应当制作赔偿决定书，并自作出决定之日起（　　）日内送达赔偿请求人。

A. 60　　　　　　　B. 20　　　　　　　C. 10　　　　　　　D. 5

答案：C

《中华人民共和国国家赔偿法》第十三条规定，第二款赔偿义务机关决定赔偿的，应当制作赔偿决定书，并自作出决定之日起十日内送达赔偿请求人。

4. 人民法院审理行政赔偿案件，赔偿请求人和赔偿义务机关对自己提出的主张，应当提供（　　）。

A. 资料　　　　　　B. 数据　　　　　　C. 书面材料　　　　　D. 证据

答案：D

《中华人民共和国国家赔偿法》第十五条第一款规定，人民法院审理行政赔偿案件，赔偿请求人和赔偿义务机关对自己提出的主张，应当提供证据。

5. 赔偿义务机关赔偿损失后，应当行使其追偿权。工作人员或受委托的组织或者个人承担部分或者全部赔偿费用的前提是有故意或者（　　）。

A. 过失　　　　　　B. 重大过失　　　　C. 过错　　　　　　D. 重大过错

答案：B

《中华人民共和国国家赔偿法》第十六条规定，赔偿义务机关赔偿损失后，应当责令有故意或者重大过失的工作人员或者受委托的组织或者个人承担部分或者全部赔偿费用。

6. 赔偿义务机关是人民法院的，赔偿请求人可以依照规定向其（　　）赔偿委员会申请作出赔偿决定。

A. 同级人民法院　　B. 上一级人民法院　　C. 同级人民政府　　D. 上级人民政府

答案：B

《中华人民共和国国家赔偿法》第二十四条第三款规定，赔偿义务机关是人民法院的，赔偿请求人可以依照本条规定向其上一级人民法院赔偿委员会申请作出赔偿决定。

7. 赔偿请求人或者赔偿义务机关对赔偿委员会作出的决定，认为确有错误的，可以向（　　）赔偿委员会提出申诉。

A. 同级人民法院　　B. 上一级人民法院　　C. 同级人民政府　　D. 上级人民政府

答案：B

《中华人民共和国国家赔偿法》第三十条第一款规定，赔偿请求人或者赔偿义务机关对赔偿委员会作出的决定，认为确有错误的，可以向上一级人民法院赔偿委员会提出申诉。

8.《中华人民共和国国家赔偿法》规定，国家赔偿以（　　）为主要方式。

A. 返还财产　　　　　B. 恢复原状　　　　　C. 支付赔偿金　　　　　D. 恢复名誉，赔礼道歉

答案：C

《中华人民共和国国家赔偿法》第三十二条国家赔偿以支付赔偿金为主要方式。能够返还财产或者恢复原状的，予以返还财产或者恢复原状。

9. 侵犯人身自由的赔偿标准，应当以限制或剥夺自由的时间按日计算赔偿金，每日的赔偿金按照国家（　　）职工日平均工作计算。

A. 上年度　　　　　B. 本年度　　　　　C. 近2年　　　　　D. 近5年

答案：A

《中华人民共和国国家赔偿法》第三十三条规定，侵犯公民人身自由的，每日赔偿金按照国家上年度职工日平均工资计算。

10.《中华人民共和国国家赔偿法》规定，赔偿请求人请求国家赔偿的时效为（　　）。

A. 三个月　　　　　B. 六个月　　　　　C. 一年　　　　　D. 两年

答案：D

《中华人民共和国国家赔偿法》第三十九条规定，第一款赔偿请求人请求国家赔偿的时效为两年，自其知道或者应当知道国家机关及其工作人员行使职权时的行为侵犯其人身权、财产权之日起计算，但被羁押等限制人身自由期间不计算在内。在申请行政复议或者提起行政诉讼时一并提出赔偿请求的，适用行政复议法、行政诉讼法有关时效的规定。

11. 赔偿请求人要求国家赔偿的，赔偿义务机关、复议机关和人民法院向赔偿请求人（　　）。

A. 收取5%费用　　　　　　　　　　　B. 收取10%费用

C. 不收取任何费用　　　　　　　　　　D. 对赔偿金征收10%的税

答案：C

《中华人民共和国国家赔偿法》第四十一条规定，第一款赔偿请求人要求国家赔偿的，赔偿义务机关、复议机关和人民法院不得向赔偿请求人收取任何费用。

12.《中华人民共和国国家赔偿法》规定，赔偿义务机关应当自收到支付赔偿金申请之日起（　　）日内，依照预算管理权限向有关的财政部门提出支付申请。财政部门应当自收到支付申请之日起（　　）日内支付赔偿金。

A. 7 7 B. 7 15 C. 15 7 D. 15 15

答案：B

《中华人民共和国国家赔偿法》第三十七条第三款规定，赔偿义务机关应当自收到支付赔偿金申请之日起七日内，依照预算管理权限向有关的财政部门提出支付申请。财政部门应当自收到支付申请之日起十五日内支付赔偿金。

13. 国家行政机关及其工作人员在行使行政职权时侵犯了当事人（   ），受害人可以提出申请国家赔偿。

A. 人身权和继承权 B. 财产权和继承权 C. 人身权和财产权 D. 人身权和名誉权

答案：C

《中华人民共和国国家赔偿法》第三条规定，行政机关及其工作人员在行使行政职权时有下列侵犯人身权情形之一的，受害人有取得赔偿的权利：（一）违法拘留或者违法采取限制公民人身自由的行政强制措施的；（二）非法拘禁或者以其他方法非法剥夺公民人身自由的；（三）以殴打等暴力行为或者唆使他人以殴打等暴力行为造成公民身体伤害或者死亡的；（四）违法使用武器、警械造成公民身体伤害或者死亡的；（五）造成公民身体伤害或者死亡的其他违法行为。第四条规定，行政机关及其工作人员在行使行政职权时有下列侵犯财产权情形之一的，受害人有取得赔偿的权利：（一）违法实施罚款、吊销许可证和执照、责令停产停业、没收财物等行政处罚的；（二）违法对财产采取查封、扣押、冻结等行政强制措施的；（三）违反国家规定征收财物、摊派费用的；（四）造成财产损害的其他违法行为。

14. 赔偿义务机关应当自收到申请之日起（   ）内，作出是否赔偿的决定。

A. 一个月 B. 两个月 C. 三个月 D. 四个月

答案：B

《国家赔偿法》第十三条第一款规定，赔偿义务机关应当自收到申请之日起两个月内，作出是否赔偿的决定。

15. 国家赔偿的行政赔偿义务机关不可以是（   ）。

A. 行政机关 B. 行政复议机关

C. 行政机关委托的组织 D. 法律、法规授权行使行政职能的组织

答案：C

《中华人民共和国国家赔偿法》第七条第一款规定，行政机关及其工作人员行使行政职权侵犯公民、法人和其他组织的合法权益造成损害的，该行政机关为赔偿义务机关。第七条第三款规定，法律、法规授权的组织在行使授予的行政权力时侵犯公民、法人和其他组织的合法权益造成损害的，被授权的组织为赔偿义务机关。第七条第四款规定，受行政机关委托的组织或

者个人在行使受委托的行政权力时侵犯公民、法人和其他组织的合法权益造成损害的，委托的行政机关为赔偿义务机关。第八条规定，经复议机关复议的，最初造成侵权行为的行政机关为赔偿义务机关，但复议机关的复议决定加重损害的，复议机关对加重的部分履行赔偿义务。

多 选 题

1. 行政机关及其工作人员在行使行政职权时有下列（   ）侵犯财产权情形之一的，受害人有取得赔偿的权利。

A. 违法实施罚款、吊销许可证和执照、责令停产停业、没收财物等行政处罚的

B. 违法对财产采取查封、扣押、冻结等行政强制措施的

C. 违法征收、征用财产的

D. 造成财产损害的其他违法行为

答案：ABCD

《中华人民共和国国家赔偿法》第四条规定，行政机关及其工作人员在行使行政职权时有下列侵犯财产权情形之一的，受害人有取得赔偿的权利：（一）违法实施罚款、吊销许可证和执照、责令停产停业、没收财物等行政处罚的；（二）违法对财产采取查封、扣押、冻结等行政强制措施的；（三）违法征收、征用财产的；（四）造成财产损害的其他违法行为。

2. 对受害的公民、法人和其他组织有权要求赔偿的说法正确的是（   ）。

A. 受害的公民死亡，其继承人有权要求赔偿

B. 受害的公民死亡，有扶养关系的亲属有权要求赔偿

C. 受害的法人终止的，其权利承受人有权要求赔偿

D. 受害的组织终止的，其权利承受人有权要求赔偿

答案：ABCD

《中华人民共和国国家赔偿法》第六条受害的公民、法人和其他组织有权要求赔偿。受害的公民死亡，其继承人和其他有扶养关系的亲属有权要求赔偿。受害的法人或者其他组织终止的，其权利承受人有权要求赔偿。

3. 下列说法正确的是（   ）。

A. 两个以上行政机关共同行使行政职权时侵犯公民、法人和其他组织的合法权益造成损害的，共同行使行政职权的行政机关为共同赔偿义务机关

B. 法律、法规授权的组织在行使授予的行政权力时侵犯公民、法人和其他组织的合法权益造成损害的，被授权的组织为赔偿义务机关

C. 受行政机关委托的组织或者个人在行使受委托的行政权力时侵犯公民、法人和其他组织的合法权益造成损害的，受委托的组织为赔偿义务机关

D. 赔偿义务机关被撤销的，继续行使其职权的行政机关为赔偿义务机关；没有继续行使其职权的行政机关的，撤销该赔偿义务机关的行政机关为赔偿义务机关

答案：ABD

《中华人民共和国国家赔偿法》第七条规定，行政机关及其工作人员行使行政职权侵犯公民、法人和其他组织的合法权益造成损害的，该行政机关为赔偿义务机关。两个以上行政机关共同行使行政职权时侵犯公民、法人和其他组织的合法权益造成损害的，共同行使行政职权的行政机关为共同赔偿义务机关。法律、法规授权的组织在行使授予的行政权力时侵犯公民、法人和其他组织的合法权益造成损害的，被授权的组织为赔偿义务机关。受行政机关委托的组织或者个人在行使受委托的行政权力时侵犯公民、法人和其他组织的合法权益造成损害的，委托的行政机关为赔偿义务机关。赔偿义务机关被撤销的，继续行使其职权的行政机关为赔偿义务机关；没有继续行使其职权的行政机关的，撤销该赔偿义务机关的行政机关为赔偿义务机关。

4. 某甲被公安机关错误拘留，后又被检察机关错误批准逮捕，请问，甲应向（　　）请求赔偿。

A. 公安机关　　　　　　　　　B. 检察机关

C. 公安机关决定错误拘留的工作人员　　D. 检察机关决定批准逮捕的检察人员

答案：AB

《中华人民共和国国家赔偿法》第二十一条规定，第一款行使侦查、检察、审判职权的机关以及看守所、监狱管理机关及其工作人员在行使职权时侵犯公民、法人和其他组织的合法权益造成损害的，该机关为赔偿义务机关。

5. 国家赔偿的方式有（　　）。

A. 支付赔偿金　　B. 赔礼道歉　　C. 恢复原状　　D. 返还财产

答案：ABCD

《中华人民共和国国家赔偿法》第三十二条规定，国家赔偿以支付赔偿金为主要方式。能够返还财产或者恢复原状的，予以返还财产或者恢复原状。第三十五条有本法第三条或者第十七条规定情形之一，致人精神损害的，应当在侵权行为影响的范围内，为受害人消除影响，恢复名誉，赔礼道歉；造成严重后果的，应当支付相应的精神损害抚慰金。

6. 赔偿请求人可以凭生效的（　　）向赔偿义务机关申请支付赔偿金。

A. 判决书　　　　B. 复议决定书　　　C. 赔偿决定书　　D. 调解书

答案：ABCD

《中华人民共和国国家赔偿法》第三十七条第二款规定，赔偿请求人凭生效的判决书、复

议决定书、赔偿决定书或者调解书，向赔偿义务机关申请支付赔偿金。

7. 有权要求赔偿的有（　　　）。

A. 受害的公民

B. 受害的法人

C. 受害的其他组织

D. 受害的公民死亡，其继承人和其他有扶养关系的亲属

答案：ABCD

《中华人民共和国国家赔偿法》第六条规定，受害的公民、法人和其他组织有权要求赔偿。受害的公民死亡，其继承人和其他有扶养关系的亲属有权要求赔偿。受害的法人或者其他组织终止的，其权利承受人有权要求赔偿。

8. 属于下列（　　　）情形的，国家不承担赔偿责任。

A. 行政机关工作人员与行使职权无关的个人行为

B. 因公民、法人自己的行为致使损害发生的

C. 其他组织自己的行为致使损害发生的

D. 法律规定的其他情形

答案：ABCD

《中华人民共和国国家赔偿法》第五条规定，属于下列情形之一的，国家不承担赔偿责任：（一）行政机关工作人员与行使职权无关的个人行为；（二）因公民、法人和其他组织自己的行为致使损害发生的；（三）法律规定的其他情形。

9. 行政机关及其工作人员在行使行政职权时有下列（　　　）侵犯财产权情形的，受害人有取得赔偿的权利。

A. 非法实施罚款、吊销许可证和执照、责令停产停业、没收财物等行政处罚的

B. 违法对财产采取查封、扣押、冻结等行政强制措施的

C. 非法征收、征用财产的

D. 造成财产损害的其他违法行为

答案：BD

《中华人民共和国国家赔偿法》第四条规定，行政机关及其工作人员在行使行政职权时有下列侵犯财产权情形之一的，受害人有取得赔偿的权利：（一）违法实施罚款、吊销许可证和执照、责令停产停业、没收财物等行政处罚的；（二）违法对财产采取查封、扣押、冻结等行政强制措施的；（三）违法征收、征用财产的；（四）造成财产损害的其他违法行为。

判 断 题

1. 受到行政权力侵害的法人或者其他组织终止，已经不存在了，其权利承受人有权要求赔偿。（   ）

答案：对

　　《中华人民共和国国家赔偿法》第六条规定，受害的公民、法人和其他组织有权要求赔偿。受害的公民死亡，其继承人和其他有扶养关系的亲属有权要求赔偿。受害的法人或者其他组织终止的，其权利承受人有权要求赔偿。

2. 两个以上行政机关共同行使行政职权时，侵犯公民、法人和其他组织的合法权益造成损害的，共同行使行政职权的行政机关为共同赔偿义务机关。（   ）

答案：对

　　《中华人民共和国国家赔偿法》第七条第二款规定，两个以上行政机关共同行使行政职权时侵犯公民、法人和其他组织的合法权益造成损害的，共同行使行政职权的行政机关为共同赔偿义务机关。

3. 赔偿请求人根据受到的不同损害，只能针对最大的损害提出一项赔偿要求。（   ）

答案：错

　　《中华人民共和国国家赔偿法》第十一条规定，赔偿请求人根据受到的不同损害，可以同时提出数项赔偿要求。

4. 赔偿义务机关应当在收到申请之日起两个月内作出是否赔偿的决定。（   ）

答案：对

　　《中华人民共和国国家赔偿法》第十三条第一款规定，赔偿义务机关应当自收到申请之日起两个月内，作出是否赔偿的决定。赔偿义务机关作出赔偿决定，应当充分听取赔偿请求人的意见，并可以与赔偿请求人就赔偿方式、赔偿项目和赔偿数额依照本法第四章的规定进行协商。

5. 赔偿义务机关赔偿损失后，应当责令有故意或者重大过失的工作人员或者受委托的组织或者个人承担部分或者全部赔偿费用。（   ）

答案：对

　　《中华人民共和国国家赔偿法》第十六条第一款规定，赔偿义务机关赔偿损失后，应当责令有故意或者重大过失的工作人员或者受委托的组织或者个人承担部分或者全部赔偿费用。

6. 官方兽医杨某和张某在办案中对王某未附有检疫证明的90千克猪肉做了登记保存，要求王某5日内提供相关证明，并接受处理。4天后王某提供证明，由于动物卫生监督机构保管不当，猪肉已腐败变质。王某有权要求动物卫生监督机构赔偿其损失。（　　　）

答案：对

《中华人民共和国国家赔偿法》第四条规定，行政机关及其工作人员在行使行政职权时有下列侵犯财产权情形之一的，受害人有取得赔偿的权利：（一）违法实施罚款、吊销许可证和执照、责令停产停业、没收财物等行政处罚的；（二）违法对财产采取查封、扣押、冻结等行政强制措施的；（三）违法征收、征用财产的；（四）造成财产损害的其他违法行为。

7. 国家赔偿以支付赔偿金为主要方式。（　　　）

答案：对

《中华人民共和国国家赔偿法》第三十二条规定，国家赔偿以支付赔偿金为主要方式。能够返还财产或者恢复原状的，予以返还财产或者恢复原状。

8. 国家赔偿金应由实施违法行政行为的单位从事业经费中解决。（　　　）

答案：错

《中华人民共和国国家赔偿法》第三十七条规定，赔偿费用列入各级财政预算。赔偿请求人凭生效的判决书、复议决定书、赔偿决定书或者调解书，向赔偿义务机关申请支付赔偿金。赔偿义务机关应当自收到支付赔偿金申请之日起七日内，依照预算管理权限向有关的财政部门提出支付申请。财政部门应当自收到支付申请之日起十五日内支付赔偿金。赔偿费用预算与支付管理的具体办法由国务院规定。

9. 国家赔偿费用应从赔偿主体的办公经费中支出。（　　　）

答案：错

《中华人民共和国国家赔偿法》第三十七条规定，赔偿费用列入各级财政预算。赔偿请求人凭生效的判决书、复议决定书、赔偿决定书或者调解书，向赔偿义务机关申请支付赔偿金。赔偿义务机关应当自收到支付赔偿金申请之日起七日内，依照预算管理权限向有关的财政部门提出支付申请。财政部门应当自收到支付申请之日起十五日内支付赔偿金。赔偿费用预算与支付管理的具体办法由国务院规定。

10. 解除查封、扣押造成财产损坏的，行政机关必须支付全部赔偿金。（　　　）

答案：错

《中华人民共和国国家赔偿法》第三十六条规定，侵犯公民、法人和其他组织的财产权造成损害的，按照下列规定处理：（一）处罚款、罚金、追缴、没收财产或者违法征收、征用财产的，返还财产；（二）查封、扣押、冻结财产的，解除对财产的查封、扣押、冻结，造成财产损坏或者灭失的，依照本条第三项、第四项的规定赔偿；（三）应当返还的财产损坏的，能够恢复原状的恢复原状，不能恢复原状的，按照损害程度给付相应的赔偿金；（四）应当返还的财产灭失的，给付相应的赔偿金；（五）财产已经拍卖或者变卖的，给付拍卖或者变卖所得的价款；变卖的价款明显低于财产价值的，应当支付相应的赔偿金；（六）吊销许可证和执照、责令停产停业的，赔偿停产停业期间必要的经常性费用开支；（七）返还执行的罚款或者罚金、追缴或者没收的金钱，解除冻结的存款或者汇款的，应当支付银行同期存款利息；（八）对财产权造成其他损害的，按照直接损失给予赔偿。

11. 根据《中华人民共和国国家赔偿法》规定，行政赔偿中不得协商。（　　　）

答案：错

《中华人民共和国国家赔偿法》第二十三条规定，赔偿义务机关作出赔偿决定，应当充分听取赔偿请求人的意见，并可以与赔偿请求人就赔偿方式、赔偿项目和赔偿数额依照本法第四章的规定进行协商。

12. 赔偿义务机关决定赔偿的，应当制作赔偿决定书，并自作出决定之日起十日内送达赔偿请求人。（　　　）

答案：对

《中华人民共和国国家赔偿法》第二十三条第二款规定，赔偿义务机关决定赔偿的，应当制作赔偿决定书，并自作出决定之日起十日内送达赔偿请求人。

13. 赔偿义务机关决定不予赔偿的，应当自作出决定之日起十五日内书面通知赔偿请求人，并说明不予赔偿的理由。（　　　）

答案：错

《中华人民共和国国家赔偿法》第二十三条第三款规定，赔偿义务机关决定不予赔偿的，应当自作出决定之日起十日内书面通知赔偿请求人，并说明不予赔偿的理由。

六、中华人民共和国行政处罚法

单 选 题

1. 行政机关在调查或者进行检查时，在证据可能灭失或者以后难以取得的情况下，经行政机关负责人批准，可以先行登记保存，并应当在（　　　）日内及时作出处理决定，在此期间，当事人或者有关人员不得销毁或者转移证据。

A. 5 　　　　　B. 7 　　　　　C. 9 　　　　　D. 15

答案：B

《中华人民共和国行政处罚法》第三十七条第二款规定，行政机关在收集证据时，可以采取抽样取证的方法；在证据可能灭失或者以后难以取得的情况下，经行政机关负责人批准，可以先行登记保存，并应当在七日内及时作出处理决定，在此期间，当事人或者有关人员不得销毁或者转移证据。

2. 违法事实确凿并有法定依据，对公民处以（　　）元以下、对法人或者其他组织处以一千元以下罚款或者警告的行政处罚的，可以当场作出行政处罚决定。

A. 50 　　　　　B. 20 　　　　　C. 30 　　　　　D. 40

答案：A

《中华人民共和国行政处罚法》第三十三条规定，违法事实确凿并有法定依据，对公民处以五十元以下、对法人或者其他组织处以一千元以下罚款或者警告的行政处罚的，可以当场作出行政处罚决定。

3. 行政机关依照本法第三十八条的规定给予行政处罚，应当制作行政处罚决定书，下列哪一项不是行政处罚决定书应当载明的事项（　　）。

A. 当事人的姓名或者名称、地址　　　　B. 违反法律、法规或者规章的事实和证据
C. 行政处罚的种类和依据　　　　D. 行政机关负责人的签章

答案：D

《中华人民共和国行政处罚法》第三十九条规定，行政机关依照本法第三十八条的规定给予行政处罚，应当制作行政处罚决定书。行政处罚决定书应当载明下列事项规定：（一）当事人的姓名或者名称、地址；（二）违反法律、法规或者规章的事实和证据；（三）行政处罚的种类和依据；（四）行政处罚的履行方式和期限；（五）不服行政处罚决定，申请行政复议或者提起行政诉讼的途径和期限；（六）作出行政处罚决定的行政机关名称和作出决定的日期。行政处罚决定书必须盖有作出行政处罚决定的行政机关的印章。

4. 地方性法规可以设定除限制人身自由、（　　）以外的行政处罚。

A. 吊销企业营业执照　B. 没收违法所得　　　C. 没收非法财物　　　D. 责令停产停业

答案：A

《中华人民共和国行政处罚法》第十一条第一款规定，地方性法规可以设定除限制人身自由、吊销企业营业执照以外的行政处罚。

5. 下列不属于行政处罚种类的是（　　）。

A. 警告　　　　　　B. 罚款　　　　　　C. 责令停产停业　　　D. 刑事拘留

答案：D

《中华人民共和国行政处罚法》第八条规定，行政处罚的种类：（一）警告；（二）罚款；（三）没收违法所得、没收非法财物；（四）责令停产停业；（五）暂扣或者吊销许可证、暂扣或者吊销执照；（六）行政拘留；（七）法律、行政法规规定的其他行政处罚。

6. 实施行政处罚，纠正违法行为，应当坚持（　　）相结合，教育公民、法人或者其他组织自觉守法。

A. 处罚与教育　　　B. 处罚与制裁　　　C. 处罚与奖励　　　D. 口头与书面

答案：A

《中华人民共和国行政处罚法》第五条规定，实施行政处罚，纠正违法行为，应当坚持处罚与教育相结合，教育公民、法人或者其他组织自觉守法。

7. 当事人被处以罚款，但其确有经济困难，经本人申请和行政机关批准，可以（　　）。

A. 暂缓或者分期缴纳　B. 适当减少罚款数额　C. 免除罚款变更　　D. 行政处罚措施

答案：A

《中华人民共和国行政处罚法》第五十二条规定，当事人确有经济困难，需要延期或者分期缴纳罚款的，经当事人申请和行政机关批准，可以暂缓或者分期缴纳。

8. 当事人逾期不履行行政处罚决定的，作出行政处罚决定的行政机关可以对当事人每日按罚款数额的（　　）加处罚款。

A. 百分之三　　　　B. 百分之五　　　　C. 百分之十　　　　D. 百分之一

答案：A

《中华人民共和国行政处罚法》第五十一条第一项规定，当事人逾期不履行行政处罚决定的，作出行政处罚决定的行政机关可以采取下列措施：（一）到期不缴纳罚款的，每日按罚款数额的百分之三加处罚款。

9. 执法人员当场收缴的罚款，应当自收缴罚款之日起二日内，交至（　　）。

A. 行政机关　　　　B. 国库　　　　　　C. 指定的银行　　　D. 人民法院

答案：A

《中华人民共和国行政处罚法》第五十条规定，执法人员当场收缴的罚款，应当自收缴罚款之日起二日内，交至行政机关；在水上当场收缴的罚款，应当自抵岸之日起二日内交至行政机关；行政机关应当在二日内将罚款缴付指定的银行。

10.《中华人民共和国行政处罚法》规定：行政机关应当在听证的（　　）日前，通知当事人举行听证的时间、地点。

A. 3　　　　　　　　B. 5　　　　　　　　C. 15　　　　　　　　D. 7

答案：D

《中华人民共和国行政处罚法》第四十二条第一款第二项规定，行政机关作出责令停产停业、吊销许可证或者执照、较大数额罚款等行政处罚决定之前，应当告知当事人有要求举行听证的权利；当事人要求听证的，行政机关应当组织听证。当事人不承担行政机关组织听证的费用。听证依照以下程序组织：（二）行政机关应当在听证的七日前，通知当事人举行听证的时间、地点。

11. 对于行政机关作出的行政处罚，当事人要求听证的，应当在行政机关告知后（　　）日内提出。

A. 3　　　　　　　　B. 5　　　　　　　　C. 15　　　　　　　　D. 7

答案：A

《中华人民共和国行政处罚法》第四十二条第一款第一项规定，行政机关作出责令停产停业、吊销许可证或者执照、较大数额罚款等行政处罚决定之前，应当告知当事人有要求举行听证的权利；当事人要求听证的，行政机关应当组织听证。当事人不承担行政机关组织听证的费用。听证依照以下程序组织：（一）当事人要求听证的，应当在行政机关告知后三日内提出。

12.《中华人民共和国行政处罚法》规定，行政处罚应当遵循的原则是（　　）。

A. 公开、公平　　　B. 公平、公正　　　C. 公正、公开　　　D. 公开、公平、公正

答案：C

《中华人民共和国行政处罚法》第四条第一款规定，行政处罚遵循公正、公开的原则。

13. 根据《中华人民共和国行政处罚法》的规定，下列选项中哪些不属于应当依法从轻或者减轻行政处罚的情形（　　）。

A. 已满14周岁不满18周岁的人有违法行为的　　　B. 主动消除或者减轻违法行为危害后果的

C. 伙同他人实施违法行为的　　　D. 配合行政机关查处违法行为有立功表现的

答案：C

《中华人民共和国行政处罚法》第二十五条规定，不满十四周岁的人有违法行为的，不予行政处罚，责令监护人加以管教；已满十四周岁不满十八周岁的人有违法行为的，从轻或者减轻行政处罚。第二十七条第一款规定，当事人有下列情形之一的，应当依法从轻或者减轻行政处罚：（一）主动消除或者减轻违法行为危害后果的；（二）受他人胁迫有违法行为的；（三）配合行政机关查处违法行为有立功表现的；（四）其他依法从轻或者减轻行政处罚的。

14. 当事人的违法行为构成犯罪，人民法院判处（   ）时，行政机关已经给予当事人罚款的，应当折抵相应的罚金。

A. 罚金   B. 没收财产   C. 没收违法所得   D. 罚金或者没收财产

答案：A

《中华人民共和国行政处罚法》第二十八条第二款规定，违法行为构成犯罪，人民法院判处罚金时，行政机关已经给予当事人罚款的，应当折抵相应罚金。

15. 下面有关行政处罚设定的范围，表述正确的是（   ）。

A. 地方性法规可以设定限制人身自由的行政处罚

B. 地方性法规可以设定吊销企业营业执照的行政处罚

C. 法律可以设定限制人身自由的行政处罚

D. 行政法规可以设定限制人身自由的行政处罚

答案：C

《中华人民共和国行政处罚法》第九条第一款规定，法律可以设定各种行政处罚。第十条第一款规定，行政法规可以设定除限制人身自由以外的行政处罚。第十一条第一款规定，地方性法规可以设定除限制人身自由、吊销企业营业执照以外的行政处罚。

16. 根据《中华人民共和国行政处罚法》的规定，下列各项中，不属于听证范围的是（   ）。

A. 行政拘留   B. 吊销营业执照   C. 责令停产停业   D. 较大数额的罚款

答案：A

《中华人民共和国行政处罚法》第四十二条第一款规定，行政机关作出责令停产停业、吊销许可证或者执照、较大数额罚款等行政处罚决定之前，应当告知当事人有要求举行听证的权利；当事人要求听证的，行政机关应当组织听证。

17. 我国《中华人民共和国行政处罚法》规定："行政机关在调查或进行检查时，执法人员不得少于两人，并应当向当事人或有关人员出示（   ）。"这体现了行政程序法中的表明身份制度。

A. 调查证   B. 检查证   C. 执法证件   D. 领导批示

答案：C

《中华人民共和国行政处罚法》第三十七条第一款规定，行政机关在调查或者进行检查时，执法人员不得少于两人，并应当向当事人或者有关人员出示证件。当事人或者有关人员应当如实回答询问，并协助调查或者检查，不得阻挠。询问或者检查应当制作笔录。

18. 行政处罚由违法行为发生地的（   ）人民政府具有行政处罚权的行政机关管辖。

A. 地市级以上   B. 乡镇级以上   C. 县级以上   D. 省级以上

答案：C

《中华人民共和国行政处罚法》第二十条规定，行政处罚由违法行为发生地的县级以上地方人民政府具有行政处罚权的行政机关管辖。法律、行政法规另有规定的除外。

19. 受行政机关委托的组织实施行政处罚的法律后果由（　　）承担。

A. 受委托组织　　　　　　　　　　　　B. 委托行政机关

C. 委托行政机关的上一级行政机关　　　D. 行政复议机关

答案：B

《中华人民共和国行政处罚法》第十八条第二款规定，委托行政机关对受委托的组织实施行政处罚的行为应当负责监督，并对该行为的后果承担法律责任。

20. 当事人有（　　）的情形，不应当依法从轻或者减轻行政处罚。

A. 主动消除或者减轻违法行为危害后果的　　B. 受他人胁迫有违法行为的

C. 配合行政机关查处违法行为有立功表现的　　D. 醉酒后有违法行为的

答案：D

《中华人民共和国行政处罚法》第二十七条规定，当事人有下列情形之一的，应当依法从轻或者减轻行政处罚：（一）主动消除或者减轻违法行为危害后果的；（二）受他人胁迫有违法行为的；（三）配合行政机关查处违法行为有立功表现的；（四）其他依法从轻或者减轻行政处罚的。违法行为轻微并及时纠正，没有造成危害后果的，不予行政处罚。

21. 行政机关制定的除行政法规和规章以外的其他规范性文件，在设定行政处罚上（　　）。

A. 对较轻微的处罚有设定权　　　　　B. 经法律、法规的授权后有设定权

C. 经国务院授权后有设定权　　　　　D. 没有设定权

答案：D

《中华人民共和国行政处罚法》第十四条规定，除本法第九条、第十条、第十一条、第十二条以及第十三条的规定外，其他规范性文件不得设定行政处罚。

22. 下列各项措施中属于行政处罚的是（　　）。

A. 撤职　　　　　　　　　　　　　　B. 扣押

C. 责令停产停业　　　　　　　　　　D. 开除

答案：C

《中华人民共和国行政处罚法》第八条规定，行政处罚的种类：（一）警告；（二）罚款；（三）没收违法所得、没收非法财物；（四）责令停产停业；（五）暂扣或者吊销许可证、暂扣或者吊销执照；（六）行政拘留；（七）法律、行政法规规定的其他行政处罚。A、D项属于行

政处分种类，B项属于行政强制措施。

23. 下列有关行政处罚设定权，叙述错误的是（　　　）。

A. 法律可以设定各种行政处罚

B. 行政法规可以设定除限制人身自由以外的行政处罚

C. 地方性法规可以设定除限制人身自由、吊销企业营业执照以外的行政处罚

D. 部门规章可以设定除限制人身自由、吊销企业营业执照以外的行政处罚

答案：D

《中华人民共和国行政处罚法》第九条第一款规定，法律可以设定各种行政处罚。第十条第一款规定，行政法规可以设定除限制人身自由以外的行政处罚。第十一条第一款规定，地方性法规可以设定除限制人身自由、吊销企业营业执照以外的行政处罚。第十二条第一款规定，国务院部、委员会制定的规章可以在法律、行政法规规定的给予行政处罚的行为、种类和幅度的范围内作出具体规定。第二款规定，尚未制定法律、行政法规的，前款规定的国务院部、委员会制定的规章对违反行政管理秩序的行为，可以设定警告或者一定数量罚款的行政处罚。

24. 尚未制定法律、行政法规的，国务院部、委员会制定规章可以设定（　　　）的行政处罚。

A. 警告与罚金　　　　　　　　　　B. 警告或者一定数额的罚款

C. 警告、罚款与没收财产　　　　　D. 限制人身自由、吊销营业执照以外的行政处罚

答案：B

《中华人民共和国行政处罚法》第十二条第二条规定，尚未制定法律、行政法规的，前款规定的国务院部、委员会制定的规章对违反行政管理秩序的行为，可以设定警告或者一定数量罚款的行政处罚。罚款的限额由国务院规定。

25. 经国务院批准的较大的市的人民政府制定的规章可以设定一定数量罚款的行政处罚。罚款的限额由（　　　）规定。

A. 省、自治区、直辖市人民政府

B. 省、自治区、直辖市人民政府所属的厅、局

C. 省、自治区、直辖市人民代表大会常务委员会

D. 省、自治区、直辖市人民代表大会

答案：C

《中华人民共和国行政处罚法》第十三条第二条规定，尚未制定法律、法规的，前款规定的人民政府制定的规章对违反行政管理秩序的行为，可以设定警告或者一定数量罚款的行政处罚。罚款的限额由省、自治区、直辖市人民代表大会常务委员会规定。

26. 尚未制定法律、行政法规的，地方政府规章可以设定（　　）行政处罚。

A. 限制人身自由 　　　　　　　　　　　B. 暂扣或者吊销许可证

C. 警告或者一定数量罚款 　　　　　　　D. 没收违法所得

答案：C

《中华人民共和国行政处罚法》第十三条第二款规定，尚未制定法律、法规的，前款规定的人民政府制定的规章对违反行政管理秩序的行为，可以设定警告或者一定数量罚款的行政处罚。罚款的限额由省、自治区、直辖市人民代表大会常务委员会规定。

27. 行政处罚决定书应当在宣告后当场交付当事人；当事人不在场的，行政机关应当在（　　）日内依照民事诉讼法的有关规定，将行政处罚决定书送达当事人。

A. 5 　　　　　B. 7 　　　　　C. 9 　　　　　D. 10

答案：B

《中华人民共和国行政处罚法》第四十条规定，行政处罚决定书应当在宣告后当场交付当事人；当事人不在场的，行政机关应当在七日内依照民事诉讼法的有关规定，将行政处罚决定书送达当事人。

28. 下列关于行政处罚中"一事不再罚原则"的表述正确的选项是（　　）。

A. 一个违法行为不能进行多种行政处罚

B. 两个行政机关分别依据不同的法律规范给予当事人两个罚款

C. 对当事人同一个违法行为，不得给予两次以上罚款的行政处罚

D. 一个违法行为，多个处罚主体不能根据不同的法律规范作出不同种类的处罚

答案：C

《中华人民共和国行政处罚法》第二十四条规定，对当事人的同一个违法行为，不得给予两次以上罚款的行政处罚。

29. 限制人身自由的行政处罚权只能由（　　）行使。

A. 人民法院 　　　B. 公安机关 　　　C. 国务院 　　　D. 人大常委会

答案：B

《中华人民共和国行政处罚法》第十六条规定，国务院或者经国务院授权的省、自治区、直辖市人民政府可以决定一个行政机关行使有关行政机关的行政处罚权，但限制人身自由的行政处罚权只能由公安机关行使。

30. 下列行为可以不予行政处罚的是（　　）。

A. 2015年3月15日张三收购未经检疫的生猪，2017年5月20日××县动物卫生监督所调查李四案件时，李四举报张三违法行为

B. 2015年1—6月张三加工经营病死猪，2017年5月20日，××县动物卫生监督所调查李四案件时，李四举报张三违法行为

C. 张三（17周岁）经营病死猪被××县动物卫生监督所依法查获

D. 张三屠宰病死猪，将猪肉卖给李四等5人，后认为自己行为违法，除其中一人无法联系外，将出售给其他4人的病死猪肉追回

答案：A

《中华人民共和国行政处罚法》第二十五条规定，不满十四周岁的人有违法行为的，不予行政处罚，责令监护人加以管教；已满十四周岁不满十八周岁的人有违法行为的，从轻或者减轻行政处罚。第二十七条规定，当事人有下列情形之一的，应当依法从轻或者减轻行政处罚：（一）主动消除或者减轻违法行为危害后果的；（二）受他人胁迫有违法行为的；（三）配合行政机关查处违法行为有立功表现的；（四）其他依法从轻或者减轻行政处罚的。违法行为轻微并及时纠正，没有造成危害后果的，不予行政处罚。第二十九条规定，违法行为在二年内未被发现的，不再给予行政处罚。法律另有规定的除外。前款规定的期限，从违法行为发生之日起计算；违法行为有连续或者继续状态的，从行为终了之日起计算。

31. 违法事实确凿并有法定依据，对法人或者其他组织处以（　　）元以下罚款或者警告的行政处罚，可以当场作出行政处罚决定。

A. 100　　　　　　B. 500　　　　　　C. 1000　　　　　　D. 2000

答案：C

《中华人民共和国行政处罚法》第三十三条规定，违法事实确凿并有法定依据，对公民处以五十元以下、对法人或者其他组织处以一千元以下罚款或者警告的行政处罚的，可以当场作出行政处罚决定。当事人应当依照本法第四十六条、第四十七条、第四十八条的规定履行行政处罚决定。

32.《中华人民共和国行政处罚法》规定，实施行政处罚应当坚持（　　）。

A. 预防　　　　B. 处罚与教育相结合　　C. 杜绝　　　　　　D. 警示

答案：B

《中华人民共和国行政处罚法》第五条规定，实施行政处罚，纠正违法行为，应当坚持处罚与教育相结合，教育公民、法人或者其他组织自觉守法。

33.《中华人民共和国行政处罚法》规定的行政处罚的种类中不包括（　　）。

A. 罚款　　　　　　B. 行政拘留　　　　C. 强制隔离　　　　D. 责令停产停业

答案：C

《中华人民共和国行政处罚法》第八条规定，行政处罚的种类：（一）警告；（二）罚款；

（三）没收违法所得、没收非法财物；（四）责令停产停业；（五）暂扣或者吊销许可证、暂扣或者吊销执照；（六）行政拘留；（七）法律、行政法规规定的其他行政处罚。

34. 唐山市交警大队以赵某违章停车为由，依有关规定，决定暂扣赵某1个月的驾驶执照。这一行为属于下列哪个选项？（　　　）

A. 行政强制执行　　　B. 行政监督检查　　　C. 行政处罚　　　D. 行政强制措施

答案：C

　　《中华人民共和国行政处罚法》第八条规定，行政处罚的种类：（一）警告；（二）罚款；（三）没收违法所得、没收非法财物；（四）责令停产停业；（五）暂扣或者吊销许可证、暂扣或者吊销执照；（六）行政拘留；（七）法律、行政法规规定的其他行政处罚。

35. 某市欲制定一项地方性法规，对某项行为进行行政处罚。根据有关法律规定，该法规不得设定的行政处罚措施是（　　　）。

A. 罚款　　　　　B. 没收违法所得　　　C. 吊销企业营业执照　　D. 责令停产、停业

答案：C

　　《中华人民共和国行政处罚法》第十一条第一款规定，地方性法规可以设定除限制人身自由、吊销企业营业执照以外的行政处罚。

36. 经国务院批准的较大的市的人民政府制定的规章可以设定一定数量罚款的行政处罚。罚款的限额由（　　　）机关规定。

A. 较大的市人民政府

B. 较大的市人大常委会

C. 由省、自治区、直辖市人民代表大会常务委员会

D. 较大的市人民代表大会

答案：C

　　《中华人民共和国行政处罚法》第十三条第二款规定，尚未制定法律、法规的，前款规定的人民政府制定的规章对违反行政管理秩序的行为，可以设定警告或者一定数量罚款的行政处罚。罚款的限额由省、自治区、直辖市人民代表大会常务委员会规定。

37. 《中华人民共和国行政处罚法》规定，受行政机关委托的组织实施行政处罚的法律后果由（　　　）承担。

A. 受委托组织　　　　　　　　　　B. 委托行政机关

C. 委托行政机关的上一级行政机关　　　　D. 行政复议机关

答案：B

　　《中华人民共和国行政处罚法》第十八条第二款规定，委托行政机关对受委托的组织实施

行政处罚的行为应当负责监督，并对该行为的后果承担法律责任。

38.《中华人民共和国行政处罚法》规定，行政处罚由违法行为发生地的（　　）人民政府具有行政处罚权的行政机关管辖。

A．地市级以上　　　　B．乡镇级以上　　　　C．县级以上　　　　D．省级以上

答案：C

《中华人民共和国行政处罚法》第二十条规定，行政处罚由违法行为发生地的县级以上地方人民政府具有行政处罚权的行政机关管辖。法律、行政法规另有规定的除外。

39.《中华人民共和国行政处罚法》规定，对当事人的同一个违法行为，不得给予（　　）次以上罚款的行政处罚。

A．1　　　　　　　　B．2　　　　　　　　C．3　　　　　　　　D．5

答案：B

《中华人民共和国行政处罚法》第二十四条规定，对当事人的同一个违法行为，不得给予两次以上罚款的行政处罚。

40.《中华人民共和国行政处罚法》规定，达不到行政责任年龄的人违反行政法律不予行政处罚，由监护人加以管教。其行政责任年龄为不满（　　）岁。

A．12　　　　　　　B．14　　　　　　　C．16　　　　　·　　D．18

答案：B

《中华人民共和国行政处罚法》第二十五条规定，不满十四周岁的人有违法行为的，不予行政处罚，责令监护人加以管教；已满十四周岁不满十八周岁的人有违法行为的，从轻或者减轻行政处罚。

41.《中华人民共和国行政处罚法》规定，违法行为在（　　）年内未被发现的，不再给予行政处罚。法律另有规定的除外。

A．1　　　　　　　　B．2　　　　　　　　C．3　　　　　　　　D．4

答案：B

《中华人民共和国行政处罚法》第二十九条第一款规定，违法行为在二年内未被发现的，不再给予行政处罚。法律另有规定的除外。

42．下列事项中，行政机关在作出处罚决定前不必告知当事人的是（　　）。

A．作出行政处罚决定的事实和理由　　　　B．作出行政处罚的依据

C．行政处罚的履行方式和期限　　　　　　D．当事人依法享有的权利

答案：C

《中华人民共和国行政处罚法》第三十一条规定，行政机关在作出行政处罚决定之前，应当告知当事人作出行政处罚决定的事实、理由及依据，并告知当事人依法享有的权利。

43.《中华人民共和国行政处罚法》规定，行政机关依照一般程序进行调查或检查时，执法人员（　　）。

A. 可以一人　　　　　B. 只能二人　　　　　C. 不得少于二人　　　　D. 没有人数限制

答案：C

《中华人民共和国行政处罚法》第三十七条第一款规定，行政机关在调查或者进行检查时，执法人员不得少于两人，并应当向当事人或者有关人员出示证件。当事人或者有关人员应当如实回答询问，并协助调查或者检查，不得阻挠。询问或者检查应当制作笔录。

44. 在行政处罚中，对情节复杂或者重大违法行为将给予较重的处罚的，处罚机关应如何作出决定是（　　）。

A. 由处罚机关的行政首长决定　　　　　B. 由办案人员集体讨论决定

C. 报上级机关决定　　　　　D. 由处罚机关负责人集体讨论决定

答案：D

《中华人民共和国行政处罚法》第三十八条第二款规定，对情节复杂或者重大违法行为给予较重的行政处罚，行政机关的负责人应当集体讨论决定。

45.《中华人民共和国行政处罚法》规定，当事人应当收到行政处罚决定书之日起（　　）日内，到指定银行缴纳罚款。

A. 15　　　　　B. 30　　　　　C. 3　　　　　D. 60

答案：A

《中华人民共和国行政处罚法》第四十六条第三款规定，当事人应当自收到行政处罚决定书之日起十五日内，到指定的银行缴纳罚款。银行应当收受罚款，并将罚款直接上缴国库。

46.《中华人民共和国行政处罚法》规定，执法人员当场收缴罚款（　　）日内交至处罚机关；处罚机关收到罚款后（　　）日内交至指定银行。

A. 2，2　　　　　B. 7，7　　　　　C. 2，15　　　　　D. 2，7

答案：A

《中华人民共和国行政处罚法》第五十条规定，执法人员当场收缴的罚款，应当自收缴罚款之日起二日内，交至行政机关；在水上当场收缴的罚款，应当自抵岸之日起二日内交至行政机关；行政机关应当在二日内将罚款缴付指定的银行。

47.《中华人民共和国行政处罚法》规定，除非法律有特别规定，当事人逾期不履行行政处罚决定的，处罚机关可以（　　）。

A. 自己执行　　　　　　　　　　　B. 由上级机关批准后自己执行

C. 申请人民法院强制执行　　　　　D. 向上级行政机关申请复议

答案：C

《中华人民共和国行政处罚法》第五十一条第三项规定，当事人逾期不履行行政处罚决定的，作出行政处罚决定的行政机关可以采取下列措施：（三）申请人民法院强制执行。

48. 行政机关制定的除行政法规和规章以外的其他规范性文件，在设定行政处罚上（　　）。

A. 对较轻微的处罚有设定权　　　　B. 经法律、法规的授权后有设定权

C. 经国务院授权后有设定权　　　　D. 没有设定权

答案：D

《中华人民共和国行政处罚法》第十四条规定，除本法第九条、第十条、第十一条、第十二条以及第十三条的规定外，其他规范性文件不得设定行政处罚。

49. 下列行政处罚措施中，只能由法律设定的是（　　）。

A. 罚款　　　　　　　　　　　　　B. 没收违法所得

C. 暂扣或者吊销许可证　　　　　　D. 行政拘留

答案：D

《中华人民共和国行政处罚法》第九条规定，法律可以设定各种行政处罚。限制人身自由的行政处罚，只能由法律设定。

50. 行政机关作出责令停产停业、吊销许可证或者执照、较大数额罚款等行政处罚决定之前，应当告知当事人有要求（　　）的权利。

A. 申述　　　　B. 听证　　　　C. 复议　　　　D. 诉讼

答案：B

《中华人民共和国行政处罚法》第四十二条第一款规定，行政机关作出责令停产停业、吊销许可证或者执照、较大数额罚款等行政处罚决定之前，应当告知当事人有要求举行听证的权利；当事人要求听证的，行政机关应当组织听证。

51. 执法人员实施行政处罚是一种行政管理活动，执法人员代表的是（　　）。

A. 个人意志　　　　B. 本单位意志　　　　C. 国家意志　　　　D. 本行业意志

答案：C

《中华人民共和国行政处罚法》第三条第一款规定，公民、法人或者其他组织违反行政管

理秩序的行为，应当给予行政处罚的，依照本法由法律、法规或者规章规定，并由行政机关依照本法规定的程序实施。

52. 某行政处罚决定作出前，未听取当事人的陈述申辩，复议机关应作出（   ）的复议决定，并可责令在一定期限内重新作出处罚。

A. 维持　　　　　　B. 确认违法　　　　　C. 撤销　　　　　　D. 变更

答案：C

《中华人民共和国行政复议法》第二十八条第一款第三项规定，具体行政行为有下列情形之一的，决定撤销、变更或者确认该具体行政行为违法；决定撤销或者确认该具体行政行为违法的，可以责令被申请人在一定期限内重新作出具体行政行为：3.违反法定程序的。未听取当事人陈述申辩属于违反行政处罚程序规定的情形之一。

53. 当事人对行政处罚不服进行申辩的，行政机关（   ）。

A. 可以适当从重处罚　　　　　　　　　B. 可以置之不理

C. 不得因当事人的申辩而加重处罚　　　D. 应当从重处罚

答案：C

《中华人民共和国行政处罚法》第三十二条规定，当事人有权进行陈述和申辩。行政机关必须充分听取当事人的意见，对当事人提出的事实、理由和证据，应当进行复核；当事人提出的事实、理由或者证据成立的，行政机关应当采纳。行政机关不得因当事人申辩而加重处罚。

54. 行政执法人员收缴罚款时，必须向当事人出具（   ）统一制发的罚款收据。

A. 县财政部门　　B. 市财政部门　　　C. 省财政部门　　　D. 执法部门

答案：C

《中华人民共和国行政处罚法》第四十九条规定，行政机关及其执法人员当场收缴罚款的，必须向当事人出具省、自治区、直辖市财政部门统一制发的罚款收据；不出具财政部门统一制发的罚款收据的，当事人有权拒绝缴纳罚款。

55. 某养殖企业因污染事故被环境保护部门作出以下处理：（1）责令限期治理；（2）罚款5000元；（3）赔偿受污染人损失6000元；（4）要求赔礼道歉。上述决定中属于行政处罚的是（   ）。

A. 责令限期治理　　　　　　　　　　B. 罚款5000元

C. 赔偿受污染人损失6000元　　　　　D. 要求赔礼道歉

答案：B

《中华人民共和国行政处罚法》第八条规定，行政处罚的种类：（一）警告；（二）罚款；（三）没收违法所得、没收非法财物；（四）责令停产停业；（五）暂扣或者吊销许可证、暂扣或者吊销执照;(六)行政拘留;(七)法律、行政法规规定的其他行政处罚。A、C、D均不属于行政处罚的法定种类。

56. 某村村民胡某伙同他人生产大量伪劣兽药进行销售,致使养殖户多人使用后受损,经济造成严重损失。受害人向当地县畜牧兽医局举报,县畜牧兽医局前来调查处理,调查结果认为,胡某等人的行为已经构成犯罪。对此,县畜牧兽医局应当(　　)。

A. 对胡某等人进行最严厉的行政处罚

B. 自行进行侦察,然后移送司法机关

C. 移送司法机关,由司法机关依法追究胡某的刑事责任

D. 对胡某等人进行行政处罚,然后移送司法机关

答案:C

《中华人民共和国行政处罚法》第二十二条规定,违法行为构成犯罪的,行政机关必须将案件移送司法机关,依法追究刑事责任。第七条第二款规定,违法行为构成犯罪,应当依法追究刑事责任,不得以行政处罚代替刑事处罚。

多 选 题

1.《中华人民共和国行政处罚法》规定,行政处罚应遵循(　　)的原则。

A. 半公开　　　　B. 公开　　　　C. 公正　　　　D. 保密

答案:BC

《中华人民共和国行政处罚法》第四条第一款规定,行政处罚遵循公正、公开的原则。

2.《中华人民共和国行政处罚法》规定,设定和实施行政处罚必须以事实为依据,与违法行为的(　　)相当。

A. 事实　　　　B. 性质　　　　C. 情节　　　　D. 社会危害程度

答案:ABCD

《中华人民共和国行政处罚法》第四条第二款规定,设定和实施行政处罚必须以事实为依据,与违法行为的事实、性质、情节以及社会危害程度相当。

3.《中华人民共和国行政处罚法》规定,公民、法人或者其他组织对行政处罚不服的,有权依法(　　)。

A. 罢工　　　　B. 上访　　　　C. 申请行政复议　　D. 提起行政诉讼

答案：CD

　　《中华人民共和国行政处罚法》第六条第一款规定，公民、法人或者其他组织对行政机关所给予的行政处罚，享有陈述权、申辩权；对行政处罚不服的，有权依法申请行政复议或者提起行政诉讼。

4. 行政处罚的种类中，不包括（　　　）。

A. 罚款　　　　　　B. 强制隔离　　　　　　C. 行政拘留　　　　　　D. 责令改正

答案：BD

　　《中华人民共和国行政处罚法》第八条规定，行政处罚的种类：（一）警告；（二）罚款；（三）没收违法所得、没收非法财物；（四）责令停产停业；（五）暂扣或者吊销许可证、暂扣或者吊销执照；（六）行政拘留；（七）法律、行政法规规定的其他行政处罚。

5. 下列属于行政处罚的有（　　　）。

A. 暂扣或吊销许可证，暂扣或吊销执照　　　　B. 行政拘留

C. 责令停产停业　　　　　　　　　　　　　　D. 刑事拘留

答案：ABC

　　《中华人民共和国行政处罚法》第八条规定，行政处罚的种类：（一）警告；（二）罚款；（三）没收违法所得、没收非法财物；（四）责令停产停业；（五）暂扣或者吊销许可证、暂扣或者吊销执照；（六）行政拘留；（七）法律、行政法规规定的其他行政处罚。

6.《中华人民共和国行政处罚法》规定，地方性法规可以设定除（　　　）之外的行政处罚。

A. 限制人身自由　　B. 责令停产停业　　C. 吊销企业营业执照　　D. 罚款

答案：AC

　　《中华人民共和国行政处罚法》第十一条第一款规定，地方性法规可以设定除限制人身自由、吊销企业营业执照以外的行政处罚。

7.《中华人民共和国行政处罚法》规定，行政法规的效力高于（　　　）。

A. 法律　　　　　　B. 地方性法规　　　　　C. 规章　　　　　　　D. 宪法

答案：BC

　　《中华人民共和国行政处罚法》第九条规定，法律可以设定各种行政处罚。限制人身自由的行政处罚，只能由法律设定。第十条第一款规定，行政法规可以设定除限制人身自由以外的行政处罚。第十一条第一款规定，地方性法规可以设定除限制人身自由、吊销企业营业执照以外的行政处罚。第十二条第一款规定，国务院部、委员会制定的规章可以在法律、行政法规规定的给予行政处罚的行为、种类和幅度的范围内作出具体规定。第十三条第一款规定，省、自

治区、直辖市人民政府和省、自治区人民政府所在地的市人民政府以及经国务院批准的较大的市人民政府制定的规章可以在法律、法规规定的给予行政处罚的行为、种类和幅度的范围内作出具体规定。

8.《中华人民共和国行政处罚法》规定，有权实施行政处罚的机关是（　　）。

A. 法院　　　　　　　B. 卫生局　　　　　　　C. 检察院　　　　　　　D. 农牧局

答案：BD

《中华人民共和国行政处罚法》第十五条规定，行政处罚由具有行政处罚权的行政机关在法定职权范围内实施。第十六条规定，国务院或者经国务院授权的省，自治区、直辖市人民政府可以决定一个行政机关行使有关行政机关的行政处罚权，但限制人身自由的行政处罚权只能由公安机关行使。第十七条规定，法律、法规授权的具有管理公共事务职能的组织可以在法定授权范围内实施行政处罚。

9.《中华人民共和国行政处罚法》规定，可以减轻行政处罚的情形是（　　）。

A. 主动消除或者减轻违法行为危害后果的

B. 受他人胁迫有违法行为的

C. 配合行政机关查处违法行为有立功表现的

D. 具有法定减轻行政处罚情形的

答案：ABCD

《中华人民共和国行政处罚法》第二十七条第一款规定，当事人有下列情形之一的，应当依法从轻或者减轻行政处罚：（一）主动消除或者减轻违法行为危害后果的；（二）受他人胁迫有违法行为的；（三）配合行政机关查处违法行为有立功表现的；（四）其他依法从轻或者减轻行政处罚的。

10.《中华人民共和国行政处罚法》规定，公民、法人或者其他组织在行政机关决定给予行政处罚时享有（　　）。

A. 陈述权　　　　　　B. 申辩权　　　　　　C. 控告权　　　　　　D. 抗辩权

答案：AB

《中华人民共和国行政处罚法》第三十二条第一款规定，当事人有权进行陈述和申辩。行政机关必须充分听取当事人的意见，对当事人提出的事实、理由和证据，应当进行复核；当事人提出的事实、理由或者证据成立的，行政机关应当采纳。

11. 行政处罚中可以成为行政处罚证据的是（　　）。

A. 现场检查笔录　　　　　　　　　　　B. 技术鉴定报告

C. 非法手段收集的影像资料　　　　　　D. 当事人陈述

答案：ABD

《中华人民共和国行政处罚法》第三十六条规定，除本法第三十三条规定的可以当场作出的行政处罚外，行政机关发现公民、法人或者其他组织有依法应当给予行政处罚的行为的，必须全面、客观、公正地调查，收集有关证据；必要时，依照法律、法规的规定，可以进行检查。第三十七条规定，行政机关在调查或者进行检查时，执法人员不得少于两人，并应当向当事人或者有关人员出示证件。当事人或者有关人员应当如实回答询问，并协助调查或者检查，不得阻挠。询问或者检查应当制作笔录。行政机关在收集证据时，可以采取抽样取证的方法；在证据可能灭失或者以后难以取得的情况下，经行政机关负责人批准，可以先行登记保存，并应当在七日内及时作出处理决定，在此期间，当事人或者有关人员不得销毁或者转移证据。

12.《中华人民共和国行政处罚法》规定，调查人员调查取证时必须遵守的规定是（　　　）。

A. 依法进行　　　　　B. 表明身份　　　　　C. 制作笔录　　　　　D. 依法回避

答案：ABCD

《中华人民共和国行政处罚法》第三十七条第一款规定，行政机关在调查或者进行检查时，执法人员不得少于两人，并应当向当事人或者有关人员出示证件。当事人或者有关人员应当如实回答询问，并协助调查或者检查，不得阻挠。询问或者检查应当制作笔录。第三款规定，执法人员与当事人有直接利害关系的，应当回避。

13.《中华人民共和国行政处罚法》规定，行政处罚决定书的送达方式有（　　　）。

A. 直接送达　　　　　B. 电话送达　　　　　C. 邮寄送达　　　　　D. 公告送达

答案：ACD

《中华人民共和国行政处罚法》第四十条规定，行政处罚决定书应当在宣告后当场交付当事人；当事人不在场的，行政机关应当在七日内依照民事诉讼法的有关规定，将行政处罚决定书送达当事人。《民事诉讼法》第八十五条至第九十二条有关规定。

14. 行政机关及其执法人员在作出行政处罚决定之前，有下列（　　　）行为的，行政处罚决定不能成立。

A. 不依法告知当事人给予行政处罚的事实　　　B. 不依法告知当事人给予行政处罚的理由和依据
C. 拒绝听取当事人的陈述、申辩　　　D. 当事人放弃陈述或辩解的

答案：ABC

《中华人民共和国行政处罚法》第四十一条规定，行政机关及其执法人员在作出行政处罚决定之前，不依照本法第三十一条、第三十二条的规定向当事人告知给予行政处罚的事实、理由和依据，或者拒绝听取当事人的陈述、申辩，行政处罚决定不能成立；当事人放弃陈述或者申辩权利的除外。

15. 关于行政处罚的听证程序，下列表达正确的有（   ）。

A. 当事人要求听证的，行政机关才能举行听证会

B. 听证一般公开进行

C. 当事人可以委托一至二人代理参加听证

D. 听证会由本案的调查人员主持

答案：ABC

《中华人民共和国行政处罚法》第四十二条第一款规定，行政机关作出责令停产停业、吊销许可证或者执照、较大数额罚款等行政处罚决定之前，应当告知当事人有要求举行听证的权利；当事人要求听证的，行政机关应当组织听证。当事人不承担行政机关组织听证的费用。听证依照以下程序组织：（一）当事人要求听证的，应当在行政机关告知后三日内提出；（二）行政机关应当在听证的七日前，通知当事人举行听证的时间、地点；（三）除涉及国家秘密、商业秘密或者个人隐私外，听证公开举行；（四）听证由行政机关指定的非本案调查人员主持；当事人认为主持人与本案有直接利害关系的，有权申请回避；（五）当事人可以亲自参加听证，也可以委托一至二人代理；（六）举行听证时，调查人员提出当事人违法的事实、证据和行政处罚建议；当事人进行申辩和质证；（七）听证应当制作笔录；笔录应当交当事人审核无误后签字或者盖章。

16. 可以当场收缴罚款的情况有（   ）。

A. 依法给予20元以下罚款

B. 不当场收缴事后难以执行的

C. 在边远、交通不便地区，当事人向指定银行缴纳罚款确有困难，经当事人书面提出，处罚机关及其执法人员可以当场收缴罚款

D. 依法给予50元以下罚款

答案：ABC

《中华人民共和国行政处罚法》第四十七条规定，依照本法第三十三条的规定当场作出行政处罚决定，有下列情形之一的，执法人员可以当场收缴罚条规定：（一）依法给予二十元以下的罚款的；（二）不当场收缴事后难以执行的。第四十八条规定，在边远、水上、交通不便地区，行政机关及其执法人员依照本法第三十三条、第三十八条的规定作出罚款决定后，当事人向指定的银行缴纳罚款确有困难，经当事人提出，行政机关及其执法人员可以当场收缴罚款。

17. 对生效的行政处罚决定，当事人拒不履行的，作出处罚的动物卫生监督机构，可依法采取的措施有（   ）。

A. 逾期不缴罚款的，每日按罚款数额的百分之三加处罚

B.《动物防疫法》第七十三条规定，代作处理，处理费用由违法行为人承担

131

C. 申请人民法院强制执行，并制作《强制执行申请书》

D. 逾期不缴罚款的，每日按罚款数额的百分之五加处罚款

答案：ABC

《中华人民共和国行政处罚法》第五十一条规定，当事人逾期不履行行政处罚决定的，作出行政处罚决定的行政机关可以采取下列措施：（一）到期不缴纳罚款的，每日按罚款数额的百分之三加处罚款；（二）根据法律规定，将查封、扣押的财物拍卖或者将冻结的存款划拨抵缴罚款；（三）申请人民法院强制执行。

18. 某市动物卫生监督所突击检查时，发现某屠宰场屠宰病死猪，作出了行政处罚决定。该场既不申请行政复议，也不提起行政诉讼，且逾期拒绝履行处罚决定。对此，动物卫生监督所可以采取下列（ ）措施。

A. 申请人民法院强制执行

B. 依法将查封的财物拍卖抵缴罚款

C. 通知银行将该公司冻结的存款划拨抵缴罚款

D. 逾期不缴罚款的，每日按罚款数额的3%加处罚款

答案：AD

《中华人民共和国行政处罚法》第五十一条规定，当事人逾期不履行行政处罚决定的，作出行政处罚决定的行政机关可以采取下列措施：（一）到期不缴纳罚款的，每日按罚款数额的百分之三加处罚款；（二）根据法律规定，将查封、扣押的财物拍卖或者将冻结的存款划拨抵缴罚款；（三）申请人民法院强制执行。

19. 执法人员当场做出行政处罚的，应当（ ）。

A. 向当事人出示执法身份证件

B. 填写预定格式、编有号码的行政处罚决定书

C. 向当事人当场交付行政处罚决定书

D. 现场收取罚款

答案：ABC

《中华人民共和国行政处罚法》第三十四条第一款执法人员当场作出行政处罚决定的，应当向当事人出示执法身份证件，填写预定格式、编有号码的行政处罚决定书。行政处罚决定书应当当场交付当事人。

20. 行政机关及其执法人员在作出行政处罚决定之前，应当告知当事人（ ）。

A. 给予行政处罚的事实

B. 给予行政处罚的理由和依据

C. 依法享有的权利

D. 到政府上访

答案：ABC

《中华人民共和国行政处罚法》第三十一条行政机关在作出行政处罚决定之前，应当告知

当事人作出行政处罚决定的事实、理由及依据，并告知当事人依法享有的权利。

21．行政处罚决定书应当载明的事项有（　　　）。

A．当事人的姓名（名称）、地址

B．违法事实、证据

C．行政处罚的种类和依据

D．行政处罚的履行方式和地址、行政机关负责人的签章

答案：ABC

《中华人民共和国行政处罚法》第三十九条行政机关依照本法第三十八条的规定给予行政处罚，应当制作行政处罚决定书。行政处罚决定书应当载明下列事项规定：（一）当事人的姓名或者名称、地址；（二）违反法律、法规或者规章的事实和证据；（三）行政处罚的种类和依据；（四）行政处罚的履行方式和期限；（五）不服行政处罚决定，申请行政复议或者提起行政诉讼的途径和期限；（六）作出行政处罚决定的行政机关名称和作出决定的日期。行政处罚决定书必须盖有作出行政处罚决定的行政机关的印章。

22．下列具体行政行为属于行政处罚种类有（　　　）。

A．责令限期改正　　　　　　　　　　B．暂扣驾驶证

C．暂扣物品　　　　　　　　　　　　D．没收非法经营的音像制品

答案：BD

《中华人民共和国行政处罚法》第八条行政处罚的种类：（一）警告；（二）罚款；（三）没收违法所得、没收非法财物；（四）责令停产停业；（五）暂扣或者吊销许可证、暂扣或者吊销执照；（六）行政拘留；（七）法律、行政法规规定的其他行政处罚。

23．根据《中华人民共和国行政处罚法》规定，受委托组织必须符合的条件有（　　　）。

A．依法成立的管理公共事务的事业组织

B．具有熟悉有关法律、法规、规章和业务的工作人员

C．可以以自己的名义实施行政处罚

D．具备相应的技术检查、技术鉴定资格

答案：ABD

《中华人民共和国行政处罚法》第十九条受委托组织必须符合以下条件：（一）依法成立的管理公共事务的事业组织；（二）具有熟悉有关法律、法规、规章和业务的工作人员；（三）对违法行为需要进行技术检查或者技术鉴定的，应当有条件组织进行相应的技术检查或者技术鉴定。

24. 调查终结，行政机关负责人应当对调查结果进行审查，根据不同情况，分别作出如下决定，其中正确的是（   ）。

A. 确有应受行政处罚的违法行为的，根据情节轻重及具体情况，作出行政处罚决定

B. 违法行为轻微，依法可以不予行政处罚的，不予行政处罚

C. 违法事实不能成立的，不得给予行政处罚

D. 违法行为已构成犯罪的，移送司法机关

答案：ABCD

《中华人民共和国行政处罚法》第三十八条调查终结，行政机关负责人应当对调查结果进行审查，根据不同情况，分别作出如下决定：（一）确有应受行政处罚的违法行为的，根据情节轻重及具体情况，作出行政处罚决定；（二）违法行为轻微，依法可以不予行政处罚的，不予行政处罚；（三）违法事实不能成立的，不得给予行政处罚；（四）违法行为已构成犯罪的，移送司法机关。

25. 下列行政处罚案件可适用听证程序的有（   ）。

A. 行政拘留   B. 责令停产停业   C. 吊销许可证照   D. 处以较大数额罚款

答案：BCD

《中华人民共和国行政处罚法》第四十二条行政机关作出责令停产停业、吊销许可证或者执照、较大数额罚款等行政处罚决定之前，应当告知当事人有要求举行听证的权利；当事人要求听证的，行政机关应当组织听证。当事人不承担行政机关组织听证的费用。

26. 关于听证程序组织说法正确的是（   ）。

A. 当事人要求听证的，应当在行政机关告知后三日内提出

B. 行政机关应当在听证的七日前，通知当事人举行听证的时间、地点

C. 除涉及国家秘密、商业秘密或者个人隐私外，听证公开举行

D. 当事人必须亲自参加听证

答案：ABC

《中华人民共和国行政处罚法》第四十二条第一款听证依照以下程序组织：（一）当事人要求听证的，应当在行政机关告知后三日内提出；（二）行政机关应当在听证的七日前，通知当事人举行听证的时间、地点；（三）除涉及国家秘密、商业秘密或者个人隐私外，听证公开举行；（四）听证由行政机关指定的非本案调查人员主持，当事人认为主持人与本案有直接利害关系的，有权申请回避；（五）当事人可以亲自参加听证，也可以委托一至二人代理；（六）举行听证时，调查人员提出当事人违法的事实、证据和行政处罚建议；当事人进行申辩和质证；（七）听证应当制作笔录，笔录应当交当事人审核无误后签字或者盖章。

27. 当事人逾期不履行行政处罚决定的，作出行政处罚决定的行政机关可以的措施有（   ）。

A. 到期不缴纳罚款的，每日按罚款数额的百分之五加处罚

B. 根据法律规定，将查封、扣押的财物拍卖

C. 申请人民法院强制执行

D. 根据法律规定，将冻结的存款划拨抵缴罚款

答案：BCD

《中华人民共和国行政处罚法》第五十一条当事人逾期不履行行政处罚决定的，作出行政处罚决定的行政机关可以采取下列措施：（一）到期不缴纳罚款的，每日按罚款数额的百分之三加处罚款；（二）根据法律规定，将查封、扣押的财物拍卖或者将冻结的存款划拨抵缴罚款；（三）申请人民法院强制执行。

28. 行政机关实施行政处罚，有（   ）情形之一的，由上级行政机关或者有关部门责令改正，可以对直接负责的主管人员和其他直接责任人员依法给予行政处分。

A. 没有法定的行政处罚依据的   B. 擅自改变行政处罚种类、幅度的

C. 违反法定的行政处罚程序的   D. 违反关于委托处罚的规定的

答案：ABCD

《中华人民共和国行政处罚法》第五十五条行政机关实施行政处罚，有下列情形之一的，由上级行政机关或者有关部门责令改正，可以对直接负责的主管人员和其他直接责任人员依法给予行政处分：（一）没有法定的行政处罚依据的；（二）擅自改变行政处罚种类、幅度的；（三）违反法定的行政处罚程序的；（四）违反本法第十八条关于委托处罚的规定的。

29. （   ）可以决定一个行政机关行使有关行政机关的行政处罚权，但限制人身自由的行政处罚权只能由公安机关行使。

A. 国务院   B. 国务院授权的省人民政府

C. 国务院授权的自治区、直辖市人民政府   D. 市、县级人民政府

答案：ABC

《中华人民共和国行政处罚法》第十六条国务院或者经国务院授权的省、自治区、直辖市人民政府可以决定一个行政机关行使有关行政机关的行政处罚权，但限制人身自由的行政处罚权只能由公安机关行使。

30. 根据行政处罚法的规定，下列说法正确的是（   ）。

A. 法律可以设定各种行政处罚

B. 行政法规可以设定除限制人身自由以外的行政处罚

C. 地方性法规可以设定除限制人身自由、吊销企业营业执照以外的行政处罚

D. 部门规章可以设定除限制人身自由、吊销企业营业执照以外的行政处罚

答案：ABC

《中华人民共和国行政处罚法》第九条第一款规定，法律可以设定各种行政处罚。第十条第一款行政法规可以设定除限制人身自由以外的行政处罚。第十一条第一款规定，地方性法规可以设定除限制人身自由、吊销企业营业执照以外的行政处罚。第十二条第一款规定，国务院部、委员会制定的规章可以在法律、行政法规规定的给予行政处罚的行为、种类和幅度的范围内作出具体规定。第二款规定，尚未制定法律、行政法规的，前款规定的国务院部、委员会制定的规章对违反行政管理秩序的行为，可以设定警告或者一定数量罚款的行政处罚。

31. 动物卫生监督机构的下列行为中，合法的是（ ）。

A. 对当事人进行询问时，未出示执法证件

B. 2名官方兽医进行调查取证

C. 处罚前告知当事人拟给予的行政处罚和救济途径

D. 重大案件，办案人员集体研究讨论

答案：BC

《中华人民共和国行政处罚法》第三十七条第一款规定，行政机关在调查或者进行检查时，执法人员不得少于两人，并应当向当事人或者有关人员出示证件。当事人或者有关人员应当如实回答询问，并协助调查或者检查，不得阻挠。询问或者检查应当制作笔录。第三十八条第二款规定，对情节复杂或者重大违法行为给予较重的行政处罚，行政机关的负责人应当集体讨论决定。第四十一条规定，行政机关及其执法人员在作出行政处罚决定之前，不依照本法第三十一条、第三十二条的规定向当事人告知给予行政处罚的事实、理由和依据，或者拒绝听取当事人的陈述、申辩，行政处罚决定不能成立；当事人放弃陈述或者申辩权利的除外。

32. 张某于2014年5月兴办肉鸡饲养场，未取得《动物防疫条件合格证》。2016年10月被A县动物卫生监督所查处，责令其改正违法行为，并于11月1日向张某送达行政处罚决定书，罚款20000元。张某不服于2017年1月2日（2016年12月30日至2017年1月1日为元旦假期）向A县农牧局申请行政复议，下列说法不正确的是（ ）。

A. 张某的违法行为超过了2年的行政处罚追究时效，A县动物卫生监督所不应对此进行行政处罚

B. 张某申请行政复议超过了60日的法定期间，A县农牧局不应受理

C. 在A县农牧局做出行政复议决定前，张某和A县动物卫生监督所达成书面和解协议（动物卫生监督所根据自由裁量权将罚款数额变更为15000元，张某认识到自己行为是违法的，承诺立即整改，并交纳变更后的罚款），A县农牧局应当准许

D. A县农牧局在审理过程中认为张某违法事实清楚，但情节严重，动物卫生监督所处罚不当，可以做出变更罚款为30000元的复议决定

答案：ABCD

《中华人民共和国行政处罚法》第二十九条规定，违法行为在二年内未被发现的，不再给予行政处罚，法律另有规定的除外。前款规定的期限，从违法行为发生之日起计算；违法行为有连续或者继续状态的，从行为终了之日起计算。《中华人民共和国行政复议法》第九条规定，公民、法人或者其他组织认为具体行政行为侵犯其合法权益的，可以自知道该具体行政行为之日起六十日内提出行政复议申请；但是法律规定的申请期限超过六十日的除外。因不可抗力或者其他正当理由耽误法定申请期限的，申请期限自障碍消除之日起继续计算。第四十条规定，行政复议期间的计算和行政复议文书的送达，依照民事诉讼法关于期间、送达的规定执行。本法关于行政复议期间有关"五日""七日"的规定是指工作日，不含节假日。《中华人民共和国民事诉讼法》第八十二条规定，期间包括法定期间和人民法院指定的期间。期间以时、日、月、年计算。期间开始的时和日，不计算在期间内。期间届满的最后一日是节假日的，以节假日后的第一日为期间届满的日期。《行政复议法实施条例》第五十一条规定，行政复议机关在申请人的行政复议请求范围内，不得作出对申请人更为不利的行政复议决定。

33. 官方兽医郑某和张某在办理一起行政处罚案件，送达行政处罚决定书时，行政相对人拒绝接受，郑某和张某处理是正确的选项是（　　　　）。

A. 把行政处罚决定书留在受送达人的住所

B. 把行政处罚决定书留在受送达人的住所，并采用拍照、录像等方式记录送达过程

C. 邀请有关基层组织或者所在单位的代表到场，说明情况，在送达回证上记明拒收事由和日期，由官方兽医、见证人签名或者盖章，把行政处罚决定书留在受送达人的住所

D. 有关基层组织或者所在单位的代表及其他见证人不愿在送达回证上签字或盖章的，由官方兽医在送达回证上记明情况，把行政处罚决定书留在受送达人住所

答案：BCD

《中华人民共和国行政处罚法》第四十条规定，行政处罚决定书应当在宣告后当场交付当事人；当事人不在场的，行政机关应当在七日内依照民事诉讼法的有关规定，将行政处罚决定书送达当事人。《中华人民共和国民事诉讼法》第八十六条规定，受送达人或者他的同住成年家属拒绝接收诉讼文书的，送达人可以邀请有关基层组织或者所在单位的代表到场，说明情况，在送达回证上记明拒收事由和日期，由送达人、见证人签名或者盖章，把诉讼文书留在受送达人的住所；也可以把诉讼文书留在受送达人的住所，并采用拍照、录像等方式记录送达过程，即视为送达。《最高人民法院关于适用中华人民共和国民事诉讼法若干问题的意见》第八十二条规定，受送达人拒绝接受诉讼文书，有关基层组织或者所在单位的代表及其他见证人不愿在送达回证上签字或盖章的，由送达人在送达回证上记明情况，把送达文书留在受送达人住所，即视为送达。

34. 动物卫生监督机构可以作出（　　　）行政处罚。

A. 警告　　　　　　　B. 罚款　　　　　　　C. 代处理　　　　　　　D. 强制隔离

答案：AB

《中华人民共和国行政处罚法》第八条规定，行政处罚的种类：（一）警告；（二）罚款；（三）没收违法所得、没收非法财物；（四）责令停产停业；（五）暂扣或者吊销许可证、暂扣或者吊销执照；（六）行政拘留；（七）法律、行政法规规定的其他行政处罚。

35. 除涉及（　　　）外，行政处罚听证公开举行。

A. 国家秘密　　　　　B. 商业秘密　　　　　C. 个人隐私　　　　　D. 巨额财产

答案：ABC

《中华人民共和国行政处罚法》第四十二条第一款第三项规定，除涉及国家秘密、商业秘密或者个人隐私外，听证公开举行。

36. 依法没收的非法财物的处理方式，包括（　　　）。

A. 执法机关自行处理　　　　　　　　B. 依法应当予以销毁的物品销毁处理

C. 按照国家规定公开拍卖　　　　　　D. 按照国家有关规定处理

答案：BCD

《中华人民共和国行政处罚法》第五十三条第一款规定，除依法应当予以销毁的物品外，依法没收的非法财物必须按照国家规定公开拍卖或者按照国家有关规定处理。

37. 《行政处罚法》规定了一系列保证行政处罚公开、公正的制度，如（　　　）。

A. 表明身份制度　　B. 告知制度　　C. 听取意见制度　　D. 听证制度

答案：ABCD

《中华人民共和国行政处罚法》第三十一条规定，行政机关在作出行政处罚决定之前，应当告知当事人作出行政处罚决定的事实、理由及依据，并告知当事人依法享有的权利。第三十二条规定，当事人有权进行陈述和申辩。行政机关必须充分听取当事人的意见，对当事人提出的事实、理由和证据，应当进行复核；当事人提出的事实、理由或者证据成立的，行政机关应当采纳。第三十七条规定，行政机关在调查或者进行检查时，执法人员不得少于两人，并应当向当事人或者有关人员出示证件。当事人或者有关人员应当如实回答询问，并协助调查或者检查，不得阻挠。询问或者检查应当制作笔录。第四十二条规定，行政机关作出责令停产停业、吊销许可证或者执照、较大数额罚款等行政处罚决定之前，应当告知当事人有要求举行听证的权利；当事人要求听证的，行政机关应当组织听证。当事人不承担行政机关组织听证的费用。

38. 行政处罚适用简易程序的条件是（   ）。

A. 违法事实确凿

B. 有法定依据

C. 对公民处以50元以下、对法人和其他组织处以1000元以下罚款或者警告的行政处罚

D. 执法人员二人以上

答案：ABC

《中华人民共和国行政处罚法》第三十三条规定，违法事实确凿并有法定依据，对公民处以五十元以下、对法人或者其他组织处以一千元以下罚款或者警告的行政处罚的，可以当场作出行政处罚决定。当事人应当依照本法第四十六条、第四十七条、第四十八条的规定履行行政处罚决定。

39. 动物卫生监督机构对当事人进行处罚不使用罚款、没收财物单据或者使用非法定部门制发的罚款、没收财物单据的，则（   ）。

A. 当事人有权拒绝处罚

B. 当事人有权予以检举

C. 上级行政机关或者有关部门对使用的非法单据予以收缴销毁

D. 上级行政机关或者有关部门对直接负责的主管人员和其他直接责任人员依法给予行政处分

答案：ABCD

《中华人民共和国行政处罚法》第五十六条规定，行政机关对当事人进行处罚不使用罚款、没收财物单据或者使用非法定部门制发的罚款、没收财物单据的，当事人有权拒绝处罚，并有权予以检举。上级行政机关或者有关部门对使用的非法单据予以收缴销毁，对直接负责的主管人员和其他直接责任人员依法给予行政处分。

40. 动物卫生监督机构执法人员玩忽职守，对应当予以制止和处罚的违法行为不予制止、处罚，致使公民、法人或者其他组织的合法权益、公共利益和社会秩序遭受损害的，（   ）。

A. 有关执法人员对损害进行民事赔偿   B. 对直接负责的主管人员依法给予行政处分

C. 对其他直接责任人员依法给予行政处分   D. 情节严重构成犯罪的，依法追究刑事责任

答案：BCD

《中华人民共和国行政处罚法》第六十二条规定，执法人员玩忽职守，对应当予以制止和处罚的违法行为不予制止、处罚，致使公民、法人或者其他组织的合法权益、公共利益和社会秩序遭受损害的，对直接负责的主管人员和其他直接责任人员依法给予行政处分；情节严重构成犯罪的，依法追究刑事责任。

41. 动物卫生监督机构为牟取本单位私利，对应当依法移交司法机关追究刑事责任的不移交，以行政处罚代替刑罚，（   ）。

A. 由上级行政机关或者有关部门责令纠正

B. 拒不纠正的，对直接负责的主管人员给予行政处分

C. 没收行政处罚罚款，并对单位进行处罚

D. 徇私舞弊、包庇纵容违法行为的，比照刑法第一百八十八条的规定追究刑事责任

答案：ABD

《中华人民共和国行政处罚法》第六十一条规定，行政机关为牟取本单位私利，对应当依法移交司法机关追究刑事责任的不移交，以行政处罚代替刑罚，由上级行政机关或者有关部门责令纠正；拒不纠正的，对直接负责的主管人员给予行政处分；徇私舞弊、包庇纵容违法行为的，依照刑法有关规定追究刑事责任。

判 断 题

1. 当事人逾期不履行行政处罚决定的，到期不缴纳罚款的，每日按罚款数额的千分之三加处罚款。（   ）

答案：错

《中华人民共和国行政处罚法》第五十一条规定，当事人逾期不履行行政处罚决定的，作出行政处罚决定的行政机关可以采取下列措施：到期不缴纳罚款的，每日按罚款数额的百分之三加处罚款；根据法律规定，将查封、扣押的财物拍卖或者将冻结的存款划拨抵缴罚款；申请人民法院强制执行。

2. 除行政机关外，其他任何组织都不得实施行政处罚。（   ）

答案：错

《中华人民共和国行政处罚法》第十八条规定，行政机关依照法律、法规或者规章的规定，可以在其法定权限内委托符合本法第十九条规定条件的组织实施行政处罚。行政机关不得委托其他组织或者个人实施行政处罚。委托行政机关对受委托的组织实施行政处罚的行为应当负责监督，并对该行为的后果承担法律责任。受委托组织在委托范围内，以委托行政机关名义实施行政处罚；不得再委托其他任何组织或者个人实施行政处罚。

3. 行政机关在调查或进行检查时，执法人员不得少于两人，并应向当事人或有关人员出示证件。（   ）

答案：对

《中华人民共和国行政处罚法》第三十七条第一款规定，行政机关在调查或者进行检查

时，执法人员不得少于两人，并应当向当事人或者有关人员出示证件，当事人或者有关人员应当如实回答询问，并协助调查或者检查，不得阻挠。询问或者检查应当制作笔录。

4. 间歇性精神病人有违法行为的，不予行政处罚，但应当责令其监护人严加看管和治疗。（　　）

答案：错

《中华人民共和国行政处罚法》第二十六条规定，精神病人在不能辨认或者不能控制自己行为时有违法行为的，不予行政处罚，但应当责令其监护人严加看管和治疗。间歇性精神病人在精神正常时有违法行为的，应当给予行政处罚。

5. 没有法定依据或者不遵守法定程序的，行政处罚有效。（　　）

答案：错

《中华人民共和国行政处罚法》第三条第二款规定，没有法定依据或者不遵守法定程序的，行政处罚无效。

6. 行政机关作出行政处罚后，按照当事人要求举行的听证会均应当公开进行。（　　）

答案：错

《中华人民共和国行政处罚法》第四十二条第一款第三项规定，除涉及国家秘密、商业秘密或者个人隐私外，听证公开举行。

7. 听证必须由当事人亲自参加。（　　）

答案：错

《中华人民共和国行政处罚法》第四十二条第一款第五项规定，当事人可以亲自参加听证，也可以委托一至二人代理。

8. 不满十四周岁的人有违法行为的，不予行政处罚，责令监护人加以管教；已满十四周岁不满十八周岁的人有违法行为的，从轻或者减轻行政处罚。（　　）

答案：对

《中华人民共和国行政处罚法》第二十五条规定，不满十四周岁的人有违法行为的，不予行政处罚，责令监护人加以管教；已满十四周岁不满十八周岁的人有违法行为的，从轻或者减轻行政处罚。

9. 行政法规可以设定各种行政处罚。（　　）

答案：错

《中华人民共和国行政处罚法》第十条第一款规定，行政法规可以设定除限制人身自由以外的行政处罚。

10. 执法人员当场收缴的罚款，应当自收缴罚款之日起五日内，交至行政机关。（　　）

答案：错

《中华人民共和国行政处罚法》第五十条规定，执法人员当场收缴的罚款，应当自收缴罚款之日起二日内，交至行政机关。

11. 当事人对行政机关做出限制人身自由的行政处罚有异议的，同样适用于听证程序。（　　）

答案：错

《中华人民共和国行政处罚法》第四十二条第二款规定，当事人对限制人身自由的行政处罚有异议的，依照治安管理处罚条例有关规定执行。

12. 当事人对行政处罚决定不服申请行政复议或者提起行政诉讼的，行政处罚即停止执行。（　　）

答案：错

《中华人民共和国行政处罚法》第四十五条规定，当事人对行政处罚决定不服申请行政复议或者提起行政诉讼的，行政处罚不停止执行，法律另有规定的除外。

13. 当事人应当自收到行政处罚决定书之日起十日内，到指定的银行缴纳罚款。银行应当收受罚款，并将罚款直接上缴国库。（　　）

答案：错

《中华人民共和国行政处罚法》第四十六条第三款规定，当事人应当自收到行政处罚决定书之日起十五日内，到指定的银行缴纳罚款。银行应当收受罚款，并将罚款直接上缴国库。

14. 作出罚款决定的行政机关应当与收缴罚款的机构分离。（　　）

答案：对

《中华人民共和国行政处罚法》第四十六条第一款规定，作出罚款决定的行政机关应当与收缴罚款的机构分离。

15. 违法事实确凿并有法定依据，对公民处以100元以下、对法人或者其他组织处以2000元以下罚款或者警告的行政处罚的，可以当场作出行政处罚决定。（　　）

答案：错

《中华人民共和国行政处罚法》第三十三条规定，违法事实确凿并有法定依据，对公民处以五十元以下、对法人或者其他组织处以一千元以下罚款或者警告的行政处罚的，可以当场作出行政处罚决定。

16. 执法人员当场作出的行政处罚决定，必须报所属行政机关备案。（   ）

答案：对

《中华人民共和国行政处罚法》第三十四条第三款规定，执法人员当场作出的行政处罚决定，必须报所属行政机关备案。

17. 行政处罚由违法行为发生地的省级以上地方人民政府具有行政处罚权的行政机关管辖。（   ）

答案：错

《中华人民共和国行政处罚法》第二十条规定，行政处罚由违法行为发生地的县级以上地方人民政府具有行政处罚权的行政机关管辖。法律、行政法规另有规定的除外。

18. 违法行为轻微并及时纠正，没有造成危害后果的，也应给予行政处罚。（   ）

答案：错

《中华人民共和国行政处罚法》第二十七条第二款规定，违法行为轻微并及时纠正，没有造成危害后果的，不予行政处罚。

19. 违法行为构成犯罪，人民法院判处拘役或者有期徒刑时，行政机关已经给予当事人行政拘留的，不能将已执行的刑期考虑在内。（   ）

答案：错

《中华人民共和国行政处罚法》第二十八条第一款规定，违法行为构成犯罪，人民法院判处拘役或者有期徒刑时，行政机关已经给予当事人行政拘留的，应当依法折抵相应刑期。

20. 违法行为在三年内未被发现的，不再给予行政处罚。（   ）

答案：错

《中华人民共和国行政处罚法》第二十九条第一款规定，违法行为在二年内未被发现的，不再给予行政处罚。法律另有规定的除外。

21. 执法人员当场作出行政处罚决定的，应当向当事人出示执法身份证件，填写预定格式、编有号码的行政处罚决定书。行政处罚决定书应等当事人交完罚款后再交付。（   ）

答案：错

《中华人民共和国行政处罚法》第三十四条第一款规定，执法人员当场作出行政处罚决定的，应当向当事人出示执法身份证件，填写预定格式、编有号码的行政处罚决定书。行政处罚决定书应当当场交付当事人。

22. 依法给予五十元以下的罚款的，执法人员可以当场收缴。（　　）

答案：错

《中华人民共和国行政处罚法》第四十七条规定，依照本法第三十三条的规定当场作出行政处罚决定，有下列情形之一的，执法人员可以当场收缴罚款：（一）依法给予二十元以下的罚款的；（二）不当场收缴事后难以执行的。

23. 行政机关可以委托个人实施行政处罚。（　　）

答案：错

《中华人民共和国行政处罚法》第十八条第一款规定，行政机关依照法律、法规或者规章的规定，可以在其法定权限内委托符合本法第十九条规定条件的组织实施行政处罚。行政机关不得委托其他组织或者个人实施行政处罚。

24. 行政处罚决定书应当在宣告后当场交付当事人；当事人不在场的，行政机关应当在七日内依照民事诉讼法的有关规定，将行政处罚决定书送达当事人。（　　）

答案：对

《中华人民共和国行政处罚法》第四十条规定，行政处罚决定书应当在宣告后当场交付当事人；当事人不在场的，行政机关应当在七日内依照民事诉讼法的有关规定，将行政处罚决定书送达当事人。

25. 当事人的违法行为构成犯罪，人民法院判处罚金时，行政机关已经给予的罚款处罚，不应当折抵相应的罚金。（　　）

答案：错

《中华人民共和国行政处罚法》第二十八条第二款规定，违法行为构成犯罪，人民法院判处罚金时，行政机关已经给予当事人罚款的，应当折抵相应罚金。

26. 行政机关作出暂扣许可证的决定，这一行为属于行政强制措施。（　　）

答案：错

《中华人民共和国行政处罚法》第八条规定，行政处罚的种类：（一）警告；（二）罚款；（三）没收违法所得、没收非法财物；（四）责令停产停业；（五）暂扣或者吊销许可证、暂扣或者吊销执照；（六）行政拘留；（七）法律、行政法规规定的其他行政处罚。

27. 根据《中华人民共和国行政处罚法》的规定，受他人教唆实施违法行为应当依法从轻或者减轻行政处罚。（　　）

答案：错

《中华人民共和国行政处罚法》第二十七条第一款规定，当事人有下列情形之一的，应当依法从轻或者减轻行政处罚：（一）主动消除或者减轻违法行为危害后果的；（二）受他人胁迫有违法行为的；（三）配合行政机关查处违法行为有立功表现的；（四）其他依法从轻或者减轻行政处罚的。

28. 根据《中华人民共和国行政处罚法》的规定，不满14周岁的人有违法行为的，应当减轻行政处罚。（   ）

答案：错

《中华人民共和国行政处罚法》第二十五条规定，不满十四周岁的人有违法行为的，不予行政处罚，责令监护人加以管教；已满十四周岁不满十八周岁的人有违法行为的，从轻或者减轻行政处罚。

29. 县级以上人大常委会有权实施行政处罚。（   ）

答案：错

《中华人民共和国行政处罚法》第十五条规定，行政处罚由具有行政处罚权的行政机关在法定职权范围内实施。

30. 省、自治区、直辖市人民政府和省、自治区人民政府所在地的市人民政府以及经国务院批准的较大的市人民政府制定的规章对违反行政管理秩序的行为，可以设定警告或者一定数量罚款的行政处罚。罚款的限额由本级人民代表大会常务委员会规定。（   ）

答案：错

《中华人民共和国行政处罚法》第十三条规定，省、自治区、直辖市人民政府和省、自治区人民政府所在地的市人民政府以及经国务院批准的较大的市人民政府制定的规章可以在法律、法规规定的给予行政处罚的行为、种类和幅度的范围内作出具体规定。尚未制定法律、法规的，前款规定的人民政府制定的规章对违反行政管理秩序的行为，可以设定警告或者一定数量罚款的行政处罚。罚款的限额由省、自治区、直辖市人民代表大会常务委员会规定。

31. 国务院或者经国务院授权的省、自治区、直辖市人民政府可以决定一个行政机关行使有关行政机关的行政处罚权，但限制人身自由的行政处罚权只能由公安机关行使。（   ）

答案：对

《中华人民共和国行政处罚法》第十六条规定，国务院或者经国务院授权的省，自治区、直辖市人民政府可以决定一个行政机关行使有关行政机关的行政处罚权，但限制人身自由的行政处罚权只能由公安机关行使。

32. 行政机关在收集证据时，在证据可能灭失或者以后难以取得的情况下，经行政机关负责人批准，可以先行登记保存，并应当在七日内及时作出处理决定。（　　）

> 答案：对
>
> 《中华人民共和国行政处罚法》第三十七条第二款规定，行政机关在收集证据时，可以采取抽样取证的方法；在证据可能灭失或者以后难以取得的情况下，经行政机关负责人批准，可以先行登记保存，并应当在七日内及时作出处理决定，在此期间，当事人或者有关人员不得销毁或者转移证据。

33. 执法人员在调查结束后，认为案情复杂或者有重大违法行为需要给予较重行政处罚的，应当由行政处罚机关负责人集体讨论决定。（　　）

> 答案：对
>
> 《农业行政处罚程序规定》（可增加题目）第三十七条规定，执法人员在调查结束后，认为案件事实清楚，证据充分，应当制作《案件处理意见书》，报农业行政处罚机关负责人审批。案情复杂或者有重大违法行为需要给予较重行政处罚的，应当由农业行政处罚机关负责人集体讨论决定。

34. 听证参加人由听证主持人、听证员、书记员、案件调查人员、当事人及其委托代理人组成。（　　）

> 答案：对
>
> 《农业行政处罚程序规定》第四十六条规定，听证参加人由听证主持人、听证员、书记员、案件调查人员、当事人及其委托代理人组成。

35. 对当事人的同一个违法行为，不得给予两次以上罚款的行政处罚。（　　）

> 答案：对
>
> 《中华人民共和国行政处罚法》第二十四条规定，对当事人的同一个违法行为，不得给予两次以上罚款的行政处罚。

36. 违法行为人已经给受害方进行了赔偿，可以不对其实施行政处罚。（　　）

> 答案：错
>
> 《中华人民共和国行政处罚法》第七条第一条规定，公民、法人或者其他组织因违法受到行政处罚，其违法行为对他人造成损害的，应当依法承担民事责任。

37. 违法行为构成犯罪应当依法追究刑事责任的，可以以行政处罚代替刑事处罚。（　　）

答案：错

《中华人民共和国行政处罚法》第七条第二款规定，违法行为构成犯罪，应当依法追究刑事责任，不得以行政处罚代替刑事处罚。

38. 无论是按简易程序还是按一般程序作出的处罚决定，都必须以书面形式作出。（　　　）

答案：对

《中华人民共和国行政处罚法》第三十四条第一款规定，执法人员当场作出行政处罚决定的，应当向当事人出示执法身份证件，填写预定格式、编有号码的行政处罚决定书。行政处罚决定书应当当场交付当事人。

39. 行政机关可以因当事人的申辩而加重对其处罚。（　　　）

答案：错

《中华人民共和国行政处罚法》第三十二条第二款规定，行政机关不得因当事人申辩而加重处罚。

40. 调查终结，行政机关负责人不用对调查结果进行审查，即可作出处罚决定。（　　　）

答案：错

《中华人民共和国行政处罚法》第三十八条规定，调查终结，行政机关负责人应当对调查结果进行审查，根据不同情况，分别作出如下决定：（一）确有应受行政处罚的违法行为的，根据情节轻重及具体情况，作出行政处罚决定；（二）违法行为轻微，依法可以不予行政处罚的，不予行政处罚；（三）违法事实不能成立的，不得给予行政处罚；（四）违法行为已构成犯罪的，移送司法机关。对情节复杂或者重大违法行为给予较重的行政处罚，行政机关的负责人应当集体讨论决定。

41. 对简易程序作出的处罚决定，可以不当场送达处罚决定书。（　　　）

答案：错

《中华人民共和国行政处罚法》第三十四条第一款规定，执法人员当场作出行政处罚决定的，应当向当事人出示执法身份证件，填写预定格式、编有号码的行政处罚决定书。行政处罚决定书应当当场交付当事人。

42. 当事人因违法行为受到行政处罚，如果给他人造成损害的，还应当承担民事赔偿责任。（　　　）

答案：对

《中华人民共和国行政处罚法》第七条第一款规定，公民、法人或者其他组织因违法受到行政处罚，其违法行为对他人造成损害的，应当依法承担民事责任。

43. 责令改正属于行政处罚。（   ）

答案：错

《中华人民共和国行政处罚法》第八条规定，行政处罚的种类：（一）警告；（二）罚款；（三）没收违法所得、没收非法财物；（四）责令停产停业；（五）暂扣或者吊销许可证、暂扣或者吊销执照；（六）行政拘留；（七）法律、行政法规规定的其他行政处罚。

44. 违法行为轻微并及时纠正，没有造成危害后果的，可以不予行政处罚。（   ）

答案：对

《中华人民共和国行政处罚法》第三十八条规定，调查终结，行政机关负责人应当对调查结果进行审查，根据不同情况，分别作出如下决定：（一）确有应受行政处罚的违法行为的，根据情节轻重及具体情况，作出行政处罚决定；（二）违法行为轻微，依法可以不予行政处罚的，不予行政处罚；（三）违法事实不能成立的，不得给予行政处罚；（四）违法行为已构成犯罪的，移送司法机关。对情节复杂或者重大违法行为给予较重的行政处罚，行政机关的负责人应当集体讨论决定。

45. 当事人对行政处罚决定不服申请行政复议或者提起行政诉讼的，行政处罚不停止执行，法律另有规定的除外。（   ）

答案：对

《中华人民共和国行政处罚法》第四十五条规定，当事人对行政处罚决定不服申请行政复议或者提起行政诉讼的，行政处罚不停止执行，法律另有规定的除外。

46. 行政处罚必须依据法定的程序作出，否则无效。（   ）

答案：对

《中华人民共和国行政处罚法》第三条第二款规定，没有法定依据或者不遵守法定程序的，行政处罚无效。

47. 对公民处以二百元以下、对法人或者其他组织处以二千元以下罚款的行政处罚的，可以当场作出行政处罚决定。（   ）

答案：错

《中华人民共和国行政处罚法》第三十三条规定，违法事实确凿并有法定依据，对公民处以五十元以下、对法人或者其他组织处以一千元以下罚款或者警告的行政处罚的，可以当场作出行政处罚决定。

48. 举行听证时，调查人员提出当事人违法的事实、证据和行政处罚建议，当事人不得进行申辩和质证。（   ）

答案：错

《中华人民共和国行政处罚法》第四十二条规定，行政机关作出责令停产停业、吊销许可证或者执照、较大数额罚款等行政处罚决定之前，应当告知当事人有要求举行听证的权利；当事人要求听证的，行政机关应当组织听证。当事人不承担行政机关组织听证的费用。听证依照以下程序组织：（六）举行听证时，调查人员提出当事人违法的事实、证据和行政处罚建议；当事人进行申辩和质证。

49．行政机关及其执法人员当场收缴罚款的，必须向当事人出具省、自治区、直辖市财政部门统一制发的罚款收据。（　　　）

答案：对

《中华人民共和国行政处罚法》第四十九条规定，行政机关及其执法人员当场收缴罚款的，必须向当事人出具省、自治区、直辖市财政部门统一制发的罚款收据；不出具财政部门统一制发的罚款收缴的，当事人有权拒绝缴纳罚款。

50．公民、法人或者其他组织违反行政管理秩序的行为，应当给予行政处罚的，虽然实施处罚的机关没有遵守法定程序，但其作出的行政处罚仍然有效。（　　　）

答案：错

《中华人民共和国行政处罚法》第三条规定，公民、法人或者其他组织违反行政管理秩序的行为，应当给予行政处罚的，依照本法由法律、法规或者规章规定，并由行政机关依照本法规定的程序实施。

没有法定依据或者不遵守法定程序的，行政处罚无效。

七、中华人民共和国行政复议法

单 选 题

1.《中华人民共和国行政复议法》规定，（　　　）是复议机关内部设立的，专门办理复议事项的机构。

A．立法机构　　　　B．法制工作机构　　　　C．司法机构　　　　D．执法机构

答案：B

《中华人民共和国行政复议法》第三条规定，依照本法履行行政复议职责的行政机关是行政复议机关。行政复议机关负责法制工作的机构具体办理行政复议事项。

2．行政机关作出下列行为中，属于行政复议范围的是（　　　）。

A. 对工作人员小李作出开除的决定不服的　　B. 对公民王某作出的警告不服的

C. 机关人员调整的决定不服的　　D. 对张三和李四发生民事纠纷的调解不服的

答案：B

《中华人民共和国行政复议法》第六条第一项规定，有下列情形之一的，公民、法人或者其他组织可以依照本法申请行政复议：（一）对行政机关作出的警告、罚款、没收违法所得、没收非法财物、责令停产停业、暂扣或者吊销许可证、暂扣或者吊销执照、行政拘留等行政处罚决定不服的；第八条不服行政机关作出的行政处分或者其他人事处理决定的，依照有关法律、行政法规的规定提出申诉。不服行政机关对民事纠纷作出的调解或者其他处理，依法申请仲裁或者向人民法院提起诉讼。

3. 李某因旷工不服本行政机关给予的行政处分，他应当（　　）。

A. 依法提出行政复议　　B. 法提出申诉

C. 依法向法院起诉　　D. 依法向上级主管机关申请撤销

答案：B

《中华人民共和国行政复议法》第八条第一款规定，不服行政机关作出的行政处分或者其他人事处理决定的，依照有关法律、行政法规的规定提出申诉。

4.《中华人民共和国行政复议法》规定，公民、法人或者其他组织认为具体行政行为侵犯其合法权益的，可以自知道该具体行政行为之日起（　　）内提出行政复议申请，法律另有规定的除外。

A. 7日　　B. 15日　　C. 30日　　D. 60日

答案：D

《中华人民共和国行政复议法》第九条第一款规定，公民、法人或者其他组织认为具体行政行为侵犯其合法权益的，可以自知道该具体行政行为之日起六十日内提出行政复议申请；但是法律规定的申请期限超过六十日的除外。

5.《中华人民共和国行政复议法》规定，同申请行政复议的具体行政行为有利害关系的其他公民、法人或者其他组织，可以作为（　　）参加行政复议。

A. 申请人　　B. 证人　　C. 第三人　　D. 原告

答案：C

《中华人民共和国行政复议法》第十条第三款规定，同申请行政复议的具体行政行为有利害关系的其他公民、法人或者其他组织，可以作为第三人参加行政复议。

6.《中华人民共和国行政复议法》规定，行政复议的被申请人是（　　）。

A. 行政机关　　B. 公民、法人或其他组织

C. 立法机关　　D. 司法机关

答案：A

《中华人民共和国行政复议法》第十条第四款规定，公民、法人或者其他组织对行政机关的具体行政行为不服申请行政复议的，作出具体行政行为的行政机关是被申请人。

7.《中华人民共和国行政复议法》规定，对两个或两个以上行政机关以共同名义作出的具体行政行为不服的，向（　　）申请复议。

A. 两个中的任一机关　　　　　　　　B. 任何一个机关的上级机关

C. 其共同上一级行政机关　　　　　　D. 任何一个机关的人民政府

答案：C

《中华人民共和国行政复议法》第十五条第一款第四项规定，对两个或者两个以上行政机关以共同的名义作出的具体行政行为不服的，向其共同上一级行政机关申请行政复议。

8.《中华人民共和国行政复议法》规定，行政复议机关收到行政复议申请后，应当在（　　）日内进行审查，并作出是否受理的决定。

A. 10　　　　　　B. 7　　　　　　C. 5　　　　　　D. 3

答案：C

《中华人民共和国行政复议法》第十七条第一款规定，行政复议机关收到行政复议申请后，应当在五日内进行审查，对不符合本法规定的行政复议申请，决定不予受理，并书面告知申请人；对符合本法规定，但是不属于本机关受理的行政复议申请，应当告知申请人向有关行政复议机关提出。

9.《中华人民共和国行政复议法》规定，对于设置行政复议前置条件的行政复议案件，申请人在行政复议期满之日起（　　）日内，依法向人民法院提起行政诉讼。

A. 3　　　　　　B. 7　　　　　　C. 10　　　　　　D. 15

答案：D

《中华人民共和国行政复议法》第十九条规定，法律、法规规定应当先向行政复议机关申请行政复议、对行政复议决定不服再向人民法院提起行政诉讼的，行政复议机关决定不予受理或者受理后超过行政复议期限不作答复的，公民、法人或者其他组织可以自收到不予受理决定书之日起或者行政复议期满之日起十五日内，依法向人民法院提起行政诉讼。

10.《中华人民共和国行政复议法》规定，公民、法人或者其他组织依法提出行政复议申请，行政复议机关无正当理由不予受理的，（　　）应当责令其受理。

A. 上级行政机关　　　　　　　　　　B. 上一级行政机关

C. 同级人民政府　　　　　　　　　　D. 同级监察部门

答案：A

《中华人民共和国行政复议法》第二十条规定，公民、法人或者其他组织依法提出行政复议申请，行政复议机关无正当理由不予受理的，上级行政机关应当责令其受理；必要时，上级行政机关也可以直接受理。

11. 当事人对行政处罚决定不服申请行政复议或提起行政诉讼的，行政处罚一般（   ）。

A. 暂不执行　　　　　　B. 中止执行　　　　　　C. 中断执行　　　　　　D. 不停止执行

答案：D

《中华人民共和国行政复议法》第二十一条规定，行政复议期间具体行政行为不停止执行。《行政诉讼法》第四十四条规定，诉讼期间，不停止具体行政行为的执行。

12. 行政复议期间，具体行政行为不停止执行，但是在（   ）的情况下，可以停止执行。

A. 申请人申请停止执行　　　　　　　　　　B. 当事人协商认为可以停止执行

C. 法律规定停止执行　　　　　　　　　　　D. 人民法院认为可以停止执行

答案：C

《中华人民共和国行政复议法》第二十一条规定，行政复议期间具体行政行为不停止执行；但是，有下列情形之一的，可以停止执行：（一）被申请人认为需要停止执行的；（二）行政复议机关认为需要停止执行的；（三）申请人申请停止执行，行政复议机关认为其要求合理，决定停止执行的；（四）法律规定停止执行的。

13. 行政复议机关应当自行政复议申请受理之日起（   ）内，将行政复议申请书副本或者行政复议申请笔录复印件发送被申请人。

A. 1日　　　　　　　B. 3日　　　　　　　C. 7日　　　　　　　D. 10日

答案：C

《中华人民共和国行政复议法》第二十三条第一款规定，行政复议机关负责法制工作的机构，应当自行政复议申请受理之日起七日内，将行政复议申请书副本或者行政复议申请笔录复印件发送被申请人。被申请人应当自收到申请书副本或者申请笔录复印件之日起十日内，提出书面答复，并提交当初作出具体行政行为的证据、依据和其他有关材料。

14. 行政复议时，被申请人应当自收到申请书副本或者申请笔录复印件之日起（   ）内，提出书面答复，并提交当初作出具体行政行为的证据、依据和其他有关材料。

A. 1日　　　　　　　B. 3日　　　　　　　C. 7日　　　　　　　D. 10日

答案：D

《中华人民共和国行政复议法》第二十三条第一款规定，行政复议机关负责法制工作的机构，应当自行政复议申请受理之日起七日内，将行政复议申请书副本或者行政复议申请笔录复印件发送被申请人。被申请人应当自收到申请书副本或者申请笔录复印件之日起十日内，提出书面答复，并提交当初作出具体行政行为的证据、依据和其他有关材料。

15. 对复议中被申请人提供的书面答复和作出具体行政行为的有关材料，申请人、第三人在复议过程中（　　），但涉及国家、商业秘密或者个人隐私除外。

A. 经被申请人同意可以查阅　　　　　　　B. 不可以查阅

C. 经复议机关准许可以查阅　　　　　　　D. 可以查阅

答案：D

《中华人民共和国行政复议法》第二十三条第二款规定，申请人、第三人可以查阅被申请人提出的书面答复、作出具体行政行为的证据、依据和其他有关材料，除涉及国家秘密、商业秘密或者个人隐私外，行政复议机关不得拒绝。

16. 行政复议过程中，被申请人（　　）向申请人和其他有关组织或个人收集证据。

A. 可以　　　　　　B. 不可以　　　　　　C. 不得自行　　　　　　D. 经法院批准可以

答案：C

《中华人民共和国行政复议法》第二十四条规定，在行政复议过程中，被申请人不得自行向申请人和其他有关组织或者个人收集证据。

17. 行政复议决定作出前，申请人（　　）撤回行政复议申请。

A. 可以　　　　　　B. 不可以　　　　　　C. 经复议机关同意可以　　　　　　D. 经法院批准可以

答案：A

《中华人民共和国行政复议法》第二十五条规定，行政复议决定作出前，申请人要求撤回行政复议申请的，经说明理由，可以撤回；撤回行政复议申请的，行政复议终止。

18. 行政复议机关在对被申请人作出的具体行政行为进行审查时，认为其依据不合法，本机关有权处理的，应当在（　　）内依法处理。

A. 15日　　　　　　B. 30日　　　　　　C. 45日　　　　　　D. 60日

答案：B

《中华人民共和国行政复议法》第二十七条规定，行政复议机关在对被申请人作出的具体行政行为进行审查时，认为其依据不合法，本机关有权处理的，应当在三十日内依法处理；无权处理的，应当在七日内按照法定程序转送有权处理的国家机关依法处理。处理期间，中止对具体行政行为的审查。

19. 行政复议机关负责法制工作的机构应当对被申请人作出的具体行政行为进行审查，提出意见，经行政复议机关的负责人同意或者（　　）后，可以按照规定作出行政复议决定。

A．集体讨论通过　　　B．集体讨论　　　C．集体研究　　　D．召集有关人员研究后

答案：A

《中华人民共和国行政复议法》第二十八条第一款规定，行政复议机关负责法制工作的机构应当对被申请人作出的具体行政行为进行审查，提出意见，经行政复议机关的负责人同意或者集体讨论通过后，按照下列规定作出行政复议决定。

20．行政复议机关责令被申请人重新作出具体行政行为的，被申请人不得以（　　　）作出与原具体行政行为相同或者基本相同的具体行政行为。

A．同一的事实和理由　　　　　　　　　B．同一事实

C．同一理由　　　　　　　　　　　　　D．新的事实和理由

答案：A

《中华人民共和国行政复议法》第二十八条第二款规定，行政复议机关责令被申请人重新作出具体行政行为的，被申请人不得以同一的事实和理由作出与原具体行政行为相同或者基本相同的具体行政行为。

21．行政复议申请人在申请复议时一并提出行政赔偿请求，复议机关对符合国家赔偿法的有关规定应当给予赔偿的，在决定撤销、变更具体行政行为或者确认具体行政行为违法时（　　　）。

A．不能决定被申请人依法给予赔偿　　　B．应当同时决定被申请人依法给予赔偿

C．建议被申请人依法给予赔偿　　　　　D．进行调解

答案：B

《中华人民共和国行政复议法》第二十九条第一款规定，申请人在申请行政复议时可以一并提出行政赔偿请求，行政复议机关对符合国家赔偿法的有关规定应当给予赔偿的，在决定撤销、变更具体行政行为或者确认具体行政行为违法时，应当同时决定被申请人依法给予赔偿。

22．行政复议机关应当自受理申请之日起（　　　）日内作出行政复议决定，法律另有规定的除外。

A．10　　　　　　　B．15　　　　　　　C．30　　　　　　　D．60

答案：D

《中华人民共和国行政复议法》第三十一条规定，行政复议机关应当自受理申请之日起六十日内作出行政复议决定；但是法律规定的行政复议期限少于六十日的除外。情况复杂，不能在规定期限内作出行政复议决定的，经行政复议机关的负责人批准，可以适当延长，并告知申请人和被申请人；但是延长期限最多不超过三十日。

23．被申请人不履行行政复议决定的，复议机关应当（　　　）。

A．建议其在一定期限内履行　　　　　　B．责令其在一定期限内履行

C．决定其履行，但不确定期限　　　　　D．判决其违法

答案：B

《中华人民共和国行政复议法》第三十二条第二款规定，被申请人不履行或者无正当理由拖延履行行政复议决定的，行政复议机关或者有关上级行政机关应当责令其限期履行。

24. 动物卫生监督机构作出行政处罚的复议机关有（　　）。

A. 上级人民政府　　　　　　　　　B. 本级畜牧兽医主管部门

C. 上一级动物卫生监督机构　　　　D. 本级人民法院

答案：B

《中华人民共和国行政复议法》第十五条第一款第三项规定，对法律、法规授权的组织的具体行政行为不服的，分别向直接管理该组织的地方人民政府、地方人民政府工作部门或者国务院部门申请行政复议。

25. 张某对县兽医主管部门作出的行政处罚决定不服，复议机关是（　　）。

A. 省兽医行政主管部门　　　　　　B. 市动物卫生监督机构

C. 该县兽医行政主管部门　　　　　D. 县政府或市兽医行政主管部门

答案：D

《中华人民共和国行政复议法》第十五条第一款第三项规定，对本法第十二条、第十三条、第十四条规定以外的其他行政机关、组织的具体行政行为不服的，按照下列规定申请行政复议：（三）对法律、法规授权的组织的具体行政行为不服的，分别向直接管理该组织的地方人民政府、地方人民政府工作部门或者国务院部门申请行政复议。

26. 行政复议机关应当审查行政行为的（　　）。

A. 合法性　　　　B. 真实性　　　　C. 适当性　　　　D. 合法性和适当性

答案：D

《中华人民共和国行政复议法》第三条第一款第三规定，依照本法履行行政复议职责的行政机关是行政复议机关。行政复议机关负责法制工作的机构具体办理行政复议事项，履行下列职责：（三）审查申请行政复议的具体行政行为是否合法与适当，拟订行政复议决定。

多　选　题

1. 行政复议机关在办理行政复议事项时，可以（　　）。

A. 向有关组织和人员调查取证

B. 对行政处罚进行调解，调解不成的再依法作出行政复议

C. 审查具体行政行为是否合法与适当

D. 责成行政机关改变处罚内容

答案：AC

《中华人民共和国行政复议法》第三条规定，依照本法履行行政复议职责的行政机关是行政复议机关。行政复议机关负责法制工作的机构具体办理行政复议事项，履行下列职责：（一）受理行政复议申请；（二）向有关组织和人员调查取证，查阅文件和资料；（三）审查申请行政复议的具体行政行为是否合法与适当，拟订行政复议决定；（四）处理或者转送对本法第七条所列有关规定的审查申请；（五）对行政机关违反本法规定的行为依照规定的权限和程序提出处理建议；（六）办理因不服行政复议决定提起行政诉讼的应诉事项；（七）法律、法规规定的其他职责。

2. 公民、法人或者其他组织认为具体行政行为侵犯其合法权益，向行政机关提出行政复议申请，其具体行政行为包含（　　）。

A. 警告　　　　　　　　　　　　B. 查封、扣押财产

C. 行政处分　　　　　　　　　　D. 应当发放最低生活保障费而未发放

答案：ABD

《中华人民共和国行政复议法》第六条第一、二、十项规定，有下列情形之一的，公民、法人或者其他组织可以依照本法申请行政复议：（一）对行政机关作出的警告、罚款、没收违法所得、没收非法财物、责令停产停业、暂扣或者吊销许可证、暂扣或者吊销执照、行政拘留等行政处罚决定不服的；（二）对行政机关作出的限制人身自由或者查封、扣押、冻结财产等行政强制措施决定不服的；（十）申请行政机关依法发放抚恤金、社会保险金或者最低生活保障费，行政机关没有依法发放的；第八条第一条规定，不服行政机关作出的行政处分或者其他人事处理决定的，依照有关法律、行政法规的规定提出申诉。

3. 有权申请行政复议的包括（　　）。

A. 有权申请人死亡后其近亲属　　　　B. 有权申请但无民事行为能力人的法定代理人

C. 有利害关系的其他公民　　　　　　D. 自己认为有必要参加的人

答案：ABC

《中华人民共和国行政复议法》第十条第二款规定，有权申请行政复议的公民死亡的，其近亲属可以申请行政复议。有权申请行政复议的公民为无民事行为能力人或者限制民事行为能力人的，其法定代理人可以代为申请行政复议。有权申请行政复议的法人或者其他组织终止的，承受其权利的法人或者其他组织可以申请行政复议。第三条规定，同申请行政复议的具体行政行为有利害关系的其他公民、法人或者其他组织，可以作为第三人参加行政复议。

4.《中华人民共和国行政复议法》规定，下列人员可以成为复议申请人的是（　　）。

A．被行政处罚人赵某

B．被行政处罚人黄某（已经死亡）的妻子

C．被行政处罚人李某的朋友

D．被人殴打致伤的杨某

答案：AB

《中华人民共和国行政复议法》第十条第一款规定，依照本法申请行政复议的公民。法人或者其他组织是申请人。第二款规定，有权申请行政复议的公民死亡的，其近亲属可以申请行政复议。有权申请行政复议的公民为无民事行为能力人或者限制民事行为能力人的，其法定代理人可以代为申请行政复议。有权申请行政复议的法人或者其他组织终止的，承受其权利的法人或者其他组织可以申请行政复议。

5. 陈某对甲、乙两个行政机关以共同名义作出的具体行政行为不服申请复议，下列关于复议机关的说法中不正确的有（　　）。

A．甲的上一级行政机关

B．乙所在地人民政府

C．甲和乙共同上一级行政机关

D．甲所在地人民政府

答案：ABD

《中华人民共和国行政复议法》第十五条第一款第四项规定，对两个或者两个以上行政机关以共同的名义作出的具体行政行为不服的，向其共同上一级行政机关申请行政复议。

6.《中华人民共和国行政复议法》规定，行政复议期间关于具体行政行为的说法正确的有（　　）。

A．一般不停止执行

B．行政复议机关认为需要停止执行时可以停止执行

C．被申请人认为需要停止执行时可以停止执行

D．申请人申请，行政复议机关认为其要求合理，决定停止执行时可以停止执行

答案：ABCD

《中华人民共和国行政复议法》第二十一条规定，行政复议期间具体行政行为不停止执行；但是，有下列情形之一的，可以停止执行：（一）被申请人认为需要停止执行的；（二）行政复议机关认为需要停止执行的；（三）申请人申请停止执行，行政复议机关认为其要求合理，决定停止执行的；（四）法律规定停止执行的。

7. 复议期间具体行政行为可以停止执行的情形有（　　）。

A．申请人申请停止执行的

B．被申请人认为需要停止执行的

C．行政复议机关认为需要停止执行的

D．法律规定停止执行的

答案：BCD

《中华人民共和国行政复议法》第二十一条规定，行政复议期间具体行政行为不停止执行；

但是，有下列情形之一的，可以停止执行：（一）被申请人认为需要停止执行的；（二）行政复议机关认为需要停止执行的；（三）申请人申请停止执行，行政复议机关认为其要求合理，决定停止执行的；（四）法律规定停止执行的。

8. 行政复议原则上采取书面审查的办法，也可以向（   ）调查情况或听取意见。

A. 有关组织　　　　　B. 申请人　　　　　C. 被申请人　　　　　D. 第三人

答案：ABCD

《中华人民共和国行政复议法》第二十二条规定，行政复议原则上采取书面审查的办法，但是申请人提出要求或者行政复议机关负责法制工作的机构认为有必要时，可以向有关组织和人员调查情况，听取申请人、被申请人和第三人的意见。

9. 对申请人提出查阅材料的申请，除涉及（   ）情形外，复议机关不得拒绝。

A. 国家秘密　　　　　B. 商业秘密　　　　　C. 个人隐私　　　　　D. 被申请人不同意

答案：ABC

《中华人民共和国行政复议法》第二十三条第二款规定，申请人、第三人可以查阅被申请人提出的书面答复、作出具体行政行为的证据、依据和其他有关材料，除涉及国家秘密、商业秘密或者个人隐私外，行政复议机关不得拒绝。

10. 《中华人民共和国行政复议法》规定，具体行政行为（   ），行政复议机关可以决定撤销、变更或者确认该具体行政行为违法，并责令被申请人在一定期限内重新作出具体行政行为。

A. 主要事实不清、证据不足的　　　　　B. 适用依据错误的

C. 违反法定程序的　　　　　　　　　　D. 超越或者滥用职权的

答案：ABCD

《中华人民共和国行政复议法》第二十八条第一款第三项规定，具体行政行为有下列情形之一的，决定撤销、变更或者确认该具体行政行为违法；决定撤销或者确认该具体行政行为违法的，可以责令被申请人在一定期限内重新作出具体行政行为：①主要事实不清、证据不足的；②适用依据错误的；③违反法定程序的；④超越或者滥用职权的；⑤具体行政行为明显不当的。

11. 对行政复议，申请人逾期不起诉又不履行行政复议决定的，可以（   ）。

A. 维持具体行政行为的，由作出具体行政行为的行政机关依法强制执行

B. 维持具体行政行为的，由作出具体行政行为的行政机关申请人民法院强制执行

C. 变更具体行政行为的，由行政复议机关依法强制执行

D. 变更具体行政行为的，由行政复议机关申请人民法院强制执行

答案：ABCD

《中华人民共和国行政复议法》第三十三条规定，申请人逾期不起诉又不履行行政复议决定的，或者不履行最终裁决的行政复议决定的，按照下列规定分别处理：（一）维持具体行政行为的行政复议决定，由作出具体行政行为的行政机关依法强制执行，或者申请人民法院强制执行；（二）变更具体行政行为的行政复议决定，由行政复议机关依法强制执行，或者申请人民法院强制执行。

12. 行政复议机关履行行政复议职责，应当遵循合法、（　　　）、便民的原则，坚持有错必纠，保障法律、法规的正确实施。

A. 公正　　　　　B. 公平　　　　　C. 及时　　　　　D. 以上全不对

答案：ABC

《中华人民共和国行政复议法》第四条规定，行政复议机关履行行政复议职责，应当遵循合法、公正、公开、及时、便民的原则，坚持有错必纠，保障法律、法规的正确实施。

13. 行政复议期间具体行政行为可以停止执行的情况是（　　　）。

A. 行政复议机关认为需要停止执行时可以停止执行

B. 被申请人认为需要停止执行时可以停止执行

C. 申请人申请停止执行，行政复议机关认为其要求合理，决定停止执行的

D. 法律规定停止执行的

答案：ABCD

《中华人民共和国行政复议法》第二十一条规定，行政复议期间具体行政行为不停止执行；但是，有下列情形之一的，可以停止执行：（一）被申请人认为需要停止执行的；（二）行政复议机关认为需要停止执行的；（三）申请人申请停止执行，行政复议机关认为其要求合理，决定停止执行的；（四）法律规定停止执行的。

14. 行政复议决定的种类包括（　　　）。

A. 撤销，或撤销并责令被申请人重新作出　　　B. 维持

C. 限期履行法定职责　　　　　　　　　　　　D. 变更

答案：ABCD

《中华人民共和国行政复议法》第二十八条第一款规定，行政复议机关负责法制工作的机构应当对被申请人作出的具体行政行为进行审查，提出意见，经行政复议机关的负责人同意或者集体讨论通过后，按照下列规定作出行政复议决定：（一）具体行政行为认定事实清楚，证据确凿，适用依据正确，程序合法，内容适当的，决定维持；（二）被申请人不履行法定职责的，决定其在一定期限内履行；（三）具体行政行为有下列情形之一的，决定撤销、变更或者

确认该具体行政行为违法；决定撤销或者确认该具体行政行为违法的，可以责令被申请人在一定期限内重新作出具体行政行为：①主要事实不清、证据不足的；②适用依据错误的；③违反法定程序的；④超越或者滥用职权的；⑤具体行政行为明显不当的。（四）被申请人不按照本法第二十三条的规定提出书面答复、提交当初作出具体行政行为的证据、依据和其他有关材料的，视为该具体行政行为没有证据、依据，决定撤销该具体行政行为。

15. 在申请人的行政复议请求范围内，行政复议机关是否可以对申请人作出更为不利的行政复议决定，下面说法错误的是（　　）。

A. 不得作出
B. 不得作出，但复议机关负责人批准除外
C. 可以作出
D. 视具体情况而定

答案：BCD

《中华人民共和国行政复议法实施条例》第五十一条规定，行政复议机关在申请人的行政复议请求范围内，不得作出对申请人更为不利的行政复议决定。

16. 行政复议机关可以决定变更的具体行政行为有（　　）。

A. 认定事实清楚，证据确凿，程序合法，但是明显不当的
B. 认定事实清楚，证据确凿，程序合法，但是适用依据错误的
C. 认定事实不清，证据不足，但是经行政复议机关审理查明事实清楚，证据确凿的
D. 认定事实不清，证据不足，程序不合法的

答案：ABC

《中华人民共和国行政复议法实施条例》第四十七条规定，具体行政行为有下列情形之一，行政复议机关可以决定变更：（一）认定事实清楚，证据确凿，程序合法，但是明显不当或者适用依据错误的；（二）认定事实不清，证据不足，但是经行政复议机关审理查明事实清楚，证据确凿的。

判　断　题

1.《中华人民共和国行政复议法》规定，申请人申请行政复议，可以书面申请，也可以口头申请。（　　）

答案：对

《中华人民共和国行政复议法》第十一条规定，申请人申请行政复议，可以书面申请，也可以口头申请；口头申请的，行政复议机关应当当场记录申请人的基本情况、行政复议请求、申请行政复议的主要事实、理由和时间。

2. 公民、法人或者其他组织对行政复议决定不服的，均可以依照行政诉讼法的规定向人民法院提起行政诉讼。（　　）

答案：错

《中华人民共和国行政复议法》第五条规定，公民、法人或者其他组织对行政复议决定不服的，可以依照行政诉讼法的规定向人民法院提起行政诉讼，但是法律规定行政复议决定为最终裁决的除外。

3. 公民、法人或者其他组织对具体行政行为不服的，在向人民法院提起行政诉讼并已受理的同时也可依法申请行政复议。（　　）

答案：错

《中华人民共和国行政复议法》第十六条第二款规定，公民、法人或者其他组织向人民法院提起行政诉讼人民法院已经依法受理的，不得申请行政复议。

4. 对依法受理的行政复议案件，在法定行政复议期限内也可以同时向人民法院提起行政诉讼。（　　）

答案：错

《中华人民共和国行政复议法》第十六条第一款规定，公民、法人或者其他组织申请行政复议，行政复议机关已经依法受理的，或者法律、法规规定应当先向行政复议机关申请行政复议、对行政复议决定不服再向人民法院提起行政诉讼的，在法定行政复议期限内不得向人民法院提起行政诉讼。

5. 公民、法人或者其他组织申请行政复议，行政复议机关已经依法受理的，或者法律、法规规定应当先向行政复议机关申请行政复议、对行政复议决定不服才可以向人民法院提起行政诉讼的。（　　）

答案：对

《中华人民共和国行政复议法》第十六条第一款规定，公民、法人或者其他组织申请行政复议，行政复议机关已经依法受理的，或者法律、法规规定应当先向行政复议机关申请行政复议、对行政复议决定不服再向人民法院提起行政诉讼的，在法定行政复议期限内不得向人民法院提起行政诉讼。

6. 复议机关在复议时，发现处罚机关的处罚决定过轻，可以作出变更，在行政复议决定中加重对违法行为人的处罚。（　　）

答案：错

《中华人民共和国行政复议法实施条例》第五十一条规定，行政复议机关在申请人的行政复议请求范围内，不得作出对申请人更为不利的行政复议决定。

7. 行政复议被申请人没有按规定期限提供书面答复的，被复议的具体行政行为视为没有证据、依据，复议机关决定撤销该具体行政行为。（   ）

答案：对

《中华人民共和国行政复议法》第二十八条第四项规定，被申请人不按照本法第二十三条的规定提出书面答复、提交当初作出具体行政行为的证据、依据和其他有关材料的，视为该具体行政行为没有证据、依据，决定撤销该具体行政行为。

8. 行政复议申请可以自知道该具体行政行为之日起60天内提出，但是法律规定的申请期限超过60天的除外。（   ）

答案：对

《中华人民共和国行政复议法》第九条规定，公民、法人或者其他组织认为具体行政行为侵犯其合法权益的，可以自知道该具体行政行为之日起六十日内提出行政复议申请；但是法律规定的申请期限超过六十日的除外。

9. 行政复议机关的职责之一是审查被申请行政复议的具体行政行为是否合法与适当。（   ）

答案：对

《中华人民共和国行政复议法》第三条第一款第三项规定，依照本法履行行政复议职责的行政机关是行政复议机关。行政复议机关负责法制工作的机构具体办理行政复议事项，履行下列职责：（三）审查申请行政复议的具体行政行为是否合法与适当，拟订行政复议决定。

10. 公民、法人或者其他组织认为行政机关的具体行政行为所依据的具有普遍约束力的决定、命令不合法，在对具体行政行为申请行政复议时，可以一并向行政复议机关提出对该决定、命令的审查申请。（   ）

答案：对

《中华人民共和国行政复议法》第七条规定，公民、法人或者其他组织认为行政机关的具体行政行为所依据的下列规定不合法，在对具体行政行为申请行政复议时，可以一并向行政复议机关提出对该规定的审查申请：（一）国务院部门的规定；（二）县级以上地方各级人民政府及其工作部门的规定；（三）乡、镇人民政府的规定。前款所列规定不含国务院部、委员会规章和地方人民政府规章。规章的审查依照法律、行政法规办理。

11. 行政复议必须由申请人自己参加，不可以委托代理人代为参加行政复议。（   ）

答案：错

《中华人民共和国行政复议法实施条例》第十条规定，申请人、第三人可以委托1至2名代理人参加行政复议。申请人、第三人委托代理人的，应当向行政复议机构提交授权委托书。

授权委托书应当载明委托事项、权限和期限。公民在特殊情况下无法书面委托的，可以口头委托。口头委托的，行政复议机构应当核实并记录在卷。申请人、第三人解除或者变更委托的，应当书面报告行政复议机构。

12. 复议机关的复议决定加重损害的，复议机关对加重的部分履行赔偿义务。（　　）

答案：对

《中华人民共和国国家赔偿法》第八条规定，经复议机关复议的，最初造成侵权行为的行政机关为赔偿义务机关，但复议机关的复议决定加重损害的，复议机关对加重的部分履行赔偿义务。

13. 行政复议机关在申请人的行政复议请求范围内，不得作出对申请人更为不利的行政复议决定。（　　）

答案：对

《中华人民共和国行政复议法实施条例》第五十一条规定，行政复议机关在申请人的行政复议请求范围内，不得作出对申请人更为不利的行政复议决定。

14. 行政复议决定作出前，申请人要求撤回行政复议申请的，经说明理由，可以撤回，撤回行政复议申请的，行政复议终止。（　　）

答案：对

《中华人民共和国行政复议法》第二十五条规定，行政复议决定作出前，申请人要求撤回行政复议申请的，经说明理由，可以撤回；撤回行政复议申请的，行政复议终止。

15. 申请人提出申请复议必须提交书面申请。（　　）

答案：错

《中华人民共和国行政复议法》第十一条规定，申请人申请行政复议，可以书面申请，也可以口头申请；口头申请的，行政复议机关应当当场记录申请人的基本情况、行政复议请求、申请行政复议的主要事实、理由和时间。

八、中华人民共和国行政强制法

单 选 题

1. 某县动物卫生监督所因李某拒不对卸载活羊的车辆进行消毒，做出了代消毒决定。代消毒行为属（　　）。

A. 行政强制措施　　　B. 行政强制执行　　　C. 行政许可　　　D. 行政处罚

答案：B

《中华人民共和国行政强制法》第二条第三款规定，行政强制执行，是指行政机关或者行政机关申请人民法院，对不履行行政决定的公民、法人或者其他组织，依法强制履行义务的行为。第十二条第五项行政强制执行的方式为代履行。

2. 以下哪一项不属于行政强制措施的种类（　　　　）。

A. 限制公民人身自由　　　　　　　　B. 查封场所、设施或者财物

C. 扣押财物　　　　　　　　　　　　D. 责令停产停业

答案：D

《中华人民共和国行政强制法》第九条规定，行政强制措施的种类：（一）限制公民人身自由；（二）查封场所、设施或者财物；（三）扣押财物；（四）冻结存款、汇款；（五）其他行政强制措施。《行政处罚法》第八条第四项行政处罚的种类：（四）责令停产停业。

3. 以下不属于行政强制执行的方式的是（　　　　）。

A. 加处罚款或者滞纳金

B. 划拨存款、汇款

C. 吊销许可证、执照

D. 拍卖或者依法处理查封、扣押的场所、设施或者财物

答案：C

《中华人民共和国行政强制法》第十二条规定，行政强制执行的方式：（一）加处罚款或者滞纳金；（二）划拨存款、汇款；（三）拍卖或者依法处理查封、扣押的场所、设施或者财物；（四）排除妨碍、恢复原状；（五）代履行；（六）其他强制执行方式。《行政处罚法》第八条第五项行政处罚的种类：（五）暂扣或者吊销许可证、暂扣或者吊销执照。

4. 2012年5月3日9时官方兽医小张和小王对疑似染疫的猪肉实施了扣押措施。小张与小王应当在（　　　）内向所长报告，并补办手续。

A. 3日　　　　　　B. 当日　　　　　　C. 7日　　　　　　D. 24小时

答案：D

《中华人民共和国行政强制法》第十九条规定，情况紧急，需要当场实施行政强制措施的，行政执法人员应当在二十四小时内向行政机关负责人报告，并补办批准手续。行政机关负责人认为不应当采取行政强制措施的，应当立即解除。

5. 某县动物卫生监督机构6月3日对发生疑似猪丹毒的兴隆猪场实施了查封决定，假设实验室检测需十五天的话，查封期限不得超过（　　　　）。

A. 7月2日　　　　　B. 6月17日　　　　　C. 7月17日　　　　　D. 6月21日

答案：C

《中华人民共和国行政强制法》第二十五条规定，查封、扣押的期限不得超过三十日；情况复杂的，经行政机关负责人批准，可以延长，但是延长期限不得超过三十日。法律、行政法规另有规定的除外。延长查封、扣押的决定应当及时书面告知当事人，并说明理由。对物品需要进行检测、检验、检疫或者技术鉴定的，查封、扣押的期间不包括检测、检验、检疫或者技术鉴定的期间。检测、检验、检疫或者技术鉴定的期间应当明确，并书面告知当事人。检测、检验、检疫或者技术鉴定的费用由行政机关承担。即X+30+15。

6. 某县人民法院强制执行楚某一千元罚款时，楚某突患急病住进医院。人民法院应（　　　）。

A. 中止执行　　　　　　　　　　　B. 终结执行

C. 强制划拨楚某存款　　　　　　　D. 强制拍卖楚某财物

答案：A

《中华人民共和国行政强制法》第三十九条规定，第一项有下列情形之一的，中止执行：（一）当事人履行行政决定确有困难或者暂无履行能力的。

7. 某县动物卫生监督机构9月28日（10月1日至7日放假）向当事人王某送达了催告书，王某一直不履行义务。该所最早于（　　　）才能申请人民法院强制执行。

A. 9月29日　　　　B. 10月15日　　　　C. 10月8日　　　　D. 10月11日

答案：B

《中华人民共和国行政强制法》第五十四条规定，行政机关申请人民法院强制执行前，应当催告当事人履行义务。催告书送达十日后当事人仍未履行义务的，行政机关可以向所在地有管辖权的人民法院申请强制执行；执行对象是不动产的，向不动产所在地有管辖权的人民法院申请强制执行。第六十九条本法中十日以内期限的规定是指工作日，不含法定节假日。即X+10+7。

8. 人民法院接到动物卫生监督机构强制执行的申请，应当在（　　　）内受理。

A. 3日　　　　　B. 5日　　　　　C. 7日　　　　　D. 10日

答案：B

《中华人民共和国行政强制法》第五十六条第一款人民法院接到行政机关强制执行的申请，应当在五日内受理。

9. 某县动物卫生监督机构对人民法院不予受理的裁定有异议的，可以在（　　　）内向上一级人民法院申请复议。

A. 10日　　　　　B. 15日　　　　　C. 30日　　　　　D. 60日

答案：B

《中华人民共和国行政强制法》第五十六条规定，第二款行政机关对人民法院不予受理的裁定有异议的，可以在十五日内向上一级人民法院申请复议，上一级人民法院应当自收到复议申请之日起十五日内作出是否受理的裁定。第七十条法律、行政法规授权的具有管理公共事务职能的组织在法定授权范围内，以自己的名义实施行政强制，适用本法有关行政机关的规定。

10. 人民法院对某县动物卫生监督机构的强制执行申请受理后，应当自受理之日起（　　）内做出是否执行的裁定。

A. 3日　　　　　　B. 5日　　　　　　C. 7日　　　　　　D. 10日

答案：C

《中华人民共和国行政强制法》第五十七条人民法院对行政机关强制执行的申请进行书面审查，对符合本法第五十五条规定，且行政决定具备法定执行效力的，除本法第五十八条规定的情形外，人民法院应当自受理之日起七日内作出执行裁定。

11. 人民法院裁定不予执行动物卫生监督所的申请的，应当说明理由，并在（　　）内将不予执行的裁定送达动物卫生监督所。

A. 七日　　　　　B. 七个工作日　　　C. 五日　　　　　D. 五个工作日

答案：D

《中华人民共和国行政强制法》第五十八条第二款人民法院应当自受理之日起三十日内作出是否执行的裁定。裁定不予执行的，应当说明理由，并在五日内将不予执行的裁定送达行政机关。第六十九条本法中十日以内期限的规定是指工作日，不含法定节假日。

12. 动物卫生监督所对人民法院不予执行的裁定有异议的，可以自收到裁定之日起（　　）内向上一级人民法院申请复议。

A. 三十日　　　　B. 三十个工作日　　C. 十五日　　　　D. 十五个工作日

答案：C

《中华人民共和国行政强制法》第五十八条第三款行政机关对人民法院不予执行的裁定有异议的，可以自收到裁定之日起十五日内向上一级人民法院申请复议，上一级人民法院应当自收到复议申请之日起三十日内作出是否执行的裁定。第六十九条本法中十日以内期限的规定是指工作日，不含法定节假日。

13. 上一级人民法院应当自收到动物卫生监督所对人民法院不予执行的裁定复议申请之日起（　　）内作出是否执行的裁定。

A. 三十日　　　　B. 三十个工作日　　C. 十五日　　　　D. 十五个工作日

答案：A

《中华人民共和国行政强制法》第五十八条第三款行政机关对人民法院不予执行的裁定有异议的，可以自收到裁定之日起十五日内向上一级人民法院申请复议，上一级人民法院应当自收到复议申请之日起三十日内作出是否执行的裁定。第六十九条本法中十日以内期限的规定是指工作日，不含法定节假日。

14. 某县动物卫生监督所因李某拒不缴纳罚款，申请人民法院强制执行。人民法院强制执行的费用由（   ）承担。

　　A. 某县动物卫生监督机构　　　　　　　　B. 李某

　　C. 本级财政　　　　　　　　　　　　　　D. 人民法院

答案：B

《中华人民共和国行政强制法》第六十条第一款行政机关申请人民法院强制执行，不缴纳申请费。强制执行的费用由被执行人承担。

15. 某县动物卫生监督所委托李某将扣押王某的100千克疑似染疫猪肉保存在李某的冷库里。冷藏费用由（   ）。

　　A. 某县动物卫生监督所承担

　　B. 王某承担

　　C. 李某承担

　　D. 猪肉合格由某县动监所承担；不合格由王某承担

答案：A

《中华人民共和国行政强制法》第二十六条第三款因查封、扣押发生的保管费用由行政机关承担。

16. 《中华人民共和国行政强制法》中（   ）日以内期限的规定是指工作日，不含法定节假日。

　　A. 5　　　　　　　　B. 7　　　　　　　　C. 10　　　　　　　　D. 15

答案：C

《中华人民共和国行政强制法》第六十九条规定，本法中十日以内期限的规定是指工作日，不含法定节假日。

17. 行政强制执行由（   ）设定。

　　A. 法律　　　　　B. 行政法规　　　　　C. 地方性法规　　　　　D. 行政规章

答案：A

《中华人民共和国行政强制法》第十条第一款规定，行政强制措施由法律设定。

18. 因查封、扣押发生的保管费用由（　　　）承担。

A. 行政机关　　　　　B. 被查封、扣押人　　　C. 本级人民政府　　　D. 各有关方分别

答案：A

《中华人民共和国行政强制法》第二十六条第三款因查封、扣押发生的保管费用由行政机关承担。

多 选 题

1. 某县动物卫生监督所对王某运输的死因不明猪实施了扣押措施，王某享有的权利有（　　　）。

A. 陈述权、申辩权

B. 依法申请行政复议

C. 提起行政诉讼

D. 因行政机关违法实施行政强制受到损害的有权要求赔偿

答案：ABCD

《中华人民共和国行政强制法》第八条第一款公民、法人或者其他组织对行政机关实施行政强制，享有陈述权、申辩权；有权依法申请行政复议或者提起行政诉讼；因行政机关违法实施行政强制受到损害的，有权依法要求赔偿。

2. 动物卫生监督机构实施行政强制措施的种类有（　　　）。

A. 限制公民人身自由　　　　　　　B. 查封场所、设施或者财物

C. 扣押违法财物　　　　　　　　　D. 冻结存款、汇款

答案：BC

《动物防疫法》第五十九条第一款第二项规定，动物卫生监督机构执行监督检查任务，可以采取下列措施，有关单位和个人不得拒绝或者阻碍：（二）对染疫或者疑似染疫的动物、动物产品及相关物品进行隔离、查封、扣押和处理。

3. 行政法规不可以设定的行政强制措施有（　　　）。

A. 限制公民人身自由　　　　　　　B. 查封场所、设施或者财物

C. 扣押财物　　　　　　　　　　　D. 冻结存款、汇款

答案：AD

《中华人民共和国行政强制法》第九条规定，行政强制措施的种类：（一）限制公民人身自由；（二）查封场所、设施或者财物；（三）扣押财物；（四）冻结存款、汇款；（五）其他行政

强制措施。第十条行政强制措施由法律设定。尚未制定法律，且属于国务院行政管理职权事项的，行政法规可以设定除本法第九条第一项、第四项和应当由法律规定的行政强制措施以外的其他行政强制措施。尚未制定法律、行政法规，且属于地方性事务的，地方性法规可以设定本法第九条第二项、第三项的行政强制措施。法律、法规以外的其他规范性文件不得设定行政强制措施。第十一条法律对行政强制措施的对象、条件、种类作了规定的，行政法规、地方性法规不得作出扩大规定。法律中未设定行政强制措施的，行政法规、地方性法规不得设定行政强制措施。但是，法律规定特定事项由行政法规规定具体管理措施的，行政法规可以设定除本法第九条第一项、第四项和应当由法律规定的行政强制措施以外的其他行政强制措施。

4. 官方兽医小张和小王发现李某涉嫌经营病害羊肉，立即制作了现场笔录，该现场笔录应当由（　　）签字。

A. 当事人李某　　　　B. 小张　　　　　　C. 市场管理人员　　　　D. 小王

答案：ABD

《中华人民共和国行政强制法》第十八条第八项行政机关实施行政强制措施应当遵守下列规定：（八）现场笔录由当事人和行政执法人员签名或者盖章，当事人拒绝的，在笔录中予以注明。

5. 下列有关查封的场所、设施或者财物的保管表述错误的是（　　）。

A. 可以由行政机关自己保管，也可以由行政机关委托第三人保管

B. 保管费用由第三人承担

C. 行政机关委托第三人保管的，因第三人的原因造成的损失，由行政机关先行赔付后，有权向第三人追偿

D. 行政机关委托第三人保管的，因第三人的原因造成的损失，行政机关和第三人承担连带赔偿责任

答案：BD

《中华人民共和国行政强制法》第二十六条对查封、扣押的场所、设施或者财物，行政机关应当妥善保管，不得使用或者损毁；造成损失的，应当承担赔偿责任。对查封的场所、设施或者财物，行政机关可以委托第三人保管，第三人不得损毁或者擅自转移、处置。因第三人的原因造成的损失，行政机关先行赔付后，有权向第三人追偿。因查封、扣押发生的保管费用由行政机关承担。

6. 某县动物卫生监督所扣押当事人王某疑似染疫生猪5头，该所及时解除扣押决定的情形有（　　）。

A. 当事人没有违法行为

B. 扣押财物与违法行为无关

C. 对违法行为已经作出处理决定，不再需要扣押

D. 扣押期限已经届满

答案：ABCD

《中华人民共和国行政强制法》第二十八条第一款有下列情形之一的，行政机关应当及时作出解除查封、扣押决定：（一）当事人没有违法行为；（二）查封、扣押的场所、设施或者财物与违法行为无关；（三）行政机关对违法行为已经作出处理决定，不再需要查封、扣押；（四）查封、扣押期限已经届满；（五）其他不再需要采取查封、扣押措施的情形。

7. 《中华人民共和国行政强制法》规定，属于（   ）情形之一的，行政机关应当及时作出解除查封、扣押决定。

A. 查封、扣押的场所、设施或者财物与违法行为无关

B. 行政机关对违法行为已经作出处理决定，不再需要查封、扣押

C. 查封、扣押期限已经届满

D. 当事人没有违法行为

答案：ABCD

《中华人民共和国行政强制法》第二十八条第一款有下列情形之一的，行政机关应当及时作出解除查封、扣押决定：（一）当事人没有违法行为；（二）查封、扣押的场所、设施或者财物与违法行为无关；（三）行政机关对违法行为已经作出处理决定，不再需要查封、扣押；（四）查封、扣押期限已经届满；（五）其他不再需要采取查封、扣押措施的情形。

8. 某动物卫生监督机构拟向顾某下达催告书，催告书应当载明的事项有（   ）。

A. 履行义务的期限

B. 履行义务的方式

C. 涉及金钱给付的，应当有明确的金额和给付方式

D. 当事人依法享有的陈述权和申辩权

答案：ABCD

《中华人民共和国行政强制法》第三十五条行政机关作出强制执行决定前，应当事先催告当事人履行义务。催告应当以书面形式作出，并载明下列事项规定：（一）履行义务的期限；（二）履行义务的方式；（三）涉及金钱给付的，应当有明确的金额和给付方式；（四）当事人依法享有的陈述权和申辩权。

9. 某县兴隆养猪场经催告仍不按规定实施口蹄疫强制免疫，且无正当理由，该县动物卫生监督所果断依法实施了代履行。完毕后（   ）应当在代履行执行文书上签字。

A. 当事人   B. 代履行人

C. 动物卫生监督所到场监督的工作人员   D. 见证人

答案：ABCD

《中华人民共和国行政强制法》第五十一条第一款第四项代履行应当遵守下列规定：（四）代履行完毕，行政机关到场监督的工作人员、代履行人和当事人或者见证人应当在执行文书上签名或者盖章。

10. 依照《中华人民共和国行政强制法》的规定，代履行决定书应当载明（　　）。

A. 当事人的姓名或名称、地址　　　　　B. 代履行的理由和依据

C. 代履行方式、标的、费用预算　　　　D. 代履行人

答案：ABCD

《中华人民共和国行政强制法》第五十一条第一款第一项代履行应当遵守下列规定：（一）代履行前送达决定书，代履行决定书应当载明当事人的姓名或者名称、地址，代履行的理由和依据、方式和时间、标的、费用预算以及代履行人。

11. 《中华人民共和国动物防疫法》所规定的行政强制措施有（　　）。

A. 查封　　　　　B. 采样　　　　　C. 补检　　　　　D. 扣押

答案：AD

《中华人民共和国行政强制法》第九条行政强制措施的种类：（一）限制公民人身自由；（二）查封场所、设施或者财物；（三）扣押财物；（四）冻结存款、汇款；（五）其他行政强制措施。

《中华人民共和国动物防疫法》第五十九条第一款第二项规定：（二）对染疫或者疑似染疫的动物、动物产品及相关物品进行隔离、查封、扣押和处理。

12. 行政强制措施的种类包括（　　）。

A. 限制公民人身自由　　　　　　　　　B. 查封场所、设施或者财物

C. 扣押财物　　　　　　　　　　　　　D. 冻结存款、汇款

答案：ABCD

《中华人民共和国行政强制法》第九条规定，行政强制措施的种类：（一）限制公民人身自由；（二）查封场所、设施或者财物；（三）扣押财物；（四）冻结存款、汇款；（五）其他行政强制措施。

13. 动物卫生监督机构向人民法院申请强制执行，应当提供材料是（　　）。

A. 强制执行申请书

B. 行政决定书及作出决定的事实、理由和依据

C. 当事人的意见及行政机关催告情况

D. 申请强制执行标的情况

答案：ABCD

《中华人民共和国行政强制法》第五十五条第一款规定，行政机关向人民法院申请强制执行，应当提供下列材料：（一）强制执行申请书；（二）行政决定书及作出决定的事实、理由和依据；（三）当事人的意见及行政机关催告情况；（四）申请强制执行标的情况；（五）法律、行政法规规定的其他材料。

14. 某县动卫生监监督所对王某运输的病死猪实施了扣押强制措施，王某依法享有（　　）。

A. 陈述权　　　　　　B. 申辩权　　　　　　C. 申请行政复议　　　D. 提起行政诉讼

答案：ABCD

《中华人民共和国行政强制法》第八条公民、法人或者其他组织对行政机关实施行政强制，享有陈述权、申辩权；有权依法申请行政复议或者提起行政诉讼；因行政机关违法实施行政强制受到损害的，有权依法要求赔偿。

15. 在查封、扣押决定书时应当载明的事项有（　　）。

A. 当事人的姓名或者名称、地址

B. 查封、扣押的理由、依据和期限

C. 查封、扣押场所、设施或者财物的名称、数量等

D. 申请行政复议或者提起行政诉讼的途径和期限

答案：ABCD

《中华人民共和国行政强制法》第二十四条规定，第二款查封、扣押决定书应当载明下列事项规定：（一）当事人的姓名或者名称、地址；（二）查封、扣押的理由、依据和期限；（三）查封、扣押场所、设施或者财物的名称、数量等；（四）申请行政复议或者提起行政诉讼的途径和期限；（五）行政机关的名称、印章和日期。

16. 代履行应当遵守的规定有（　　）。

A. 代履行前送达决定书，代履行决定书应当载明当事人的姓名或者名称、地址，代履行的理由和依据、方式和时间、标的、费用预算以及代履行人

B. 在代履行日期的三日前，催告当事人履行；当事人履行的，停止代履行

C. 代履行时，作出决定的行政机关应当派员到场监督

D. 代履行完毕，行政机关到场监督的工作人员、代履行人和当事人或者见证人应当在执行文书上签名或者盖章

答案：ABCD

《中华人民共和国行政强制法》第五十一条规定，代履行应当遵守下列规定：（一）代履行前送达决定书，代履行决定书应当载明当事人的姓名或者名称、地址，代履行的理由和依

据、方式和时间、标的、费用预算以及代履行人；（二）代履行三日前，催告当事人履行，当事人履行的，停止代履行；（三）代履行时，作出决定的行政机关应当派员到场监督；（四）代履行完毕，行政机关到场监督的工作人员、代履行人和当事人或者见证人应当在执行文书上签名或者盖章。

17. 行政机关不得在（　　）实施行政强制执行。但是，情况紧急的除外。

A. 工作日　　　　　B. 夜间　　　　　C. 法定节日　　　　　D. 法定假日

答案：BCD

《中华人民共和国行政强制法》第四十三条规定，行政机关不得在夜间或者法定节假日实施行政强制执行。但是，情况紧急的除外。

18. 违反行政强制法规定，行政机关有（　　）情形之一的，由上级行政机关或者有关部门责令改正，对直接负责的主管人员和其他直接责任人员依法给予处分。

A. 扩大查封、扣押、冻结范围的

B. 使用或者损毁查封、扣押场所、设施或者财物的

C. 在查封、扣押法定期间不作出处理决定或者未依法及时解除查封、扣押的

D. 在冻结存款、汇款法定期间不作出处理决定或者未依法及时解除冻结的

答案：ABCD

《中华人民共和国行政强制法》第六十二条规定，违反本法规定，行政机关有下列情形之一的，由上级行政机关或者有关部门责令改正，对直接负责的主管人员和其他直接责任人员依法给予处分：（一）扩大查封、扣押、冻结范围的；（二）使用或者损毁查封、扣押场所、设施或者财物的；（三）在查封、扣押法定期间不作出处理决定或者未依法及时解除查封、扣押的；（四）在冻结存款、汇款法定期间不作出处理决定或者未依法及时解除冻结的。

判　断　题

1. 尚未制定法律、行政法规，且属于农业部管辖事务的，农业部可以设定"查封场所、设施或者财物和扣押财物的行政强制措施"。（　　）

答案：错

《中华人民共和国行政强制法》第十条第四款法律、法规以外的其他规范性文件不得设定行政强制措施。

2. 某县人民法院因李某没有在规定时间内向指定银行缴纳违法所得及罚款，于是作出加处滞纳金

的行为属行政强制执行。（　　　）

> **答案：对**
>
> 《中华人民共和国行政强制法》第二条第三款行政强制执行，是指行政机关或者行政机关申请人民法院，对不履行行政决定的公民、法人或者其他组织，依法强制履行义务的行为。第十二条第一项行政强制执行的方式：（一）加处罚款或者滞纳金。

3. 官方兽医小张认为由于动物卫生监督机构是法律授权组织，按照《中华人民共和国行政强制法》第二十二条规定，动物卫生监督所不能行使行政强制权。（　　　）

> **答案：错**
>
> 《中华人民共和国行政强制法》第七十条法律、行政法规授权的具有管理公共事务职能的组织在法定授权范围内，以自己的名义实施行政强制，适用本法有关行政机关的规定。

4. 某县动物卫生监督机构因王某未在规定时间内上交罚款，于是对王某被扣押的动物产品进行了处理，以抵缴罚款。（　　　）

> **答案：错**
>
> 《中华人民共和国行政强制法》第五十三条当事人在法定期限内不申请行政复议或者提起行政诉讼，又不履行行政决定的，没有行政强制执行权的行政机关可以自期限届满之日起三个月内，依照本章规定申请人民法院强制执行。第六十条行政机关申请人民法院强制执行，不缴纳申请费。强制执行的费用由被执行人承担。人民法院以划拨、拍卖方式强制执行的，可以在划拨、拍卖后将强制执行的费用扣除。依法拍卖财物，由人民法院委托拍卖机构依照《中华人民共和国拍卖法》的规定办理。划拨的存款、汇款以及拍卖和依法处理所得的款项应当上缴国库或者划入财政专户，不得以任何形式截留、私分或者变相私分。

5. 某县动物卫生监督机构委托李某将扣押王某的50千克猪肉保存在李某的冷库里。期间李某的冷库发生故障，致使王某的猪肉变质损毁。李某应赔偿王某的损失。（　　　）

> **答案：错**
>
> 《中华人民共和国行政强制法》第二十六条对查封、扣押的场所、设施或者财物，行政机关应当妥善保管，不得使用或者损毁；造成损失的，应当承担赔偿责任。对查封的场所、设施或者财物，行政机关可以委托第三人保管，第三人不得损毁或者擅自转移、处置。因第三人的原因造成的损失，行政机关先行赔付后，有权向第三人追偿。因查封、扣押发生的保管费用由行政机关承担。

6. 某县人民法院拟强制执行楚某一千元的罚款。经调查楚某每天晚上23点才回家，于是，六月五日晚23时10分对楚某实施了行政强制。（　　　）

答案：错

《中华人民共和国行政强制法》第四十三条第一款行政机关不得在夜间或者法定节假日实施行政强制执行。但是，情况紧急的除外。

7. 行政机关可以委托法律授权的组织实施行政强制措施。（　　　）

答案：错

《中华人民共和国行政强制法》第十七条第一款规定，行政强制措施由法律、法规规定的行政机关在法定职权范围内实施。行政强制措施权不得委托。

8. 行政强制措施应当由行政机关具备资格的行政执法人员实施，其他人员不得实施。（　　　）

答案：对

《中华人民共和国行政强制法》第十七条第三款规定，行政强制措施应当由行政机关具备资格的行政执法人员实施，其他人员不得实施。

9. 公民、法人或者其他组织对行政机关实施行政强制，享有陈述权、申辩权，有权依法申请行政复议或者提起行政诉讼，因行政机关违法实施行政强制受到损害的，有权依法要求赔偿。（　　　）

答案：对

《中华人民共和国行政强制法》第八条规定，公民、法人或者其他组织对行政机关实施行政强制，享有陈述权、申辩权；有权依法申请行政复议或者提起行政诉讼；因行政机关违法实施行政强制受到损害的，有权依法要求赔偿。

10. 国务院部委规章和政府规章可以设定行政强制措施。（　　　）

答案：错

《中华人民共和国行政强制法》第十条规定，行政强制措施由法律设定。

11. 行政强制包括行政强制措施和行政强制执行。（　　　）

答案：对

《中华人民共和国行政强制法》第二条规定，本法所称行政强制，包括行政强制措施和行政强制执行。

12. 行政机关采取查封、扣押措施后，应当及时查清事实，在法定期限内依法作出没收、销毁、解除查封扣押的处理决定。（　　　）

答案：对

《中华人民共和国行政强制法》第二十四条规定，行政机关采取查封、扣押措施后，应当及时查清事实，在本法第二十五条规定的期限内作出处理决定。

13. 行政机关决定实施查封、扣押的，应当制作并当场交付查封、扣押决定书和清单。（　　）

答案：对

《中华人民共和国行政强制法》第二十四条规定，行政机关决定实施查封、扣押的，应当履行本法第十八条规定的程序，制作并当场交付查封、扣押决定书和清单。

14. 行政强制执行包括有强制执行权的行政主体自己实施的强制执行和行政主体申请人民法院强制执行。（　　）

答案：对

《中华人民共和国行政强制法》第三十四条规定，行政机关依法作出行政决定后，当事人在行政机关决定的期限内不履行义务的，具有行政强制执行权的行政机关依照本章规定强制执行。第五十三条规定，当事人在法定期限内不申请行政复议或者提起行政诉讼，又不履行行政决定的，没有行政强制执行权的行政机关可以自期限届满之日起三个月内，依照本章规定申请人民法院强制执行。

15. 行政主体可以将行政强制措施权委托其他组织实施。（　　）

答案：错

《中华人民共和国行政强制法》第十七条规定，行政强制措施由法律、法规规定的行政机关在法定职权范围内实施。行政强制措施权不得委托。

16. 当事人不到场的，不能实施行政强制措施。（　　）

答案：错

《中华人民共和国行政强制法》第十八条第一款第九项规定，行政机关实施行政强制措施应当遵守下列规定：（九）当事人不到场的，邀请见证人到场，由见证人和行政执法人员在现场笔录上签名或者盖章。

17. 情况紧急时，行政执法人员可以当场实施行政强制措施，事后按规定补办批准手续。（　　）

答案：对

《中华人民共和国行政强制法》第十九条规定，情况紧急，需要当场实施行政强制措施的，行政执法人员应当在二十四小时内向行政机关负责人报告，并补办批准手续。

18. 当事人的场所、设施或者财物已经被其他国家机关依法查封的，不得重复查封。（　　）

答案：对

《中华人民共和国行政强制法》第二十三条第二款规定，当事人的场所、设施或者财物已被其他国家机关依法查封的，不得重复查封。

19. 行政强制的设定和实施，应当适当。采用非强制手段可以达到行政管理目的的，不得设定和实施行政强制。（　　）

> **答案：对**
>
> 《中华人民共和国行政强制法》第五条规定，行政强制的设定和实施，应当适当。采用非强制手段可以达到行政管理目的的，不得设定和实施行政强制。

九、畜禽标识和养殖档案管理办法

单 选 题

1. 畜禽标识编码由畜禽种类代码、县级行政区域代码、标识顺序号共（　　）位数字及专用条码组成。

A. 15　　　　　　B. 12　　　　　　C. 10　　　　　　D. 8

> **答案：A**
>
> 《畜禽标识和养殖档案管理办法》第八条规定，畜禽标识编码由畜禽种类代码、县级行政区域代码、标识顺序号共15位数字及专用条码组成。

2. 猪、牛、羊的畜禽种类代码分别为（　　）。

A. 1、2、3　　　　B. 3、2、1　　　　C. 1、3、2　　　　D. 2、1、3

> **答案：A**
>
> 《畜禽标识和养殖档案管理办法》第八条第二款规定，猪、牛、羊的畜禽种类代码分别为1、2、3。

3. 新出生畜禽，在出生后（　　）天内加施畜禽标识。

A. 3　　　　　　　B. 7　　　　　　　C. 10　　　　　　D. 30

> **答案：D**
>
> 《畜禽标识和养殖档案管理办法》第十一条规定，畜禽养殖者应当向当地县级动物疫病预防控制机构申领畜禽标识，并按照下列规定对畜禽加施畜禽标识：（一）新出生畜禽，在出生后30天内加施畜禽标识；30天内离开饲养地的，在离开饲养地前加施畜禽标识；从国外引进畜禽，在畜禽到达目的地10日内加施畜禽标识。

4. 动物卫生监督机构实施产地检疫时，应当查验（　　　）。

A. 畜禽品种　　　　B. 畜禽标识　　　　C. 治疗记录　　　　D. 监测记录

答案：B

《畜禽标识和养殖档案管理办法》第十三条规定，动物卫生监督机构实施产地检疫时，应当查验畜禽标识。没有加施畜禽标识的，不得出具检疫合格证明。

5. （　　　）级动物疫病预防控制机构统一采购畜禽标识，逐级供应。

A. 省　　　　　　　B. 市　　　　　　　C. 县　　　　　　　D. 乡

答案：A

《畜禽标识和养殖档案管理办法》第九条第二款规定，省级动物疫病预防控制机构统一采购畜禽标识，逐级供应。

6. 县级以上人民政府畜牧兽医行政主管部门应当根据（　　　）等信息对畜禽及畜禽产品实施追溯和处理。

A. 免疫档案　　　　　　　　　　　B. 畜禽标识
C. 养殖档案和畜禽标识　　　　　　D. 养殖档案

答案：C

《畜禽标识和养殖档案管理办法》第三十一条规定，县级以上人民政府畜牧兽医行政主管部门应当根据畜禽标识、养殖档案等信息对畜禽及畜禽产品实施追溯和处理。

7. 牛养殖档案和防疫档案保存时间为（　　　）年。

A. 2　　　　　　　　B. 5　　　　　　　C. 10　　　　　　　D. 20

答案：D

《畜禽标识和养殖档案管理办法》第二十二条规定，养殖档案和防疫档案保存时间：商品猪、禽为2年，牛为20年，羊为10年，种畜禽长期保存。

8. 畜禽养殖代码由（　　　）位县级行政区域代码和4位顺序号组成。

A. 6　　　　　　　　B. 5　　　　　　　C. 4　　　　　　　D. 3

答案：A

《畜禽标识和养殖档案管理办法》第二十条第三款规定，畜禽养殖代码由6位县级行政区域代码和4位顺序号组成，作为养殖档案编号。

9. 首次加施畜禽标识，应在猪、牛、羊（　　　）中部。

A. 左耳　　　　　　　　　　　　　B. 右耳
C. 左右耳不限　　　　　　　　　　D. 根据畜种确定

答案：A

《畜禽标识和养殖档案管理办法》第十一条规定，畜禽养殖者应当向当地县级动物疫病预防控制机构申领畜禽标识，并按照下列规定对畜禽加施畜禽标识：（二）猪、牛、羊在左耳中部加施畜禽标识，需要再次加施畜禽标识的，在右耳中部加施。

10. 畜禽标识代码由（　　）级人民政府兽医行政主管部门按照备案顺序统一编号。

A. 省　　　　　　B. 市　　　　　　C. 县　　　　　　D. 乡镇

答案：C

《畜禽标识和养殖档案管理办法》第二十条第二款规定，畜禽养殖代码由县级人民政府畜牧兽医行政主管部门按照备案顺序统一编号，每个畜禽养殖场、养殖小区只有一个畜禽养殖代码。

11. 畜禽标识实行一畜一标，编码应当具有（　　　）。

A. 唯一性　　　　B. 可重复性　　　C. 不同省份可重复　　D. 不同畜种可重复

答案：A

《畜禽标识和养殖档案管理办法》第七条规定，畜禽标识实行一畜一标，编码应当具有唯一性。

12.《畜禽标识和养殖档案管理办法》规定，从国外引进畜禽，在畜禽到达目的地（　　）日内加施畜禽标识。

A. 10　　　　　　B. 20　　　　　　C. 30　　　　　　D. 60

答案：A

《畜禽标识和养殖档案管理办法》第十一条规定，畜禽养殖者应当向当地县级动物疫病预防控制机构申领畜禽标识，并按照下列规定对畜禽加施畜禽标识：（一）新出生畜禽，在出生后30天内加施畜禽标识；30天内离开饲养地的，在离开饲养地前加施畜禽标识；从国外引进畜禽，在畜禽到达目的地10日内加施畜禽标识。

多　选　题

1. 有（　　　）情形之一的，应当对畜禽、畜禽产品实施追溯。

A. 标识与畜禽、畜禽产品不符；

B. 畜禽、畜禽产品染疫；

C. 畜禽、畜禽产品没有检疫证明；

D. 违规使用兽药及其他有毒、有害物质；

答案：ABCD

《畜禽标识和养殖档案管理办法》第三十条，有下列情形之一的，应当对畜禽、畜禽产品实施追溯：（一）标识与畜禽、畜禽产品不符；（二）畜禽、畜禽产品染疫；（三）畜禽、畜禽产品没有检疫证明；（四）违规使用兽药及其他有毒、有害物质；（五）发生重大动物卫生安全事件；（六）其他应当实施追溯的情形。

2. 畜禽标识是指经农业部批准使用的（　　）以及其他承载畜禽信息的标识物。

A. 检疫证 　　　　 B. 耳标 　　　　 C. 电子标签 　　　　 D. 脚环

答案：BCD

《畜禽标识和养殖档案管理办法》第二条规定，本办法所称畜禽标识是指经农业部批准使用的耳标、电子标签、脚环以及其他承载畜禽信息的标识物。

3. 所有（　　）均佩戴二维码标识，并凭此进入流通等环节。

A. 猪 　　　　 B. 牛 　　　　 C. 羊 　　　　 D. 鹿

答案：ABC

《畜禽标识和养殖档案管理办法》第三十五条第二款规定，猪、牛、羊以外其他畜禽标识实施时间和具体措施由农业部另行规定。

4. 畜禽标识编码由（　　）组成。

A. 畜禽种类代码 　　　　 B. 县级行政区域代码

C. 标识顺序号 　　　　 D. 专用条码

答案：ABCD

《畜禽标识和养殖档案管理办法》第八条规定，畜禽标识编码由畜禽种类代码、县级行政区域代码、标识顺序号共15位数字及专用条码组成。

判 断 题

1. 在实施产地检疫时，应当查验畜禽标识，没有加施畜禽标识的，不得出具检疫合格证明。（　　）

答案：对

《畜禽标识和养殖档案管理办法》第十三条规定，动物卫生监督机构实施产地检疫时，应当查验畜禽标识。没有加施畜禽标识的，不得出具检疫合格证明。

2．可自行免疫的规模饲养场由村级动物防疫员向省动物卫生监督所申领动物标识。（　　　）

答案：错

《畜禽标识和养殖档案管理办法》第十一条规定，畜禽养殖者应当向当地县级动物疫病预防控制机构申领畜禽标识，并按照下列规定对畜禽加施畜禽标识。

3．散养户由村级动物防疫员向乡镇动物卫生监督所申领动物标识。（　　　）

答案：对

《畜禽标识和养殖档案管理办法》第九条第二款规定，省级动物疫病预防控制机构统一采购畜禽标识，逐级供应。

4．散养户向当地县级动物防疫监督所或乡镇动物防疫监督所申领动物标识。（　　　）

答案：错

《畜禽标识和养殖档案管理办法》第九条第二款规定，省级动物疫病预防控制机构统一采购畜禽标识，逐级供应。

5．畜禽屠宰经营者应当在畜禽屠宰时回收畜禽标识。（　　　）

答案：对

《畜禽标识和养殖档案管理办法》第十四条第二款规定，畜禽屠宰经营者应当在畜禽屠宰时回收畜禽标识，由动物卫生监督机构保存、销毁。

6．畜禽标识按规定可自行采购。（　　　）

答案：错

《畜禽标识和养殖档案管理办法》第九条第二款规定，省级动物疫病预防控制机构统一采购畜禽标识，逐级供应。

7．回收的畜禽标识可重复使用。（　　　）

答案：错

《畜禽标识和养殖档案管理办法》第十七条规定，畜禽标识不得重复使用。

8．各级动物卫生监督所应当在畜禽屠宰后，查验、登记畜禽标识。（　　　）

答案：错

《畜禽标识和养殖档案管理办法》第十四条规定，动物卫生监督机构应当在畜禽屠宰前，查验、登记畜禽标识。

9. 回收的畜禽标识不可重复使用。（　　）

> 答案：对
>
> 《畜禽标识和养殖档案管理办法》第十七条规定，畜禽标识不得重复使用。

10. 畜牧兽医行政主管部门提供畜禽标识可以适当收费。（　　）

> 答案：错
>
> 《畜禽标识和养殖档案管理办法》第六条规定，畜禽标识所需费用列入省级人民政府财政预算。

11.《畜禽标识和养殖档案管理办法》规定，畜禽标识和养殖档案记载的信息应当连续、完整、真实。（　　）

> 答案：对
>
> 《畜禽标识和养殖档案管理办法》第二十九条规定，畜禽标识和养殖档案记载的信息应当连续、完整、真实。

12.《畜禽标识和养殖档案管理办法》规定，国家实施畜禽标识及养殖档案信息化管理，实现畜禽及畜禽产品可追溯。（　　）

> 答案：对
>
> 《畜禽标识和养殖档案管理办法》第二十五条规定，国家实施畜禽标识及养殖档案信息化管理，实现畜禽及畜禽产品可追溯。

13.《畜禽标识和养殖档案管理办法》规定，任何单位和个人不得销售、收购、运输、屠宰应当加施标识而没有标识的畜禽。（　　）

> 答案：对
>
> 《畜禽标识和养殖档案管理办法》第三十三条规定，任何单位和个人不得销售、收购、运输、屠宰应当加施标识而没有标识的畜禽。

14.《畜禽标识和养殖档案管理办法》规定，相邻的两个养殖小区可以共用一个畜禽养殖代码。（　　）

> 答案：错
>
> 《畜禽标识和养殖档案管理办法》第二十条第二款规定，畜禽养殖代码由县级人民政府畜牧兽医行政主管部门按照备案顺序统一编号，每个畜禽养殖场、养殖小区只有一个畜禽养殖代码。

15. 种畜禽的养殖档案保存时间为10年。（   ）

答案：错

《畜禽标识和养殖档案管理办法》第二十二条规定，养殖档案和防疫档案保存时间：商品猪、禽为2年，牛为20年，羊为10年，种畜禽长期保存。

16. 商品猪、羊的养殖档案保存时间均为2年。（   ）

答案：错

《畜禽标识和养殖档案管理办法》第二十二条规定，养殖档案和防疫档案保存时间：商品猪、禽为2年，牛为20年，羊为10年，种畜禽长期保存。

十、畜禽规模养殖污染防治条例

单 选 题

1. 《畜禽规模养殖污染防治条例》自（   ）起施行。

A. 2013年10月8日　　B. 2014年1月1日　　C. 2014年5月1日　　D. 2014年10月1日

答案：B

《畜禽规模养殖污染防治条例》是2013年10月8日国务院第26次常务会议通过并于2013年11月11日中华人民共和国国务院令第643号公布的文件。该《条例》分总则、预防、综合利用与治理、激励措施、法律责任、附则6章44条规定，自2014年1月1日起施行。

2. 《畜禽规模养殖污染防治条例》规定，（   ）负责畜禽养殖废弃物综合利用的指导和服务。

A. 县级以上人民政府环境保护主管部门

B. 县级以上人民政府农牧主管部门

C. 县级以上人民政府循环经济发展综合管理部门

D. 乡镇人民政府

答案：B

《畜禽规模养殖污染防治条例》第五条规定，县级以上人民政府环境保护主管部门负责畜禽养殖污染防治的统一监督管理。县级以上人民政府农牧主管部门负责畜禽养殖废弃物综合利用的指导和服务。

3. 《畜禽规模养殖污染防治条例》规定，因划定禁止养殖区域等原因确需关闭或者搬迁现有畜禽养殖场所，致使畜禽养殖者遭受经济损失的，由（   ）依法予以补偿。

A. 县级以上地方人民政府　　　　　B. 县级以上地方人民政府畜牧部门

C. 县级以上地方人民政府土地部门　　D. 县级以上地方人民政府城乡规划部门

答案：A

《畜禽规模养殖污染防治条例》第二十五条规定，因畜牧业发展规划、土地利用总体规划、城乡规划调整以及划定禁止养殖区域，或者因对污染严重的畜禽养殖密集区域进行综合整治，确需关闭或者搬迁现有畜禽养殖场所，致使畜禽养殖者遭受经济损失的，由县级以上地方人民政府依法予以补偿。

4. 畜禽养殖场、养殖小区应当保证其畜禽粪便、废水的综合利用或者无害化处理设施正常运转，保证（　　）达标排放，防止污染水环境。

A. 病死动物　　　B. 污水　　　C. 固体废弃物　　　D. 生活垃圾

答案：B

《中华人民共和国水污染防治法》第四十九条规定，国家支持畜禽养殖场、养殖小区建设畜禽粪便、废水的综合利用或者无害化处理设施。畜禽养殖场、养殖小区应当保证其畜禽粪便、废水的综合利用或者无害化处理设施正常运转，保证污水达标排放，防止污染水环境。

5.《畜禽规模养殖污染防治条例》规定：县级以上人民政府（　　）编制畜牧业发展规划，报（　　）批准实施。

A. 农牧主管部门，本级人民政府或者其授权的部门

B. 农牧主管部门，上级人民政府或者其授权的部门

C. 环境保护主管部门，本级人民政府或者其授权的部门

D. 环境保护主管部门，上级人民政府或者其授权的部门

答案：A

《畜禽规模养殖污染防治条例》第九条规定，县级以上人民政府农牧主管部门编制畜牧业发展规划，报本级人民政府或者其授权的部门批准实施。畜牧业发展规划应当统筹考虑环境承载能力以及畜禽养殖污染防治要求，合理布局，科学确定畜禽养殖的品种、规模、总量。

6.《畜禽规模养殖污染防治条例》适用于（　　）的养殖污染防治。

A. 畜禽养殖场、养殖小区　　　　B. 养殖专业户

C. 村屯养殖散户　　　　　　　　D. 所有养殖场户

答案：A

《畜禽规模养殖污染防治条例》第二条规定，本条例适用于畜禽养殖场、养殖小区的养殖污染防治。

7.《畜禽规模养殖污染防治条例》规定，畜禽养殖场、养殖小区应当根据养殖规模和污染防治需要，建设相应的畜禽粪便污水与雨水（　　），畜禽粪便污水（　　），畜禽尸体处理等综合利用和（　　）。

A．分流设施，贮存设施，无害化处理设施　　　B．分流设施，无害化处理设施，贮存设施

C．贮存设施，分流设施，无害化处理设施　　　D．无害化处理设施，贮存设施，分流设施

答案：A

《畜禽规模养殖污染防治条例》第十三条规定，畜禽养殖场、养殖小区应当根据养殖规模和污染防治需要，建设相应的畜禽粪便、污水与雨水分流设施，畜禽粪便、污水的贮存设施，粪污厌氧消化和堆沤、有机肥加工、制取沼气、沼渣沼液分离和输送、污水处理、畜禽尸体处理等综合利用和无害化处理设施。

8.《畜禽规模养殖污染防治条例》规定，（　　）负责畜禽养殖污染防治的统一监督管理。

A．县级以上人民政府环境保护主管部门

B．县级以上人民政府农牧主管部门

C．县级以上人民政府循环经济发展综合管理部门

D．乡镇人民政府

答案：A

《畜禽规模养殖污染防治条例》第五条规定，县级以上人民政府环境保护主管部门负责畜禽养殖污染防治的统一监督管理。

多 选 题

1.《畜禽规模养殖污染防治条例》规定：将（　　）等用作肥料的，应当与土地的消纳能力相适应，并采取有效措施，消除可能引起传染病的微生物，防止污染环境和传播疫病。

A．粪便　　　　　B．污水　　　　　C．沼渣　　　　　D．沼液

答案：ABCD

《畜禽规模养殖污染防治条例》第十八条规定，将畜禽粪便、污水、沼渣、沼液等用作肥料的，应当与土地的消纳能力相适应，并采取有效措施，消除可能引起传染病的微生物，防止污染环境和传播疫病。

2.《畜禽规模养殖污染防治条例》规定：畜禽养殖污染防治，应当统筹考虑保护环境与促进畜牧业发展的需要，坚持预防为主、防治结合的原则，实行（　　）。

A．统筹规划　　　B．合理布局　　　C．综合利用　　　D．激励引导

答案：ABCD

《畜禽规模养殖污染防治条例》第三条规定，畜禽养殖污染防治，应当统筹考虑保护环境与促进畜牧业发展的需要，坚持预防为主、防治结合的原则，实行统筹规划、合理布局、综合利用、激励引导。

3. 畜禽养殖污染防治规划应当与畜牧业发展规划相衔接，统筹考虑畜禽养殖生产布局，明确（　　　）。

A. 畜禽养殖污染防治目标、任务、重点区域　　B. 污染治理重点设施建设

C. 废弃物综合利用等污染防治措施　　　　　　D. 产品运输是否交通便利

答案：ABC

《畜禽规模养殖污染防治条例》第十条规定，县级以上人民政府环境保护主管部门会同农牧主管部门编制畜禽养殖污染防治规划，报本级人民政府或者其授权的部门批准实施。畜禽养殖污染防治规划应当与畜牧业发展规划相衔接，统筹考虑畜禽养殖生产布局，明确畜禽养殖污染防治目标、任务、重点区域，明确污染治理重点设施建设，以及废弃物综合利用等污染防治措施。

4. 禁止在（　　　）区域内建设畜禽养殖场、养殖小区。

A. 饮用水水源保护区，风景名胜区

B. 自然保护区的核心区和缓冲区

C. 城镇居民区、文化教育科学研究区等人口集中区域

D. 法律、法规规定的其他禁止养殖区域

答案：ABCD

《畜禽规模养殖污染防治条例》第十一条规定，禁止在下列区域内建设畜禽养殖场、养殖小区：（一）饮用水水源保护区，风景名胜区；（二）自然保护区的核心区和缓冲区；（三）城镇居民区、文化教育科学研究区等人口集中区域；（四）法律、法规规定的其他禁止养殖区域。

判 断 题

1. 畜禽养殖用地按农用地管理，并按照国家有关规定确定生产设施用地和必要的污染防治等附属设施用地。（　　　）

答案：对

《畜禽规模养殖污染防治条例》第二十七条第三款规定，畜禽养殖用地按农用地管理，并按照国家有关规定确定生产设施用地和必要的污染防治等附属设施用地。

2. 新建、改建、扩建畜禽养殖场、养殖小区，应当符合畜牧业发展规划、畜禽养殖污染防治规划，满足动物防疫条件，并进行环境影响评价。（　　）

答案：对

《畜禽规模养殖污染防治条例》第十二条规定，新建、改建、扩建畜禽养殖场、养殖小区，应当符合畜牧业发展规划、畜禽养殖污染防治规划，满足动物防疫条件，并进行环境影响评价。对环境可能造成重大影响的大型畜禽养殖场、养殖小区，应当编制环境影响报告书；其他畜禽养殖场、养殖小区应当填报环境影响登记表。大型畜禽养殖场、养殖小区的管理目录，由国务院环境保护主管部门商国务院农牧主管部门确定。

3. 畜禽养殖场、养殖小区自行建设污染防治配套设施的，应当确保其正常运行。（　　）

答案：对

《畜禽规模养殖污染防治条例》第十三条第三款规定，畜禽养殖场、养殖小区自行建设污染防治配套设施的，应当确保其正常运行。

4. 将畜禽养殖废弃物用作肥料，超出土地消纳能力，造成环境污染的，由县级以上地方人民政府环境保护主管部门责令停止违法行为，限期采取治理措施消除污染，依照有关规定予以处罚。（　　）

答案：对

《畜禽规模养殖污染防治条例》第四十条规定，违反本条例规定，有下列行为之一的，由县级以上地方人民政府环境保护主管部门责令停止违法行为，限期采取治理措施消除污染，依照《中华人民共和国水污染防治法》《中华人民共和国固体废物污染环境防治法》的有关规定予以处罚：（一）将畜禽养殖废弃物用作肥料，超出土地消纳能力，造成环境污染的；（二）从事畜禽养殖活动或者畜禽养殖废弃物处理活动，未采取有效措施，导致畜禽养殖废弃物渗出、泄漏的。

5. 将畜禽粪便、污水、沼渣、沼液等用作肥料的，与土地的消纳能力相适应，不需采取堆集发酵等措施进行处理。（　　）

答案：错

《畜禽规模养殖污染防治条例》第十八条规定，将畜禽粪便、污水、沼渣、沼液等用作肥料的，应当与土地的消纳能力相适应，并采取有效措施，消除可能引起传染病的微生物，防止污染环境和传播疫病。

6. 从事畜禽养殖以及畜禽养殖废弃物综合利用和无害化处理活动，应当符合国家有关畜禽养殖污染防治的要求，并依法接受有关主管部门的监督检查。（　　）

答案：对

《畜禽规模养殖污染防治条例》第六条规定，从事畜禽养殖以及畜禽养殖废弃物综合利用和无害化处理活动，应当符合国家有关畜禽养殖污染防治的要求，并依法接受有关主管部门的监督检查。

7. 向环境排放经过处理的畜禽养殖废弃物，应当符合国家和地方规定的污染物排放标准和总量控制指标。（　　）

答案：对

《畜禽规模养殖污染防治条例》第二十条规定，向环境排放经过处理的畜禽养殖废弃物，应当符合国家和地方规定的污染物排放标准和总量控制指标。畜禽养殖废弃物未经处理，不得直接向环境排放。

8. 从事畜禽规模养殖未按照国家有关规定收集、贮存、处置畜禽粪便，造成环境污染的，由县级以上地方人民政府环境保护行政主管部门责令限期改正，可以处五万元以下的罚款。（　　）

答案：对

《畜禽规模养殖污染防治条例》第四十一条规定，排放畜禽养殖废弃物不符合国家或者地方规定的污染物排放标准或者总量控制指标，或者未经无害化处理直接向环境排放畜禽养殖废弃物的，由县级以上地方人民政府环境保护主管部门责令限期治理，可以处5万元以下的罚款。县级以上地方人民政府环境保护主管部门作出限期治理决定后，应当会同同级人民政府农牧等有关部门对整改措施的落实情况及时进行核查，并向社会公布核查结果。

9. 禁止在生活饮用水的水源保护区，风景名胜区，以及自然保护区的核心区和缓冲区内建设畜禽养殖场、养殖小区。（　　）

答案：对

《畜禽规模养殖污染防治条例》第十一条规定，禁止在下列区域内建设畜禽养殖场、养殖小区：（一）饮用水水源保护区，风景名胜区；（二）自然保护区的核心区和缓冲区；（三）城镇居民区、文化教育科学研究区等人口集中区域；（四）法律、法规规定的其他禁止养殖区域。

10. 未按照规定对染疫畜禽和病害畜禽养殖废弃物进行无害化处理的，由动物卫生监督机构责令无害化处理，所需处理费用由违法行为人承担，可以处5000元以下的罚款。（　　）

答案：错

《畜禽规模养殖污染防治条例》第四十二条规定，未按照规定对染疫畜禽和病害畜禽养殖废弃物进行无害化处理的，由动物卫生监督机构责令无害化处理，所需处理费用由违法行为人承担，可以处3000元以下的罚款。

十一、动物防疫条件审查办法

单 选 题

1.《动物防疫条件审查办法》自（　　）日起施行。

A．2005年5月1日　　B．2008年5月1日　　C．2010年5月1日　　D．2011年5月1日

答案：C

　　《动物防疫条件审查办法》经2010年1月4日农业部第一次常务会议审议通过，现予发布，自2010年5月1日起施行。

2.（　　）主管全国动物防疫条件审查和监督管理工作。

A．畜牧局　　　　　B．农业部　　　　C．动物卫生监督所　　D．商务部

答案：B

　　《动物防疫条件审查办法》第三条规定，农业部主管全国动物防疫条件审查和监督管理工作。

3.《动物防疫条件审查办法》所称动物饲养场、养殖小区是指（　　）规定的畜禽养殖场、养殖小区。

A.《中华人民共和国畜牧法》

B.《中华人民共和国动物防疫法》

C.《动物检疫管理办法》

D.《畜禽养殖场养殖小区规模标准和备案程序管理办法》

答案：A

　　《动物防疫条件审查办法》第四十条规定，本办法所称动物饲养场、养殖小区是指《中华人民共和国畜牧法》第三十九条规定的畜禽养殖场、养殖小区。

4．动物屠宰场所《动物防疫条件合格证》的发证主体是（　　）。

A．省级兽医主管部门　　　　　　　B．省级动物卫生监督所

C．县级兽医主管部门　　　　　　　D．县级动物卫生监督所

答案：C

　　《动物防疫条件审查办法》第二十八条　兴办动物饲养场、养殖小区和动物屠宰加工场所的，县级地方人民政府兽医主管部门应当自收到申请之日起20个工作日内完成材料和现场审查，审查合格的，颁发《动物防疫条件合格证》；审查不合格的，应当书面通知申请人，并说明理由。

5. 动物隔离场所《动物防疫条件合格证》的发证主体是（　　　）。

A. 省级兽医主管部门　　　　　　　　　B. 省级动物卫生监督所

C. 县级兽医主管部门　　　　　　　　　D. 县级动物卫生监督所

答案：A

《动物防疫条件审查办法》第二十九条规定，兴办动物隔离场所、动物和动物产品无害化处理场所的，县级地方人民政府兽医主管部门应当自收到申请之日起5个工作日内完成材料初审，并将初审意见和有关材料报省、自治区、直辖市人民政府兽医主管部门。省、自治区、直辖市人民政府兽医主管部门自收到初审意见和有关材料之日起15个工作日内完成材料和现场审查，审查合格的，颁发《动物防疫条件合格证》；审查不合格的，应当书面通知申请人，并说明理由。

6. 动物无害化处理场所《动物防疫条件合格证》的发证主体是（　　　）。

A. 省级兽医主管部门　　　　　　　　　B. 省级动物卫生监督所

C. 县级兽医主管部门　　　　　　　　　D. 县级动物卫生监督所

答案：A

《动物防疫条件审查办法》第二十九条规定，兴办动物隔离场所、动物和动物产品无害化处理场所的，县级地方人民政府兽医主管部门应当自收到申请之日起5个工作日内完成材料初审，并将初审意见和有关材料报省、自治区、直辖市人民政府兽医主管部门。省、自治区、直辖市人民政府兽医主管部门自收到初审意见和有关材料之日起15个工作日内完成材料和现场审查，审查合格的，颁发《动物防疫条件合格证》；审查不合格的，应当书面通知申请人，并说明理由。

7. 经营动物、动物产品的（　　　）应当符合《动物防疫条件审查办法》规定的动物防疫条件。

A. 超市　　　　　　B. 肉品专卖店　　　　　　C. 集贸市场　　　　　　D. 肉摊

答案：C

《动物防疫条件审查办法》第二条第二款规定，经营动物和动物产品的集贸市场应当符合本办法规定的动物防疫条件。

8. 动物饲养场、养殖小区的生产区与（　　　）区分开，并有隔离设施。

A. 办公　　　　　　B. 生活办公　　　　　　C. 饲料间　　　　　　D. 化粪池

答案：B

《动物防疫条件审查办法》第六条规定，动物饲养场、养殖小区布局应当符合下列条件：（三）生产区与生活办公区分开，并有隔离设施。

9. 患有（　　　）的人员不得从事动物饲养工作。

A. 心脏病　　　　　　B. 伤残　　　　　　C. 人畜共患病　　　　　　D. 风湿病

答案：C

《动物防疫条件审查办法》第八条规定，动物饲养场、养殖小区应当有与其养殖规模相适应的执业兽医或者乡村兽医。患有相关人畜共患传染病的人员不得从事动物饲养工作。

10. 下列场所需要办理《动物防疫条件合格证》的是（　　）。

A. 动物饲养场、养殖小区、动物屠宰加工场、动物隔离场所、无害化处理场所

B. 动物饲养场、集贸市场、无害化处理场所、动物屠宰加工场

C. 养殖户、动物隔离场所、动物屠宰加工场、无害化处理场所

D. 动物集贸市场、动物隔离场所、动物屠宰加工场、无害化处理场所

答案：A

《动物防疫条件审查办法》第二条规定，动物饲养场、养殖小区、动物隔离场所、动物屠宰加工场所以及动物和动物产品无害化处理场所，应当符合本办法规定的动物防疫条件，并取得《动物防疫条件合格证》。

11. 县级以上地方人民政府设立的（　　）负责本行政区域内的动物防疫条件监督执法工作。

A. 兽医主管部门　　　　　　　　　　B. 动物卫生监督机构

C. 动物疫病控制机构　　　　　　　　D. 卫生监督机构

答案：B

《动物防疫条件审查办法》第三条第三款规定，县级以上地方人民政府设立的动物卫生监督机构负责本行政区域内的动物防疫条件监督执法工作。

12. 兴办动物饲养场，县级地方人民政府兽医主管部门自收到申请之日起（　　）个工作日内完成材料和现场审查。

A. 15　　　　　　B. 20　　　　　　C. 10　　　　　　D. 30

答案：B

《动物防疫条件审查办法》第二十八条规定，兴办动物饲养场、养殖小区和动物屠宰加工场所的，县级地方人民政府兽医主管部门应当自收到申请之日起20个工作日内完成材料和现场审查，审查合格的，颁发《动物防疫条件合格证》；审查不合格的，应当书面通知申请人，并说明理由。

13. 办理《动物防疫条件合格证》申请材料不全或者不符合规定的，县级地方人民政府兽医部门应当收到申请材料之日起（　　）个工作日内，一次告知申请人补正的内容。

A. 10　　　　　　B. 5　　　　　　C. 8　　　　　　D. 15

答案：B

《动物防疫条件审查办法》第二十七条规定，申请材料不齐全或者不符合规定条件的，县

级地方人民政府兽医主管部门应当自收到申请材料之日起5个工作日内，一次告知申请人需补正的内容。

14.《动物防疫条件合格证》丢失或者损坏的，应当在（　　）日内向发证机关申请补发。

A. 10　　　　　　B. 20　　　　　　C. 15　　　　　　D. 30

答案：C

《动物防疫条件审查办法》第三十五条规定，《动物防疫条件合格证》丢失或者损毁的，应当在15日内向发证机关申请补发。

15. 变更单位名称或其负责人的，应当在变更后（　　）日内持有效证明申请变更《动物防疫条件合格证》。

A. 10　　　　　　B. 20　　　　　　C. 15　　　　　　D. 30

答案：C

《动物防疫条件审查办法》第三十一条第三款规定，变更单位名称或者其负责人的，应当在变更后15日内持有效证明申请变更《动物防疫条件合格证》。

16. 种畜禽场除符合《动物防疫条件审查办法》第六条、第七条、第八条、第九条规定外，还应当有必要的防鼠、（　　）、防虫设施或者措施。

A. 防弹　　　　　B. 防鸟　　　　　C. 防盗　　　　　D. 防抢

答案：B

《动物防疫条件审查办法》第十条，种畜禽场还应当符合下列条件：（三）有必要的防鼠、防鸟、防虫设施或者措施.

17. 兼营动物和动物产品的集贸市场不同种类的动物交易区应（　　）。

A. 较远　　　　　B. 较近　　　　　C. 相对隔离　　　　D. 可交叉经营

答案：C

《动物防疫条件审查办法》第二十五条规定，兼营动物和动物产品的集贸市场应当符合下列动物防疫条件：（二）动物和动物产品交易区与市场其他区域相对隔离；（三）动物交易区与动物产品交易区相对隔离；（四）不同种类动物交易区相对隔离。

18. 按《动物防疫条件审查办法》规定，取得动物防疫条件合格证的场所应当在每年（　　）月底前将上一年的动物防疫条件情况和防疫制度执行情况向发证机关报告。

A. 1　　　　　　B. 2　　　　　　C. 3　　　　　　D. 12

答案：A

　　《动物防疫条件审查办法》第三十三条规定，本办法第二条所列场所，应当在每年1月底前将上一年的动物防疫条件情况和防疫制度执行情况向发证机关报告。

19. 动物饲养场、养殖小区选址要距种畜禽场（　　）米以上。

A. 1000　　　　　B. 2000　　　　　C. 3000　　　　　D. 5000

答案：A

　　《动物防疫条件审查办法》第五条规定，动物饲养场、养殖小区选址应当符合下列条件：（一）距离生活饮用水源地、动物屠宰加工场所、动物和动物产品集贸市场500米以上；距离种畜禽场1000米以上；距离动物诊疗场所200米以上；动物饲养场（养殖小区）之间距离不少于500米。

20. 动物饲养场、养殖小区选址要距动物诊疗场所（　　）米以上。

A. 100　　　　　B. 200　　　　　C. 300　　　　　D. 500

答案：B

　　同题19。

21. 动物饲养场之间距离不少于（　　）米。

A. 100　　　　　B. 200　　　　　C. 300　　　　　D. 500

答案：D

　　同题19。

22. 动物饲养场应距离公路、铁路等主要交通干线（　　）米以上。

A. 100　　　　　B. 200　　　　　C. 300　　　　　D. 500

答案：D

　　《动物防疫条件审查办法》第五条规定，动物饲养场、养殖小区选址应当符合下列条件：（三）距离城镇居民区、文化教育科研等人口集中区域及公路、铁路等主要交通干线500米以上。

23. 动物屠宰加工场所应当距离动物隔离场所、无害化处理场所（　　）米以上。

A. 500　　　　　B. 100　　　　　C. 2000　　　　　D. 3000

答案：D

　　《动物防疫条件审查办法》第十一条，动物屠宰加工场所选址应当符合下列条件：（二）距离动物隔离场所、无害化处理场所3000米以上。

24. 动物屠宰加工场所距离动物饲养场、集贸市场（　　）米以上。

A. 100　　　　　B. 300　　　　　C. 500　　　　　D. 1000

答案：C

《动物防疫条件审查办法》第十一条，动物屠宰加工场所选址应当符合下列条件：（一）距离生活饮用水源地、动物饲养场、养殖小区、动物集贸市场500米以上；距离种畜禽场3000米以上；距离动物诊疗场所200米以上。

25. 动物屠宰加工场所屠宰间配备检疫操作台和照度不少于（　　）Lx的照明设备。

A. 200　　　　　B. 500　　　　　C. 600　　　　　D. 1000

答案：B

《动物防疫条件审查办法》第十三条，动物屠宰加工场所应当具有下列设施设备：（三）屠宰间配备检疫操作台和照度不小于500Lx的照明设备；

26. 动物屠宰加工场所选址应当距离生活饮用水源地（　　）米以上。

A. 50　　　　　B. 100　　　　　C. 500　　　　　D. 1000

答案：C

《动物防疫条件审查办法》第十一条，动物屠宰加工场所选址应当符合下列条件：（一）距离生活饮用水源地、动物饲养场、养殖小区、动物集贸市场500米以上；距离种畜禽场3000米以上；距离动物诊疗场所200米以上。

27. 动物屠宰场动物入口消毒池应当不少于长（　　）米，深（　　）米。

A. 4，0.3　　　B. 5，0.3　　　C. 4，0.1　　　D. 5，0.1

答案：A

《动物防疫条件审查办法》第十二条规定，动物屠宰加工场所布局应当符合下列条件：（一）场区周围建有围墙；（二）运输动物车辆出入口设置与门同宽，长4米、深0.3米以上的消毒池。

28. 无害化处理场所距离动物屠宰加工场所（　　）米以上。

A. 1000　　　　B. 2000　　　　C. 3000　　　　D. 500

答案：C

《动物防疫条件审查办法》第二十条规定，动物和动物产品无害化处理场所选址应当符合下列条件：（一）距离动物养殖场、养殖小区、种畜禽场、动物屠宰加工场所、动物隔离场所、动物诊疗场所、动物和动物产品集贸市场、生活饮用水源地3000米以上。

29. 动物饲养场、养殖小区选址应距离动物隔离场所、无害化处理场所（　　）米以上。

A. 200　　　　　B. 500　　　　　C. 2000　　　　D. 3000

答案：D

《动物防疫条件审查办法》第五条规定，动物饲养场、养殖小区选址应当符合下列条件：（二）距离动物隔离场所、无害化处理场所3000米以上；

30. 动物和动物产品无害化处理场所场区出入口处应设置与门同宽，（   ）的消毒池，并设有单独的人员消毒通道。

A. 长3m、深0.4m以上
B. 长5m、深0.4m以上
C. 长4m、深0.3m以上
D. 长3m、深0.3m以上

答案：C

《动物防疫条件审查办法》第二十一条规定，动物和动物产品无害化处理场所布局应当符合下列条件：（二）场区出入口处设置与门同宽，长4米、深0.3米以上的消毒池，并设有单独的人员消毒通道。

31. 经营动物、动物产品的集贸市场应当具备国务院兽医主管部门规定的（   ），并接受动物卫生监督机构的监督检查。

A. 卫生条件   B. 消毒条件   C. 动物防疫条件   D. 动物隔离条件

答案：C

《动物防疫条件审查办法》第三十条，动物卫生监督机构依照《中华人民共和国动物防疫法》和有关法律、法规的规定，对动物饲养场、养殖小区、动物隔离场所、动物屠宰加工场所、动物和动物产品无害化处理场所、动物和动物产品集贸市场的动物防疫条件实施监督检查，有关单位和个人应当予以配合，不得拒绝和阻碍。

32. 取得《动物防疫条件合格证》后，要变更布局、设施设备和制度可能引起动物防疫条件发生变化的，应提前向原发证机关报告。发证机关应在（   ）内完成审查，并将结果通知申请人。

A. 3日   B. 15日   C. 20日   D. 60日

答案：C

《动物防疫条件审查办法》第三十一条第二款规定，变更布局、设施设备和制度，可能引起动物防疫条件发生变化的，应当提前30日向原发证机关报告。发证机关应当在20日内完成审查，并将审查结果通知申请人。

33. 转让、伪造或者变造《动物防疫条件合格证》的，由动物卫生监督机构收缴《动物防疫条件合格证明》处（   ）的罚款。

A. 1000元以下
B. 2000元以下
C. 2000元以上5000元以下
D. 2000元以上10000元以下

答案：D

《动物防疫条件审查办法》第三十八条规定，违反本办法第三十四条规定，转让、伪造或者变造《动物防疫条件合格证》的，由动物卫生监督机构收缴《动物防疫条件合格证》，处两千元以上一万元以下的罚款。

34. 使用转让、伪造或者变造《动物防疫条件合格证》的，情节严重的由动物卫生监督机构按照《中华人民共和国动物防疫法》第七十七条规定，处（　　）的罚款。

A. 10000元以上30000元以下
B. 20000元以上50000元以下
C. 10000元以上100000元以下
D. 50000元以上200000元以下

答案：C

第三十八条第二款规定，使用转让、伪造或者变造《动物防疫条件合格证》的，由动物卫生监督机构按照《中华人民共和国动物防疫法》第七十七条规定予以处罚。《中华人民共和国动物防疫法》第七十七条规定，违反本法规定，有下列行为之一的，由动物卫生监督机构责令改正，处一千元以上一万元以下罚款；情节严重的，处一万元以上十万元以下罚款：（一）兴办动物饲养场（养殖小区）和隔离场所，动物屠宰加工场所，以及动物和动物产品无害化处理场所，未取得动物防疫条件合格证的。

35. 经营动物和动物产品的集贸市场不符合动物防疫条件的，由动物卫生监督机构责令改正；拒不改正的，由动物卫生监督机构处（　　）的罚款规定，并通报同级工商行政管理部门依法处理。

A. 1000元以上3000元以下
B. 2000元以上5000元以下
C. 2000元以上10000元以下
D. 5000元以上20000元以下

答案：D

《动物防疫条件审查办法》第三十七条规定，违反本办法第二十四条和第二十五条规定，经营动物和动物产品的集贸市场不符合动物防疫条件的，由动物卫生监督机构责令改正；拒不改正的，由动物卫生监督机构处五千元以上两万元以下的罚款规定，并通报同级工商行政管理部门依法处理。

36. 变更养殖场所地址或者经营范围，未按规定重新申请《动物防疫条件合格证》的，由动物卫生监督机构责令改正，处（　　）罚款。

A. 500元
B. 5000元
C. 1000元以上10000元以下
D. 2000元以上5000元以下

答案：C

《动物防疫条件审查办法》第三十六条规定，违反本办法第三十一条第一款规定，变更场所地址或者经营范围，未按规定重新申请《动物防疫条件合格证》的，按照《中华人民共和国动物防疫法》第七十七条规定予以处罚。《动物防疫法》第七十七条规定，违反本法规定，有下列行为之一的，由动物卫生监督机构责令改正，处一千元以上一万元以下罚款；情节严重的，处一万元以上十万元以下罚款：（一）兴办动物饲养场（养殖小区）和隔离场所，动物屠宰加工场所，以及动物和动物产品无害化处理场所，未取得动物防疫条件合格证的。

37. 违反《动物防疫条件审查办法》第三十一条第二款规定，未经审查擅自变更布局、设施设备和制度的，由动物卫生监督机构给予警告。对不符合动物防疫条件的，由动物卫生监督机构责令改正；（　　）仍不合格的，由发证机关收回并注销《动物防疫条件合格证》。

A. 拒不改正或者整改后　　　　　　B. 拒不接受处罚或处罚后

C. 给予处罚　　　　　　　　　　　D. 给予警告

答案：A

《动物防疫条件审查办法》第三十六条规定，违反本办法第三十一条第二款规定，未经审查擅自变更布局、设施设备和制度的，由动物卫生监督机构给予警告。对不符合动物防疫条件的，由动物卫生监督机构责令改正；拒不改正或者整改后仍不合格的，由发证机关收回并注销《动物防疫条件合格证》。

多 选 题

1. 下列（　　）应当符合动物防疫条件要求，并取得动物防疫条件合格证。

A. 动物饲养场　　　　　　　　　　B. 动物屠宰加工场所

C. 动物产品经营场所　　　　　　　D. 动物隔离场所

答案：ABD

《动物防疫条件审查办法》第二条规定，动物饲养场、养殖小区、动物隔离场所、动物屠宰加工场所以及动物和动物产品无害化处理场所，应当符合本办法规定的动物防疫条件，并取得《动物防疫条件合格证》。

2. 下列（　　）应当符合动物防疫条件要求，并取得动物防疫条件合格证。

A. 动物饲养场　　　　　　　　　　B. 动物屠宰加工场所

C. 动物交易市场　　　　　　　　　D. 养殖场的无害化处理场所

答案：AB

《动物防疫条件审查办法》第二条规定，动物饲养场、养殖小区、动物隔离场所、动物屠宰加工场所以及动物和动物产品无害化处理场所，应当符合本办法规定的动物防疫条件，并取得《动物防疫条件合格证》。

3. 养殖场建设竣工后，养殖场主申请《动物防疫条件合格证》时，应当向所在地县级地方人民政府兽医主管部门提交（　　　）。

A.《动物防疫条件审查申请表》　　　B. 场所地理位置图、各功能区布局平面图

C. 设施设备清单　　　　　　　　　D. 管理制度文本

答案：ABCD

《动物防疫条件审查办法》第二十七条第一款规定，本办法第二条第一款规定场所建设竣工后，应当向所在地县级地方人民政府兽医主管部门提出申请，并提交以下材料：（一）《动物防疫条件审查申请表》；（二）场所地理位置图、各功能区布局平面图；（三）设施设备清单；（四）管理制度文本；（五）人员情况。

判　断　题

1. 屠宰场自用的隔离舍和自用无害化处理场所，不再另行办理《动物防疫条件合格证》。（　　　）

答案：对

《动物防疫条件审查办法》第四十条第二款规定，饲养场、养殖小区内自用的隔离舍和屠宰加工场所内自用的患病动物隔离观察圈，饲养场、养殖小区、屠宰加工场所和动物隔离场内设置的自用无害化处理场所，不再另行办理《动物防疫条件合格证》。

2. 动物卫生监督机构依法对有关场所的动物防疫条件实施监督检查，有关单位和个人应当予以配合，不得拒绝和阻碍。（　　　）

答案：对

《动物防疫条件审查办法》第三十条规定，动物卫生监督机构依照《中华人民共和国动物防疫法》和有关法律、法规的规定，对动物饲养场、养殖小区、动物隔离场所、动物屠宰加工场所、动物和动物产品无害化处理场所、动物和动物产品集贸市场的动物防疫条件实施监督检查，有关单位和个人应当予以配合，不得拒绝和阻碍。

3. 兴办动物养殖场，可以自行选址、工程设计和施工。（　　　）

答案：错

《动物防疫条件审查办法》第二十六条规定，兴办动物饲养场、养殖小区、动物屠宰加工场所、动物隔离场所、动物和动物产品无害化处理场所，应当按照本办法规定进行选址、工程设计和施工。

4. 经营动物、动物产品的集贸市场不需要取得《动物防疫条件合格证》，但要符合相应的动物防

疫条件。（　　）

答案：对

《动物防疫条件审查办法》第二条规定，动物饲养场、养殖小区、动物隔离场所、动物屠宰加工场所以及动物和动物产品无害化处理场所，应当符合本办法规定的动物防疫条件，并取得《动物防疫条件合格证》。经营动物和动物产品的集贸市场应当符合本办法规定的动物防疫条件。

5. 患有相关人畜共患传染病的人员不可以从事动物饲养工作。（　　）

答案：对

《动物防疫条件审查办法》第八条第二款：患有相关人畜共患传染病的人员不得从事动物饲养工作。

6. 经营动物和动物产品的集贸市场未取得《动物防疫条件合格证》不得开业。（　　）

答案：错

《动物防疫条件审查办法》第二条第二款规定，经营动物和动物产品的集贸市场应当符合本办法规定的动物防疫条件。

7.《动物防疫条件合格证》是有关场所办理工商营业执照的前置性审批条件。（　　）

答案：错

全国人民代表大会常务委员会关于修改《中华人民共和国电力法》等六部法律的决定中，对《中华人民共和国动物防疫法》作出修改，删去第二十条第一款中的"需要办理工商登记的，申请人凭动物防疫条件合格证向工商行政管理部门申请办理登记注册手续。"

8. 生猪定点屠宰厂（场）应当依法取得《动物防疫条件合格证》。（　　）

答案：对

《动物防疫条件审查办法》第二条规定，动物饲养场、养殖小区、动物隔离场所、动物屠宰加工场所以及动物和动物产品无害化处理场所，应当符合本办法规定的动物防疫条件，并取得《动物防疫条件合格证》。

9. 动物无害化处理场选址应当距离生活饮用水源地500米以上。（　　）

答案：错

《动物防疫条件管理办法》第二十条规定，动物和动物产品无害化处理场所选址应当符合下列条件：（一）距离动物养殖场、养殖小区、种畜禽场、动物屠宰加工场所、动物隔离场所、动物诊疗场所、动物和动物产品集贸市场、生活饮用水源地3000米以上。

10. 屠宰场停业的，应当于停业后60日内将《动物防疫条件合格证》交回原发证机关注销。（　　）

答案：错

　　《动物防疫条件管理办法》第三十二条规定，本办法第二条第一款所列场所停业的，应当于停业后30日内将《动物防疫条件合格证》交回原发证机关注销。

11. 《动物防疫条件合格证》丢失或者损毁的，应当在15日内向发证机关申请补发。（　　）

答案：对

　　《动物防疫条件管理办法》第三十五条规定，《动物防疫条件合格证》丢失或者损毁的，应当在15日内向发证机关申请补发。

12. 经营动物和动物产品的集贸市场未取得《动物防疫条件合格证》的，由动物卫生监督机构责令改正。（　　）

答案：错

　　《动物防疫条件管理办法》第三十七条规定，违反本办法第二十四条和第二十五条规定，经营动物和动物产品的集贸市场不符合动物防疫条件的，由动物卫生监督机构责令改正；拒不改正的，由动物卫生监督机构处五千元以上两万元以下的罚款，并通报同级工商行政管理部门依法处理。

13. 动物屠宰场的选址应当距离水源地500米以上。（　　）

答案：对

　　《动物防疫条件管理办法》第十一条规定，动物屠宰加工场所选址应当符合下列条件：（一）距离生活饮用水源地、动物饲养场、养殖小区、动物集贸市场500米以上；距离种畜禽场3000米以上；距离动物诊疗场所200米以上。

14. 专门经营动物的集贸市场应设有专门的兽医工作室。（　　）

答案：对

　　《动物防疫条件管理办法》第二十四条规定，专门经营动物的集贸市场应当符合下列条件：（七）有专门的兽医工作室。

15. 生猪交易市场应建立消毒制度，但不需要建立休市制度。（　　）

答案：错

　　《动物防疫条件管理办法》第二十四条规定，专门经营动物的集贸市场应当符合下列条件：（六）有定期休市和消毒制度。

16. 兴办动物饲养场的，县级动物卫生监督所应当自收到申请之日起20个工作日内完成材料和现场审查，审查合格的，颁发《动物防疫条件合格证》。（   ）

答案：错

《动物防疫条件管理办法》第二十八条规定，兴办动物饲养场、养殖小区和动物屠宰加工场所的，县级地方人民政府兽医主管部门应当自收到申请之日起20个工作日内完成材料和现场审查，审查合格的，颁发《动物防疫条件合格证》；审查不合格的，应当书面通知申请人，并说明理由。

17. 屠宰场变更经营范围的，应当重新申请办理《动物防疫条件合格证》，同时交回原《动物防疫条件合格证》，由原发证机关予以吊销。（   ）

答案：错

《动物防疫条件管理办法》第三十一条第一款规定，本办法第二条第一款所列场所在取得《动物防疫条件合格证》后，变更场址或者经营范围的，应当重新申请办理《动物防疫条件合格证》，同时交回原《动物防疫条件合格证》，由原发证机关予以注销。

18. 某养殖场由甲县A乡镇搬迁到B乡镇，原《动物防疫条件合格证》可继续使用。（   ）

答案：错

《动物防疫条件管理办法》第三十一条第一款规定，本办法第二条第一款所列场所在取得《动物防疫条件合格证》后，变更场址或者经营范围的，应当重新申请办理《动物防疫条件合格证》，同时交回原《动物防疫条件合格证》，由原发证机关予以注销。

19. 某养殖场负责人发生变化，原《动物防疫条件合格证》不需变更，可继续使用。（   ）

答案：错

《动物防疫条件管理办法》第三十一条第三款规定，变更单位名称或者其负责人的，应当在变更后15日内持有效证明申请变更《动物防疫条件合格证》。

20. 转让、伪造或者变造《动物防疫条件合格证》的，由动物卫生监督机构收缴《动物防疫条件合格证》，处一万元以上的罚款。（   ）

答案：错

《动物防疫条件管理办法》第三十八条规定，违反本办法第三十四条规定，转让、伪造或者变造《动物防疫条件合格证》的，由动物卫生监督机构收缴《动物防疫条件合格证》，处两千元以上一万元以下的罚款。

十二、动物检疫管理办法

单 选 题

1.《动物检疫管理办法》规定,(   )负责本行政区域内动物、动物产品的检疫及其监督管理工作。

A. 县级以上动物卫生监督机构　　　　B. 乡镇动物卫生监督分所

C. 县级以上兽医主管部门　　　　　　D. 动物疫病预防控制中心

> **答案：A**
>
> 《动物检疫管理办法》第三条第三款规定,县级以上地方人民政府设立的动物卫生监督机构负责本行政区域内动物、动物产品的检疫及其监督管理工作。

2. 兽医专业人员受(   )指定协助实施动物检疫工作。

A. 兽医行政主管部门　　　　　　　　B. 动物卫生监督机构

C. 动物疫病预防控制中心　　　　　　D. 乡镇政府

> **答案：B**
>
> 《动物检疫管理办法》第五条第二款规定,动物卫生监督机构可以根据检疫工作需要,指定兽医专业人员协助官方兽医实施动物检疫。

3. (   )应当加强动物检疫申报点的建设。

A. 动物卫生监督机构　　　　　　　　B. 兽医主管部门

C. 所在地乡镇人民政府　　　　　　　D. 乡镇基层站

> **答案：B**
>
> 《动物检疫管理办法》第七条第三款规定,县级以上人民政府兽医主管部门应当加强动物检疫申报点的建设和管理。

4. 出售、运输种用、乳用动物,货主应提前(   )天向动物卫生监督机构申报检疫。

A. 1　　　　　B. 3　　　　　C. 7　　　　　D. 15

> **答案：D**
>
> 《动物检疫管理办法》第八条规定,下列动物、动物产品在离开产地前,货主应当按规定时限向所在地动物卫生监督机构申报检疫:(二)出售、运输乳用动物、种用动物及其精液、卵、胚胎、种蛋,以及参加展览、演出和比赛的动物,应当提前15天申报检疫。

5. 出售、运输供屠宰的动物应提前(   )天申报检疫。

A. 1　　　　　B. 3　　　　　C. 7　　　　　D. 15

答案：B

《动物检疫管理办法》第八条规定，下列动物、动物产品在离开产地前，货主应当按规定时限向所在地动物卫生监督机构申报检疫：（一）出售、运输动物产品和供屠宰、继续饲养的动物，应当提前3天申报检疫。

6. 向无规定疫病区输入易感动物，起运前（ ）天向输入地省级动物卫生监督机构申报检疫。

A. 1　　　　　B. 3　　　　　C. 7　　　　　D. 15

答案：B

《动物检疫管理办法》第八条规定，下列动物、动物产品在离开产地前，货主应当按规定时限向所在地动物卫生监督机构申报检疫：（三）向无规定动物疫病区输入相关易感动物、易感动物产品的，货主除按规定向输出地动物卫生监督机构申报检疫外，还应当在起运3天前向输入地省级动物卫生监督机构申报检疫。

7. 合法捕获的野生动物，应在捕获后（ ）天内申报检疫。

A. 1　　　　　B. 3　　　　　C. 7　　　　　D. 15

答案：B

《动物检疫管理办法》第九条，合法捕获野生动物的，应当在捕获后3天内向捕获地县级动物卫生监督机构申报检疫。

8. 出售种蛋，货主应提前（ ）天向动物卫生监督机构申报检疫。

A. 3　　　　　B. 5　　　　　C. 7　　　　　D. 15

答案：D

《动物检疫管理办法》第八条规定，下列动物、动物产品在离开产地前，货主应当按规定时限向所在地动物卫生监督机构申报检疫：（二）出售、运输乳用动物、种用动物及其精液、卵、胚胎、种蛋，以及参加展览、演出和比赛的动物，应当提前15天申报检疫。

9. 参加展览的孔雀，离开产地前，应当提前（ ）天申报检疫。

A. 5　　　　　B. 7　　　　　C. 10　　　　　D. 15

答案：D

同题8。

10. 张某出售50头生猪，他应当提前（ ）天向所在地动物卫生监督机构申报检疫。

A. 1　　　　　B. 3　　　　　C. 7　　　　　D. 15

答案：B

《动物检疫管理办法》第八条规定，下列动物、动物产品在离开产地前，货主应当按规定时限向所在地动物卫生监督机构申报检疫：（一）出售、运输动物产品和供屠宰、继续饲养的动物，应当提前3天申报检疫。

11. 王某欲出售奶牛，他应当提前（　　）天申报检疫。

A. 1　　　　　　　　B. 3　　　　　　　　C. 7　　　　　　　　D. 15

答案：D

《动物检疫管理办法》第八条规定，下列动物、动物产品在离开产地前，货主应当按规定时限向所在地动物卫生监督机构申报检疫：（二）出售、运输乳用动物、种用动物及其精液、卵、胚胎、种蛋，以及参加展览、演出和比赛的动物，应当提前15天申报检疫。

12. 王某欲将一匹表演用马从A市的B县运输到C县，他应当提前（　　）申报检疫。

A. 1天　　　　　　　B. 3天　　　　　　　C. 7天　　　　　　　D. 15天

答案：D

同题8。

13. 王某欲将150头生猪从A省的B县运往C省的D县，他应当向（　　）申报检疫。

A. A省动物卫生监督机构　　　　　　　　B. B县动物卫生监督机构

C. C省动物卫生监督机构　　　　　　　　D. D县动物卫生监督机构

答案：B

《动物检疫管理办法》第八条规定，下列动物、动物产品在离开产地前，货主应当按规定时限向所在地动物卫生监督机构申报检疫。

14. 赵某在A县合法捕获了一头野猪，他应当在捕获后（　　）内向捕获地县级动物卫生监督机构申报检疫。

A. 6小时　　　　　　B. 3天　　　　　　　C. 5天　　　　　　　D. 7天

答案：B

《动物检疫管理办法》第九条规定，合法捕获野生动物的，应当在捕获后3天内向捕获地县级动物卫生监督机构申报检疫。

15. 赵某欲将收购的20头生猪准备第二天进行屠宰，在待宰中发现2头猪因天热等应激原因需要急宰，屠宰时他应当（　　）向所在地动物卫生监督机构申报检疫。

A. 提前1小时　　　　B. 随时　　　　　　C. 提前2小时　　　　D. 提前6小时

答案：B

《动物检疫管理办法》第十条规定，屠宰动物的，应当提前6小时向所在地动物卫生监督机构申报检疫；急宰动物的，可以随时申报。

16. 刘某欲出售一批奶牛，从B省C县运到A省D县，他在申报检疫时应同时向C县动物卫生监督机构提交（　　）。

A. 无疫区证明和免疫证明

B. 免疫证明和《动物防疫条件合格证》

C. 检疫申报单和《跨省引进乳用种用动物检疫审批表》

D. 检疫申报单和《动物防疫条件合格证》

答案：C

《动物检疫管理办法》第十一条规定，申报检疫的，应当提交检疫申报单；跨省、自治区、直辖市调运乳用动物、种用动物及其精液、胚胎、种蛋的，还应当同时提交输入地省、自治区、直辖市动物卫生监督机构批准的《跨省引进乳用种用动物检疫审批表》。第三十七条规定，货主凭输入地省、自治区、直辖市动物卫生监督机构签发的《跨省引进乳用种用动物检疫审批表》，按照本办法规定向输出地县级动物卫生监督机构申报检疫。

17. 赵某欲将饲养的20头生猪出售，在他申报检疫时应当向当地动物卫生监督机构提交（　　）。

A. 无疫区证明　　　　B. 免疫证明　　　　C. 检疫申报单　　　　D. 动物防疫条件合格证

答案：C

《动物检疫管理办法》第十一条规定，申报检疫的，应当提交检疫申报单。

18. 赵某欲将饲养的20头生猪出售，按照《动物检疫管理办法》规定，他在申报检疫时可以采取申报点填报、电话、（　　）等方式申报。

A. 网络　　　　B. 短信　　　　C. 传真　　　　D. 以上都可以

答案：D

《动物检疫管理办法》第十一条规定，申报检疫采取申报点填报、传真、电话等方式申报。采用电话申报的，需在现场补填检疫申报单。

19. 动物卫生监督机构受理检疫申报后，应当派出（　　）到现场或指定地点实施检疫。

A. 兽医专业人员　　B. 官方兽医　　　C. 动物检疫员　　　D. 动物防疫监督员

答案：B

《动物检疫管理办法》第十二条规定，动物卫生监督机构受理检疫申报后，应当派出官方兽医到现场或指定地点实施检疫；不予受理的，应当说明理由。

20. 出售或者运输的动物、动物产品必须取得官方兽医出具的（　　　　）后，方可离开产地。

A.《动物检疫合格证明》和《运载工具消毒证明》

B.《动物检疫合格证明》《运载工具消毒证明》和无疫区证明

C.《动物检疫合格证明》和无疫区证明

D.《动物检疫合格证明》

答案：D

《动物检疫管理办法》第十三条规定，出售或者运输的动物、动物产品经所在地县级动物卫生监督机构的官方兽医检疫合格，并取得《动物检疫合格证明》后，方可离开产地。

21. 经检疫不合格的动物、动物产品，由（　　　）出具（　　　）。

A. 检疫员，无害化处理通知书　　　　　B. 官方兽医，检疫处理通知单

C. 检疫员，检疫处理通知单　　　　　　D. 官方兽医，无害化处理通知书

答案：B

《动物检疫管理办法》第十八条规定，经检疫不合格的动物、动物产品，由官方兽医出具检疫处理通知单，并监督货主按照农业部规定的技术规范处理。

22. 刘某欲从B省购进用于饲养的非种用动物到A省D县，到达目的地后，刘某应当在（　　　）内向所在地县级动物卫生监督机构报告，并接受监督检查。

A. 6小时　　　　B. 12小时　　　　C. 18小时　　　　D. 24小时

答案：D

《动物检疫管理办法》第十九条规定，跨省、自治区、直辖市引进用于饲养的非乳用、非种用动物到达目的地后，货主或者承运人应当在24小时内向所在地县级动物卫生监督机构报告，并接受监督检查。

23. 刘某欲从B省C县购进非种用动物到A省D县，到达目的地后，刘某应当在规定时间内向（　　　）动物卫生监督机构报告，并接受监督检查。

A. A省　　　　　B. B省　　　　　C. C县　　　　　D. D县

答案：D

同题22。

24. 王某从外省购买种鸡3000只，该批种鸡应当在隔离场隔离（　　　）天。

A. 15　　　　B. 20　　　　C. 30　　　　D. 45

答案：C

《动物检疫管理办法》第二十条规定，跨省、自治区、直辖市引进的乳用、种用动物到达

输入地后，在所在地动物卫生监督机构的监督下，应当在隔离场或饲养场（养殖小区）内的隔离舍进行隔离观察，大中型动物隔离期为45天，小型动物隔离期为30天。

25. 跨省、自治区、直辖市引进的乳用、种用动物到达输入地后，畜主应当（   ）。

A. 直接混群饲养

B. 在本场自行隔离饲养，发现异常立即报告当地动物卫生监督机构

C. 在当地动物卫生监督机构监督下隔离观察

D. 在当地动物卫生监督机构监督下混群饲养

答案：C

《动物检疫管理办法》第二十条规定，跨省、自治区、直辖市引进的乳用、种用动物到达输入地后，在所在地动物卫生监督机构的监督下，应当在隔离场或饲养场（养殖小区）内的隔离舍进行隔离观察。

26. 张某从外省购买奶牛50头，该批奶牛应在隔离场隔离（   ）天。

A. 21　　　　　　　　B. 30　　　　　　　　C. 35　　　　　　　　D. 45

答案：D

《动物检疫管理办法》第二十条规定，跨省、自治区、直辖市引进的乳用、种用动物到达输入地后，在所在地动物卫生监督机构的监督下，应当在隔离场或饲养场（养殖小区）内的隔离舍进行隔离观察，大中型动物隔离期为45天，小型动物隔离期为30天。

27. 跨省、自治区、直辖市引进的乳用、种用动物到达输入地后，应当进行隔离观察，隔离观察合格后需继续在省内运输的，货主应当申请更换《动物检疫合格证明》。动物卫生监督机构更换《动物检疫合格证明》（   ）。

A. 按规定收取检疫费　　　　　　　　B. 收取一定检疫费

C. 只收取证明工本费　　　　　　　　D. 不收取检疫费

答案：D

《动物检疫管理办法》第二十条规定，跨省、自治区、直辖市引进的乳用、种用动物到达输入地后，在所在地动物卫生监督机构的监督下，应当在隔离场或饲养场（养殖小区）内的隔离舍进行隔离观察，大中型动物隔离期为45天，小型动物隔离期为30天。经隔离观察合格的方可混群饲养；不合格的，按照有关规定进行处理。隔离观察合格后需继续在省内运输的，货主应当申请更换《动物检疫合格证明》。动物卫生监督机构更换《动物检疫合格证明》不得收费。

28. 屠宰场（厂、点）检疫工作由（   ）实施。

A. 官方兽医　　　　　　　　　　　　B. 在动物卫生监督机构监督下由场方

C. 屠宰场品质检验人员　　　　　　　D. 动物卫生监督机构和场方共同

答案：A

《动物检疫管理办法》第二十一条规定，县级动物卫生监督机构依法向屠宰场（厂、点）派驻（出）官方兽医实施检疫。

29. 官方兽医应当回收进入屠宰场（厂、点）动物附具的《动物检疫合格证明》，填写屠宰检疫记录。回收的《动物检疫合格证明》应当保存（　　）以上。

A. 3个月　　　　　　　B. 6个月　　　　　　　C. 12个月　　　　　　　D. 24个月

答案：C

《动物检疫管理办法》第二十五条规定，官方兽医应当回收进入屠宰场（厂、点）动物附具的《动物检疫合格证明》，填写屠宰检疫记录。回收的《动物检疫合格证明》应当保存十二个月以上。

30. 经检疫合格的动物产品到达目的地后，需要直接在当地分销的，货主可以向输入地动物卫生监督机构申请（　　）。

A. 换证　　　　　　　B. 重新检疫　　　　　　　C. 消毒　　　　　　　D. 检测

答案：A

《动物检疫管理办法》第二十六条规定，经检疫合格的动物产品到达目的地后，需要直接在当地分销的，货主可以向输入地动物卫生监督机构申请换证，换证不得收费。

31. 甲县吴某从乙县屠宰场采购1000公斤猪肉，运至甲县直接分销给经销户，按《动物检疫管理办法》规定，吴某应（　　）。

A. 向甲县动物卫生监督机构重新申报检疫，并按规定收取费用

B. 向甲县动物卫生监督机构申请换证，并按规定收取费用

C. 向甲县动物卫生监督机构重新申报检疫，检疫不收费

D. 向甲县动物卫生监督机构申请换证，换证不收费

答案：D

《动物检疫管理办法》第二十六条规定，经检疫合格的动物产品到达目的地后，需要直接在当地分销的，货主可以向输入地动物卫生监督机构申请换证，换证不得收费。换证应当符合下列条件：（一）提供原始有效《动物检疫合格证明》，检疫标志完整，且证物相符；（二）在有关国家标准规定的保质期内，且无腐败变质。

32. 经检疫合格的动物产品到达目的地，贮藏后，货主必须向输入地动物卫生监督机构（　　）方可继续调运或者分销。

A. 监督检查认为可以放行后

B. 提供原有效检疫合格证明后

C．重新申报检疫并取得《动物检疫合格证明》后

D．报验后

答案：C

《动物检疫管理办法》第二十七条规定，经检疫合格的动物产品到达目的地，贮藏后需继续调运或者分销的，货主可以向输入地动物卫生监督机构重新申报检疫。

33．出售或者运输水生动物的亲本、稚体、幼体等水产苗种的，货主应当提前（　　）天向所在地县级动物卫生监督机构申报检疫。

A．3　　　　　　　B．7　　　　　　　C．15　　　　　　　D．20

答案：D

《动物检疫管理办法》第二十八条规定，出售或者运输水生动物的亲本、稚体、幼体、受精卵、发眼卵及其他遗传种材料等水产苗种的，货主应当提前20天向所在地县级动物卫生监督机构申报检疫；经检疫合格，并取得《动物检疫合格证明》后，方可离开产地。

34．某市畜产品贸易公司输入到无规定动物疫病区的相关易感动物，应当（　　）进行隔离检疫。

A．在无害化处理场所

B．在输入地省级动物卫生监督机构指定的隔离场所

C．到输入目的地饲养场

D．在输入地动物卫生监督机构指定场所

答案：B

《动物检疫管理办法》第三十三条规定，输入到无规定动物疫病区的相关易感动物，应当在输入地省、自治区、直辖市动物卫生监督机构指定的隔离场所，按照农业部规定的无规定动物疫病区有关检疫要求隔离检疫。

35．跨省、自治区、直辖市引进乳用动物、种用动物及其精液、胚胎、种蛋的，货主应当向输入地省、自治区、直辖市动物卫生监督机构申请办理审批手续，输入地省、自治区、直辖市动物卫生监督机构应当自受理申请之日起（　　）个工作日内，做出是否同意引进的决定。

A．5　　　　　　　B．7　　　　　　　C．10　　　　　　　D．15

答案：C

《动物检疫管理办法》第三十六条规定，输入地省、自治区、直辖市动物卫生监督机构应当自受理申请之日起10个工作日内，做出是否同意引进的决定。

36．对依法应当检疫而未经检疫的肉，符合（　　）条件的，由动物卫生监督机构进行补检。

A．货主在5天内提供输出地非封锁区证明

B．外观检查无病变、无腐败变质

C．按规定需要进行实验室疫病检测的，检测结果符合要求

D．以上都是

答案：D

《动物检疫管理办法》第四十三条规定，依法应当检疫而未经检疫的肉、脏器、脂、头、蹄、血液、筋等，符合下列条件的，由动物卫生监督机构出具《动物检疫合格证明》，并依照《动物防疫法》第七十八条的规定进行处罚；不符合下列条件的，予以没收销毁，并依照《动物防疫法》第七十六条的规定进行处罚：（一）货主在5天内提供输出地动物卫生监督机构出具的来自非封锁区的证明；（二）经外观检查无病变、无腐败变质；（三）农业部规定需要进行实验室疫病检测的，检测结果符合要求。

37．经铁路、公路、水路、航空运输依法应当检疫的动物、动物产品的，托运人托运时应当提供（　　），否则，承运人不得承运。

A．动物检疫合格证明和运载工具消毒证明　　B．动物检疫合格证明和无疫区证明

C．动物检疫合格证明　　D．动物检疫合格证明和收费收据

答案：C

《动物检疫管理办法》第四十四条规定，经铁路、公路、水路、航空运输依法应当检疫的动物、动物产品的，托运人托运时应当提供《动物检疫合格证明》。没有《动物检疫合格证明》的，承运人不得承运。

38．应当提前3天申报检疫的有（　　）。

A．出售乳用动物　　B．运输供屠宰的动物　　C．出售种用动物　　D．运输演出的动物

答案：B

《动物检疫管理办法》第八条规定，下列动物、动物产品在离开产地前，货主应当按规定时限向所在地动物卫生监督机构申报检疫：（一）出售、运输动物产品和供屠宰、继续饲养的动物，应当提前3天申报检疫。

39．进入冷库后的动物产品，货主必须向输入地动物卫生监督机构（　　）后，可继续调运或者分销。

A．监督检查认为可以放行后　　B．提供原始检疫证明

C．重新申报检疫并取得动物检疫合格证明　　D．报验后

答案：C

《动物检疫管理办法》第二十七条规定，经检疫合格的动物产品到达目的地，贮藏后需继续调运或者分销的，货主可以向输入地动物卫生监督机构重新申报检疫。

40. 动物检疫的范围、对象由（　　）制定、调整并公布。

A. 国务院　　　　　　　　　　　B. 农业部

C. 省畜牧兽医主管部门　　　　　D. 省动物卫生监督所

答案：B

《动物检疫管理办法》第四条规定，动物检疫的范围、对象和规程由农业部制定、调整并公布。

41. 动物卫生监督机构可以根据检疫工作需要，指定（　　）人员协助官方兽医实施动物检疫。

A. 农技　　　　B. 兽医专业　　　　C. 村干部　　　　D. 饲养员

答案：B

《动物检疫管理办法》第五条第二款规定，动物卫生监督机构可以根据检疫工作需要，指定兽医专业人员协助官方兽医实施动物检疫。

42. 动物卫生监督机构可以根据检疫工作需要，（　　）兽医专业人员协助官方兽医实施动物检疫。

A. 委托　　　　B. 委派　　　　C. 指定　　　　D. 指派

答案：C

《动物检疫管理办法》第五条规定，动物卫生监督机构可以根据检疫工作需要，指定兽医专业人员协助官方兽医实施动物检疫。

43. 动物卫生监督机构可以根据检疫工作需要，指定兽医专业人员（　　）实施动物检疫。

A. 独立　　　B. 帮助官方兽医　　　C. 协助官方兽医　　　D. 代替官方兽医

答案：C

《动物检疫管理办法》第五条规定，动物卫生监督机构可以根据检疫工作需要，指定兽医专业人员协助官方兽医实施动物检疫。

44. 县级以上地方人民政府设立的（　　）负责本行政区域内动物、动物产品的检疫及其监督管理工作。

A. 兽医主管部门　　B. 动物卫生监督机构　　C. 官方兽医　　　D. 检疫监督人员

答案：B

《动物检疫管理办法》第三条规定，县级以上地方人民政府设立的动物卫生监督机构负责本行政区域内动物、动物产品的检疫及其监督管理工作。

45. 王某欲将收购的20头生猪进行屠宰，屠宰时他应当提前（　　）向所在地动物卫生监督机构申报检疫。

A. 2小时　　　　B. 4小时　　　　C. 6小时　　　　D. 1天

答案：C

《动物检疫管理办法》第十条规定，屠宰动物的，应当提前6小时向所在地动物卫生监督机构申报检疫；急宰动物的，可以随时申报。

46. 实施现场检疫的（　　）应当在检疫证明、检疫标志上签字或者盖章，并对检疫结论负责。

A. 官方兽医　　　　　B. 执业兽医　　　　　C. 乡村兽医　　　　　D. 执业助理兽医

答案：A

多 选 题

1. 对依法应当检疫而未经检疫的动物进行补检，补检条件是（　　）。

A. 来自非封锁区证明

B. 临床检查健康

C. 畜禽标识符合农业部规定

D. 农业部规定需要进行实验室疫病检测的，检测结果符合要求

答案：BCD

《动物检疫管理办法》第四十条规定，依法应当检疫而未经检疫的动物，由动物卫生监督机构依照本条第二款规定补检，并依照《动物防疫法》处理处罚。符合下列条件的，由动物卫生监督机构出具《动物检疫合格证明》；不符合的，按照农业部有关规定进行处理：（一）畜禽标识符合农业部规定；（二）临床检查健康；（三）农业部规定需要进行实验室疫病检测的，检测结果符合要求。

2. 张某欲出售一批奶牛，从B省C县运到A省D县，他在申报检疫时应同时向C县动物卫生监督机构提交（　　）。

A. 免疫证明　　　　　　　　　　　B. 动物防疫条件合格证

C.《跨省引进乳用种用动物检疫审批表》　　　D. 检疫申报单

答案：CD

《动物检疫管理办法》第十一条第一款规定，申报检疫的，应当提交检疫申报单；跨省、自治区、直辖市调运乳用动物、种用动物及其精液、胚胎、种蛋的，还应当同时提交输入地省、自治区、直辖市动物卫生监督机构批准的《跨省引进乳用种用动物检疫审批表》。

3. 下列关于检疫申报事项表述正确的是（　　）。

A. 出售、运输动物产品和供屠宰、继续饲养的动物，应当提前3天申报检疫

B. 出售、运输乳用动物，应当提前15天申报检疫

C. 向无规定动物疫病区输入相关易感动物、易感动物产品的，应当在起运5天前申报检疫

D. 合法捕获野生动物的，应当在捕获后15天内申报检疫

答案：AB

《动物检疫管理办法》第八条规定，下列动物、动物产品在离开产地前，货主应当按规定时限向所在地动物卫生监督机构申报检疫：（一）出售、运输动物产品和供屠宰、继续饲养的动物，应当提前3天申报检疫；（二）出售、运输乳用动物、种用动物及其精液、卵、胚胎、种蛋，以及参加展览、演出和比赛的动物，应当提前15天申报检疫；（三）向无规定动物疫病区输入相关易感动物、易感动物产品的，货主除按规定向输出地动物卫生监督机构申报检疫外，还应当在起运3天前向输入地省级动物卫生监督机构申报检疫。第九条规定，合法捕获野生动物的，应当在捕获后3天内向捕获地县级动物卫生监督机构申报检疫。

4. 动物卫生监督机构指派官方兽医按照《中华人民共和国动物防疫法》和《动物检疫管理办法》的规定，可以实施（　　）等工作。

A. 对动物、动物产品实施检疫　　　　　B. 合格的动物、动物产品出具检疫证明

C. 合格的动物产品加施检疫标志　　　　D. 颁发《动物防疫条件合格证》

答案：ABC

《动物检疫管理办法》第五条第一款规定，动物卫生监督机构指派官方兽医按照《中华人民共和国动物防疫法》和本办法的规定对动物、动物产品实施检疫，出具检疫证明，加施检疫标志。《中华人民共和国动物防疫法》第四十二条第二款动物卫生监督机构接到检疫申报后，应当及时指派官方兽医对动物、动物产品实施现场检疫；检疫合格的，出具检疫证明、加施检疫标志。实施现场检疫的官方兽医应当在检疫证明、检疫标志上签字或者盖章，并对检疫结论负责。

5. 动物卫生监督机构应当根据检疫工作需要，合理设置动物检疫申报点，并向社会公布（　　）。

A. 动物检疫申报点　　B. 检疫范围　　　C. 检疫收费　　　　D. 检疫对象

答案：ABD

《动物检疫管理办法》第七条第二款规定，动物卫生监督机构应当根据检疫工作需要，合理设置动物检疫申报点，并向社会公布动物检疫申报点、检疫范围和检疫对象。

6. 受理检疫申报后，动物卫生监督机构应当派出官方兽医到（　　）实施检疫。

A. 现场　　　　　　　　　　　　　　　B. 就近地点

C. 指定地点　　　　　　　　　　　　　D. 动物卫生监督机构驻地

答案：AC

《动物检疫管理办法》第十二条规定，动物卫生监督机构受理检疫申报后，应当派出官方兽医到现场或指定地点实施检疫；不予受理的，应当说明理由。

7. 李某欲出售一批自养的生猪，他取得《动物检疫合格证明》的条件包括（　　　　）。

A. 动物进行免疫且在有效保护期内

B. 需要进行实验室疫病检测的，检测结果符合要求

C. 来自非封锁区或未发生相关动物疫情的猪场

D. 养殖档案相关记录和畜禽标识符合规定

答案：ABCD

《动物检疫管理办法》第十四条规定，出售或者运输的动物，经检疫符合下列条件，由官方兽医出具《动物检疫合格证明》：（一）来自非封锁区或者未发生相关动物疫情的饲养场（户）；（二）按照国家规定进行了强制免疫，并在有效保护期内；（三）临床检查健康；（四）农业部规定需要进行实验室疫病检测的，检测结果符合要求；（五）养殖档案相关记录和畜禽标识符合农业部规定，乳用、种用动物和宠物，还应当符合农业部规定的健康标准。

8. 王某合法捕获了一头野猪，并在规定的时间内进行了报检，他取得《动物检疫合格证明》条件包括（　　　　）。

A. 来自非封锁区

B. 免疫证明，动物在有效保护期内

C. 需要进行实验室疫病检测的，检测结果符合要求

D. 临床检查健康

答案：ACD

《动物检疫管理办法》第十五条规定，合法捕获的野生动物，经检疫符合下列条件，由官方兽医出具《动物检疫合格证明》后，方可饲养、经营和运输：（一）来自非封锁区；（二）临床检查健康；（三）农业部规定需要进行实验室疫病检测的，检测结果符合要求。

9. 出售、运输骨、角、生皮、原毛、绒，需要达到（　　　　）要求才能出具《动物检疫合格证明》。

A. 供体动物检疫合格

B. 来自非封锁区，或者未发生相关动物疫情的饲养场（户）

C. 按有关规定消毒合格

D. 按规定需要进行实验室疫病检测的，检测结果符合要求

答案：BCD

《动物检疫管理办法》第十七条规定，出售、运输的骨、角、生皮、原毛、绒等产品，经检疫符合下列条件，由官方兽医出具《动物检疫合格证明》：（一）来自非封锁区，或者未发生相关动物疫情的饲养场（户）；（二）按有关规定消毒合格；（三）农业部规定需要进行实验室疫病检测的，检测结果符合要求。

10. 进入屠宰场（厂、点）的动物，官方兽医应当查验进场动物附具的（　　　　）。

A. 动物检疫合格证明 　　　　　　B. 无疫区证明

C. 检疫费收据 　　　　　　　　　D. 佩戴的畜禽标识

答案：AD

《动物检疫管理办法》第二十二条规定，进入屠宰场（厂、点）的动物应当附有《动物检疫合格证明》，并佩戴有农业部规定的畜禽标识。官方兽医应当查验进场动物附具的《动物检疫合格证明》和佩戴的畜禽标识，检查待宰动物健康状况，对疑似染疫的动物进行隔离观察。官方兽医应当按照农业部规定，在动物屠宰过程中实施全流程同步检疫和必要的实验室疫病检测。

11. 动物屠宰检疫时，符合下列（　　　）条件，方可出具《动物检疫合格证明》。

A. 动物来自非封锁区

B. 无规定的传染病和寄生虫病

C. 需要进行实验室疫病检测的，检测结果符合要求

D. 符合农业部规定的相关屠宰检疫规程要求

答案：BCD

《动物检疫管理办法》第二十三条规定，经检疫符合下列条件的，由官方兽医出具《动物检疫合格证明》，对胴体及分割、包装的动物产品加盖检疫验讫印章或者加施其他检疫标志：（一）无规定的传染病和寄生虫病；（二）符合农业部规定的相关屠宰检疫规程要求；（三）需要进行实验室疫病检测的，检测结果符合要求。

12. 经检疫合格的动物产品到达目的地后，需要直接在当地分销的，货主可以向输入地动物卫生监督机构申请换证，但换证应当符合（　　　）等条件。

A. 检疫标志完整

B. 有效的《动物检疫合格证明》

C. 在有关国家标准规定的保质期内，且无腐败变质

D. 证物相符

答案：ABCD

《动物检疫管理办法》第二十六条规定，经检疫合格的动物产品到达目的地后，需要直接在当地分销的，货主可以向输入地动物卫生监督机构申请换证，换证不得收费。换证应当符合下列条件：（一）提供原始有效《动物检疫合格证明》，检疫标志完整，且证物相符；（二）在有关国家标准规定的保质期内，且无腐败变质。

13. 原检疫合格，贮藏后需要继续调运或者分销的动物产品，货主可以向当地动物卫生监督机构重新申报检疫。动物卫生监督机构对符合（　　　）条件的动物产品，方可出具《动物检疫合格证明》。

A. 有健全的出入库登记记录

B. 在有关国家标准规定的保质期内，无腐败变质

C. 按规定进行必要的实验室疫病检测的，检测结果符合要求

D. 提供原始有效《动物检疫合格证明》，检疫标志完整，且证物相符

答案：ABCD

《动物检疫管理办法》第二十七条规定，经检疫合格的动物产品到达目的地，贮藏后需继续调运或者分销的，货主可以向输入地动物卫生监督机构重新申报检疫。输入地县级以上动物卫生监督机构对符合下列条件的动物产品，出具《动物检疫合格证明》：（一）提供原始有效《动物检疫合格证明》，检疫标志完整，且证物相符；（二）在有关国家标准规定的保质期内，无腐败变质；（三）有健全的出入库登记记录；（四）农业部规定进行必要的实验室疫病检测的，检测结果符合要求。

14. 某县畜产品贸易公司因业务需要，要向某无规定动物疫病区输入相关易感动物，运输时需要（　　），否则不得运输或进入输入地。

A. 附有输出地《动物检疫合格证明》　　　　B. 向输入地省级动物卫生监督机构申报检疫

C. 向输入地县级动物卫生监督机构申报检疫　　D. 到达输入地后进行隔离检疫

答案：ABD

《动物检疫管理办法》第三十二条规定，向无规定动物疫病区运输相关易感动物、动物产品的，除附有输出地动物卫生监督机构出具的《动物检疫合格证明》外，还应当向输入地省、自治区、直辖市动物卫生监督机构申报检疫，并按照本办法第三十三条、第三十四条规定取得输入地《动物检疫合格证明》。第三十三条输入到无规定动物疫病区的相关易感动物，应当在输入地省、自治区、直辖市动物卫生监督机构指定的隔离场所，按照农业部规定的无规定动物疫病区有关检疫要求隔离检疫。

15. 依法应当检疫而未经检疫的骨、角、生皮、原毛、绒等产品，符合下列（　　）条件的，由动物卫生监督机构出具《动物检疫合格证明》。

A. 农业部规定需要进行实验室疫病检测的，检测结果符合要求

B. 经外观检查无腐烂变质

C. 按有关规定重新消毒

D. 货主在5天内提供输出地动物卫生监督机构出具的来自非封锁区的证明

答案：ABCD

《动物检疫管理办法》第四十一条规定，依法应当检疫而未经检疫的骨、角、生皮、原毛、绒等产品，符合下列条件的，由动物卫生监督机构出具《动物检疫合格证明》；不符合的，予以没收销毁。同时，依照《动物防疫法》处理处罚：（一）货主在5天内提供输出地动物卫生监督机构出具的来自非封锁区的证明；（二）经外观检查无腐烂变质；（三）按有关规定重新消毒；（四）农业部规定需要进行实验室疫病检测的，检测结果符合要求。

16. 依法应当检疫而未经检疫的精液、胚胎、种蛋等，符合下列（　　）条件的，由动物卫生监督机构出具《动物检疫合格证明》。

A. 按规定需要进行实验室疫病检测的，检测结果符合要求

B. 在规定的保质期内，并经外观检查无腐败变质

C. 按有关规定重新消毒

D. 货主在5天内提供输出地动物卫生监督机构出具的来自非封锁区的证明

答案：ABD

《动物检疫管理办法》第四十二条规定，依法应当检疫而未经检疫的精液、胚胎、种蛋等，符合下列条件的，由动物卫生监督机构出具《动物检疫合格证明》；不符合的，予以没收销毁。同时，依照《动物防疫法》处理处罚：（一）货主在5天内提供输出地动物卫生监督机构出具的来自非封锁区的证明和供体动物符合健康标准的证明；（二）在规定的保质期内，并经外观检查无腐败变质；（三）农业部规定需要进行实验室疫病检测的，检测结果符合要求。

判　断　题

1. 申报检疫采取申报点填报、传真、电话等方式申报，用电话申报的可以不用填写检疫申报单。（　　）

答案：错

《动物检疫管理办法》第十一条第二款规定，申报检疫采取申报点填报、传真、电话等方式申报。采用电话申报的，需在现场补填检疫申报单。

2. 屠宰动物的，应当提前6小时向所在地动物卫生监督机构申报检疫，急宰动物的，可以不申报。（　　）

答案：错

《动物检疫管理办法》第十条规定，屠宰动物的，应当提前6小时向所在地动物卫生监督机构申报检疫，急宰动物的，可以随时申报。

3. 市售鲜活水产品在冷却、微冻和冷冻保鲜前，首先要经当地动物卫生监督机构对其实施检疫。（　　）

答案：错

《动物检疫管理办法》第五十二条规定，水产苗种产地检疫，由地方动物卫生监督机构委托同级渔业主管部门实施。水产苗种以外的其他水生动物及其产品不实施检疫。

4. 跨省、自治区、直辖市引进的乳用、种用动物到达输入地后，未按规定进行隔离观察的，由动物卫生监督机构责令改正，处二千元以上一万元以下罚款。（　　）

答案：对

《动物检疫管理办法》第四十九条规定，违反本办法第二十条规定，跨省、自治区、直辖市引进的乳用、种用动物到达输入地后，未按规定进行隔离观察的，由动物卫生监督机构责令改正，处二千元以上一万元以下罚款。

5. 动物检疫的对象由农业部制定、调整并公布，各省、自治区、直辖市可根据本地具体情况增减。（　　）

答案：错

《动物检疫管理办法》第四条规定，动物检疫的范围、对象和规程由农业部制定、调整并公布。

6. 动物卫生监督机构应当根据检疫工作需要，合理设置动物检疫申报点；兽医主管部门应当加强动物检疫申报点的建设和管理。（　　）

答案：对

《动物检疫管理办法》第七条国家实行动物检疫申报制度。动物卫生监督机构应当根据检疫工作需要，合理设置动物检疫申报点，并向社会公布动物检疫申报点、检疫范围和检疫对象。县级以上人民政府兽医主管部门应当加强动物检疫申报点的建设和管理。

7. 动物检疫遵循过程监管、风险控制、区域化和可追溯管理相结合的原则。（　　）

答案：对

《动物检疫管理办法》第六条规定，动物检疫遵循过程监管、风险控制、区域化和可追溯管理相结合的原则。

8. 检疫合格的动物产品到达目的地，贮藏后需要调运或者分销的，货主在输入地县级以上动物卫生监督机构，凭借原始有效《动物检疫合格证明》直接换取《动物检疫合格证明》，即可放行。（　　）

答案：错

《动物检疫管理办法》第二十七条规定，经检疫合格的动物产品到达目的地，贮藏后需继续调运或者分销的，货主可以向输入地动物卫生监督机构重新申报检疫。输入地县级以上动物卫生监督机构对符合下列条件的动物产品，出具《动物检疫合格证明》：（一）提供原始有效《动物检疫合格证明》，检疫标志完整，且证物相符；（二）在有关国家标准规定的保质期内，无腐败变质；（三）有健全的出入库登记记录；（四）农业部规定进行必要的实验室疫病检测的，检测结果符合要求。

9. 根据《动物检疫管理办法》的规定，水产苗种产地检疫，由地方动物卫生监督机构委托同级渔业主管部门实施。水产苗种以外的其他水生动物及其产品不实施检疫。（　　　）

答案：对

《动物检疫管理办法》第五十二条规定，水产苗种产地检疫，由地方动物卫生监督机构委托同级渔业主管部门实施。水产苗种以外的其他水生动物及其产品不实施检疫。

10. 向无规定动物疫病区输入相关易感动物、易感动物产品的，货主除按规定向输出地动物卫生监督机构申报检疫外，还应当在起运3天前向输入地省级动物卫生监督机构申报检疫。（　　　）

答案：对

《动物检疫管理办法》第三十二条规定，向无规定动物疫病区运输相关易感动物、动物产品的，除附有输出地动物卫生监督机构出具的《动物检疫合格证明》外，还应当向输入地省、自治区、直辖市动物卫生监督机构申报检疫，并按照本办法第三十三条、第三十四条规定取得输入地《动物检疫合格证明》。

11. 依法应当检疫而未经检疫的肉类产品，动物卫生监督机构应当先处罚后补检，符合要求的出具《动物检疫合格证明》。（　　　）

答案：错

《动物检疫管理办法》第四十三条规定，依法应当检疫而未经检疫的肉、脏器、脂、头、蹄、血液、筋等，符合下列条件的，由动物卫生监督机构出具《动物检疫合格证明》，并依照《动物防疫法》第七十八条的规定进行处罚；不符合下列条件的，予以没收销毁，并依照《动物防疫法》第七十六条的规定进行处罚：（一）货主在5天内提供输出地动物卫生监督机构出具的来自非封锁区的证明；（二）经外观检查无病变、无腐败变质；（三）农业部规定需要进行实验室疫病检测的，检测结果符合要求。

12. 对依法应当检疫而未经检疫的肉类产品，实施补检、出具合格证明的条件是：货主在5天内提供输出地动物卫生监督机构出具的来自非疫区证明；经外观检查无病变、无腐败变质；农业部规定需要进行实验室疫病检测的，检测结果符合有关规定。（　　　）

答案：对

《动物检疫管理办法》第四十三条规定，依法应当检疫而未经检疫的肉、脏器、脂、头、蹄、血液、筋等，符合下列条件的，由动物卫生监督机构出具《动物检疫合格证明》，并依照《动物防疫法》第七十八条的规定进行处罚；不符合下列条件的，予以没收销毁，并依照《动物防疫法》第七十六条的规定进行处罚：（一）货主在5天内提供输出地动物卫生监督机构出具的来自非封锁区的证明；（二）经外观检查无病变、无腐败变质；（三）农业部规定需要进行实验室疫病检测的，检测结果符合要求。

13. 运输依法应当检疫的动物、动物产品的，托运人托运时必须提供《动物检疫合格证明》和《动物、动物产品运载工具消毒证明》。（   ）

答案：错

《动物检疫管理办法》第四十四条规定，经铁路、公路、水路、航空运输依法应当检疫的动物、动物产品的，托运人托运时应当提供《动物检疫合格证明》。没有《动物检疫合格证明》的，承运人不得承运。

14. 进入屠宰厂的生猪，应当附有《动物检疫合格证明》，并佩戴畜禽标识。（   ）

答案：对

《动物检疫管理办法》第二十二条规定，进入屠宰场（厂、点）的动物应当附有《动物检疫合格证明》，并佩戴有农业部规定的畜禽标识。

15. 经检疫不合格的动物、动物产品，由官方兽医出具无害化处理通知单。（   ）

答案：错

《动物检疫管理办法》第十八条规定，经检疫不合格的动物、动物产品，由官方兽医出具检疫处理通知单，并监督货主按照农业部规定的技术规范处理。

16. 李某跨省引进用于饲养的仔猪200头，未向所在地动物卫生监督机构报告，当地动物卫生监督机构对其按照货值的10%予以罚款。（   ）

答案：错

《动物检疫管理办法》第四十八条规定，违反本办法第十九条、第三十一条规定，跨省、自治区、直辖市引进用于饲养的非乳用、非种用动物和水产苗种到达目的地后，未向所在地动物卫生监督机构报告的，由动物卫生监督机构处五百元以上二千元以下罚款。

17. 王某拟从外省调入种猪，从申报拟调运时间开始计算，《跨省引进乳用种用动物检疫审批表》有效期最长不得超过10天。（   ）

答案：错

《跨省引进乳用种用动物检疫审批表填写和应用规范》规定了《跨省引进乳用种用动物检疫审批表》的有效期：签发有效期应按《动物检疫管理办法》第八条第二项规定，预留申请人申报检疫的时间，从申报拟调运时间开始计算，最长不得超过21天，最短为7天。

18. 参加比赛的马，应当在调运前提前10天申报检疫。（   ）

答案：错

《动物检疫管理办法》第八条规定，下列动物、动物产品在离开产地前，货主应当按规定时限向所在地动物卫生监督机构申报检疫：（二）出售、运输乳用动物、种用动物及其精液、卵、胚胎、种蛋，以及参加展览、演出和比赛的动物，应当提前15天申报检疫。

十三、动物诊疗机构管理办法

单 选 题

1. 兽医主管部门依法吊销、注销动物诊疗许可证的，应当及时通报（　　　）。

A. 县级人民政府　　　　　　　　　　B. 工商行政管理部门

C. 动物卫生监督机构　　　　　　　　D. 动物疾病预防控制机构

答案：B

《动物诊疗机构管理办法》第三十六条规定，兽医主管部门依法吊销、注销动物诊疗许可证的，应当及时通报工商行政管理部门。

2. 出让、出租、出借动物诊疗许可证的，（　　　）应当收回、注销其动物诊疗许可证。

A. 工商行政管理部门　　　　　　　　B. 动物卫生监督机构

C. 原发证机关　　　　　　　　　　　D. 动物疫病预防控制机构

答案：C

《动物诊疗机构管理办法》第三十条第二款规定，出让、出租、出借动物诊疗许可证的，原发证机关应当收回、注销其动物诊疗许可证。

3. （　　　）应当建立健全日常监管制度，对辖区内动物诊疗机构和人员执行法律、法规、规章的情况进行监督检查。

A. 卫生行政管理部门　　　　　　　　B. 动物卫生监督机构

C. 原发证机关　　　　　　　　　　　D. 兽医主管部门

答案：B

《动物诊疗机构管理办法》第二十八条第一款规定，动物卫生监督机构应当建立健全日常监管制度，对辖区内动物诊疗机构和人员执行法律、法规、规章的情况进行监督检查。

4. 动物诊疗机构应当于每年（　　　）月底前将上年度动物诊疗活动情况向发证机关报告。

A. 1　　　　　　　B. 2　　　　　　　C. 3　　　　　　　D. 4

答案：C

《动物诊疗机构管理办法》第二十七条规定，动物诊疗机构应当于每年3月底前将上年度动物诊疗活动情况向发证机关报告。

5. 动物诊疗机构安装、使用具有放射性的诊疗设备的，应当依法经（　　）批准。

A. 卫生部门　　　　　B. 工商部门　　　　　C. 环保部门　　　　　D. 兽医主管部门

答案：C

《动物诊疗机构管理办法》第二十条规定，动物诊疗机构安装、使用具有放射性的诊疗设备的，应当依法经环境保护部门批准。

6. 动物诊疗机构的病历档案应当保存（　　）年以上。

A. 1　　　　　　　　B. 2　　　　　　　　C. 3　　　　　　　　D. 4

答案：C

《动物诊疗机构管理办法》第十九条规定，动物诊疗机构应当使用规范的病历、处方笺，病历、处方笺应当印有动物诊疗机构名称。病历档案应当保存3年以上。

7. 动物诊疗机构变更名称或者法定代表人（负责人）的，应当在办理工商变更登记手续后（　　）个工作日内，向原发证机关申请办理变更手续。

A. 15　　　　　　　B. 20　　　　　　　C. 30　　　　　　　D. 45

答案：A

《动物诊疗机构管理办法》第十三条第一款规定，动物诊疗机构变更名称或者法定代表人（负责人）的，应当在办理工商变更登记手续后15个工作日内，向原发证机关申请办理变更手续。

8. 发证机关受理申请后，应当在（　　）个工作日内完成对申请材料的审核和对动物诊疗场所的实地考查。

A. 10　　　　　　　B. 15　　　　　　　C. 20　　　　　　　D. 30

答案：C

《动物诊疗机构管理办法》第九条第一款规定，发证机关受理申请后，应当在20个工作日内完成对申请材料的审核和对动物诊疗场所的实地考查。符合规定条件的，发证机关应当向申请人颁发动物诊疗许可证；不符合条件的，书面通知申请人，并说明理由。

9. 设立动物诊疗机构，申请材料不齐全或者不符合规定条件的，发证机关应当自收到申请材料之日起（　　）个工作日内一次告知申请人需补正的内容。

A. 5　　　　　　　　B. 10　　　　　　　C. 15　　　　　　　D. 20

答案：A

　　《动物诊疗机构管理办法》第七条第二款规定，申请材料不齐全或者不符合规定条件的，发证机关应当自收到申请材料之日起5个工作日内一次告知申请人需补正的内容。

10. 动物医院需要具备（　　）名以上取得执业兽医师资格证书的人员。

A. 1　　　　　　　B. 2　　　　　　　C. 3　　　　　　　D. 4

答案：C

　　《动物诊疗机构管理办法》第六条第二项规定，动物诊疗机构从事动物颅腔、胸腔和腹腔手术的，除具备本办法第五条规定的条件外，还应当具备以下条件：（二）具有3名以上取得执业兽医师资格证书的人员。第八条第一款：动物诊疗机构应当使用规范的名称。不具备从事动物颅腔、胸腔和腹腔手术能力的，不得使用"动物医院"的名称。

11. 动物诊疗场所选址距离畜禽养殖场、屠宰加工场、动物交易场所不少于（　　）米。

A. 100　　　　　　B. 200　　　　　　C. 300　　　　　　D. 500

答案：B

　　《动物诊疗机构管理办法》第五条第二项规定，申请设立动物诊疗机构的，应当具备下列条件：（二）动物诊疗场所选址距离畜禽养殖场、屠宰加工场、动物交易场所不少于200米。

12. 县级以上地方人民政府（　　）负责本行政区域内动物诊疗机构的管理。

A. 动物卫生监督机构　B. 兽医主管部门　　C. 卫生部门　　　　D. 工商部门

答案：B

　　《动物诊疗机构管理办法》第三条第二款规定，县级以上地方人民政府兽医主管部门负责本行政区域内动物诊疗机构的管理。

13. 《动物诊疗机构管理办法》自（　　）起施行。

A. 2008年1月1日　　B. 2009年1月1日　　C. 2009年3月1日　　D. 2009年5月1日

答案：B

　　《动物诊疗机构管理办法》第四十条规定，本办法自2009年1月1日起施行。

14. 申办动物诊疗机构的，应至少有（　　）名执业兽医师。

A. 1　　　　　　　B. 2　　　　　　　C. 3　　　　　　　D. 4

答案：A

　　《动物诊疗机构管理办法》第五条第六项规定，申请设立动物诊疗机构的，应当具备下列条件：（六）具有1名以上取得执业兽医师资格证书的人员。

多 选 题

1. 动物诊疗机构出现下列（　　）情形时，由动物卫生监督机构给予警告、责令限期整改；拒不改正或者再次出现同类违法行为的，处1000元以下罚款。

A. 变更机构名称或法定代表人未办理变更手续的

B. 未在诊疗场所悬挂动物诊疗许可证或者公示从业人员基本情况的

C. 不使用病例或者应当开具处方未开具处方的

D. 使用不规范的病历、处方等

答案：ABCD

《动物诊疗机构管理办法》第三十三条规定，违反本办法规定，动物诊疗机构有下列情形之一的，由动物卫生监督机构给予警告，责令限期改正；拒不改正或者再次出现同类违法行为的，处以一千元以下罚款：（一）变更机构名称或者法定代表人未办理变更手续的；（二）未在诊疗场所悬挂动物诊疗许可证或者公示从业人员基本情况的；（三）不使用病历，或者应当开具处方未开具处方的；（四）使用不规范的病历、处方笺的。

2. 动物诊疗机构有以下（　　）的行为，由动物卫生监督机构责令无害化处理，所需处理费用由违法行为人承担，可以处三千元以下的处罚。

A. 随意抛弃病死动物　　　　　　　　B. 随意抛弃动物病理组织和医疗废弃物

C. 排放未经无害化处理的诊疗废水　　D. 排放处理不达标的诊疗废水

答案：ABCD

《动物诊疗机构管理办法》第三十五条规定，动物诊疗机构违反本办法第二十五条规定的，由动物卫生监督机构按照《中华人民共和国动物防疫法》第七十五条的规定予以处罚。第二十五条：动物诊疗机构不得随意抛弃病死动物、动物病理组织和医疗废弃物，不得排放未经无害化处理或者处理不达标的诊疗废水。《中华人民共和国动物防疫法》第七十五条：违反本法规定，不按照国务院兽医主管部门规定处置染疫动物及其排泄物，染疫动物产品，病死或者死因不明的动物尸体，运载工具中的动物排泄物以及垫料、包装物、容器等污染物以及其他经检疫不合格的动物、动物产品的，由动物卫生监督机构责令无害化处理，所需处理费用由违法行为人承担，可以处三千元以下罚款。

3. 动物诊疗场所在经营过程中，下列（　　）器械设备不具备正常使用功能的，由动物卫生监督机构给予警告，责令限期改正。

A. 消毒　　　　　B. 冷藏　　　　　C. 常规化验　　　　　D. 污水处理

答案：ABCD

《动物诊疗管理办法》第三十一条规定，动物诊疗场所不再具备本办法第五条、第六条规定条件的，由动物卫生监督机构给予警告，责令限期改正；逾期仍达不到规定条件的，由原发证机关收回、注销其动物诊疗许可证。第五条第五项：申请设立动物诊疗机构的，应当具备下列条件：（五）具有诊断、手术、消毒、冷藏、常规化验、污水处理等器械设备。

4. 下列（　　）情形由动物卫生监督机构责令停止诊疗活动，没收违法所得；违法所得在三万元以上的，并处违法所得一倍以上三倍以下罚款；没有违法所得或者违法所得不足三万元的，并处三千元以上三万元以下罚款。

A. 没有取得动物诊疗许可证从事动物诊疗活动的

B. 超出动物诊疗许可证核定的诊疗活动范围从事动物诊疗活动的

C. 变更从业地点、诊疗活动范围未重新办理动物诊疗许可证的

D. 使用伪造、变造、受让、租用、借用的动物诊疗许可证的

答案：ABCD

《中华人民共和国动物防疫法》第八十一条第一款规定，违反本法规定，未取得动物诊疗许可证从事动物诊疗活动的，由动物卫生监督机构责令停止诊疗活动，没收违法所得；违法所得在三万元以上的，并处违法所得一倍以上三倍以下罚款；没有违法所得或者违法所得不足三万元的，并处三千元以上三万元以下罚款。《动物诊疗机构管理办法》第二十九条规定，违反本办法规定，动物诊疗机构有下列情形之一的，由动物卫生监督机构按照《中华人民共和国动物防疫法》第八十一条第一款的规定予以处罚；情节严重的，并报原发证机关收回、注销其动物诊疗许可证：（一）超出动物诊疗许可证核定的诊疗活动范围从事动物诊疗活动的；（二）变更从业地点、诊疗活动范围未重新办理动物诊疗许可证的。《动物诊疗机构管理办法》三十条第一款规定，使用伪造、变造、受让、租用、借用的动物诊疗许可证的，动物卫生监督机构应当依法收缴，并按照《中华人民共和国动物防疫法》第八十一条第一款的规定予以处罚。

5. 动物诊疗机构的执业兽医应当按照当地人民政府或者兽医主管部门的要求，参加（　　）动物疫病活动。

A. 检疫　　　　　　B. 预防　　　　　　C. 控制　　　　　　D. 扑灭

答案：BCD

《动物诊疗机构管理办法》第二十三条规定，动物诊疗机构的执业兽医应当按照当地人民政府或者兽医主管部门的要求，参加预防、控制和扑灭动物疫病活动。

6. 动物诊疗机构发现动物染疫或者疑似染疫的，应当按照国家规定立即向（　　）报告，并采取隔离等控制措施，防止动物疫情扩散。

A. 当地兽医主管部门　　　　　　　　　B. 卫生主管部门

C. 动物卫生监督机构　　　　　　　　　D. 动物疫病预防控制机构

答案：ACD

《动物诊疗机构管理办法》第二十一条第一款规定，动物诊疗机构发现动物染疫或者疑似染疫的，应当按照国家规定立即向当地兽医主管部门、动物卫生监督机构或者动物疫病预防控制机构报告，并采取隔离等控制措施，防止动物疫情扩散。

7. 动物诊疗机构应当使用印有动物诊疗机构名称的（　　　　）。

A. 病历　　　　　　　　B. 培训记录　　　　　　C. 收据　　　　　　　　D. 处方笺

答案：AD

《动物诊疗机构管理办法》第十九条规定，动物诊疗机构应当使用规范的病历、处方笺，病历、处方笺应当印有动物诊疗机构名称。病历档案应当保存3年以上。

8. 《动物诊疗机构管理办法》规定，动物诊疗机构应当依法从事动物诊疗活动，建立健全内部管理制度，在诊疗场所的显著位置应当（　　　　）。

A. 悬挂动物诊疗许可证　　　　　　　　　B. 悬挂动物防疫条件合格证

C. 公示从业人员基本情况　　　　　　　　D. 各功能区布局图

答案：AC

《动物诊疗机构管理办法》第十六条规定，动物诊疗机构应当依法从事动物诊疗活动，建立健全内部管理制度，在诊疗场所的显著位置悬挂动物诊疗许可证和公示从业人员基本情况。

9. 动物诊疗许可证不得（　　　　）。

A. 伪造、变造　　　　B. 转让　　　　　　　C. 出租　　　　　　　　D. 出借

答案：ABCD

《动物诊疗机构管理办法》第十四条第一款规定，动物诊疗许可证不得伪造、变造、转让、出租、出借。

10. 动物诊疗许可证应当载明诊疗机构（　　　　）等事项。

A. 诊疗机构名称　　B. 诊疗活动范围　　　C. 从业地点　　　　　D. 法定代表人（负责人）

答案：ABCD

《动物诊疗机构管理办法》第十条第一款规定，动物诊疗许可证应当载明诊疗机构名称、诊疗活动范围、从业地点和法定代表人（负责人）等事项。

11. 申请设立动物诊疗机构，应当向动物诊疗场所所在地的发证机关提交的材料有（　　　　）。

A. 营业执照原件、复印件　　　　　　　　B. 动物诊疗场所使用权证明

C. 设施设备清单　　　　　　　　　　　　D. 执业兽医师资格证书原件及复印件

答案：BCD

《动物诊疗机构管理办法》第七条第一款规定，设立动物诊疗机构，应当向动物诊疗场所所在地的发证机关提出申请，并提交下列材料：（一）动物诊疗许可证申请表；（二）动物诊疗场所地理方位图、室内平面图和各功能区布局图；（三）动物诊疗场所使用权证明；（四）法定代表人（负责人）身份证明；（五）执业兽医师资格证书原件及复印件；（六）设施设备清单；（七）管理制度文本；（八）执业兽医和服务人员的健康证明材料。

12. 动物诊疗机构管理办法中所称动物诊疗，是指动物疾病的（ ）等经营性活动。

A. 预防 B. 诊断 C. 治疗 D. 动物绝育手术

答案：ABCD

《动物诊疗机构管理办法》第二条第二款规定，本办法所称动物诊疗，是指动物疾病的预防、诊断、治疗和动物绝育手术等经营性活动。

13. 动物诊疗机构只具有一般的诊疗技能，不具备进行动物（ ）能力的，不得使用"动物医院"的名称。

A. 颅腔手术 B. 胸腔手术 C. 腹腔手术 D. 一般诊疗技术

答案：ABC

《动物诊疗机构管理办法》第八条规定，动物诊疗机构应当使用规范的名称。不具备从事动物颅腔、胸腔和腹腔手术能力的，不得使用"动物医院"的名称。动物诊疗机构名称应当经工商行政管理机关预先核准。

14. 从事动物诊疗活动的机构，应当具备（ ）条件。

A. 有与动物诊疗活动相适应并符合动物防疫条件的场所

B. 有与动物诊疗活动相适应的执业兽医

C. 有与动物诊疗活动相适应的兽医器械和设备

D. 有完善的管理制度

答案：ABCD

《动物诊疗机构管理办法》第五条规定，申请设立动物诊疗机构的，应当具备下列条件：（一）有固定的动物诊疗场所，且动物诊疗场所使用面积符合省、自治区、直辖市人民政府兽医主管部门的规定；（五）具有诊断、手术、消毒、冷藏、常规化验、污水处理等器械设备；（六）具有1名以上取得执业兽医师资格证书的人员；（七）具有完善的诊疗服务、疫情报告、卫生消毒、兽药处方、药物和无害化处理等管理制度。第六条规定，动物诊疗机构从事动物颅腔、胸腔和腹腔手术的，除具备本办法第五条规定的条件外，还应当具备以下条件：（一）具有手术台、X光机或者B超等器械设备；（二）具有3名以上取得执业兽医师资格证书的人员。

15. 从事动物诊疗活动的单位或个人，必须依法取得（　　　），且在有效期内。

A. 动物诊疗许可证
B. 执业兽医师资格证
C. 医疗许可证
D. 生物制品经营许可证

> **答案：AB**
>
> 《动物诊疗机构管理办法》第四条规定，国家实行动物诊疗许可制度。从事动物诊疗活动的机构，应当取得动物诊疗许可证，并在规定的诊疗活动范围内开展动物诊疗活动。第五条规定，申请设立动物诊疗机构的，应当具备下列条件：（六）具有1名以上取得执业兽医师资格证书的人员。第六条规定，动物诊疗机构从事动物颅腔、胸腔和腹腔手术的，除具备本办法第五条规定的条件外，还应当具备以下条件：（二）具有3名以上取得执业兽医师资格证书的人员。

判　断　题

1. 动物诊疗机构管理办法的立法目的是为了加强动物诊疗机构管理，规范动物诊疗行为，保障公共卫生安全。（　　　）

> **答案：对**
>
> 《动物诊疗机构管理办法》第一条规定，为了加强动物诊疗机构管理，规范动物诊疗行为，保障公共卫生安全，根据《中华人民共和国动物防疫法》，制定本办法。

2. 县级以上地方人民政府兽医主管部门负责本行政区域内动物诊疗机构的管理和监督执法工作。（　　　）

> **答案：错**
>
> 《动物诊疗机构管理办法》第三条第二款规定，县级以上地方人民政府兽医主管部门负责本行政区域内动物诊疗机构的管理。《动物诊疗机构管理办法》第三条第三款规定，县级以上地方人民政府设立的动物卫生监督机构负责本行政区域内动物诊疗机构的监督执法工作。

3. 动物诊疗机构应当具有完善的诊疗服务、疫情报告、卫生消毒、兽药处方、药物和无害化处理等管理制度。（　　　）

> **答案：对**
>
> 《动物诊疗机构管理办法》第五条第七项规定，申请设立动物诊疗机构的，应当具有完善的诊疗服务、疫情报告、卫生消毒、兽药处方、药物和无害化处理等管理制度。

4. 动物诊疗机构应当使用规范的病历、处方笺，病历、处方笺应当印有动物诊疗机构名称。病历档案应当保存2年以上。（　　　）

> **答案：错**
>
> 《动物诊疗机构管理办法》第十九条规定，动物诊疗机构应当使用规范的病历、处方笺，病历、处方笺应当印有动物诊疗机构名称。病历档案应当保存3年以上。

5. 使用伪造、变造、受让、租用、借用的动物诊疗许可证的，兽医行政主管部门应当依法收缴。（　　　）

> **答案：错**
>
> 《动物诊疗机构管理办法》第三十条第一款规定，使用伪造、变造、受让、租用、借用的动物诊疗许可证的，动物卫生监督机构应当依法收缴，并按照《中华人民共和国动物防疫法》第八十一条第一款的规定予以处罚。

6. 动物诊疗机构连续停业两年以上的，或者连续两年未向发证机关报告动物诊疗活动情况，拒不改正的，由原发证机关收回、注销其动物诊疗许可证。（　　　）

> **答案：对**
>
> 《动物诊疗机构管理办法》第三十二条规定，动物诊疗机构连续停业两年以上的，或者连续两年未向发证机关报告动物诊疗活动情况，拒不改正的，由原发证机关收回、注销其动物诊疗许可证。

7. 动物诊疗机构安装、使用具有放射性的诊疗设备的，应当依法经兽医主管部门批准。（　　　）

> **答案：错**
>
> 《动物诊疗机构管理办法》第二十条规定，动物诊疗机构安装、使用具有放射性的诊疗设备的，应当依法经环境保护部门批准。

8. 动物诊疗机构应当于每年3月底前将上年度动物诊疗活动情况向发证机关报告。（　　　）

> **答案：对**
>
> 《动物诊疗机构管理办法》第二十七条规定，动物诊疗机构应当于每年3月底前将上年度动物诊疗活动情况向发证机关报告。

9. 使用伪造、变造、受让、租用、借用的动物诊疗许可证的，动物卫生监督机构依法收缴即可，不必再给予其他处理处罚。（　　　）

> **答案：错**
>
> 《动物诊疗机构管理办法》第三十条第一款规定，使用伪造、变造、受让、租用、借用的

动物诊疗许可证的，动物卫生监督机构应当依法收缴，并按照《中华人民共和国动物防疫法》第八十一条第一款的规定予以处罚。《中华人民共和国动物防疫法》第八十一条第一款规定，违反本法规定，未取得动物诊疗许可证从事动物诊疗活动的，由动物卫生监督机构责令停止诊疗活动，没收违法所得；违法所得在三万元以上的，并处违法所得一倍以上三倍以下罚款；没有违法所得或者违法所得不足三万元的，并处三千元以上三万元以下罚款。

10. 动物诊疗机构应有符合规定的固定诊疗场所。（   ）

答案：对

《动物诊疗机构管理办法》第五条规定，申请设立动物诊疗机构的，应当具备下列条件：（一）有固定的动物诊疗场所，且动物诊疗场所使用面积符合省、自治区、直辖市人民政府兽医主管部门的规定。

11. 动物诊疗机构的出入口不得设在居民住宅楼内或者院内，不得与同一建筑物的其他用户共用通道。（   ）

答案：对

《动物诊疗机构管理办法》第五条规定，申请设立动物诊疗机构的，应当具备下列条件：（三）动物诊疗场所设有独立的出入口，出入口不得设在居民住宅楼内或者院内，不得与同一建筑物的其他用户共用通道。

12. 动物诊疗机构应当配合动物疫病预防控制机构的流行病学调查和监测工作。（   ）

答案：对

《动物诊疗机构管理办法》第二十四条规定，动物诊疗机构应当配合兽医主管部门、动物卫生监督机构、动物疫病预防控制机构进行有关法律法规宣传、流行病学调查和监测工作。

13. 动物诊疗机构可收治患任何病的动物。（   ）

答案：错

《动物诊疗机构管理办法》第二十一条规定，动物诊疗机构发现动物患有或者疑似患有国家规定应当扑杀的疫病时，不得擅自进行治疗。

14. 在申办动物诊疗许可证期间，该单位可试营业。（   ）

答案：错

《动物诊疗机构管理办法》第四条规定，国家实行动物诊疗许可制度。从事动物诊疗活动的机构，应当取得动物诊疗许可证，并在规定的诊疗活动范围内开展动物诊疗活动。

15. 动物诊疗机构产生的废弃物可丢到居民垃圾箱。（　　　）

答案：错

《动物诊疗机构管理办法》第二十二条规定，动物诊疗机构应当按照农业部规定处理病死动物和动物病理组织。动物诊疗机构应当参照《医疗废弃物管理条例》的有关规定处理医疗废弃物。

十四、乡村兽医管理办法

单 选 题

1. 乡村兽医应当按照（　　）和农业部的规定使用兽药，并如实记录用药情况。

A.《动物防疫法》　　　B.《兽药管理条例》　　　C.《执业兽医管理办法》　　　D. 县兽医主管部门

答案：B

《乡村兽医管理办法》第十三条规定，乡村兽医应当按照《兽药管理条例》和农业部的规定使用兽药，并如实记录用药情况。

2.《乡村兽医管理办法》规定，省、自治区、直辖市人民政府兽医主管部门应当制定乡村兽医培训规划，保证乡村兽医至少每（　　）接受一次培训。

A. 6个月　　　　　　B. 1年　　　　　　C. 2年　　　　　　D. 3年

答案：C

《乡村兽医管理办法》第十七条规定，省、自治区、直辖市人民政府兽医主管部门应当制定乡村兽医培训规划，保证乡村兽医至少每两年接受一次培训。县级人民政府兽医主管部门应当根据培训规划制定本地区乡村兽医培训计划。

3.《乡村兽医管理办法》规定，县级人民政府（　　）应当根据培训规划制定本地区乡村兽医培训计划。

A. 动物卫生监督机构　　　　　　　　B. 兽医主管部门

C. 动物疾病预防控制机构　　　　　　D. 畜牧局

答案：B

《乡村兽医管理办法》第十七条规定，省、自治区、直辖市人民政府兽医主管部门应当制定乡村兽医培训规划，保证乡村兽医至少每两年接受一次培训。县级人民政府兽医主管部门应当根据培训规划制定本地区乡村兽医培训计划。

4. 县级人民政府兽医主管部门和乡（镇）人民政府应当按照《中华人民共和国动物防疫法》的规定，优先确定（　　）作为村级动物防疫员。

A. 取得高中以上学历的人员　　　　B. 乡村兽医

C. 村干部　　　　　　　　　　　　D. 养殖户

答案：B

《乡村兽医管理办法》第十八规定，县级人民政府兽医主管部门和乡（镇）人民政府应当按照《中华人民共和国动物防疫法》的规定，优先确定乡村兽医作为村级动物防疫员。

5.《乡村兽医管理办法》规定，从事水生动物疫病防治的乡村兽医由县级人民政府（　　）行政主管部门依照乡村兽医管理办法的规定进行登记和监管。

A. 农业　　　　　B. 渔业　　　　　C. 兽医　　　　　D. 畜牧

答案：B

《乡村兽医管理办法》第二十二条第一款规定，从事水生动物疫病防治的乡村兽医由县级人民政府渔业行政主管部门依照本办法的规定进行登记和监管。

6. 乡村兽医不按照规定区域从业的，由动物卫生监督机构给予警告，责令暂停（　　）动物诊疗服务活动。

A. 六个月　　　　B. 一年　　　　C. 六个月以上一年以下　　D. 二年

答案：C

《乡村兽医管理办法》第十九条第一款规定，乡村兽医不按照规定区域从业的，由动物卫生监督机构给予警告，责令暂停六个月以上一年以下动物诊疗服务活动；情节严重的，由原登记机关收回、注销乡村兽医登记证。

7.《乡村兽医管理办法》规定，乡村兽医登记证有效期（　　）年。

A. 1　　　　　　B. 2　　　　　　C. 3　　　　　　D. 5

答案：D

《乡村兽医管理办法》第八条第三款规定，乡村兽医登记证有效期五年，有效期届满需要继续从事动物诊疗服务活动的，应当在有效期届满三个月前申请续展。

8.《乡村兽医管理办法》规定，县级人民政府兽医主管部门应当在收到申请材料之日起（　　）个工作日内完成审核。

A. 10　　　　　B. 20　　　　　C. 30　　　　　D. 40

答案：B

《乡村兽医管理办法》第八条第一款规定，县级人民政府兽医主管部门应当在收到申请材料之日起20个工作日内完成审核。审核合格的，予以登记，并颁发乡村兽医登记证；不合格的，书面通知申请人，并说明理由。

9.《乡村兽医管理办法》规定，国家实行乡村兽医（　　）制度。

A. 注册　　　　　　B. 登记　　　　　　C. 考试　　　　　　D. 认证

答案：B

《乡村兽医管理办法》第六条规定，国家实行乡村兽医登记制度。符合下列条件之一的，可以向县级人民政府兽医主管部门申请乡村兽医登记：（一）取得中等以上兽医、畜牧（畜牧兽医）、中兽医（民族兽医）或水产养殖专业学历的；（二）取得中级以上动物疫病防治员、水生动物病害防治员职业技能鉴定证书的；（三）在乡村从事动物诊疗服务连续5年以上的；（四）经县级人民政府兽医主管部门培训合格的。

10.《乡村兽医管理办法》规定，县级以上地方人民政府设立的（　　）负责本行政区域内乡村兽医监督执法工作。

A. 兽医主管部门　　　　　　　　　　B. 动物卫生监督机构

C. 动物疾病预防控制机构　　　　　　D. 卫生主管部门

答案：B

《乡村兽医管理办法》第四条第三款规定，县级以上地方人民政府设立的动物卫生监督机构负责本行政区域内乡村兽医监督执法工作。

11.《乡村兽医管理办法》所称乡村兽医，是指尚未取得执业兽医资格，经登记在（　　）从事动物诊疗服务活动的人员。

A. 饲养场　　　　B. 养殖小区　　　　C. 乡村　　　　D. 城区

答案：C

《乡村兽医管理办法》第三条规定，本办法所称乡村兽医，是指尚未取得执业兽医资格，经登记在乡村从事动物诊疗服务活动的人员。

12.《乡村兽医管理办法》规定，乡村兽医登记证有效期届满，需要继续从事动物诊疗服务活动的，应当在有效期届满（　　）个月前申请续展。

A. 1　　　　　　B. 2　　　　　　C. 3　　　　　　D. 6

答案：C

《乡村兽医管理办法》第八条第三款规定，乡村兽医登记证有效期五年，有效期届满需要继续从事动物诊疗服务活动的，应当在有效期届满三个月前申请续展。

多　选　题

1. 乡村兽医有下列（　　）行为的，由动物卫生监督机构给予警告，责令暂停六个月以上一年以下动物诊疗服务活动；情节严重的，由原登记机关收回、注销乡村兽医登记证。

A. 不按照规定区域从业的

B. 未经亲自诊断、治疗，开具处方药、填写诊断书、出具有关证明文件的

C. 不按照当地人民政府或者有关部门的要求参加动物疫病预防、控制和扑灭活动的

D. 伪造诊断结果，出具虚假证明文件的

答案：AC

《乡村兽医管理办法》第十九条规定，乡村兽医有下列行为之一的，由动物卫生监督机构给予警告，责令暂停六个月以上一年以下动物诊疗服务活动；情节严重的，由原登记机关收回、注销乡村兽医登记证：（一）不按照规定区域从业的；（二）不按照当地人民政府或者有关部门的要求参加动物疫病预防、控制和扑灭活动的。

2. 发生突发动物疫情时，乡村兽医应当参加当地人民政府或者有关部门组织的（　　）工作，不得拒绝和阻碍。

A. 诊疗　　　　　B. 预防　　　　　C. 控制　　　　　D. 扑灭

答案：BCD

《乡村兽医管理办法》第十六条规定，发生突发动物疫情时，乡村兽医应当参加当地人民政府或者有关部门组织的预防、控制和扑灭工作，不得拒绝和阻碍。

3. 乡村兽医在乡村从事动物诊疗服务活动的，应当具备（　　）。

A. 固定的从业场所　　B. 必要的兽医器械　　C. X光机　　　　D. 常规化验设施

答案：AB

《乡村兽医管理办法》第十二条规定，乡村兽医在乡村从事动物诊疗服务活动的，应当有固定的从业场所和必要的兽医器械。

4. 乡村兽医登记证格式由农业部规定，各（　　）兽医主管部门统一印制。

A. 省人民政府　　B. 自治区人民政府　　C. 市人民政府　　　D. 县人民政府

答案：AB

《乡村兽医管理办法》第九条第一款规定，乡村兽医登记证格式由农业部规定，各省、自治区、直辖市人民政府兽医主管部门统一印制。

5. 乡村兽医登记证应当载明的事项是（　　）。

A. 姓名　　　　　B. 从业区域　　　　C. 有效期　　　　D. 学历

答案：ABC

《乡村兽医管理办法》第八条第二款规定，乡村兽医登记证应当载明乡村兽医姓名、从业区域、有效期等事项。

6. 符合下列（　　）条件之一，即可向县级人民政府兽医主管部门申请乡村兽医登记。

A. 取得中等以上兽医、畜牧（畜牧兽医）、中兽医（民族兽医）或水产养殖专业学历的

B. 取得初级以上动物疫病防治员、水生动物病害防治员职业技能鉴定证书的

C. 在乡村从事动物诊疗服务连续3年以上的

D. 经县级人民政府兽医主管部门培训合格的

答案：AD

《乡村兽医管理办法》第六条规定，国家实行乡村兽医登记制度。符合下列条件之一的，可以向县级人民政府兽医主管部门申请乡村兽医登记：（一）取得中等以上兽医、畜牧（畜牧兽医）、中兽医（民族兽医）或水产养殖专业学历的；（二）取得中级以上动物疫病防治员、水生动物病害防治员职业技能鉴定证书的；（三）在乡村从事动物诊疗服务连续5年以上的；（四）经县级人民政府兽医主管部门培训合格的。

7. 制定《乡村兽医管理办法》的目的是（　　）。

A. 加强乡村兽医从业管理　　　　　　B. 提高乡村兽医业务素质和职业道德水平

C. 保障乡村兽医合法权益　　　　　　D. 保护动物健康和公共卫生安全

答案：ABCD

《乡村兽医管理办法》第一条规定，为了加强乡村兽医从业管理，提高乡村兽医业务素质和职业道德水平，保障乡村兽医合法权益，保护动物健康和公共卫生安全，根据《中华人民共和国动物防疫法》，制定本办法。

8. 乡村兽医有下列（　　）情形的，原登记机关应当收回、注销乡村兽医登记证。

A. 死亡或者被宣告失踪的

B. 出让、出租、出借执业登记证书的

C. 中止兽医服务活动满二年的

D. 连续两年没有将兽医执业活动情况向注册机关报告，且拒不改正的

答案：AC

《乡村兽医管理办法》第二十条规定，乡村兽医有下列情形之一的，原登记机关应当收回、注销乡村兽医登记证：（一）死亡或者被宣告失踪的；（二）中止兽医服务活动满二年的。

判 断 题

1. 乡村兽医服务人员不能在乡村从事动物诊疗服务活动，具体管理办法由国务院兽医主管部门制定。（　　）

> **答案：错**
>
> 《乡村兽医管理办法》第十一条规定，乡村兽医只能在本乡镇从事动物诊疗服务活动，不得在城区从业。

2. 发生突发动物疫情时，乡村兽医应当参加当地人民政府或者有关部门组织的预防、控制和扑灭工作，不得拒绝和阻碍。（　　）

> **答案：对**
>
> 《乡村兽医管理办法》第十六条规定，发生突发动物疫情时，乡村兽医应当参加当地人民政府或者有关部门组织的预防、控制和扑灭工作，不得拒绝和阻碍。

3. 乡村兽医登记证有效期五年，有效期届满需要继续从事动物诊疗服务活动的，应当在有效期届满30天前申请续展。（　　）

> **答案：错**
>
> 《乡村兽医管理办法》第八条第三款规定，乡村兽医登记证有效期五年，有效期届满需要继续从事动物诊疗服务活动的，应当在有效期届满三个月前申请续展。

4. 乡村兽医只能在本乡镇从事动物诊疗服务活动，因此不需要固定的从业场所。（　　）

> **答案：错**
>
> 《乡村兽医管理办法》第十二条规定，乡村兽医在乡村从事动物诊疗服务活动的，应当有固定的从业场所和必要的兽医器械。

5. 县级人民政府兽医主管部门办理乡村兽医登记，只允许收取工本费用。（　　）

> **答案：错**
>
> 《乡村兽医管理办法》第九条第二款规定，县级人民政府兽医主管部门办理乡村兽医登记，不得收取任何费用。

十五、执业兽医管理办法

单 选 题

1. 申请兽医执业注册或者备案的，应当向注册机关提交医疗机构出具的（　　）个月内的健康体检证明。

A. 1　　　　　　B. 3　　　　　　C. 6　　　　　　D. 12

答案：C

《执业兽医管理办法》第十五条第三项规定，申请兽医执业注册或者备案的，应当向注册机关提交医疗机构出具的6个月内的健康体检证明。

2. 执业兽医可以对下列（　　）疫病进行治疗。

A. 小反刍兽疫　　B. 新城疫　　　C. 猪瘟　　　　D. 犬瘟热

答案：D

《执业兽医管理办法》第二十八条第二款规定，执业兽医在动物诊疗活动中发现动物患有或者疑似患有国家规定应当扑杀的疫病时，不得擅自进行治疗。《一、二、三类动物疫病病种名录》一类动物疫病（17种）口蹄疫、猪水疱病、猪瘟、非洲猪瘟、高致病性猪蓝耳病、非洲马瘟、牛瘟、牛传染性胸膜肺炎、牛海绵状脑病、痒病、蓝舌病、小反刍兽疫、绵羊痘和山羊痘、高致病性禽流感、新城疫、鲤春病毒血症、白斑综合征。

3. 使用伪造、变造、受让、租用、借用的兽医师执业证书或者助理兽医师执业证书的，动物卫生监督机构应当依法收缴，并按照《中华人民共和国动物防疫法》（　　）的规定予以处罚。

A. 第七十九条第一款　　　　　　　　B. 第八十条第一款

C. 第八十一条第一款　　　　　　　　D. 第八十二条第一款

答案：D

《执业兽医管理办法》第三十三条规定，使用伪造、变造、受让、租用、借用的兽医师执业证书或者助理兽医师执业证书的，动物卫生监督机构应当依法收缴，并按照《中华人民共和国动物防疫法》第八十二条第一款的规定予以处罚。

4.《执业兽医管理办法》规定，执业兽医应当于每年（　　）月底前将上年度兽医执业活动情况向注册机关报告。

A. 1　　　　　　B. 2　　　　　　C. 3　　　　　　D. 4

答案：C

《执业兽医管理办法》第三十一条规定，执业兽医应当于每年3月底前将上年度兽医执业活动情况向注册机关报告。

5.《执业兽医管理办法》规定，兽医、畜牧兽医、中兽医（民族兽医）、水产养殖专业的学生可以在（　　）指导下进行专业实习。

A. 助理兽医师　　　　B. 兽医师　　　　C. 高级兽医师　　　　D. 执业兽医师

答案：D

《执业兽医管理办法》第二十四条规定，兽医、畜牧兽医、中兽医（民族兽医）、水产养殖专业的学生可以在执业兽医师指导下进行专业实习。

6.《执业兽医管理办法》规定，县级以上地方人民政府兽医主管部门应当将注册和备案的执业兽医名单逐级汇总报（　　）。

A. 农业部　　　　B. 省兽医局　　　　C. 省兽医主管部门　　　D. 市兽医主管部门

答案：A

《执业兽医管理办法》第二十条规定，县级以上地方人民政府兽医主管部门应当将注册和备案的执业兽医名单逐级汇总报农业部。

7.《执业兽医管理办法》规定，注册机关收到执业兽医师注册申请后，应当在（　　）个工作日内完成对申请材料的审核。

A. 10　　　　B. 20　　　　C. 30　　　　D. 40

答案：B

《执业兽医管理办法》第十六条第一款规定，注册机关收到执业兽医师注册申请后，应当在20个工作日内完成对申请材料的审核。经审核合格的，发给兽医师执业证书；不合格的，书面通知申请人，并说明理由。

8.《执业兽医管理办法》规定，农业部（　　）承担考试委员会的日常工作，负责拟订考试科目、编写考试大纲、建立考试题库、组织考试命题，并提出考试合格标准建议等。

A. 执业兽医管理办公室　　　　　　　B. 全国执业兽医资格考试委员会

C. 兽医主管部门　　　　　　　　　　D. 政策法规司

答案：A

《执业兽医管理办法》第十二条规定，农业部执业兽医管理办公室承担考试委员会的日常工作，负责拟订考试科目、编写考试大纲、建立考试题库、组织考试命题，并提出考试合格标准建议等。

9.《执业兽医管理办法》规定，具有兽医、畜牧兽医、中兽医（民族兽医）或者水产养殖专业（　　）以上学历的人员，可以参加执业兽医资格考试。

A．高中　　　　　　B．中专　　　　　　C．大学专科　　　　D．大学本科

答案：C
　　《执业兽医管理办法》第九条规定，具有兽医、畜牧兽医、中兽医（民族兽医）或者水产养殖专业大学专科以上学历的人员，可以参加执业兽医资格考试。

10.《执业兽医管理办法》规定，国家实行执业兽医资格考试制度。执业兽医资格考试由（　　）组织，全国统一大纲、统一命题、统一考试。

A．国务院　　　　　　　　　　　　B．农业部
C．国家人大常务委员会　　　　　　D．人力资源社会保障部

答案：B
　　《执业兽医管理办法》第八条规定，国家实行执业兽医资格考试制度。执业兽医资格考试由农业部组织，全国统一大纲、统一命题、统一考试。

11.《执业兽医管理办法》规定，县级以上地方人民政府设立的（　　）负责执业兽医的监督执法工作。

A．兽医行政主管部门　　　　　　　B．动物卫生监督机构
C．疾病预防控制机构　　　　　　　D．畜牧综合执法机构

答案：B
　　《执业兽医管理办法》第四条第三款规定，县级以上地方人民政府设立的动物卫生监督机构负责执业兽医的监督执法工作。

12.《执业兽医管理办法》规定，执业兽医师发现可能与兽药使用有关的严重不良反应的，应当立即向所在地（　　）报告。

A．人民政府兽医主管部门　　　　　B．动物卫生监督机构
C．动物疫病预防控制中心　　　　　D．卫生部门

答案：A
　　《执业兽医管理办法》第二十九条第二款规定，执业兽医师发现可能与兽药使用有关的严重不良反应的，应当立即向所在地人民政府兽医主管部门报告。

13．动物饲养场（养殖小区）聘用的取得执业兽医师资格证书和执业助理兽医师资格证书的兽医人员，可以凭（　　）申请兽医执业注册或者备案，但不得对外开展兽医执业活动。

A．资格证书及复印件　　　　　　　B．聘用合同
C．身份证及复印件　　　　　　　　D．学历证明

答案：B

《执业兽医管理办法》第四十条规定，动物饲养场（养殖小区）、实验动物饲育单位、兽药生产企业、动物园等单位聘用的取得执业兽医师资格证书和执业助理兽医师资格证书的兽医人员，可以凭聘用合同申请兽医执业注册或者备案，但不得对外开展兽医执业活动。

多 选 题

1.《执业兽医管理办法》立法宗旨包括的内容有（　　　）。

A．提高执业兽医业务素质和职业道德水平　　　B．保障执业兽医合法权益

C．保护动物健康和公共卫生安全　　　D．促进畜牧业发展

答案：ABC

《执业兽医管理办法》第一条规定，为了规范执业兽医执业行为，提高执业兽医业务素质和职业道德水平，保障执业兽医合法权益，保护动物健康和公共卫生安全，根据《中华人民共和国动物防疫法》，制定本办法。

2．在中华人民共和国境内从事（　　　）的兽医人员适用执业兽医管理办法。

A．动物诊疗　　　B．动物保健活动　　　C．动物饲养　　　D．动物销售

答案：AB

《执业兽医管理办法》第二条规定，在中华人民共和国境内从事动物诊疗和动物保健活动的兽医人员适用本办法。

3．执业兽医管理办法所称执业兽医，包括（　　　）。

A．兽医师　　　B．高级兽医师　　　C．执业兽医师　　　D．执业助理兽医师

答案：CD

《执业兽医管理办法》第三条规定，本办法所称执业兽医，包括执业兽医师和执业助理兽医师。

4．《执业兽医管理办法》规定，申请兽医执业注册或者备案的，应当向注册机关提交的材料是（　　　）。

A．注册申请表或者备案表　　　B．身份证明原件及其复印件

C．执业兽医资格证书及其复印件　　　D．医疗机构出具的三个月内的健康体检证明

答案：ABC

《执业兽医管理办法》第十五条规定，申请兽医执业注册或者备案的，应当向注册机关提

交下列材料：（一）注册申请表或者备案表；（二）执业兽医资格证书及其复印件；（三）医疗机构出具的六个月内的健康体检证明；（四）身份证明原件及其复印件；（五）动物诊疗机构聘用证明及其复印件；申请人是动物诊疗机构法定代表人（负责人）的，提供动物诊疗许可证复印件。

5. 兽医师执业证书和助理兽医师执业证书的格式由农业部规定，可以统一印制的兽医主管部门是（   ）。

A. 省人民政府兽医主管部门　　　　　B. 自治区人民政府兽医主管部门

C. 市人民政府兽医主管部门　　　　　D. 农业部

答案：AB

《执业兽医管理办法》第十七条第二款规定，兽医师执业证书和助理兽医师执业证书的格式由农业部规定，由省、自治区、直辖市人民政府兽医主管部门统一印制。

6. 兽医师执业证书和助理兽医师执业证书应当载明的事项包括（   ）。

A. 姓名　　　　　　　　　　　　　B. 原始学历

C. 执业范围　　　　　　　　　　　D. 受聘动物诊疗机构名称

答案：ACD

《执业兽医管理办法》第十七条第一款规定，兽医师执业证书和助理兽医师执业证书应当载明姓名、执业范围、受聘动物诊疗机构名称等事项。

7. 有下列（   ）情形的，不予发放兽医师执业证书或者助理兽医师执业证书。

A. 不具有完全民事行为能力的

B. 被吊销兽医师执业证书或者助理兽医师执业证书满二年的

C. 患有国家规定不得从事动物诊疗活动的人畜共患传染病的

D. 刚刑满释放的

答案：AC

《执业兽医管理办法》第十八条规定，有下列情形之一的，不予发放兽医师执业证书或者助理兽医师执业证书：（一）不具有完全民事行为能力的；（二）被吊销兽医师执业证书或者助理兽医师执业证书不满二年的；（三）患有国家规定不得从事动物诊疗活动的人畜共患传染病的。

8. 执业兽医不得同时在两个或者两个以上动物诊疗机构执业，但动物诊疗机构间的（   ）情况下除外。

A. 会诊　　　　　B. 支援　　　　　C. 应邀出诊　　　　　D. 急救

答案：ABCD

《执业兽医管理办法》第二十一条规定，执业兽医不得同时在两个或者两个以上动物诊疗机构执业，但动物诊疗机构间的会诊、支援、应邀出诊、急救除外。

9. 可以从事动物诊疗活动的人员是（　　　）。

A. 官方兽医　　　　　　　　　　　B. 注册执业兽医师

C. 备案执业助理兽医师　　　　　　D. 乡村兽医

答案：BCD

《中华人民共和国动物防疫法》第六十条第二款规定，动物卫生监督机构及其工作人员不得从事与动物防疫有关的经营性活动，进行监督检查不得收取任何费用。《执业兽医管理办法》第二十二条规定，执业兽医师可以从事动物疾病的预防、诊断、治疗和开具处方、填写诊断书、出具有关证明文件等活动。第二十三条规定，执业助理兽医师在执业兽医师指导下协助开展兽医执业活动，但不得开具处方、填写诊断书、出具有关证明文件。《乡村兽医管理办法》第三条规定，本办法所称乡村兽医，是指尚未取得执业兽医资格，经登记在乡村从事动物诊疗服务活动的人员。

10. 执业兽医应当按照当地人民政府或者兽医主管部门的要求，有参加（　　　）疫病活动的法定义务。

A. 预防　　　　　B. 诊疗　　　　　C. 控制　　　　　D. 扑灭

答案：ACD

《执业兽医管理办法》第三十条规定，执业兽医应当按照当地人民政府或者兽医主管部门的要求，参加预防、控制和扑灭动物疫病活动，其所在单位不得阻碍、拒绝。

11. 下列（　　　）事项，应当由动物卫生监督机构处以一千元以上一万元以下的罚款。

A. 超出注册机关核定的执业范围从事动物诊疗活动的

B. 变更受聘的动物诊疗机构未重新办理注册或者备案的

C. 伪造诊断结果，出具虚假证明文件的

D. 未经亲自诊断、治疗，开具处方药、填写诊断书、出具有关证明文件的

答案：AB

《执业兽医管理办法》第三十二条规定，违反本办法规定，执业兽医有下列情形之一的，由动物卫生监督机构按照《中华人民共和国动物防疫法》第八十二条第一款的规定予以处罚；情节严重的，并报原注册机关收回、注销兽医师执业证书或者助理兽医师执业证书：（一）超出注册机关核定的执业范围从事动物诊疗活动的；（二）变更受聘的动物诊疗机构未重新办理注册或者备案的。

12. 执业兽医师在动物诊疗活动中，由动物卫生监督机构给予警告，责令限期改正；拒不改正或者再次出现同类违法行为的，处一千元以下罚款的行为是（   ）。

A. 中止兽医执业活动满二年的

B. 不使用病历，或者应当开具处方未开处方的

C. 出让、出租、出借兽医师执业证书或者助理兽医师执业证书的

D. 使用不规范的处方笺、病历册，或者未在处方笺、病历册上签名的

答案：BD

《执业兽医管理办法》第三十五条规定，执业兽医师在动物诊疗活动中有下列情形之一的，由动物卫生监督机构给予警告，责令限期改正；拒不改正或者再次出现同类违法行为的，处一千元以下罚款：（一）不使用病历，或者应当开具处方未开具处方的；（二）使用不规范的处方笺、病历册，或者未在处方笺、病历册上签名的；（三）未经亲自诊断、治疗，开具处方药、填写诊断书、出具有关证明文件的；（四）伪造诊断结果，出具虚假证明文件的。

13. 执业兽医管理办法中规定，申请执业兽医资格考试、注册和备案需另行制定具体办法的居民包括（   ）。

A. 外国人　　　　　B. 香港人　　　　　C. 澳门人　　　　　D. 台湾居民

答案：ABCD

《执业兽医管理办法》第四十三条规定，外国人和香港、澳门、台湾居民申请执业兽医资格考试、注册和备案的具体办法另行制定。

14. 某执业兽医在门诊中发现动物疑似患有一类传染病，该执业兽医应该（   ）。

A. 立即按国家规定向当地兽医主管部门、动物卫生监督机构或动物疫病预防控制机构报告

B. 立即采取隔离控制措施，防止动物疫情扩散

C. 拒绝进行治疗

D. 劝告畜主带动物转其他诊所治疗

答案：ABC

《执业兽医管理办法》第二十八条规定，执业兽医在动物诊疗活动中发现动物染疫或者疑似染疫的，应当按照国家规定立即向当地兽医主管部门、动物卫生监督机构或者动物疫病预防控制机构报告，并采取隔离等控制措施，防止动物疫情扩散。执业兽医在动物诊疗活动中发现动物患有或者疑似患有国家规定应当扑杀的疫病时，不得擅自进行治疗。

15. （   ）可以在乡村从事动物诊疗服务活动。

A. 执业兽医　　　　　　　　　　　B. 乡村兽医

C. 兽医专业毕业生　　　　　　　　D. 具有兽医技能的养殖人员

答案：AB

《执业兽医管理办法》第二条规定，在中华人民共和国境内从事动物诊疗和动物保健活动的兽医人员适用本办法。第三条规定，本办法所称执业兽医，包括执业兽医师和执业助理兽医师。《乡村兽医管理办法》第三条规定，本办法所称乡村兽医，是指尚未取得执业兽医资格，经登记在乡村从事动物诊疗服务活动的人员。

判 断 题

1. 执业兽医在执业活动中应当履行爱护动物，宣传动物保健知识和动物福利义务。（   ）

答案：对

《执业兽医管理办法》第二十六条第四项规定，执业兽医在执业活动中应当履行下列义务：（四）爱护动物，宣传动物保健知识和动物福利。

2. 经注册和备案专门从事水生动物疫病诊疗的执业兽医师和执业助理兽医师，可以从事其他动物疫病诊疗。（   ）

答案：错

《执业兽医管理办法》第二十五条规定，经注册和备案专门从事水生动物疫病诊疗的执业兽医师和执业助理兽医师，不得从事其他动物疫病诊疗。

3. 执业兽医师可以从事动物疾病的预防、诊断、治疗和开具处方、填写诊断书，但不得出具有关证明文件等活动。（   ）

答案：错

《执业兽医管理办法》第二十二条规定，执业兽医师可以从事动物疾病的预防、诊断、治疗和开具处方、填写诊断书、出具有关证明文件等活动。

4. 执业兽医不得同时在两个或者两个以上动物诊疗机构执业，但动物诊疗机构间的会诊、支援、应邀出诊、急救除外。（   ）

答案：对

《执业兽医管理办法》第二十一条规定，执业兽医不得同时在两个或者两个以上动物诊疗机构执业，但动物诊疗机构间的会诊、支援、应邀出诊、急救除外。

5. 具备兽医相关专业大学专科以上学历的才可申请参加执业兽医资格考试。（　　　）

答案：对

《执业兽医管理办法》第九条规定，具有兽医、畜牧兽医、中兽医（民族兽医）或者水产养殖专业大学专科以上学历的人员，可以参加执业兽医资格考试。

6. 执业兽医应按照当地人民政府或者兽医主管部门要求参加动物疫病预防、控制和扑灭活动。（　　　）

答案：对

《执业兽医管理办法》第三十条规定，执业兽医应当按照当地人民政府或者兽医主管部门的要求，参加预防、控制和扑灭动物疫病活动，其所在单位不得阻碍、拒绝。

7. 取得执业兽医资格即可从事动物诊疗活动。（　　　）

答案：错

《执业兽医管理办法》第十四条规定，取得执业兽医师资格证书，从事动物诊疗活动的，应当向注册机关申请兽医执业注册；取得执业助理兽医师资格证书，从事动物诊疗辅助活动的，应当向注册机关备案。

8. 执业兽医应当定期参加兽医专业知识和相关政策法规教育培训，不断提高业务素质。（　　　）

答案：对

《执业兽医管理办法》第六条规定，执业兽医应当定期参加兽医专业知识和相关政策法规教育培训，不断提高业务素质。

9. 拟从业人员取得执业助理兽医师资格证书经备案后，可从事动物诊疗辅助活动。（　　　）

答案：对

《执业兽医管理办法》第十四条规定，取得执业兽医师资格证书，从事动物诊疗活动的，应当向注册机关申请兽医执业注册；取得执业助理兽医师资格证书，从事动物诊疗辅助活动的，应当向注册机关备案。

10. 动物诊疗机构执业兽医可拒绝参加当地动物卫生主管部门要求的动物疫病预防、控制和扑灭活动。（　　　）

答案：错

《执业兽医管理办法》第三十条规定，执业兽医应当按照当地人民政府或者兽医主管部门的要求，参加预防、控制和扑灭动物疫病活动，其所在单位不得阻碍、拒绝。

11. 执业兽医可以依法组织和参加兽医协会。（   ）

答案：对

《执业兽医管理办法》第七条规定，执业兽医依法履行职责，其权益受法律保护。鼓励成立兽医行业协会，实行行业自律，规范从业行为，提高服务水平。

十六、重大动物疫情条例

单 选 题

1. （   ）以上人民政府应当制定本行政区域的重大动物疫病应急预案。

A. 县级   B. 市级   C. 省级   D. 国家

答案：A

《重大动物疫情应急条例》第九条第二款规定，县级以上地方人民政府根据本地区的实际情况，制定本行政区域的重大动物疫情应急预案，报上一级人民政府兽医主管部门备案。

2. 《重大动物疫情应急条例》规定，重大动物疫情是指高致病性禽流感等（   ）的动物疫病。

A. 发病率和死亡率低   B. 发病率或者死亡率低

C. 发病率和死亡率高   D. 发病率或者死亡率高

答案：D

《重大动物疫情应急条例》第二条规定，本条例所称重大动物疫情，是指高致病性禽流感等发病率或者死亡率高的动物疫病突然发生，迅速传播，给养殖业生产安全造成严重威胁、危害，以及可能对公众身体健康与生命安全造成危害的情形，包括特别重大动物疫情。

3. 《重大动物疫情应急条例》规定，对不履行或者不按照规定履行重大动物疫情应急处理职责的行为，任何单位和个人有权（   ）。

A. 揭发   B. 上访   C. 检举控告   D. 提起诉讼

答案：C

《重大动物疫情应急条例》第八条规定，对不履行或者不按照规定履行重大动物疫情应急处理职责的行为，任何单位和个人有权检举控告。

4. 《重大动物疫情应急条例》规定，县（市）动物防疫监督机构接到重大动物疫情报告并初步核实后，应当在（   ）小时内逐级上报省级动物防疫监督机构，同时报所在地兽医主管部门。

A. 1   B. 2   C. 3   D. 4

答案：B

《重大动物疫情应急条例》第十七条规定，县（市）动物防疫监督机构接到报告后，应当立即赶赴现场调查核实。初步认为属于重大动物疫情的，应当在2小时内将情况逐级报省、自治区、直辖市动物防疫监督机构，并同时报所在地人民政府兽医主管部门。

5.《重大动物疫情应急条例》规定，重大动物疫情由省、自治区、直辖市人民政府（   ）认定。

    A．兽医主管部门　　　　　　　　　　B．动物卫生监督机构

    C．动物疫病预防控制部门　　　　　　D．卫生部门

答案：A

《重大动物疫情应急条例》第十九条规定，重大动物疫情由省、自治区、直辖市人民政府兽医主管部门认定；必要时，由国务院兽医主管部门认定。

6.《重大动物疫情应急条例》规定，重大动物疫情由（   ）按照国家规定的程序，及时准确公布；其他任何单位和个人不得公布重大动物疫情。

    A．县级兽医主管部门　　　　　　　　B．地市级兽医主管部门

    C．省、自治区、直辖市级兽医主管部门　　D．国务院兽医主管部门

答案：D

《重大动物疫情应急条例》第二十条规定，重大动物疫情由国务院兽医主管部门按照国家规定的程序，及时准确公布；其他任何单位和个人不得公布重大动物疫情。

7.《重大动物疫情应急条例》规定，重大动物疫病的病料采集，未经省、自治区、直辖市（   ）批准，其他单位和个人不得擅自采集病料。

    A．人民政府兽医行政主管部门　　　　B．动物卫生监督机构

    C．动物疫病预防控制机构　　　　　　D．以上都可以

答案：A

《重大动物疫情应急条例》第二十一条规定，重大动物疫病应当由动物防疫监督机构采集病料，未经国务院兽医主管部门或者省、自治区、直辖市人民政府兽医主管部门批准，其他单位和个人不得擅自采集病料。从事重大动物疫病病原分离的，应当遵守国家有关生物安全管理规定，防止病原扩散。

8.《重大动物疫情应急条例》规定，在重大动物疫情报告期间，动物防疫监督机构应当立即采取（   ）措施。

    A．扑杀　　　　　　　　　　　　　　B．临时隔离控制

    C．销毁　　　　　　　　　　　　　　D．临时免疫接种

答案：B

《重大动物疫病应急条例》第二十五条规定，在重大动物疫情报告期间，有关动物防疫监督机构应当立即采取临时隔离控制措施；必要时，当地县级以上地方人民政府可以作出封锁决定并采取扑杀、销毁等措施。有关单位和个人应当执行。

9.《重大动物疫情应急条例》规定，重大动物疫情发生后，（　　）应当立即划定疫点、疫区和受威胁区，调查疫源。

A．县级以上动物防疫监督机构　　　　B．县级以上人民政府兽医主管部门

C．地市级以上动物防疫监督机构　　　D．地市级以上人民政府兽医主管部门

答案：B

《重大动物疫情应急条例》第二十七条第一款规定，重大动物疫情发生后，县级以上地方人民政府兽医主管部门应当立即划定疫点、疫区和受威胁区，调查疫源，向本级人民政府提出启动重大动物疫情应急指挥系统、应急预案和对疫区实行封锁的建议，有关人民政府应当立即作出决定。

10．自疫区内最后一头（只）发病动物处理完毕，经过（　　）以上的监测，未出现新的病例，彻底消毒后，经上一级动物防疫监督机构验收合格，由原发布封锁令的人民政府公布解除封锁。

A．一个月　　　　B．半个月　　　　C．一个潜伏期　　　　D．45天

答案：C

《重大动物疫病应急条例》第四十条规定，自疫区内最后一头（只）发病动物及其同群动物处理完毕起，经过一个潜伏期以上的监测，未出现新的病例的，彻底消毒后，经上一级动物防疫监督机构验收合格，由原发布封锁令的人民政府宣布解除封锁，撤销疫区；由原批准机关撤销在该疫区设立的临时动物检疫消毒站。

11.《重大动物疫情应急条例》规定，解除疫区封锁之前，经（　　）验收合格，由原发布封锁令的人民政府宣布解除封锁，撤销疫区。

A．本级动物防疫监督机构　　　　B．上一级动物防疫监督机构

C．本级兽医主管部门　　　　　　D．上一级兽医主管部门

答案：B

《重大动物疫病应急条例》第四十条规定，自疫区内最后一头（只）发病动物及其同群动物处理完毕起，经过一个潜伏期以上的监测，未出现新的病例的，彻底消毒后，经上一级动物防疫监督机构验收合格，由原发布封锁令的人民政府宣布解除封锁，撤销疫区；由原批准机关撤销在该疫区设立的临时动物检疫消毒站。

12．违反《重大动物疫情应急条例》规定，拒绝、阻碍动物防疫监督机构进行重大动物疫情监测，

或者发现动物出现群体发病或者死亡，不向当地动物防疫监督机构报告的，由动物防疫监督机构给予警告，并处（　　　）的罚款。

A．2000元以上5000元以下 　　　　　　B．2000元以上10000元以下

C．1000元以上10000元以下 　　　　　　D．1000元以上5000元以下

> **答案：A**
>
> 　　《重大动物疫情应急条例》第四十六条规定，违反本条例规定，拒绝、阻碍动物防疫监督机构进行重大动物疫情监测，或者发现动物出现群体发病或者死亡，不向当地动物防疫监督机构报告的，由动物防疫监督机构给予警告，并处2000元以上5000元以下的罚款；构成犯罪的，依法追究刑事责任。

13．违反《重大动物疫情应急条例》规定，擅自采集重大动物疫病病料，或者在重大动物疫病病原分离时不遵守国家有关生物安全管理规定的，由动物防疫监督机构给予警告，并处（　　　）元以下的罚款；构成犯罪的，依法追究刑事责任。

A．1000 　　　　B．2000 　　　　C．3000 　　　　D．5000

> **答案：D**
>
> 　　《重大动物疫情应急条例》第四十七条规定，违反本条例规定，擅自采集重大动物疫病病料，或者在重大动物疫病病原分离时不遵守国家有关生物安全管理规定的，由动物防疫监督机构给予警告，并处5000元以下的罚款；构成犯罪的，依法追究刑事责任。

14．对疫区内其他易感动物处理错误的是（　　　）。

A．圈养 　　　　B．指定地点放养 　　　　C．运到疫区外销售 　　　　D．疫区内使役

> **答案：C**
>
> 　　《重大动物疫情应急条例》第三十条规定，对疫区应当采取下列措施：（二）扑杀并销毁染疫和疑似染疫动物及其同群动物，销毁染疫和疑似染疫的动物产品，对其他易感染的动物实行圈养或者在指定地点放养，役用动物限制在疫区内使役。

15．对疫区的封锁的解除，由（　　　）宣布。

A．当地动物卫生监督机构 　　　　　　B．当地兽医主管部门

C．上级兽医主管部门 　　　　　　　　D．原发布封锁令的人民政府

> **答案：D**
>
> 　　《重大动物疫情应急条例》第四十条规定，自疫区内最后一头（只）发病动物及其同群动物处理完毕起，经过一个潜伏期以上的监测，未出现新的病例的，彻底消毒后，经上一级动物防疫监督机构验收合格，由原发布封锁令的人民政府宣布解除封锁，撤销疫区；由原批准机关撤销在该疫区设立的临时动物检疫消毒站。

16. 《重大动物疫情应急条例》规定，省级动物防疫监督机构在接到县（市）动物防疫监督机构报告重大动物疫情后（　　）小时内，向省级兽医主管部门和国家级动物防疫监督机构报告。

A. 1　　　　　　　B. 2　　　　　　　C. 3　　　　　　　D. 4

答案：A

《重大动物疫情应急条例》第十七条规定，县（市）动物防疫监督机构接到报告后，应当立即赶赴现场调查核实。初步认为属于重大动物疫情的，应当在2小时内将情况逐级报省、自治区、直辖市动物防疫监督机构，并同时报所在地人民政府兽医主管部门；兽医主管部门应当及时通报同级卫生主管部门。省、自治区、直辖市动物防疫监督机构应当在接到报告后1小时内，向省、自治区、直辖市人民政府兽医主管部门和国务院兽医主管部门所属的动物防疫监督机构报告。

17. 《重大动物疫情应急条例》规定，省级兽医主管部门在接到省级动物防疫监督机构报告重大动物疫情后（　　）小时内报本级人民政府和国务院兽医主管部门。

A. 1　　　　　　　B. 2　　　　　　　C. 3　　　　　　　D. 4

答案：A

《重大动物疫情应急条例》第十七条规定，省、自治区、直辖市人民政府兽医主管部门应当在接到报告后1小时内报本级人民政府和国务院兽医主管部门。

18. 《重大动物疫情应急条例》规定，重大疫情发生后，省级人民政府和国务院兽医主管部门应当在接到省级兽医主管部门报告重大动物疫情后（　　）内报国务院。

A. 1　　　　　　　B. 2　　　　　　　C. 3　　　　　　　D. 4

答案：D

《重大动物疫情应急条例》第十七条规定，重大动物疫情发生后，省、自治区、直辖市人民政府和国务院兽医主管部门应当在4小时内向国务院报告。

多　选　题

1. 《重大动物疫情应急条例》规定，突发重大动物疫情应急处理工作方针是（　　）。

A. 统一领导，密切配合　　　　　　　B. 依靠科学，依法防治

C. 群防群控，果断处置　　　　　　　D. 及时确诊，分工负责

答案：ABC

《重大动物疫情应急条例》第三条规定，重大动物疫情应急工作应当坚持加强领导、密

切配合，依靠科学、依法防治，群防群控、果断处置的方针，及时发现，快速反应，严格处理，减少损失。

2.《重大动物疫情应急条例》规定，县级以上人民政府兽医主管部门具体负责组织重大动物疫情的（　　）等应急工作。

A. 监测　　　　　　　B. 调查　　　　　　　C. 控制　　　　　　　D. 扑灭

答案：ABCD

《重大动物疫情应急条例》第四条第二款规定，县级以上人民政府兽医主管部门具体负责组织重大动物疫情的监测、调查、控制、扑灭等应急工作。

3.《重大动物疫情应急条例》规定，重大动物疫情应急预案主要包括（　　）等内容。

A. 应急指挥部的职责、组成以及成员单位的分工

B. 重大动物疫情的监测、信息收集、报告和通报

C. 动物疫病的确认、重大动物疫情的分级和相应的应急处理工作方案

D. 重大动物疫情疫源的追踪和流行病学调查分析

答案：ABCD

《重大动物疫情应急条例》第十条规定，重大动物疫情应急预案主要包括下列内容：（一）应急指挥部的职责、组成以及成员单位的分工；（二）重大动物疫情的监测、信息收集、报告和通报；（三）动物疫病的确认、重大动物疫情的分级和相应的应急处理工作方案；（四）重大动物疫情疫源的追踪和流行病学调查分析；（五）预防、控制、扑灭重大动物疫情所需资金的来源、物资和技术的储备与调度；（六）重大动物疫情应急处理设施和专业队伍建设。

4.《重大动物疫情应急条例》规定，应急预备队由（　　）等组成。

A. 当地兽医行政管理人员　　　　　　　B. 动物防疫工作人员

C. 有关专家　　　　　　　　　　　　　D. 公安民警

答案：ABC

《重大动物疫情应急条例》第十三条第二款规定，应急预备队由当地兽医行政管理人员、动物防疫工作人员、有关专家、执业兽医等组成；必要时，可以组织动员社会上有一定专业知识的人员参加。公安机关、中国人民武装警察部队应当依法协助其执行任务。

5.《重大动物疫情应急条例》规定，重大动物疫情报告包括（　　）等内容。

A. 疫情发生的时间、地点

B. 染疫、疑似染疫动物种类和数量、同群动物数量、免疫情况、死亡数量、临床症状、病理变化、诊断情况

C. 流行病学和疫源追踪情况

D. 已采取的控制措施

答案：ABCD

《重大动物疫情应急条例》第十八条规定，重大动物疫情报告包括下列内容：（一）疫情发生的时间、地点；（二）染疫、疑似染疫动物种类和数量、同群动物数量、免疫情况、死亡数量、临床症状、病理变化、诊断情况；（三）流行病学和疫源追踪情况；（四）已采取的控制措施；（五）疫情报告的单位、负责人、报告人及联系方式。

6.《重大动物疫情应急条例》规定，重大疫情发生时疫点内应采取（　　　）措施。

A. 扑杀、销毁染疫动物及动物产品

B. 病死动物、排泄物、被污染饲料、垫料、污水进行无害化处理

C. 全面消毒

D. 易感染的动物进行紧急接种

答案：ABC

《重大动物疫病应急条例》第二十九条规定，对疫点应当采取下列措施：（一）扑杀并销毁染疫动物和易感染的动物及其产品；（二）对病死的动物、动物排泄物、被污染饲料、垫料、污水进行无害化处理；（三）对被污染的物品、用具、动物圈舍、场地进行严格消毒。

7.《重大动物疫情应急条例》规定，对受威胁区易感染的动物应当采取（　　　）措施。

A. 进行监测　　　　　　　　　　　　B. 进行隔离

C. 根据需要实施紧急免疫接种　　　　D. 进行捕杀

答案：AC

《重大动物疫病应急条例》第三十一条规定，对受威胁区应当采取下列措施：（一）对易感染的动物进行监测；（二）对易感染的动物根据需要实施紧急免疫接种。

8.《重大动物疫情应急条例》规定，解除封锁的要求指疫区、疫点内最后一头病畜扑杀或痊愈后，经过（　　　）后，按规定报批解除封锁。

A. 县级以上农牧部门检查合格

B. 彻底清扫、消毒

C. 一个潜伏期以上的监测观察，未出现新的病例

D. 经上一级动物防疫监督机构验收合格

答案：BCD

《重大动物疫病应急条例》第四十条规定，自疫区内最后一头（只）发病动物及其同群动物处理完毕起，经过一个潜伏期以上的监测，未出现新的病例的，彻底消毒后，经上一级动物防疫监督机构验收合格，由原发布封锁令的人民政府宣布解除封锁，撤销疫区；由原批准机关

撤销在该疫区设立的临时动物检疫消毒站。

9. 突发重大动物疫情的责任报告单位有（　　）。

A. 动物防疫组织　　　B. 动物诊疗单位　　　C. 动物的所有人　　　D. 执业兽医

答案：ABCD

《重大动物疫病应急条例》第十六条规定，从事动物隔离、疫情监测、疫病研究与诊疗、检验检疫以及动物饲养、屠宰加工、运输、经营等活动的有关单位和个人，发现动物出现群体发病或者死亡的，应当立即向所在地的县（市）动物防疫监督机构报告。

10. （　　）负责重大动物疫情的认定。

A. 国务院兽医主管部门　　　　　　　B. 省、自治区和直辖市人民政府兽医主管部门

C. 地级市人民政府兽医主管部门　　　D. 县（区、市）人民政府兽医主管部门

答案：AB

《重大动物疫病应急条例》第十九条规定，重大动物疫情由省、自治区、直辖市人民政府兽医主管部门认定；必要时，由国务院兽医主管部门认定。

11. 重大动物疫情发生后，县级以上地方人民政府兽医主管部门应当立即划定（　　），调查疫源。

A. 疫点　　　　　B. 疫区　　　　　C. 封锁区　　　　　D. 受威胁区

答案：ABD

《重大动物疫病应急条例》第二十七条规定，重大动物疫情发生后，县级以上地方人民政府兽医主管部门应当立即划定疫点、疫区和受威胁区，调查疫源，向本级人民政府提出启动重大动物疫情应急指挥系统、应急预案和对疫区实行封锁的建议，有关人民政府应当立即作出决定。

12. 不履行重大动物疫情应急条例规定的职责，导致动物疫病传播、流行的，由本级人民政府或者上级人民政府有关部门采取的处理措施可以是（　　）。

A. 罚款　　　　　B. 责令立即改正　　　　　C. 通报批评　　　　　D. 给予警告

答案：BCD

《重大动物疫病应急条例》第四十二条规定，违反本条例规定，兽医主管部门及其所属的动物防疫监督机构有下列行为之一的，由本级人民政府或者上级人民政府有关部门责令立即改正、通报批评、给予警告；对主要负责人、负有责任的主管人员和其他责任人员，依法给予记大过、降级、撤职直至开除的行政处分；构成犯罪的，依法追究刑事责任：（一）不履行疫情报告职责，瞒报、谎报、迟报或者授意他人瞒报、谎报、迟报，阻碍他人报告重大动物疫情的。

13. 任何单位和个人不得（　　　）动物疫情。

A. 瞒报　　　　　　B. 谎报　　　　　　C. 迟报　　　　　　D. 漏报

答案：ABCD

《重大动物疫情应急条例》第二十四条规定，有关单位和个人对重大动物疫情不得瞒报、谎报、迟报，不得授意他人瞒报、谎报、迟报，不得阻碍他人报告。

判　断　题

1. 重大动物疫情是指高致病性禽流感等发病率或者死亡率高的动物疫病突然发生，迅速传播，给养殖业生产安全造成严重威胁、危害，以及可能对公众身体健康与生命安全造成危害的情形，包括特别重大动物疫情。（　　　）

答案：对

《重大动物疫情应急条例》第二条规定，本条例所称重大动物疫情，是指高致病性禽流感等发病率或者死亡率高的动物疫病突然发生，迅速传播，给养殖业生产安全造成严重威胁、危害，以及可能对公众身体健康与生命安全造成危害的情形，包括特别重大动物疫情。

2. 国家对重大动物疫病疫区、受威胁区内易感染的动物免费实施紧急免疫接种。（　　　）

答案：对

《重大动物疫情应急条例》第三十三条规定，国家对疫区、受威胁区内易感染的动物免费实施紧急免疫接种；对因采取扑杀、销毁等措施给当事人造成的已经证实的损失，给予合理补偿。紧急免疫接种和补偿所需费用，由中央财政和地方财政分担。

3. 重大动物疫病应当由动物防疫监督机构采集病料，未经国务院兽医主管部门或者省、自治区、直辖市人民政府兽医主管部门批准，其他单位和个人不得擅自采集病料。（　　　）

答案：对

《重大动物疫情应急条例》第二十一条规定，重大动物疫病应当由动物防疫监督机构采集病料，未经国务院兽医主管部门或者省、自治区、直辖市人民政府兽医主管部门批准，其他单位和个人不得擅自采集病料。

十七、动物疫病基础知识

单　选　题

1. 临床发现病鸡一腿向前、一腿向后呈"大劈叉"姿态的，可怀疑为患有（　　）。

A. 新城疫　　　　　B. 禽流感　　　　　C. 马立克氏病　　　　　D. 支原体

答案：C

2. 猪囊尾蚴应检部位是（　　）。

A. 咬肌　　　　　B. 心肌　　　　　C. 腿肌　　　　　D. 膈肌角

答案：A

3. 动物机体在活动时，主要的产热器官是（　　）。

A. 肝脏　　　　　B. 骨骼肌　　　　　C. 脑　　　　　D. 血液

答案：B

4. 组织内发生局限性化脓性炎，表现为炎区中心坏死液化而形成含有脓液的腔，称为（　　）。

A. 脓肿　　　　　B. 血肿　　　　　C. 水肿　　　　　D. 坏死

答案：A

5. 鸡新城疫发病后期，肠道散在淋巴集结的眼观病理变化是（　　）。

A. 纽扣状肿大　　　　　B. 黏膜充血　　　　　C. 枣核状溃疡　　　　　D. 无任何变化

答案：C

6. 实验室常用诊断狂犬病的方法是（　　）。

A. 血凝试验　　　　　B. 血凝抑制试验　　　　　C. 包涵体检查　　　　　D. 酶联免疫吸附试验

答案：C

7. 脑膜脑炎型猪链球菌病最主要的临床表现是（　　）。

A. 皮肤出血　　　　　B. 关节肿胀　　　　　C. 神经症状　　　　　D. 体温降低

答案：C

8. 凡是血液凝固不良、鼻孔流血的病死动物，应采集（　　）部位血液涂片。

A. 舌尖　　　　　B. 耳尖　　　　　C. 心脏　　　　　D. 颈动脉

答案：B

9. 诊断鸡马立克氏病常用的血清学试验是（   ）。

A. HI及HA试验　　　　　B. 琼脂扩散试验　　　　C. ELISA试验　　　　　D. 间接血凝试验

答案：B

10. 鸡胸腺位于（   ）。

A. 胸部皮下　　　　　　B. 颈部两侧皮下　　　　C. 腹部皮下　　　　　　D. 锁骨两侧

答案：B

11. 肝片吸虫的主要终末宿主为（   ）。

A. 牛、羊　　　　　　　B. 鸡　　　　　　　　　C. 鹅　　　　　　　　　D. 猫

答案：A

12. 仔兔出生后皮肤多处出现粟粒大小的脓肿应怀疑（   ）。

A. 兔瘟　　　　　　　　B. 兔葡萄球菌感染　　　C. 兔巴氏杆菌　　　　　D. 兔支原体感染

答案：B

13. 下列不易感染布鲁氏菌病的是（   ）。

A. 初产的母猪　　　　　B. 马驹　　　　　　　　C. 成年奶牛　　　　　　D. 成年公羊

答案：B

14. 活鸡心脏采血的进针部位为（   ）。

A. 胸部肌肉较厚部位　　B. 胸两侧肋骨部　　　　C. 胸前口　　　　　　　D. 鸡背部椎骨两侧

答案：C

15. 炭疽杆菌暴露于空气中，很容易形成（   ）。

A. 鞭毛　　　　　　　　B. 荚膜　　　　　　　　C. 芽胞　　　　　　　　D. 菌影

答案：C

16. 口蹄疫的最长临床潜伏期为（   ）天。

A. 7　　　　　　　　　　B. 14　　　　　　　　　C. 21　　　　　　　　　D. 30

答案：B

17. 以下为革兰氏染色两极浓染的细菌是（　　）。

A. 大肠杆菌　　　　B. 布鲁氏菌　　　　C. 巴氏杆菌　　　　D. 沙门氏菌

答案：C

18. 下列属于免疫抑制类传染病的是（　　）。

A. 禽流感　　　　B. 口蹄疫　　　　C. 高致病性猪蓝耳病　D. 猪瘟

答案：C

19. 传染病的主要症状或典型症状出现的阶段，临床上称为（　　）。

A. 前驱期　　　　B. 转归期　　　　C. 明显期　　　　D. 潜伏期

答案：C

20. 进行口蹄疫检测有时要采牛、羊OP液，牛、羊OP液是指（　　）。

A. 食道-咽部分泌液　B. 粪便、尿液　　　C. 血液　　　　　D. 组织液

答案：A

21. 生猪屠宰检疫中对两侧颌下淋巴结的剖检主要是为了检验（　　）。

A. 炭疽和结核　　　B. 口蹄疫　　　　C. 猪瘟　　　　　D. 猪传染性水疱病

答案：A

22. 旋毛虫检疫的检验位置为（　　）。

A. 咬肌　　　　　B. 左右横膈肌脚　　C. 腰肌　　　　　D. 肾脏

答案：B

23. 发生亚急性型猪丹毒的皮肤病变是（　　）。

A. 皮肤严重出血　　B. 皮屑脱落　　　C. 皮肤表面出现疹块　D. 皮肤水肿

答案：C

24. 无特定病原动物是指（　　）。

A. 没有特定的病原微生物　　　　　　B. 无寄生虫的动物

C. 不含有微生物　　　　　　　　　　D. 无特定的病原微生物或寄生虫的动物

答案：D

25. 羊肠毒血症是由（　　）引起的羊急性、非接触性传染病。

A. 大肠杆菌　　　　B. 腐败梭菌　　　C. C型产气荚膜梭菌　D. D型产气荚膜梭菌

257

答案：D

26. 狂犬病是由（   ）科病毒引起的。

A. 动脉炎病毒　　　　B. 细小病毒　　　　C. 黄病毒　　　　D. 弹状病毒

答案：D

27. 梗死的基本病理变化是局部组织的（   ）。

A. 充血　　　　　　B. 出血　　　　　　C. 淤血　　　　　　D. 坏死

答案：D

28. 个体检疫是指对群体检疫检出的（   ）家畜进行个体临诊检查。

A. 可疑病态　　　　B. 确为病态　　　　C. 健康　　　　　　D. 任何情况

答案：A

29. 猪气喘病的病原体是（   ）。

A. 巴氏杆菌　　　　B. 肺炎支原体　　　　C. 链球菌　　　　D. 放线菌

答案：B

30. 血液样品在采集前一般禁食（   ）。

A. 2小时　　　　　　B. 4小时　　　　　　C. 6小时　　　　　　D. 8小时

答案：D

31. 仔猪红痢是由（   ）引起的猪肠毒血症。

A. 大肠杆菌　　　　B. 沙门氏菌　　　　C. C型产气荚膜梭菌　　　D. D型产气荚膜梭菌

答案：C

32. 弓形体的终末宿主是（   ）。

A. 猪　　　　　　　B. 狐狸　　　　　　C. 狗　　　　　　　D. 猫

答案：D

33. 破伤风梭菌的感染途径主要是经过（   ）。

A. 消化道　　　　　B. 呼吸道　　　　　C. 伤口　　　　　　D. 生殖道

答案：C

34. 心内膜炎以（　　）心内膜炎最为重要和常见。

A. 瓣膜性 　　　　　B. 心壁性 　　　　　C. 腱索性 　　　　　D. 乳头肌性

答案：A

35. 腐败梭菌经羊的创伤感染可致（　　）的发生。

A. 恶性水肿 　　　B. 羊快疫 　　　　C. 羊猝疽 　　　　D. 羊黑疫

答案：A

36. 下列传染病中，不属于多种家畜共患的为（　　）。

A. 大肠杆菌病 　　B. 狂犬病 　　　　C. 衣原体病 　　　　D. 猪传染性胃肠炎

答案：D

37. 鸡支原体病的说法有误的一项是（　　）。

A. 病程长至数周或数月

B. 气囊炎以及气囊混浊、增厚、黏附以豆腐渣样分泌物

C. 伴有持续性腹泻

D. 又叫鸡慢性呼吸道病，也叫鸡霉形体病

答案：C

38. 禽霍乱是由（　　）引起的多种禽类的一种败血性传染病。

A. 霍乱弧菌 　　　B. 多杀性巴氏杆菌 　　C. 弯曲杆菌 　　　D. 沙门氏菌

答案：B

39. 炭疽杆菌是（　　）菌。

A. 需氧 　　　　　B. 厌氧 　　　　C. 兼性厌氧 　　　　D. 嗜盐

答案：C

40. 解剖鸡时，鸡的体位应采取（　　）。

A. 俯卧式 　　　　B. 侧卧式 　　　　C. 仰卧式 　　　　D. 吊挂式

答案：C

41. 下列细菌属于严格厌氧菌的是（　　）。

A. 大肠杆菌 　　B. 沙门氏菌 　　　C. 破伤风梭菌 　　　D. 巴氏杆菌

答案：C

42. 仔猪红痢临床可见最明显的症状是（　　）。

A. 呼吸障碍　　　　B. 排红色粪便　　　　C. 跛行　　　　D. 皮肤出血

答案：B

43. 沙门氏菌在（　　）的传播中，可代代相传，因此要进行净化。

A. 哺乳动物　　　　B. 禽类　　　　C. 人类　　　　D. 水生动物

答案：B

44. 某鸡场4周龄鸡出现咳嗽气喘、流鼻液症状。分泌物经0.45μm滤膜过滤后接种牛心浸出液琼脂培养基，7天后可见露珠状小菌落。该鸡群感染的病原可能是（　　）。

A. 鸡支原体　　　　B. 沙门氏菌　　　　C. 支气管败血波氏菌　　　D. 多杀性巴氏杆菌

答案：A

45. 马传染性贫血造成肝脏的病理变化，一般称为（　　）。

A. 肝萎缩　　　　B. 槟榔肝　　　　C. 锯屑肝　　　　D. 乳斑肝

答案：B

46. 小鹅瘟特征性的剖检病理变化是（　　）。

A. 肝脏肿大、出血　　　　　　　　B. 小肠黏膜出血

C. 肺脏淤血、出血　　　　　　　　D. 小肠肠腔内形成状如香肠的栓子

答案：D

47. 检验炭疽的血清学方法是（　　）。

A. 血凝抑制试验　　　B. 直接凝集试验　　　C. 环状沉淀试验　　　D. 间接血凝试验

答案：D

48. 宰后淋巴结出现"髓样变"时，常见于（　　）。

A. 副伤寒　　　　B. 结核　　　　C. 布鲁氏菌病　　　　D. 炭疽

答案：A

49. 生猪屠宰检疫中，发现心脏瓣膜有菜花样赘生物，则首先应考虑是（　　）。

A. 肠炭疽　　　　B. 肺疫　　　　C. 副伤寒　　　　D. 慢性猪丹毒

答案：D

50. 口蹄疫病毒英文简称是（　　　）。

A. FMDV B. AIV C. NDV D. PRRSV

答案：A

51. 动物突然死亡，生前无明显症状的疾病类型是（　　　）。

A. 最急性型 B. 亚急性型 C. 慢性型 D. 急性型

答案：A

52. 猪传染性胃肠炎的主要临床特征是（　　　）。

A. 排出红色稀便 B. 排出绿色稀便

C. 呕吐、严重腹泻和失水 D. 皮肤出血

答案：C

53. 兔瘟又称（　　　）。

A. 兔疫 B. 兔病毒性出血症 C. 兔繁殖障碍 D. 兔病毒性肠炎

答案：B

54. 猪附红细胞体病的主要病理变化是（　　　）。

A. 淋巴结出血性萎缩 B. 黄疸、贫血 C. 血液浓稠 D. 胃底穿孔

答案：B

55. 犬瘟热的热型是（　　　）。

A. 稽留热 B. 双相热 C. 低热 D. 无体温反应

答案：B

56. 解剖猪时，腹腔的切开要沿（　　　）。

A. 肋弓 B. 脊椎边缘 C. 腹正中线 D. 腹部任意位置

答案：C

57. 羊黑疫发生的诱因是（　　　）。

A. 气候突变 B. 羊感染了肝片吸虫

C. 羊食入了大量高蛋白饲料 D. 羊产乳高峰

答案：B

58. 高致病性禽流感病毒在分类上属于（　　　）。

A．正粘病毒　　　　B．副粘病毒　　　　C．疱疹病毒　　　　D．腺病毒

答案：A

59．实验室常用（　　）诊断炭疽。

A．琼扩试验　　　　B．血凝试验　　　　C．炭疽沉淀试验　　　　D．血凝抑制试验

答案：C

60．羊肠毒血症又称（　　）。

A．烂肠瘟　　　　B．羊痢疾　　　　C．软肾病　　　　D．黑头病

答案：C

61．化脓菌引起的败血症称为（　　）。

A．脓肿　　　　B．毒血病　　　　C．脓毒败血症　　　　D．充血

答案：C

62．牛腐蹄病的病原体是（　　）。

A．大肠杆菌　　　　B．坏死杆菌　　　　C．李氏杆菌　　　　D．巴氏杆菌

答案：B

63．猪瘟的淋巴结病变是（　　）。

A．髓样变　　　　B．干酪样变　　　　C．大理石样变　　　　D．槟榔样变

答案：C

64．犬瘟热病犬的趾部脚垫皮肤变化是（　　）。

A．溃疡　　　　B．角化　　　　C．水疱　　　　D．出血

答案：B

65．鸡新城疫病毒囊膜表面具有红细胞凝集特性的成分是（　　）。

A．血凝素　　　　B．神经氨酸酶　　　　C．F蛋白　　　　D．M蛋白

答案：A

66．发生炭疽死亡的动物，其血液（　　），呈煤焦油样。

A．凝固　　　　B．凝固不良　　　　C．稀薄　　　　D．浓稠

答案：B

67. 猪的下颌淋巴结位于（　　　）。

A．颈部上三分之一处颈静脉上侧　　　　B．下颌间隙内下颌弓内侧1～1.5cm处皮下

C．下颌弓外侧皮下　　　　D．腮腺内侧

答案：B

68. 以下对猪瘟病猪脾脏病理变化描述正确的是（　　　）。

A．脾脏萎缩　　　B．脾脏极度肿胀　　　C．脾脏见白色坏死　　　D．脾脏边缘出血性梗死

答案：D

69. 旋毛虫的幼虫主要寄生在（　　　）。

A．脂肪　　　B．肺　　　C．横纹肌　　　D．肾

答案：C

70. 禽脑脊髓炎病毒主要侵害雏鸡的（　　　）。

A．消化系统　　　B．生殖系统　　　C．中枢神经系统　　　D．呼吸系统

答案：C

71. 被疯狗咬伤之后，不宜进行（　　　）处理方法。

A．立即缝合伤口　　　B．及时、彻底的清洗　　　C．酒精或碘酒消毒　　　D．免疫血清的使用

答案：A

72. 下列疫病不感染人的传染病是（　　　）。

A．狂犬病　　　B．破伤风　　　C．小反刍兽疫　　　D．布鲁氏菌病

答案：C

73. 牛的巴氏杆菌病又称（　　　）。

A．牛肺疫　　　B．牛霍乱　　　C．牛出血性败血症　　　D．牛伤寒

答案：C

74. 幼龄动物感染产肠毒素性大肠杆菌，最主要的临床症状是（　　　）。

A．呕吐　　　B．出血　　　C．腹泻　　　D．呼吸困难

答案：C

75. 测定犬猫体温的主要部位是（　　　）。

A．直肠　　　B．口腔　　　C．腋下　　　D．耳根

答案：A

76. 禽白血病主要传播方式是（　　）。

A. 水平传播　　　　B. 垂直传播　　　　C. 空气传播　　　　D. 接触传播

答案：B

77. "虎斑心"是（　　）的典型病理变化。

A. 口蹄疫　　　　B. 禽流感　　　　C. 猪瘟　　　　D. 猪蓝耳病

答案：A

78. 某鸡场发病鸡体温升高到43～44℃，呼吸困难，鸡冠变青紫色。取体腔渗出物经瑞氏染色、镜检见两极着色的球杆菌，该病例最可能的致病病原是（　　）。

A. 葡萄球菌　　　　B. 沙门氏菌　　　　C. 支气管败血波氏菌　　D. 多杀性巴氏杆菌

答案：D

79. 鸡痘弱毒疫苗免疫刺种部位位于（　　）。

A. 鼻腔　　　　　　　　　　　　B. 肌肉

C. 翅膀内侧无血管处翼膜内　　　　D. 泄殖腔

答案：C

80. 回盲口处淋巴组织发生肿胀，慢性病例可见纽扣状溃疡是下列（　　）病的病变。

A. 猪丹毒　　　　B. 仔猪副伤寒　　　　C. 猪瘟　　　　D. 猪肺疫

答案：C

81. 猪囊尾蚴在猪体内主要寄生在（　　）。

A. 脂肪　　　　B. 皮肤　　　　C. 横纹肌　　　　D. 小肠

答案：C

82. 属体外寄生虫的是（　　）。

A. 牛皮蝇　　　　B. 住白细胞原虫　　　　C. 隐孢子虫　　　　D. 伊氏锥虫

答案：A

83. 通常所说的豆猪肉或米心肉是指猪患有（　　）。

A. 囊虫病　　　　B. 吸虫病　　　　C. 蛔虫病　　　　D. 细颈囊虫病

答案：A

84. 各种致炎因子作用于机体后，炎症局部表现的临床症状是（   ）。

A. 红、肿、热、痛
B. 红、肿、热、痛和机能障碍
C. 红、肿、热和机能障碍
D. 肿、热、痛和机能障碍

答案：B

85. 下列动物中不属于口蹄疫易感动物的是（   ）。

A. 猪
B. 马
C. 牛
D. 羊

答案：B

86. 急性猪丹毒的脾脏（   ）。

A. 萎缩
B. 坏死
C. 极度肿胀充血
D. 出血性梗死

答案：C

87. 朊病毒的感染途径主要是（   ）。

A. 经眼结膜感染气溶胶中的病原
B. 经呼吸道吸入病原
C. 食入带有朊病毒的肉骨粉
D. 经外伤感染

答案：C

88. 猪瘟病毒侵入猪体后，首先在（   ）增殖。

A. 脾
B. 扁桃体
C. 淋巴结
D. 肠道散在淋巴集结

答案：B

89. 疯牛病的病原是（   ）。

A. 呼肠孤病毒
B. 弹状病毒
C. 朊病毒（朊粒蛋白）
D. 冠状病毒

答案：C

90. 猪水肿病的病原体是（   ）。

A. 沙门氏菌
B. 大肠杆菌
C. 水肿杆菌
D. 肉毒梭菌

答案：B

91. 猪疥螨寄生在猪的（   ）部位。

A. 肌肉
B. 小肠
C. 肝脏
D. 皮肤

答案：D

92. 以下关于山羊痘病典型病例发展过程描述正确的是（　　　　）。

A．丘疹-水疱-脓疱-结痂　　　　　　　　　B．丘疹-脓疱-结痂

C．丘疹-水疱-结痂　　　　　　　　　　　　D．丘疹-脓疱-水疱-结痂

答案：A

93. 腐败梭菌经羊的消化道感染可致（　　　　）的发生。

A．恶性水肿　　　　B．羊快疫　　　　C．羊猝狙　　　　D．羊黑疫

答案：B

94. 关于狂犬病典型临床症状描述正确的是（　　　　）。

A．体表出现水泡　　　　B．流产　　　　C．恐水　　　　D．耳部发紫

答案：C

95. 鸡新城疫的典型眼观腺胃病理变化为（　　　　）。

A．黏膜乳头出血　　　　B．黏膜充血　　　　C．黏膜溃疡　　　　D．黏膜坏死

答案：A

96. （　　　　）位于膝壁内，髋关节与膝盖骨之间的前方，阔筋膜张肌的边缘，由脂肪包围。

A．颌下淋巴结　　　　B．髂下淋巴结　　　　C．颈浅淋巴结　　　　D．颈后淋巴结

答案：B

97. 牛患结核时，全身淋巴结的变化为（　　　　）。

A．肿大　　　　B．正常　　　　C．萎缩　　　　D．充血

答案：A

98. 猪肺疫的病原体是（　　　　）。

A．多杀性巴氏杆菌　　　　B．副嗜血杆菌　　　　C．支原体　　　　D．沙门氏菌

答案：A

99. 猪痢疾的病原体是（　　　　）。

A．痢疾病毒　　　　B．痢疾杆菌　　　　C．痢疾密螺旋体　　　　D．痢疾支原体

答案：C

100. 慢性型仔猪副伤寒的肠道特征性病理变化是（　　　）。

A．回盲口处扣状溃疡　　　　　　　　B．大肠发生纤维素性坏死性肠炎

C．小肠严重出血　　　　　　　　　　D．肠浆膜坏死

答案：B

101. 患布鲁氏菌病母畜临床最明显的症状是（　　　）。

A．体表出现水泡　　　B．流产　　　　C．恐水　　　　D．耳部发紫

答案：B

102. 疯牛病又称（　　　）。

A．狂牛病　　　　　B．牛狂犬病　　　C．牛海绵状脑病　　D．牛痒病

答案：C

103. 柔嫩艾美耳球虫寄生于鸡的（　　　）部位，引起鸡的球虫病。

A．十二指肠　　　　B．空肠　　　　　C．盲肠　　　　D．回肠

答案：C

104. 下列猪的腹泻性传染病中病原为大肠杆菌的是（　　　）。

A．流行性腹泻　　　B．传染性胃肠炎　C．仔猪黄、白痢　D．猪痢疾

答案：C

105. 牛、羊、兔、犬、猫感染伪狂犬后，最主要的外观可见症状是（　　　）。

A．流产　　　　　　B．稀便　　　　　C．体表皮肤奇痒　D．血尿

答案：C

106. 牛羊包虫病又称（　　　）。

A．囊尾蚴病　　　　B．棘球蚴病　　　C．蛔虫病　　　D．鞭虫病

答案：B

107. 在猪发生猪瘟时，其眼结膜可出现（　　　）。

A．苍白　　　　　　B．黄染　　　　　C．发绀　　　　D．结膜炎

答案：D

108. 猪旋毛虫镜检形态特点为（　　　）。

A．球形　　　　　　B．螺旋形　　　　C．盘状　　　　D．圆柱状

答案：B

109. 通过鸡蛋传播疫病的方式称为（   ）。

A. 垂直传播   B. 间接传播   C. 水平传播   D. 昆虫传播

答案：A

110. 牛的正常体温范围是（   ）。

A. 37.5～39.5℃   B. 36～37℃   C. 38～40℃   D. 36～39℃

答案：A

111. 公畜布鲁氏菌病的主要症状为（   ）。

A. 下痢   B. 便秘   C. 睾丸炎或者关节炎   D. 水肿

答案：C

112. 猪胴体加盖检疫印章可使用由（   ）制成的染料。

A. 食用色素   B. 工业染料   C. 无毒墨水   D. 无毒印泥

答案：A

113. 肉的腐败主要是由（   ）引起的。

A. 微生物   B. 自身组织酶   C. 病毒   D. 细胞破裂

答案：A

114. 构成一切生物体形态结构与生命活动的基本单位是（   ）。

A. 器官   B. 组织   C. 系统   D. 细胞

答案：D

115. 白肌病的发病原因是（   ）。

A. 宰前长途运输   B. 屠宰过程中注水   C. 组织蛋白自溶   D. 硒-维生素E缺乏

答案：D

116. 新城疫是由（   ）引起的一种急性败血性传染病。

A. 杆菌   B. 密螺旋体   C. 球菌   D. 病毒

答案：D

117. 俗称"锁喉风"的是（　　　）。

A. 猪瘟　　　　　　B. 猪肺疫　　　　　　C. 猪丹毒　　　　　　D. 猪霉形体肺炎

答案：B

118. 传染性法氏囊病的特征性病变发生在（　　　）。

A. 腔上囊　　　　　B. 肝　　　　　　　　C. 肺　　　　　　　　D. 肾

答案：A

119. 位于肩关节前上方的淋巴结是（　　　）。

A. 股前淋巴结　　　B. 颌下淋巴结　　　　C. 颈浅淋巴结　　　　D. 腘淋巴结

答案：C

120. 淋巴器官中有造血和滤血功能的器官是（　　　）。

A. 脾　　　　　　　B. 胸腺　　　　　　　C. 扁桃体　　　　　　D. 淋巴结

答案：A

121. 家畜体内性成熟后逐渐退化并消失的器官是（　　　）。

A. 淋巴结　　　　　B. 脾　　　　　　　　C. 扁桃体　　　　　　D. 胸腺

答案：D

122. 生猪腹股沟浅淋巴结位于（　　　）位置。

A. 腹壁皮下脂肪内，最后一个乳房后上方　　　B. 腹壁皮下脂肪内，最后一个乳房后下方

C. 腹壁皮下脂肪内，倒数第二个乳房后上方　　D. 腹壁皮下脂肪内，倒数第二个乳房后下方

答案：A

123. 猪瘟的另一个名字是（　　　）。

A. 烂肠瘟　　　　　B. 伤寒　　　　　　　C. 猪肺疫　　　　　　D. 蓝耳病

答案：A

124. 猪是（　　　）唯一的自然宿主。

A. 猪丹毒杆菌　　　B. 口蹄疫病毒　　　　C. 猪瘟病毒　　　　　D. 猪水疱病病毒

答案：C

125. 对精液、胚胎、种蛋实施检疫是因其可能有（　　　）。

A. 水平传染　　　　B. 垂直传染　　　　　C. 品种杂乱　　　　　D. 接触传播

答案：B

126. 慢性猪瘟的主要病理变化是（　　）肠炎。

A. 卡他性和坏死性　　B. 坏死性和血性　　C. 浆液性和纤维素性　　D. 坏死性和纤维素性

答案：D

127. 炭疽病死畜不能剖检的主要原因是（　　）。

A. 炭疽杆菌需氧　　　　　　　　B. 炭疽杆菌能形成芽胞

C. 炭疽杆菌能形成荚膜　　　　　D. 炭疽杆菌传染性强

答案：B

128. 结核结节眼观病变特征为半透明灰白色或黄色结节，切开可见（　　）。

A. 干酪坏死　　　B. 肉芽肿　　　C. 绿色钙化　　　D. 脓液

答案：A

129. 钩端螺旋体能引起浆膜、黏膜（　　）。

A. 苍白　　　　B. 黄染　　　　C. 红色　　　　D. 发绀

答案：B

130. 猪头部收集淋巴液范围最广的淋巴结是（　　）。

A. 颌下淋巴结　　B. 咽后外侧淋巴结　　C. 腮淋巴结　　D. 颌下副淋巴结

答案：A

131. 对炭疽杆菌具有一定抵抗力的家畜是（　　）。

A. 猪　　　　B. 马　　　　C. 牛　　　　D. 羊

答案：A

132. 发生可疑性炭疽后，应取（　　）进行送检。

A. 肝脏　　　B. 心脏　　　C. 肺脏　　　D. 耳朵或天然孔渗出血

答案：D

133. 急性猪肺疫的特征性病变是（　　）。

A. 纤维素性肺炎　　B. 坏死性肠炎　　C. 脾肿大，边缘梗死　　D. 坏死性肝炎

答案：A

134．猪丹毒主要发生于（　　　　）。

A．仔猪　　　　　　　B．架子猪　　　　　　C．怀孕后期母猪　　　　D．香猪

答案：B

135．猪喘气病是由（　　　）引起。

A．猪喘气病病毒　　　B．猪丹毒杆菌　　　　C．衣原体　　　　　　　D．猪肺炎支原体

答案：D

136．猪伪狂犬病侵入一个猪场后，往往难以彻底根除，其根本原因是（　　　　）。

A．病毒毒力太强　　　　　　　　　　　　B．健康动物带毒

C．病毒对外界环境抵抗力太强　　　　　　D．病毒可通过飞沫传播

答案：B

137．蓝舌病主要发生于（　　　　）。

A．牛　　　　　　　　B．山羊　　　　　　　C．绵羊　　　　　　　　D．马

答案：C

138．生产上一般用（　　　）进行布鲁氏菌病的检疫。

A．琼扩实验　　　　　　　　　　　　　　B．平板血清凝集实验或试管

C．中和实验　　　　　　　　　　　　　　D．ELISA

答案：B

139．（　　　）是鸡葡萄球菌的特征性临床症状。

A．呼吸困难　　　　　B．腹泻　　　　　　　C．败血症　　　　　　　D．坏疽性皮炎

答案：D

140．1956年，在我国宣布消灭了第一个动物传染病是（　　　　）。

A．猪瘟　　　　　　　B．鸡新城疫　　　　　C．牛瘟　　　　　　　　D．牛肺疫

答案：C

141．1996年1月16日，我国正式宣布消灭了（　　　　），这是继牛瘟之后在我国第二个消灭的动物传染病。

A．猪瘟　　　　　　　B．鸡新城疫　　　　　C．禽流感　　　　　　　D．牛肺疫

答案：D

多 选 题

1. 口蹄疫病毒在病畜的（　　　）中含量较高。

A. 水疱皮　　　　　　B. 肌肉　　　　　　C. 水疱液　　　　　　D. 精液

答案：AC

2. 以下可以引起猪传染性萎缩性鼻炎的病原包括（　　　）。

A. 产毒性多杀性巴氏杆菌　　　　　　B. 支气管败血波氏杆菌

C. 摩根氏菌　　　　　　D. 李斯特菌

答案：AB

3. 大肠杆菌病是由致病大肠杆菌所致的各种动物疾病。猪感染大肠杆菌引起（　　　）。

A. 仔猪黄痢　　　　　　B. 仔猪白痢　　　　　　C. 仔猪红痢　　　　　　D. 猪水肿病

答案：ABD

4. 禽脑脊髓炎的典型症状是（　　　）。

A. 呼吸困难　　　　　　B. 共济失调　　　　　　C. 头脑震颤　　　　　　D. 红色稀便

答案：BC

5. 下面病理现象属于血液循环障碍的有（　　　）。

A. 充血　　　　　　B. 出血　　　　　　C. 休克　　　　　　D. 梗死

答案：ABCD

6. 生猪屠宰检疫中剖检肠系膜淋巴结的意义在于控制（　　　）。

A. 旋毛虫　　　　　　B. 肠炭疽　　　　　　C. 猪丹毒　　　　　　D. 猪肺疫

答案：BCD

7. 败血症引起全身病变的主要表现有（　　　）。

A. 尸僵不全，血液凝固不良，常发生溶血现象

B. 皮肤、皮下、黏膜、浆膜、实质器官可见多发性出血点或出血斑

C. 脾脏和全身各处的淋巴结高度肿大，呈现急性炎症的景象

D. 肺脏淤血、出血、水肿

答案：ABCD

8. 以下关于流行性乙型脑炎描述正确的是（   ）。

A. 主要经蚊传播   B. 属自然疫源性疾病

C. 母猪流产，公猪睾丸炎   D. 没有体温变化

答案：ABC

9. 我国已经消灭的动物疫病有（   ）。

A. 牛瘟   B. 牛肺疫   C. 猪瘟   D. 马传染性贫血

答案：AB

10. 口蹄疫病毒血清型包括（   ）。

A. AsiA1   B. SAT1、SAT2、SAT3

C. C   D. O

答案：ABCD

11. 生猪屠宰检疫中，发现肺脏有结节，应考虑有（   ）感染。

A. 结核杆菌   B. 巴氏杆菌   C. 肺丝虫   D. 囊虫

答案：AC

12. 寄生虫病的危害主要有（   ）。

A. 掠夺宿主营养   B. 继发感染

C. 机械性损伤   D. 虫体毒素和免疫损伤作用

答案：ABCD

13. 根据马立克氏病的发病部位和临床症状，可将其分为（   ）。

A. 内脏型   B. 神经型   C. 皮肤型   D. 眼型

答案：ABCD

14. 下列猪的腹泻性传染病中，属于病毒性的有（   ）。

A. 传染性胃肠炎   B. 猪痢疾   C. 流行性腹泻   D. 轮状病毒感染

答案：ACD

15. 以下关于猪肺疫的病理变化描述正确的是（   ）。

A. 皮肤、浆膜、皮下、实质器官及淋巴结出血点

B. 急性型肺脏呈纤维素性肺炎变化，可见水肿、出血和肝样变

C. 慢性型肺脏见坏死灶

273

D. 怀孕母猪流产

答案：ABC

16. 各种动物对炭疽杆菌均有不同程度的易感性，其中（　　）最易感。

A. 马　　　　　　　B. 牛　　　　　　　C. 羊　　　　　　　D. 鸡

答案：ABC

17. 以下是猪瘟主要病理变化的是（　　）。

A. 头、扁桃体、肾脏、膀胱点状出血

B. 脾脏出血性梗死、淋巴结出血，呈大理石样变

C. 回盲口处扣状肿

D. 肌肉坏死

答案：ABC

18. 传染病的病程经过可分为（　　）。

A. 潜伏期　　　　　B. 前驱期　　　　　C. 转归期　　　　　D. 临床明显期

答案：ABCD

19. 慢性猪丹毒的临床表现是（　　）。

A. 脑膜炎　　　　　B. 关节炎　　　　　C. 皮肤坏死　　　　D. 心内膜炎

答案：BCD

20. 以下对高致病性禽流感临床症状描述正确的是（　　）。

A. 体温升高，食欲废绝，精神沉郁，个别有神经症状

B. 高度呼吸困难，口鼻流粘液

C. 冠、肉髯及趾部鳞片出血发绀

D. 水禽排黄绿色稀便

答案：ABCD

21. 根据临床表现和病型，将猪链球菌病分为（　　）。

A. 急性败血型　　　B. 脑膜脑炎型　　　C. 亚急性型　　　　D. 慢性型

答案：ABCD

22. 屠宰检疫中发现急性猪瘟的病理表现（　　）。

A. 广泛性出血点　　B. 淋巴结大理石样变　C. 脾脏肿大　　　　D. 扁桃体炎症

答案：ABCD

23. 生猪屠宰检疫中头部主要检疫的部位是（ 　）。

A．咽后内侧淋巴结　　B．颌下淋巴结　　　C．左右咬肌　　　D．腮淋巴结

答案：BC

24. 猪瘟临床典型症状有（ 　）。

A．发病急、死亡率高

B．体温通常升至41℃以上、厌食、畏寒

C．先便秘后腹泻，或便秘和腹泻交替出现

D．腹部皮下、鼻镜、耳尖、四肢内侧均可出现紫色出血斑点，指压不褪色，眼结膜和口腔黏膜可见出血点

答案：ABCD

25. 下列病原微生物中（ 　）属于高致病性动物病原微生物。

A．口蹄疫病毒　　　B．猪瘟病毒　　　　C．新城疫病毒　　　D．布鲁氏菌

答案：ABCD

26. 鸡传染性支气管炎病毒主要侵害的器官是（ 　）。

A．呼吸道　　　　　B．生殖道　　　　　C．泌尿系统　　　　D．消化道

答案：ABCD

27. 下列用于布鲁氏菌病血清学检测的方法是（ 　）。

A．虎红平板凝集试验　B．试管凝集试验　　C．补体结合试验　　D．炭沉试验

答案：ABC

28. 狂犬病传播方式有（ 　）。

A．咬伤　　　　　　B．舔舐破损皮肤　　　C．抓伤　　　　　D．尘埃或气溶胶

答案：ABC

29. 以下对雏鸡白痢病理变化描述正确的是（ 　）。

A．肝脏、脾脏和肾脏肿大、充血，肝脏见针尖大小的坏死点

B．卵黄吸收不良

C．心脏及肺脏见白色坏死结节

D．肠道卡他性炎症，盲肠膨大

答案：ABCD

30. 以下对猪传染性胸膜肺炎病理变化描述正确的是（   ）。

A. 急性死亡的病例，出现明显的纤维蛋白性胸膜炎

B. 最急性死亡的病例，气管支气管见带血黏液

C. 肺脏出现局灶性炎症

D. 肺与胸膜粘连

答案：ABCD

31. 炭疽的传播途径包括（   ）。

A. 消化道　　　　　B. 呼吸道　　　　　C. 外伤感染　　　　　D. 吸血昆虫叮咬

答案：ABCD

32. 以下是鸡白痢沙门氏菌传播途径的有（   ）。

A. 消化道　　　　　B. 呼吸道　　　　　C. 眼结膜　　　　　D. 经卵垂直传播

答案：ABCD

33. 以下是传染性法氏囊炎病理变化的是（   ）。

A. 胸肌腿肌呈刷状出血

B. 法氏囊肿大出血，外观呈紫葡萄状

C. 盲肠扁桃体肿胀出血，腺胃肌胃交界处出血

D. 肾极度肿胀，见尿酸盐沉积

答案：ABCD

34. 小反刍兽疫的临床症状可总结为（   ）。

A. 高稽留热　　　　　　　　　　B. 结膜炎、坏死性口炎

C. 肺炎　　　　　　　　　　　　D. 腹泻

答案：ABCD

35. 马传贫实验室诊断方法主要有（   ）。

A. 琼脂扩散试验（AGID）　　　　　　B. 酶联免疫吸附试验（ELISA）

C. 病原分离鉴定　　　　　　　　　　D. 胶乳凝集试验

答案：ABC

36. 牛、马、羊的采血部位有（　　）。

A. 颈静脉　　　　　　B. 尾静脉　　　　　　C. 乳房静脉　　　　　　D. 前腔静脉

答案：ABC

37. 副结核的主要临床特征是（　　）。

A. 呼吸困难　　　　　B. 进行性消瘦　　　　C. 流涎　　　　　　D. 顽固性腹泻

答案：BD

38. 下列（　　）临床症状为高致病性禽流感的诊断指标。

A. 急性发病死亡或不明原因死亡　　　　　B. 脚鳞出血

C. 鸡冠出血或发绀、头部和面部水肿　　　D. 产蛋突然下降

答案：ABCD

39. 口蹄疫易感动物感染口蹄疫病毒后发病的主要临床症状为（　　）。

A. 呆立流涎，卧地不起，跛行

B. 唇部、舌面、齿龈、鼻镜、蹄踵、蹄叉、乳房等部位出现水泡

C. 严重者蹄壳脱落，恢复期可见瘢痕、新生蹄甲

D. 成年动物死亡率低，幼畜常突然死亡且死亡率高，仔猪常成窝死亡

答案：ABCD

40. 生猪屠宰检疫中具有剖检意义的内脏淋巴结包括（　　）。

A. 支气管淋巴结　　　B. 肝门淋巴结　　　　C. 肠系膜淋巴结　　　D. 髂内淋巴结

答案：ABC

41. 临床剖检怀疑猪瘟时，应检查的部位包括（　　）。

A. 皮下及内脏淋巴结　　　　　　　　B. 脾脏、肾脏、膀胱、回盲瓣

C. 喉头及扁桃体　　　　　　　　　　D. 齿龈

答案：ABC

42. 牛羊胴体上剖检的淋巴结主要有（　　）。

A. 颌下淋巴结　　　　B. 股前淋巴结　　　　C. 肩前淋巴结　　　　D. 腹股沟深淋巴结

答案：BCD

43. 猪瘟宰后检疫要点有（　　）。

A. 肾皮质色泽变淡，有出血点　　　　　B. 淋巴结呈"大理石样变"

C. 喉头膀胱有出血点　　　　　　　　　　D. 全身出血性变化

答案：ABCD

44. 以下关于布鲁氏菌病描述正确的是（　　　）。

A. 母畜表现为流产、不孕　　　　　　　　B. 雄性动物睾丸炎、关节炎

C. 可通过乳汁排菌　　　　　　　　　　　D. 不能感染人

答案：ABC

45. 以下对高致病性禽流感的病理变化描述正确的有（　　　）。

A. 消化道出血，主要表现为浆膜出血、散在的淋巴集结肿胀出血，黏膜面出血溃疡，腺胃乳头出血最为明显

B. 肺、喉头、气管出血，气管支气管内见粘液或干酪物

C. 生殖系统出血，卵泡出血坏死，输卵管和子宫水肿发炎

D. 胰脏出血坏死，全身皮下及脂肪出血、水肿、渗出

答案：ABCD

46. 鸡新城疫的自然感染途径包括（　　　）。

A. 呼吸道　　　　B. 消化道　　　　C. 眼结膜　　　　D. 交配和外伤

答案：ABCD

47. 以下对典型新城疫病理变化描述正确的是（　　　）。

A. 口腔内见多量灰白色黏液，嗉囊内有酸臭液体

B. 腺胃乳头出血，腺胃与食道及与肌胃交界处见条状出血带

C. 肠道可见枣核状的出血、坏死和溃疡区

D. 盲肠扁桃体肿胀、出血、坏死、溃疡

答案：ABCD

48. 以下可通过节肢动物传播的疾病包括（　　　）。

A. 乙型脑炎　　　　B. 炭疽　　　　C. 马传染性贫血　　　　D. 猪瘟

答案：ABC

49. 通常病死畜禽放血部位的组织状态表现为（　　　）。

A. 宰杀口外翻　　　　　　　　　　　　　B. 宰杀口平滑

C. 周围组织血液浸染区大　　　　　　　　D. 周围组织血液浸染区不大

答案：BD

50. 寄生虫感染途径主要有（　　　）。

A. 经口、皮肤、胎盘感染 　　　　　　　　B. 自身感染

C. 接触感染 　　　　　　　　　　　　　　D. 经节肢动物感染

答案：ABCD

51. 以下关于急性炭疽病畜临床症状描述正确的是（　　　）。

A. 天然孔出血 　　　B. 血液凝固不良 　　　C. 尸僵不全 　　　D. 黏膜发绀

答案：ABCD

52. 下列动物病原微生物中不属于高致病性动物病原微生物的有（　　　）。

A. 猪水疱病毒 　　　B. 牛海绵状脑病病原 　　C. 犬瘟热病毒 　　D. 马传贫病毒

答案：CD

53. 以下是狂犬病易感动物的有（　　　）。

A. 狼 　　　　　B. 蝙蝠 　　　　　C. 犬 　　　　　D. 猫

答案：ABCD

54. 产地检疫中怀疑炭疽动物的处理办法（　　　）。

A. 剖检诊断 　　　　　　　　　　　　　　B. 细菌镜检

C. 炭疽血清学沉淀反应 　　　　　　　　　D. 马上屠宰

答案：BC

55. 鸡传染性支气管炎的典型症状是（　　　）。

A. 甩鼻 　　　　　　　　　　　　　　　　B. 气管罗音

C. 羽毛松乱 　　　　　　　　　　　　　　D. 喉头、气管有灰白色或灰黄色黏液

答案：ABCD

56. 下列哪些是人畜共患病的有（　　　）。

A. 狂犬病 　　　B. 犬瘟热 　　　C. 鸡新城疫 　　　D. 炭疽病

答案：AD

57. 黄疸主要特点是（　　　）。

A. 全身皮肤显黄色 　　B. 肌肉显黄色 　　C. 肝胆多有病变 　　D. 越放颜色越深

答案：ACD

58. 触诊一般摸的部位是（　　）。

A. 耳根、角根　　　　B. 皮肤　　　　　　C. 口腔　　　　　　D. 体表浅淋巴结

答案：ABD

59. 以下（　　）是体表淋巴结。

A. 颌下淋巴结　　　B. 颈浅淋巴结　　　C. 肝门淋巴结　　　D. 腮淋巴结

答案：ABD

60. 具有产生淋巴细胞的器官有（　　）。

A. 肝　　　　　　　B. 淋巴结　　　　　C. 脾　　　　　　　D. 胸腺

答案：BCD

61. 常用化学消毒方法是（　　）。

A. 喷雾法　　　　　B. 熏蒸法　　　　　C. 浸泡法　　　　　D. 清洗法

答案：ABCD

62. 下列传播方式是水平传播的有（　　）。

A. 经土壤传播　　　B. 经飞沫传播　　　C. 经蚊虫传播　　　D. 经初乳传播给下一代

答案：ABC

63. 常用的物理消毒方法是（　　）。

A. 发酵法　　　　　B. 日光消毒法　　　C. 干燥消毒法　　　D. 热消毒法

答案：BCD

64. 排酸肉的"排酸"实际上是（　　）的过程。

A. 冷却　　　　　　B. 排除毒素　　　　C. 产生乳酸　　　　D. 排出酸性物质

答案：ACD

65. 下列（　　）可引起母猪出现繁殖障碍症状。

A. 钩端螺旋体　　　B. 日本乙型脑炎　　C. 细小病毒　　　　D. 布鲁氏菌病

答案：ABCD

66. 下列（　　）可引起神经症状。

A. 狂犬病　　　　　B. 伪狂犬病　　　　　C. 猪水肿病　　　　　D. 疯牛病

答案：ABCD

67. 关于疯牛病，下列说法正确的是（　　）。

A. 由阮病毒引起　　B. 潜伏期长　　　　　C. 神经症状　　　　　D. 脑灰质海绵状变化

答案：ABCD

68. 禽大肠杆菌可见的病理变化为（　　）。

A. 气囊炎　　　　　B. 关节滑膜炎　　　　C. 全眼球炎　　　　　D. 肉芽肿

答案：ABCD

69. 由沙门氏菌引起的传染病有（　　）。

A. 猪副伤寒　　　　B. 鸡白痢　　　　　　C. 禽伤寒　　　　　　D. 禽副伤寒

答案：ABCD

70. 巴氏杆菌引起的疾病有（　　）。

A. 猪肺疫　　　　　B. 牛出败　　　　　　C. 禽霍乱　　　　　　D. 兔巴氏杆菌

答案：ABCD

71. 伪狂犬病可引起的症状为（　　）。

A. 奇痒　　　　　　B. 脑脊髓炎　　　　　C. 流产死胎　　　　　D. 呼吸症状

答案：ABC

72. 下列家禽传染病中，（　　）有呼吸道症状。

A. 鸡新城疫　　　　B. 鸡曲霉菌病病　　　C. 鸡传染性喉气管炎　D. 鸡马立克氏病

答案：ABCD

73. 鸭瘟在临床上的主要表现为（　　）。

A. 体温升高　　　　B. 呼吸困难　　　　　C. 两腿麻痹　　　　　D. 下痢

答案：ABCD

判 断 题

1. 牛、羊、禽均可发生巴氏杆菌病。（   ）

答案：对

2. 死于炭疽或疑似炭疽的动物尸体严禁解剖。（   ）

答案：对

3. 伪狂犬病毒只有一种血清型。（   ）

答案：对

4. 猪流行性腹泻与猪的传染性胃肠炎在临床上很难区分，两者都是病毒性的，病原都属于冠状病毒科冠状病毒属的成员。（   ）

答案：对

5. 猪瘟不会造成隐性感染。（   ）

答案：错

6. 由山羊痘病毒引起的绵羊痘和山羊痘是OIE规定必须报告的A类传染病。（   ）

答案：对

7. 在生猪屠宰检疫过程中，颌下淋巴结是必检的。（   ）

答案：对

8. 日本血吸虫病是一种人兽共患寄生性吸虫病。（   ）

答案：对

9. 伪狂犬病、蓝耳病、细小病毒病、布鲁氏菌病均可引起母畜流产。（   ）

答案：对

10. 高致病性禽流感病毒和猪水疱病病毒都是一类动物病原微生物。（   ）

答案：对

11. 呈现隐性感染的动物不表现任何的临床症状。（　　）

答案：对

12. 羔羊感染大肠杆菌后可表现为剧烈的腹泻。（　　）

答案：对

13. 支气管败血波氏杆菌是猪呼吸道黏膜常在菌。（　　）

答案：对

14. 禽脑脊髓炎可通过垂直感染和水平感染导致疫情不断扩散。（　　）

答案：对

15. 炭疽芽孢对环境具有很强的抵抗力，其污染的土壤、水源及场地可形成持久的疫源地。（　　）

答案：对

16. 急宰的畜禽肉放血不良，肉呈暗红色或黑红色。（　　）

答案：对

17. 猪口蹄疫病理变化可表现为在回肠末端、盲肠和结肠常见"纽扣状"溃疡。（　　）

答案：错

18. 鸡新城疫的自然感染途径包括呼吸道、消化道、眼结膜、外伤、交配。（　　）

答案：对

19. 只有牛羊才患焦虫病。（　　）

答案：错

20. 猪囊尾蚴、弓形虫、旋毛虫均可引起全身性感染。（　　）

答案：对

21. 布鲁菌为胞内寄生菌。（　　）

答案：对

22．狂犬病的临床表现通常分为两种类型，即狂躁型和沉郁型。（　　）

答案：对

23．临床健康的家禽不会携带禽流感病毒。（　　）

答案：错

24．结核病检疫时，疑似反应的牛只，于第一次检疫42天后进行复检，其结果仍为可疑反应时，可判为阳性。（　　）

答案：错

25．临床怀疑炭疽动物不得剖检。（　　）

答案：对

26．传染性法氏囊炎可以垂直感染。（　　）

答案：错

27．猪是猪细小病毒病唯一的易感动物。（　　）

答案：对

28．黄疸肉除脂肪黄染外，其他组织也出现黄染。（　　）

答案：对

29．小反刍兽疫的传染源主要为患病动物和隐性感染动物，处于亚临床型的病羊尤为危险。（　　）

答案：对

30．猪瘟病毒既可以垂直传播，又可以水平传播。（　　）

答案：对

31．结核病检疫时，仅在72小时观察结果即可。（　　）

答案：错

32．如果种鸡场有白痢带菌种鸡，则种蛋在孵化过程中会有死胚。（　　）

答案：对

33. 猪瘟病猪肾脏不肿大，呈土黄色，散在出血点。（　　）

答案：对

34. 狂犬病又称疯狗病、恐水病，是一种人畜共患的急性、非接触性传染病。（　　）

答案：对

35. 牛患布鲁氏菌病的主要症状是怀孕母牛流产，公牛发生睾丸炎。（　　）

答案：对

36. 流行性乙型脑炎是人畜共患的传染病。（　　）

答案：对

37. 动物屠宰检疫一般主要靠感官检查胴体和观察内脏器官的病理变化。（　　）

答案：对

38. 活体检查淋巴结主要是检查淋巴结的大小、硬度、敏感性和活动性。（　　）

答案：对

39. 在牛羊胆管内最常检的是蛔虫。（　　）

答案：错

40. 猪水肿病由沙门氏菌引起。（　　）

答案：错

41. 牛副结核的特征是顽固性腹泻、渐进性消瘦，回肠黏膜增厚呈脑回纹皱褶。（　　）

答案：对

42. 鸡马立克氏病是由疱疹病毒引起的鸡结缔组织增生性疾病。（　　）

答案：错

43. 猪瘟病猪的淋巴结呈边缘血，切面显示大理石样。（　　）

答案：对

44. 凡是法定检疫对象，动物检疫人员在实施检疫时必须进行检查，否则将视为操作违章。（　　）

答案：错

45. 成年鸡易患急性鸡白痢。（　　）

答案：错

46. 淋巴结增大变硬，外观呈苍白或灰白色，切面脂肪为慢性增生性炎症。（　　）

答案：对

47. 患副伤寒动物的淋巴结的病理变化是血性炎症。（　　）

答案：错

48. 猪丹毒是一种人畜共患病，人通过皮肤损伤而感染，感染后称为"类丹毒"。（　　）

答案：对

49. 库蠓是蓝舌病的传播媒介。（　　）

答案：对

50. 沙门氏菌主要侵害幼畜和雏禽。（　　）

答案：对

51. 牛乳可通过巴氏消毒法进行消毒。（　　）

答案：对

52. 常见的淋巴结病变包括充血、出血和水肿。（　　）

答案：错

53. 鸡白痢是由沙门氏菌引起的一种主要侵害成鸡的常见病，以白色下痢为主要特征。（　　）

答案：错

54. 人感染旋毛虫病主要是由于吃进生的或未煮熟的病肉而感染的。（　　）

答案：对

55. 屠畜中旋毛虫主要感染猪和犬，多寄生于常运动的横纹肌肉内。（　　）

答案：对

56. 白肌肉多发生于咬肌和膈肌。（　　）

答案：错

57. 机体的免疫可分为特异性免疫和非特异性免疫。（　　）

答案：对

十八、反刍动物检疫规程

单 选 题

1. 牛的产地检疫对象有（　　）种。

A. 4　　　　　　　　B. 5　　　　　　　　C. 6　　　　　　　　D. 7

答案：B

《反刍动物产地检疫规程》2.2.1规定，牛检疫对象有口蹄疫、布鲁氏菌病、牛结核病、炭疽、牛传染性胸膜肺炎。

2. 羊的产地检疫对象有（　　）种。

A. 3　　　　　　　　B. 4　　　　　　　　C. 5　　　　　　　　D. 7

答案：C

《反刍动物产地检疫规程》2.2.2规定，羊检疫对象有口蹄疫、布鲁氏菌病、绵羊痘和山羊痘、小反刍兽疫、炭疽。

3. 鹿的产地检疫对象有（　　）种。

A. 3　　　　　　　　B. 4　　　　　　　　C. 5　　　　　　　　D. 6

答案：A

《反刍动物产地检疫规程》2.2.3规定，鹿检疫对象有口蹄疫、布鲁氏菌病、结核病。

4. 骆驼的产地检疫对象有（　　）种。

A. 3　　　　　　　　B. 4　　　　　　　　C. 5　　　　　　　　D. 6

答案：A

《反刍动物产地检疫规程》2.2.4规定，骆驼检疫对象有口蹄疫、布鲁氏菌病、结核病。

5. 下列动物疫病是牛的产地检疫对象的是（   ）。

A. 高致病性蓝耳病　　B. 狂犬病　　　　　C. 牛瘟　　　　　D. 炭疽

答案：D

《反刍动物产地检疫规程》2.2.1规定，牛检疫对象有口蹄疫、布鲁氏菌病、牛结核病、炭疽、牛传染性胸膜肺炎。

6. 下列动物疫病不是牛的产地检疫对象的是（   ）。

A. 口蹄疫　　　　　B. 布鲁氏菌病　　　C. 牛瘟　　　　　D. 炭疽

答案：C

《反刍动物产地检疫规程》2.2.1规定，牛检疫对象有口蹄疫、布鲁氏菌病、牛结核病、炭疽、牛传染性胸膜肺炎。

7. 下列动物疫病是羊的产地检疫对象的是（   ）。

A. 小反刍兽疫　　　B. 高致病性蓝耳病　C. 痒病　　　　　D. 结核病

答案：A

《反刍动物产地检疫规程》2.2.2规定，羊检疫对象有口蹄疫、布鲁氏菌病、绵羊痘和山羊痘、小反刍兽疫、炭疽。

8. 下列动物疫病不是羊的产地检疫对象的是（   ）。

A. 小反刍兽疫　　　B. 绵羊痘和山羊痘　C. 布鲁氏菌病　　D. 结核病

答案：D

《反刍动物产地检疫规程》2.2.2规定，羊检疫对象有口蹄疫、布鲁氏菌病、绵羊痘和山羊痘、小反刍兽疫、炭疽。

9.《反刍动物产地检疫规程》规定，检疫范围不包括（   ）。

A. 牛　　　　　　　B. 鹿　　　　　　　C. 骆驼　　　　　D. 马

答案：D

《反刍动物产地检疫规程》2.1规定，检疫范围有牛、羊、鹿、骆驼。

10. 反刍动物出现发热、精神不振、食欲减退、流涎；蹄冠、蹄叉、蹄踵、鼻盘、口腔黏膜、舌、乳房出现水疱；蹄壳脱落，卧地不起等现象应怀疑感染了（   ）。

A. 口蹄疫　　　　　B. 布鲁氏菌病　　　C. 结核病　　　　D. 炭疽

答案：A

《反刍动物产地检疫规程》4.3.2.1规定，出现发热、精神不振、食欲减退、流涎；蹄冠、蹄叉、蹄踵部出现水疱，水疱破裂后表面出血，形成暗红色烂斑，感染造成化脓、坏死、蹄壳脱落、卧地不起；鼻盘、口腔黏膜、舌、乳房出现水疱和糜烂等症状的，怀疑感染口蹄疫。

11．孕畜出现流产、死胎或产弱胎，生殖道炎症、胎衣滞留，持续排出污灰色或棕红色恶露以及乳房炎症状应怀疑感染（　　）。

A．口蹄疫　　　　B．布鲁氏菌病　　　C．结核病　　　　D．炭疽

答案：B

《反刍动物产地检疫规程》4.3.2.2规定，孕畜出现流产、死胎或产弱胎，生殖道炎症、胎衣滞留，持续排出污灰色或棕红色恶露以及乳房炎症状；公畜发生睾丸炎或关节炎、滑膜囊炎，偶见阴茎红肿，睾丸和附睾肿大等症状的，怀疑感染布鲁氏菌病。

12．公畜发生睾丸炎或关节炎、滑膜囊炎，偶见阴茎红肿，睾丸和附睾肿大等症状的，怀疑感染（　　）。

A．口蹄疫　　　　B．布鲁氏菌病　　　C．结核病　　　　D．炭疽

答案：B

《反刍动物产地检疫规程》4.3.2.2规定，孕畜出现流产、死胎或产弱胎，生殖道炎症、胎衣滞留，持续排出污灰色或棕红色恶露以及乳房炎症状；公畜发生睾丸炎或关节炎、滑膜囊炎，偶见阴茎红肿，睾丸和附睾肿大等症状的，怀疑感染布鲁氏菌病。

13．牛出现渐进性消瘦，咳嗽，个别可见顽固性腹泻，粪中混有黏液状脓汁；奶牛偶见乳房淋巴结肿大等症状的，应怀疑感染（　　）。

A．口蹄疫　　　　B．布鲁氏菌病　　　C．结核病　　　　D．炭疽

答案：C

《反刍动物产地检疫规程》4.3.2.3规定，出现渐进性消瘦，咳嗽，个别可见顽固性腹泻，粪中混有黏液状脓汁；奶牛偶见乳房淋巴结肿大等症状的，怀疑感染结核病。

14．发现反刍动物出现高热、呼吸增速、心跳加快；食欲废绝，偶见瘤胃膨胀，可视黏膜紫绀，突然倒毙；天然孔出血、血凝不良呈煤焦油样、尸僵不全等症状的，应怀疑感染（　　）。

A．口蹄疫　　　　B．布鲁氏菌病　　　C．结核病　　　　D．炭疽

答案：D

《反刍动物产地检疫规程》4.3.2.4规定，出现高热、呼吸增速、心跳加快；食欲废绝，偶见瘤胃膨胀，可视黏膜紫绀，突然倒毙；天然孔出血、血凝不良呈煤焦油样、尸僵不全；体

表、直肠、口腔黏膜等处发生炭疽痈等症状的，怀疑感染炭疽。

15. 羊出现突然发热、呼吸困难或咳嗽，分泌黏脓性卡他性鼻液，口腔内膜充血、糜烂，齿龈出血，严重腹泻或下痢，母羊流产等症状的，应怀疑感染（　　　）。

A. 口蹄疫　　　　　B. 布鲁氏菌病　　　　　C. 小反刍兽疫　　　　　D. 炭疽

答案：C

《反刍动物产地检疫规程》4.3.2.5规定，羊出现突然发热、呼吸困难或咳嗽，分泌黏脓性卡他性鼻液，口腔内膜充血、糜烂，齿龈出血，严重腹泻或下痢，母羊流产等症状的，怀疑感染小反刍兽疫。

16. 羊出现体温升高、呼吸加快；皮肤、黏膜上出现痘疹，由红斑到丘疹，突出皮肤表面，遇化脓菌感染则形成脓疱继而破溃结痂等症状的，怀疑感染（　　　）。

A. 口蹄疫　　　　　B. 布鲁氏菌病　　　　　C. 小反刍兽疫　　　　　D. 绵羊痘或山羊痘

答案：D

《反刍动物产地检疫规程》4.3.2.6规定，羊出现体温升高、呼吸加快；皮肤、黏膜上出现痘疹，由红斑到丘疹，突出皮肤表面，遇化脓菌感染则形成脓疱继而破溃结痂等症状的，怀疑感染绵羊痘或山羊痘。

17. 牛出现高热稽留、呼吸困难、鼻翼扩张、咳嗽；可视黏膜发绀，胸前和肉垂水肿；腹泻和便秘交替发生，厌食、消瘦、流涎或口流白沫等症状的，怀疑感染（　　　）。

A. 口蹄疫　　　　　B. 布鲁氏菌病　　　　　C. 牛结核病　　　　　D. 传染性胸膜肺炎

答案：D

《反刍动物产地检疫规程》4.3.2.7规定，出现高热稽留、呼吸困难、鼻翼扩张、咳嗽；可视黏膜发绀，胸前和肉垂水肿；腹泻和便秘交替发生，厌食、消瘦、流涎或口流白沫等症状的，怀疑感染传染性胸膜肺炎。

18. 反刍动物产地检疫申报单和检疫工作记录应保存（　　　）个月以上。

A. 3　　　　　B. 6　　　　　C. 12　　　　　D. 24

答案：C

《反刍动物产地检疫规程》6.3规定，检疫申报单和检疫工作记录应保存12个月以上。

19. 下列不是鹿和骆驼的产地检疫对象的是（　　　）。

A. 炭疽　　　　　B. 口蹄疫　　　　　C. 结核病　　　　　D. 布鲁氏菌病

答案：A

《反刍动物产地检疫规程》2.2.3规定，鹿检疫对象有口蹄疫、布鲁氏菌病、结核病。2.2.4骆驼：口蹄疫、布鲁氏菌病、结核病。

多 选 题

1. 反刍动物产地检疫的范围有（　　　）。

A. 牛　　　　　　　　B. 鹿　　　　　　　　C. 骆驼　　　　　　　　D. 马

答案：ABC

《反刍动物产地检疫规程》2.1规定，检疫范围有牛、羊、鹿、骆驼。

2. 牛的产地检疫对象有（　　　）。

A. 布鲁氏菌病　　　B. 牛结核病　　　　C. 炭疽　　　　　　D. 牛传染性胸膜肺炎

答案：ABCD

《反刍动物产地检疫规程》2.2.1规定，牛检疫对象有口蹄疫、布鲁氏菌病、牛结核病、炭疽、牛传染性胸膜肺炎。

3. 羊的产地检疫对象有（　　　）。

A. 小反刍兽疫　　　B. 绵羊痘和山羊痘　　C. 布鲁氏菌病　　　D. 炭疽

答案：ABCD　　　　.

《反刍动物产地检疫规程》2.2.2规定，羊检疫对象有口蹄疫、布鲁氏菌病、绵羊痘和山羊痘、小反刍兽疫、炭疽。

4. 鹿和骆驼的产地检疫对象有（　　　）。

A. 炭疽　　　　　　　B. 口蹄疫　　　　　　C. 布鲁氏菌病　　　　D. 结核病

答案：BCD

《反刍动物产地检疫规程》2.2.3规定，鹿检疫对象有口蹄疫、布鲁氏菌病、结核病。

5. 反刍动物感染口蹄疫会出现下列（　　　）症状。

A. 发热、流涎

B. 蹄冠、蹄叉、蹄踵部出现水疱

C. 蹄壳脱落

D. 口腔黏膜、舌、乳房出现水疱和糜烂

答案：ABCD

《反刍动物产地检疫规程》4.3.2.1规定，出现发热、精神不振、食欲减退、流涎；蹄冠、蹄叉、蹄踵部出现水疱，水疱破裂后表面出血，形成暗红色烂斑，感染造成化脓、坏死、蹄壳脱落，卧地不起；鼻盘、口腔黏膜、舌、乳房出现水疱和糜烂等症状的，怀疑感染口蹄疫。

6. 公畜感染布鲁氏菌病会出现下列（　　）症状。

A．睾丸炎或关节炎　　　B．滑膜囊炎　　　　　C．乳房炎症状　　　　D．睾丸和附睾肿大

答案：ABD

《反刍动物产地检疫规程》4.3.2.2规定，孕畜出现流产、死胎或产弱胎，生殖道炎症、胎衣滞留，持续排出污灰色或棕红色恶露以及乳房炎症状；公畜发生睾丸炎或关节炎、滑膜囊炎，偶见阴茎红肿，睾丸和附睾肿大等症状的，怀疑感染布鲁氏菌病。

7. 反刍动物感染感染结核病会出现下列（　　）症状。

A．渐进性消瘦　　　　　B．咳嗽　　　　　　　C．顽固性腹泻　　　　D．粪中混有黏液状脓汁

答案：ABCD

《反刍动物产地检疫规程》4.3.2.3规定，出现渐进性消瘦，咳嗽，个别可见顽固性腹泻，粪中混有黏液状脓汁；奶牛偶见乳房淋巴结肿大等症状的，怀疑感染结核病。

8. 牛羊感染感染炭疽病会出现下列（　　）症状。

A．高热、呼吸增速、心跳加快　　　　　B．可视黏膜紫绀，突然倒毙

C．天然孔出血、尸僵不全　　　　　　　D．睾丸和附睾肿大

答案：ABC

《反刍动物产地检疫规程》4.3.2.4规定，出现高热、呼吸增速、心跳加快；食欲废绝，偶见瘤胃膨胀，可视黏膜紫绀，突然倒毙；天然孔出血、血凝不良呈煤焦油样、尸僵不全；体表、直肠、口腔黏膜等处发生炭疽痈等症状的，怀疑感染炭疽。

9. 小反刍兽疫主要感染动物是羊，其主要临床症状是（　　　）。

A．突然发热、呼吸困难　　　　　　　　B．严重腹泻或下痢

C．皮肤、黏膜上出现红斑　　　　　　　D．齿龈出血，母羊流产

答案：ABD

《反刍动物产地检疫规程》4.3.2.5规定，羊出现突然发热、呼吸困难或咳嗽，分泌黏脓性卡他性鼻液，口腔内膜充血、糜烂，齿龈出血，严重腹泻或下痢，母羊流产等症状的，怀疑感染小反刍兽疫。

10. 羊感染感染绵羊痘或山羊痘会出现下列（　　　）症状。

A. 体温升高、呼吸加快　　　　　　B. 皮肤、黏膜上出现痘疹

C. 由红斑到丘疹形成脓疱　　　　　D. 脓疱破溃结痂

答案：ABCD

《反刍动物产地检疫规程》4.3.2.6规定，羊出现体温升高、呼吸加快；皮肤、黏膜上出现痘疹，由红斑到丘疹，突出皮肤表面，遇化脓菌感染则形成脓疱继而破溃结痂等症状的，怀疑感染绵羊痘或山羊痘。

11. 羊感染传染性胸膜肺炎的症状是（　　　）。

A. 高热稽留、呼吸困难、鼻翼扩张、咳嗽　　B. 可视黏膜发绀，胸前和肉垂水肿

C. 腹泻和便秘交替发生　　　　　　　　　　D. 厌食、消瘦、流涕或口流白沫

答案：ABCD

《反刍动物产地检疫规程》4.3.2.7规定，出现高热稽留、呼吸困难、鼻翼扩张、咳嗽；可视黏膜发绀，胸前和肉垂水肿；腹泻和便秘交替发生，厌食、消瘦、流涕或口流白沫等症状的，怀疑感染传染性胸膜肺炎。

12. 反刍动物产地检疫工作记录应填写（　　　）。

A. 检疫动物种类　　B. 检疫动物品种　　C. 检疫动物用途　　D. 检疫证明编号

答案：ACD

《反刍动物产地检疫规程》6.2规定，官方兽医须填写检疫工作记录，详细登记畜主姓名、地址、检疫申报时间、检疫时间、检疫地点、检疫动物种类、数量及用途、检疫处理、检疫证明编号等，并由畜主签名。

13. 省内调运种用反刍动物，官方兽医产地检疫时需查验的证件有（　　　）。

A. 营业执照　　　　　　　　　　　B. 动物防疫条件合格证

C. 种畜禽生产经营许可证　　　　　D. 无公害认证证书

答案：BC

《反刍动物产地检疫规程》4.2.1规定，官方兽医应查验饲养场（养殖小区）《动物防疫条件合格证》和养殖档案，了解生产、免疫、监测、诊疗、消毒、无害化处理等情况，确认饲养场（养殖小区）6个月内未发生相关动物疫病，确认动物已按国家规定进行强制免疫，并在有效保护期内。省内调运种用、乳用反刍动物的，还应查验《种畜禽生产经营许可证》。

14. 牛、羊鹿和骆驼可同时感染的疫病有（　　　）。

A. 炭疽　　　　　　B. 口蹄疫　　　　　C. 布鲁氏菌病　　　　　D. 小反刍兽疫

答案：BC

《反刍动物产地检疫规程》2.2.1规定，牛检疫对象有口蹄疫、布鲁氏菌病、牛结核病、炭疽、牛传染性胸膜肺炎。2.2.2羊：口蹄疫、布鲁氏菌病、绵羊痘和山羊痘、小反刍兽疫、炭疽。2.2.3鹿：口蹄疫、布鲁氏菌病、结核病。2.2.4骆驼：口蹄疫、布鲁氏菌病、结核病。

判　断　题

1.《反刍动物产地检疫规程》规定的检疫范围包括牛、羊、鹿、骆驼。（　　）

答案：对

《反刍动物产地检疫规程》2.1规定，检疫范围：牛、羊、鹿、骆驼。

2.《反刍动物产地检疫规程》规定，官方兽医应查验动物畜禽标识加施情况，确认所佩戴畜禽标识质量好坏。（　　）

答案：错

《反刍动物产地检疫规程》4.2.3规定，官方兽医应查验动物畜禽标识加施情况，确认所佩戴畜禽标识与相关档案记录相符。

3.《反刍动物产地检疫规程》规定，牛的检疫对象包括口蹄疫、布鲁氏菌病和蓝舌病。（　　）

答案：错

《反刍动物产地检疫规程》2.2.1规定，牛检疫对象有口蹄疫、布鲁氏菌病、牛结核病、炭疽、牛传染性胸膜肺炎。

4.《反刍动物产地检疫规程》规定，羊的检疫对象包括口蹄疫、布鲁氏菌病和小反刍兽疫。（　　）

答案：对

《反刍动物产地检疫规程》2.2.2规定，羊检疫对象有口蹄疫、布鲁氏菌病、绵羊痘和山羊痘、小反刍兽疫、炭疽。

5.《反刍动物产地检疫规程》规定，鹿的检疫对象包括口蹄疫、布鲁氏菌病、结核病。（　　）

答案：对

《反刍动物产地检疫规程》2.2.3规定，鹿检疫对象有口蹄疫、布鲁氏菌病、结核病。

6.《反刍动物产地检疫规程》规定，骆驼的检疫对象只包括口蹄疫和炭疽。（　　）

答案：错

　　《反刍动物产地检疫规程》2.2.4规定，骆驼检疫对象有口蹄疫、布鲁氏菌病、结核病。

7. 官方兽医实施反刍动物检疫时应查验散养户防疫档案，确认动物已按防疫员规定进行强制免疫。（　　）

答案：错

　　《反刍动物产地检疫规程》4.2.2规定，官方兽医应查验散养户防疫档案，确认动物已按国家规定进行强制免疫，并在有效保护期内。

8.《反刍动物产地检疫规程》规定，动物启运前，养殖场须监督畜主或承运人对运载工具进行有效消毒。（　　）

答案：错

　　《反刍动物产地检疫规程》5.3规定，动物启运前，动物卫生监督机构须监督畜主或承运人对运载工具进行有效消毒。

9.《反刍动物产地检疫规程》规定，检疫申报单和检疫工作记录应保存10个月以上。（　　）

答案：错

　　《反刍动物产地检疫规程》6.3规定，检疫申报单和检疫工作记录应保存12个月以上。

10. 省内调运种用、乳用反刍动物的产地检疫不适用《反刍动物产地检疫规程》。（　　）

答案：错

　　《反刍动物产地检疫规程》规定，本规程适用于中华人民共和国境内反刍动物的产地检疫及省内调运种用、乳用反刍动物的产地检疫。

十九、家禽产地检疫规程

单　选　题

1. 家禽产地检疫对象有（　　）种。

A. 8　　　　　　　　　B. 9　　　　　　　　　C. 10　　　　　　　　　D. 11

答案：D

《家禽产地检疫规程》2. 规定，检疫对象有高致病性禽流感、新城疫、鸡传染性喉气管炎、鸡传染性支气管炎、鸡传染性法氏囊病、马立克氏病、禽痘、鸭瘟、小鹅瘟、鸡白痢、鸡球虫病。

2. 《家禽产地检疫规程》规定，家禽的检疫对象不包括（　　　）。

A. 鸡传染性喉气管炎　B. 鸡白痢　　　　C. 鸡球虫病　　　　D. 鸡白血病

答案：D

《家禽产地检疫规程》2. 规定，检疫对象有高致病性禽流感、新城疫、鸡传染性喉气管炎、鸡传染性支气管炎、鸡传染性法氏囊病、马立克氏病、禽痘、鸭瘟、小鹅瘟、鸡白痢、鸡球虫病。

3. 下列选项是家禽的检疫对象的是（　　　）。

A. 狂犬病　　　　　　B. 鸡白痢　　　　C. 口蹄疫　　　　　D. 鸡白血病

答案：B

《家禽产地检疫规程》2. 规定，检疫对象有高致病性禽流感、新城疫、鸡传染性喉气管炎、鸡传染性支气管炎、鸡传染性法氏囊病、马立克氏病、禽痘、鸭瘟、小鹅瘟、鸡白痢、鸡球虫病。

4. 实施家禽产地检疫，省内调运种禽或种蛋的，还应查验（　　　）。

A. 动物防疫条件合格证　　　　　　B. 种畜禽生产经营许可证

C. 动物免疫证　　　　　　　　　　D. 特种动物养殖证

答案：B

《家禽产地检疫规程》4.2.1规定，官方兽医应查验饲养场（养殖小区）《动物防疫条件合格证》和养殖档案，了解生产、免疫、监测、诊疗、消毒、无害化处理等情况，确认饲养场（养殖小区）6个月内未发生相关动物疫病，确认禽只已按国家规定进行强制免疫，并在有效保护期内。省内调运种禽或种蛋的，还应查验《种畜禽生产经营许可证》。

5. 禽只出现突然死亡、死亡率高；病禽极度沉郁，头部和眼睑部水肿，鸡冠发绀、脚鳞出血和神经紊乱；鸭鹅等水禽出现明显神经症状、腹泻，角膜炎、甚至失明等症状的，怀疑感染（　　　）。

A. 新城疫　　　　　B. 高致病性禽流感　　C. 马立克氏病　　　D. 禽痘

答案：B

《家禽产地检疫规程》4.3.2.1规定，禽只出现突然死亡、死亡率高；病禽极度沉郁，头部和眼睑部水肿，鸡冠发绀、脚鳞出血和神经紊乱；鸭鹅等水禽出现明显神经症状、腹泻，角膜炎、甚至失明等症状的，怀疑感染高致病性禽流感。

6. 禽只出现体温升高、食欲减退、神经症状；缩颈闭眼、冠髯暗紫；呼吸困难；口腔和鼻腔分泌物增多，嗉囊肿胀；下痢；产蛋减少或停止的，怀疑感染（　　　）。

    A. 新城疫　　　　　　B. 高致病性禽流感　　C. 马立克氏病　　　D. 禽痘

> **答案：A**
>
> 　　《家禽产地检疫规程》4.3.2.2规定，出现体温升高、食欲减退、神经症状；缩颈闭眼、冠髯暗紫；呼吸困难；口腔和鼻腔分泌物增多，嗉囊肿胀；下痢；产蛋减少或停止；少数禽突然发病，无任何症状而死亡等症状的，怀疑感染新城疫。

7. 官方兽医小王发现某鸡场鸡出现呼吸困难、咳嗽；停止产蛋，或产薄壳蛋、畸形蛋、褪色蛋等症状的，怀疑感染（　　　）。

    A. 新城疫　　　　　　B. 高致病性禽流感　　C. 鸡传染性支气管炎　D. 鸡传染性喉气管炎

> **答案：C**
>
> 　　《家禽产地检疫规程》4.3.2.3规定，出现呼吸困难、咳嗽；停止产蛋，或产薄壳蛋、畸形蛋、褪色蛋等症状的，怀疑感染鸡传染性支气管炎。

8. 官方兽医小王发现某鸡场的鸡出现呼吸困难、伸颈呼吸，发出咯咯声或咳嗽声；咳出血凝块等症状的，怀疑感染（　　　）。

    A. 新城疫　　　　　　B. 高致病性禽流感　　C. 鸡传染性支气管炎　D. 鸡传染性喉气管炎

> **答案：D**
>
> 　　《家禽产地检疫规程》4.3.2.4规定，出现呼吸困难、伸颈呼吸，发出咯咯声或咳嗽声；咳出血凝块等症状的，怀疑感染鸡传染性喉气管炎。

9. 官方兽医老张发现某鸡场的鸡出现下痢，排浅白色或淡绿色稀粪，肛门周围的羽毛被粪污染或沾污泥土；饮水减少、食欲减退；消瘦、畏寒；步态不稳、精神委顿、头下垂、眼睑闭合；羽毛无光泽等症状的，怀疑感染（　　　）。

    A. 鸡白痢　　　　　　B. 禽伤寒　　　　　　C. 鸡传染性法氏囊病　D. 禽霍乱

> **答案：C**
>
> 　　《家禽产地检疫规程》4.3.2.5规定，出现下痢，排浅白色或淡绿色稀粪，肛门周围的羽毛被粪污染或沾污泥土；饮水减少、食欲减退；消瘦、畏寒；步态不稳、精神委顿、头下垂、眼睑闭合；羽毛无光泽等症状的，怀疑感染鸡传染性法氏囊病。

10. 禽只出现食欲减退、消瘦、腹泻、体重迅速减轻，死亡率较高；运动失调、劈叉姿势；虹膜褪色、单侧或双眼灰白色混浊所致的白眼病或瞎眼；颈、背、翅、腿和尾部形成大小不一的结节及瘤状物等症状的，怀疑感染（　　　）。

    A. 新城疫　　　　　　B. 高致病性禽流感　　C. 鸡传染性法氏囊病　D. 马立克氏病

答案：D

《家禽产地检疫规程》4.3.2.6规定，出现食欲减退、消瘦、腹泻、体重迅速减轻，死亡率较高；运动失调、劈叉姿势；虹膜褪色、单侧或双眼灰白色混浊所致的白眼病或瞎眼；颈、背、翅、腿和尾部形成大小不一的结节及瘤状物等症状的，怀疑感染马立克氏病。

11. 官方兽医小李发现某鸡场的鸡出现食欲减退或废绝、畏寒，尖叫；排乳白色稀薄黏腻粪便，肛门周围污秽；闭眼呆立、呼吸困难；偶见共济失调、运动失衡，肢体麻痹等神经症状的，怀疑感染（　　　）。

A. 鸡白痢　　　　　　　　　　　　B. 禽伤寒

C. 鸡传染性法氏囊病　　　　　　　D. 禽霍乱

答案：A

《家禽产地检疫规程》4.3.2.7规定，出现食欲减退或废绝、畏寒，尖叫；排乳白色稀薄黏腻粪便，肛门周围污秽；闭眼呆立、呼吸困难；偶见共济失调、运动失衡，肢体麻痹等神经症状的，怀疑感染鸡白痢。

12. 鹅出现突然死亡；精神萎靡、倒地两脚划动，迅速死亡；厌食、嗉囊松软，内有大量液体和气体；排灰白或淡黄绿色混有气泡的稀粪；呼吸困难，鼻端流出浆性分泌物，喙端色泽变暗等症状的，怀疑感染（　　　）。

A. 禽霍乱　　　　　B. 高致病性禽流感　　　C. 禽伤寒　　　　D. 小鹅瘟

答案：D

《家禽产地检疫规程》4.3.2.9规定，出现突然死亡；精神萎靡、倒地两脚划动，迅速死亡；厌食、嗉囊松软，内有大量液体和气体；排灰白或淡黄绿色混有气泡的稀粪；呼吸困难，鼻端流出浆性分泌物，喙端色泽变暗等症状的，怀疑感染小鹅瘟。

13. 禽出现冠、肉髯和其他无羽毛部位发生大小不等的疣状块，皮肤增生性病变；口腔、食道、喉或气管黏膜出现白色结节或黄色白喉膜病变等症状的，怀疑感染（　　　）。

A. 鸡传染性支气管炎　　　　　　　B. 高致病性禽流感

C. 鸭瘟　　　　　　　　　　　　　D. 禽痘

答案：D

《家禽产地检疫规程》4.3.2.10规定，出现冠、肉髯和其他无羽毛部位发生大小不等的疣状块，皮肤增生性病变；口腔、食道、喉或气管黏膜出现白色节结或黄色白喉膜病变等症状的，怀疑感染禽痘。

14. 官方兽医小李检疫发现鸭子出现体温升高；食欲减退或废绝、翅下垂、脚无力，共济失调、不能站立；眼流浆性或脓性分泌物，眼睑肿胀或头颈浮肿；绿色下痢，衰竭虚脱等症状的，怀疑感染了（　　　）。

A. 传染性法氏囊　　B. 新城疫　　　　C. 鸭瘟　　　　D. 球虫病

答案：C

《家禽产地检疫规程》4.3.2.8规定，出现体温升高；食欲减退或废绝、翅下垂、脚无力，共济失调、不能站立；眼流浆性或脓性分泌物，眼睑肿胀或头颈浮肿；绿色下痢，衰竭虚脱等症状的，怀疑感染鸭瘟。

15. 禽只出现精神沉郁、羽毛松乱、不喜活动、食欲减退、逐渐消瘦；泄殖腔周围羽毛被稀粪沾污；运动失调、足和翅发生轻瘫；嗉囊内充满液体，可视黏膜苍白；排水样稀粪、棕红色粪便、血便、间歇性下痢的，怀疑感染（　　　）。

A. 传染性法氏囊　　　B. 新城疫　　　C. 鸭瘟　　　D. 球虫病

答案：D

《家禽产地检疫规程》4.3.2.11规定，出现精神沉郁、羽毛松乱、不喜活动、食欲减退、逐渐消瘦；泄殖腔周围羽毛被稀粪沾污；运动失调、足和翅发生轻瘫；嗉囊内充满液体，可视黏膜苍白；排水样稀粪、棕红色粪便、血便、间歇性下痢；群体均匀度差，产蛋下降等症状的，怀疑感染鸡球虫病。

多 选 题

1. 下列（　　　）动物疫病是家禽的产地检疫对象。

A. 高致病性禽流感　　　B. 新城疫　　　C. 鸡白痢　　　D. 鸭瘟

答案：ABCD

《家禽产地检疫规程》2.规定，检疫对象有高致病性禽流感、新城疫、鸡传染性喉气管炎、鸡传染性支气管炎、鸡传染性法氏囊病、马立克氏病、禽痘、鸭瘟、小鹅瘟、鸡白痢、鸡球虫病。

2. 禽类产地检疫的群体检查主要从（　　　）等方面进行检查。

A. 形态　　　　B. 静态　　　　C. 食态　　　　D. 动态

答案：BCD

《家禽产地检疫规程》4.3.1.1规定，群体检查从静态、动态和食态等方面进行检查。主要检查禽群精神状况、外貌、呼吸状态、运动状态、饮水饮食及排泄物状态等。

3. 禽类产地检疫的个体检查主要从（　　　）等方面进行检查。

A. 视诊　　　　B. 触诊　　　　C. 听诊　　　　D. 问诊

答案：ABC

《家禽产地检疫规程》4.3.1.2规定，个体检查通过视诊、触诊、听诊等方法检查家禽个体精神状况、体温、呼吸、羽毛、天然孔、冠、髯、爪、粪、触摸嗉囊内容物性状等。

4. 家禽高致病性禽流感的主要症状有（　　）。

A. 头部和眼睑部水肿　B. 脚鳞出血　　　　C. 鸡冠发绀　　　　D. 神经紊乱

答案：ABCD

《家禽产地检疫规程》4.3.2.1规定，禽只出现突然死亡、死亡率高；病禽极度沉郁，头部和眼睑部水肿，鸡冠发绀、脚鳞出血和神经紊乱。鸭鹅等水禽出现明显神经症状、腹泻、角膜炎、甚至失明等症状的，怀疑感染高致病性禽流感。

5. 下列（　　）症状是家禽感染新城疫的表现。

A. 缩颈闭眼、冠髯暗紫　　　　　　　　B. 呼吸困难

C. 下痢　　　　　　　　　　　　　　　D. 口腔和鼻腔分泌物增多，嗉囊肿胀

答案：ABCD

《家禽产地检疫规程》4.3.2.2规定，出现体温升高、食欲减退、神经症状；缩颈闭眼、冠髯暗紫；呼吸困难；口腔和鼻腔分泌物增多，嗉囊肿胀；下痢；产蛋减少或停止；少数禽突然发病，无任何症状而死亡等症状的，怀疑感染新城疫。

6. 家禽感染鸡传染性支气管炎主要有（　　）症状表现。

A. 呼吸困难、咳嗽　　　　　　　　　　B. 停止产蛋，或产薄壳蛋

C. 下痢脓便　　　　　　　　　　　　　D. 狂燥不安

答案：AB

《家禽产地检疫规程》4.3.2.3规定，出现呼吸困难、咳嗽；停止产蛋，或产薄壳蛋、畸形蛋、褪色蛋等症状的，怀疑感染鸡传染性支气管炎。

7. 家禽感染鸡传染性喉气管炎主要有（　　）症状表现。

A. 呼吸困难、伸颈呼吸　　　　　　　　B. 停止产蛋，或产薄壳蛋

C. 发出咯咯声或咳嗽声　　　　　　　　D. 咳出血凝块

答案：ACD

《家禽产地检疫规程》4.3.2.4规定，出现呼吸困难、伸颈呼吸，发出咯咯声或咳嗽声；咳出血凝块等症状的，怀疑感染鸡传染性喉气管炎。

8. 鸡出现（　　）症状怀疑感染了鸡传染性法氏囊病。

A. 下痢，排浅白色或淡绿色稀粪　　　　B. 肛门周围的羽毛被粪污染

C．饮水减少、食欲减退　　　　　　　　D．步态不稳、精神委顿、头下垂、眼睑闭合

答案：ABCD

《家禽产地检疫规程》4.3.2.5规定，出现下痢，排浅白色或淡绿色稀粪，肛门周围的羽毛被粪污染或沾污泥土；饮水减少、食欲减退；消瘦、畏寒；步态不稳、精神委顿、头下垂、眼睑闭合；羽毛无光泽等症状的，怀疑感染鸡传染性法氏囊病。

9．禽只出现（　　　）症状怀疑感染了鸡马立克氏病。

A．食欲减退、消瘦、腹泻、体重迅速减轻，死亡率较高

B．运动失调、劈叉姿势

C．出现白眼病或瞎眼

D．颈、背、翅、腿等部位有结节及瘤状物

答案：ABCD

《家禽产地检疫规程》4.3.2.6规定，出现食欲减退、消瘦、腹泻、体重迅速减轻，死亡率较高；运动失调、劈叉姿势；虹膜褪色、单侧或双眼灰白色混浊所致的白眼病或瞎眼；颈、背、翅、腿和尾部形成大小不一的结节及瘤状物等症状的，怀疑感染马立克氏病。

10．家禽鸡白痢的主要症状有（　　　）。

A．食欲减退或废绝、畏寒，尖叫　　　　B．闭眼呆立、呼吸困难

C．排乳白色稀薄黏腻粪便　　　　　　　D．运动失调、劈叉姿势

答案：ABC

《家禽产地检疫规程》4.3.2.7规定，出现食欲减退或废绝、畏寒，尖叫；排乳白色稀薄黏腻粪便，肛门周围污秽；闭眼呆立、呼吸困难；偶见共济失调、运动失衡，肢体麻痹等神经症状的，怀疑感染鸡白痢。

11．家禽出现（　　　）症状怀疑感染了鸭瘟。

A．食欲减退或废绝、翅下垂、脚无力，共济失调、不能站立

B．眼流浆性或脓性分泌物，眼睑肿胀或头颈浮肿

C．颈、背、翅、腿等部位有结节及瘤状物

D．绿色下痢，衰竭虚脱

答案：ABD

《家禽产地检疫规程》4.3.2.8规定，出现体温升高；食欲减退或废绝、翅下垂、脚无力，共济失调、不能站立；眼流浆性或脓性分泌物，眼睑肿胀或头颈浮肿；绿色下痢，衰竭虚脱等症状的，怀疑感染鸭瘟。

12. 小鹅瘟的主要症状有（　　）。

A. 食欲减退或废绝、畏寒，尖叫　　　　B. 精神萎靡、倒地两脚划动，迅速死亡

C. 厌食、嗉囊松软，内有大量液体和气体　　D. 排灰白或淡黄绿色混有气泡的稀粪

答案：BCD

《家禽产地检疫规程》4.3.2.9规定，出现突然死亡；精神萎靡、倒地两脚划动，迅速死亡；厌食、嗉囊松软，内有大量液体和气体；排灰白或淡黄绿色混有气泡的稀粪；呼吸困难，鼻端流出浆性分泌物，喙端色泽变暗等症状的，怀疑感染小鹅瘟。

13. 家禽出现（　　）症状怀疑感染了禽痘。

A. 冠、肉髯和其他无羽毛部位发生疣状块　　B. 口腔、食道、喉或气管黏膜出现白色节结

C. 皮肤增生性病变　　　　　　　　　　D. 头下垂、眼睑闭合

答案：ABC

《家禽产地检疫规程》4.3.2.10规定，出现冠、肉髯和其他无羽毛部位发生大小不等的疣状块，皮肤增生性病变；口腔、食道、喉或气管黏膜出现白色节结或黄色白喉膜病变等症状的，怀疑感染禽痘。

14. 家禽感染鸡球虫病主要有（　　）症状表现。

A. 精神沉郁、羽毛松乱、不喜活动、食欲减退、逐渐消瘦

B. 泄殖腔周围羽毛被稀粪沾污

C. 运动失调、足和翅发生轻瘫；嗉囊内充满液体，可视黏膜苍白

D. 排水样稀粪、棕红色粪便、血便、间歇性下痢

答案：ABCD

《家禽产地检疫规程》4.3.2.11规定，出现精神沉郁、羽毛松乱、不喜活动、食欲减退、逐渐消瘦；泄殖腔周围羽毛被稀粪沾污；运动失调、足和翅发生轻瘫；嗉囊内充满液体，可视黏膜苍白；排水样稀粪、棕红色粪便、血便、间歇性下痢；群体均匀度差，产蛋下降等症状的，怀疑感染鸡球虫病。

15. 不是家禽的产地检疫对象的是（　　）。

A. 布鲁氏菌病　　　B. 新城疫　　　　C. 丝虫病　　　　D. 结核病

答案：ACD

《家禽产地检疫规程》2.规定，检疫对象有高致病性禽流感、新城疫、鸡传染性喉气管炎、鸡传染性支气管炎、鸡传染性法氏囊病、马立克氏病、禽痘、鸭瘟、小鹅瘟、鸡白痢、鸡球虫病。

判 断 题

1. 种禽、种蛋的检疫不适用《家禽产地检疫规程》。（   ）

答案：错

《家禽产地检疫规程》1. 规定，本规程适用于中华人民共和国境内家禽的产地检疫及省内调运种禽或种蛋的产地检疫。

2.《家禽产地检疫规程》中规定了8种家禽的检疫对象。（   ）

答案：错

《家禽产地检疫规程》2. 规定，检疫对象有高致病性禽流感、新城疫、鸡传染性喉气管炎、鸡传染性支气管炎、鸡传染性法氏囊病、马立克氏病、禽痘、鸭瘟、小鹅瘟、鸡白痢、鸡球虫病。

3. 家禽感染高致病性禽流感会出现极度沉郁，头部和眼睑部水肿，鸡冠发绀、脚鳞出血和神经紊乱等症状。（   ）

答案：对

《家禽产地检疫规程》4.3.2.1规定，禽只出现突然死亡、死亡率高；病禽极度沉郁，头部和眼睑部水肿，鸡冠发绀、脚鳞出血和神经紊乱；鸭鹅等水禽出现明显神经症状、腹泻，角膜炎、甚至失明等症状的，怀疑。

4. 家禽感染鸡传染性支气管炎会出现消瘦、畏寒、步态不稳、精神委顿、头下垂、眼睑闭合等病症。（   ）

答案：错

《家禽产地检疫规程》4.3.2.3规定，出现呼吸困难、咳嗽；停止产蛋，或产薄壳蛋、畸形蛋、褪色蛋等症状的，怀疑感染鸡传染性支气管炎。

5. 家禽感染鸡传染性喉气管炎会出现呼吸困难、伸颈呼吸，发出咯咯声等症状。（   ）

答案：对

《家禽产地检疫规程》4.3.2.4规定，出现呼吸困难、伸颈呼吸，发出咯咯声或咳嗽声；咳出血凝块等症状的，怀疑感染鸡传染性喉气管炎。

6. 家禽感染鸡传染性法氏囊病会出现下痢，排浅白色或淡绿色稀粪等症状。（   ）

答案：对

《家禽产地检疫规程》4.3.2.5规定，出现下痢，排浅白色或淡绿色稀粪，肛门周围的羽毛被粪污染或沾污泥土；饮水减少、食欲减退；消瘦、畏寒；步态不稳、精神委顿、头下垂、眼睑闭合；羽毛无光泽等症状的，怀疑感染鸡传染性法氏囊病。

7. 家禽感染鸭瘟会出现食欲减退废绝、眼睑肿胀或头颈浮肿、绿色下痢等症状。（　　　）

答案：对
《家禽产地检疫规程》4.3.2.8规定，出现体温升高；食欲减退或废绝、翅下垂、脚无力，共济失调、不能站立；眼流浆性或脓性分泌物，眼睑肿胀或头颈浮肿；绿色下痢，衰竭虚脱等症状的，怀疑感染鸭瘟。

8. 家禽感染小鹅瘟会出现精神萎靡、倒地两脚划动，迅速死亡，排灰白或淡黄绿色混有气泡的稀粪等症状。（　　　）

答案：对
《家禽产地检疫规程》4.3.2.9规定，出现突然死亡；精神萎靡、倒地两脚划动，迅速死亡；厌食、嗉囊松软，内有大量液体和气体；排灰白或淡黄绿色混有气泡的稀粪；呼吸困难，鼻端流出浆性分泌物，喙端色泽变暗等症状的，怀疑感染小鹅瘟。

9. 家禽感染禽痘会出现冠、肉髯和其他无羽毛部位发生大小不等的疣状块，皮肤增生性病变等病症。（　　　）

答案：对
《家禽产地检疫规程》4.3.2.10规定，出现冠、肉髯和其他无羽毛部位发生大小不等的疣状块，皮肤增生性病变；口腔、食道、喉或气管黏膜出现白色节结或黄色白喉膜病变等症状的，怀疑感染禽痘。

10.《家禽产地检疫规程》规定检疫申报单和检疫工作记录应保存2年以上。（　　　）

答案：错
《家禽产地检疫规程》6.3规定，检疫申报单和检疫工作记录应保存12个月以上。

二十、跨省调运乳用、种用动物产地检疫规程

单 选 题

1. 跨省调运乳用、种用动物需要查验饲养场的（　　　）和《动物防疫条件合格证》规定。

A．种畜禽生产经营许可证　　　　　　　　B．动物检疫合格证明

C. 无公害认证　　　　　　　　　　　　D. 工商营业执照

答案：A

《跨省调运乳用、种用动物产地检疫规程》3.2.1规定，查验饲养场的《种畜禽生产经营许可证》和《动物防疫条件合格证》。

2. 跨省调运精液和胚胎的，还应查验其采集、存贮、销售等记录，确认对应（　　）及其健康状况。

A. 编号　　　　　B. 供体　　　　　C. 母体　　　　　D. 场户

答案：B

《跨省调运乳用、种用动物产地检疫规程》3.2.3规定，调运精液和胚胎的，还应查验其采集、存贮、销售等记录，确认对应供体及其健康状况。

3. 跨省调运种猪，发现母猪产仔数少、流产、产死胎、木乃伊胎及发育不正常胎等症状的，怀疑感染（　　）。

A. 猪支原体性肺炎　　　　　　　　　　B. 猪传染性萎缩性鼻炎

C. 伪狂犬病毒　　　　　　　　　　　　D. 猪细小病毒

答案：D

《跨省调运乳用、种用动物产地检疫规程》3.3.1规定，发现母猪，尤其是初产母猪产仔数少、流产、产死胎、木乃伊胎及发育不正常胎等症状的，怀疑感染猪细小病毒。

4. 跨省调运种猪，发现母猪返情、空怀，妊娠母猪流产、产死胎、木乃伊等，怀疑感染（　　）。

A. 猪支原体性肺炎　　　　　　　　　　B. 猪传染性萎缩性鼻炎

C. 伪狂犬病毒　　　　　　　　　　　　D. 猪细小病毒

答案：C

《跨省调运乳用、种用动物产地检疫规程》3.3.2规定，发现母猪返情、空怀，妊娠母猪流产、产死胎、木乃伊等，公猪睾丸肿胀、萎缩等症状的，怀疑感染伪狂犬病毒。

5. 跨省调运种猪，发现种猪消瘦、生长发育迟缓、慢性干咳、呼吸短促、腹式呼吸、犬坐姿势、连续性痉挛性咳嗽、口鼻处有泡沫等症状的，怀疑感染（　　）。

A. 猪支原体性肺炎　　　　　　　　　　B. 猪传染性萎缩性鼻炎

C. 伪狂犬病毒　　　　　　　　　　　　D. 猪细小病毒

答案：A

《跨省调运乳用、种用动物产地检疫规程》3.3.3规定，发现动物消瘦、生长发育迟缓、慢性干咳、呼吸短促、腹式呼吸、犬坐姿势、连续性痉挛性咳嗽、口鼻处有泡沫等症状的，怀疑感染猪支原体性肺炎。

6. 跨省调运种猪，发现鼻塞、不能长时间将鼻端留在粉料中采食、衄血、饲槽沿染有血液、两侧内眼角下方颊部形成"泪斑"、鼻端向一侧弯曲、眼上缘水平上的鼻梁变平变宽等症状的，怀疑感染（　　）。

A. 猪支原体性肺炎　　　　　　　　B. 猪传染性萎缩性鼻炎

C. 伪狂犬病毒　　　　　　　　　　D. 猪细小病毒

答案：B

《跨省调运乳用、种用动物产地检疫规程》3.3.4规定，发现鼻塞、不能长时间将鼻端留在粉料中采食、衄血、饲槽沿染有血液、两侧内眼角下方颊部形成"泪斑"、鼻部和颜面变形（上额短缩，前齿咬合不齐等）、鼻端向一侧弯曲或鼻部向一侧歪斜、鼻背部横皱褶逐渐增加、眼上缘水平上的鼻梁变平变宽、生长欠佳等症状的，怀疑感染猪传染性萎缩性鼻炎。

7. 跨省调运种牛，发现体表淋巴结肿大，贫血，可视黏膜苍白，精神衰弱，食欲不振，体重减轻，呼吸急促，后驱麻痹乃至跛行瘫痪，周期性便秘及腹泻等症状的，怀疑感染（　　）。

A. 牛结核病　　　B. 乳房炎　　　C. 牛白血病　　　D. 牛传染性胸膜炎

答案：C

《跨省调运乳用、种用动物产地检疫规程》3.3.5规定，发现体表淋巴结肿大，贫血，可视黏膜苍白，精神衰弱，食欲不振，体重减轻，呼吸急促，后驱麻痹乃至跛行瘫痪，周期性便秘及腹泻等症状的，怀疑感染牛白血病。

8. 跨省调运奶牛，发现奶牛体温升高、食欲减退、反刍减少、沉郁；乳房发红、肿胀，乳汁显著减少和异常；乳汁中有絮片、凝块，并呈水样，出现全身症状；乳房萎缩、出现硬结等症状的，怀疑感染（　　）。

A. 牛结核病　　　B. 乳房炎　　　C. 牛白血病　　　D. 牛传染性胸膜炎

答案：B

《跨省调运乳用、种用动物产地检疫规程》3.3.6规定，发现奶牛体温升高、食欲减退、反刍减少、脉搏增速、脱水，全身衰弱、沉郁；突然发病，乳房发红、肿胀、变硬、疼痛，乳汁显著减少和异常；乳汁中有絮片、凝块，并呈水样，出现全身症状；乳房有轻微发热、肿胀和疼痛；乳腺组织纤维化，乳房萎缩、出现硬结等症状的，怀疑感染乳房炎。

9. 跨省调运种猪，下列动物疫病需要进入实验室检测的是（　　）。

A. 猪支原体性肺炎　B. 高致病性猪蓝耳病　C. 伪狂犬病毒　　D. 猪细小病毒

答案：B

《跨省调运乳用、种用动物产地检疫规程》3.4.2.1规定，种猪的实验室检测疫病种类有口蹄疫、猪瘟、高致病性猪蓝耳病、猪圆环病毒病、布鲁氏菌病。

10. 跨省调运种牛，下列动物疫病需要进入实验室检测的是（　　　）。

A. 牛瘟　　　　　　　　　　　　　　B. 牛白血病

C. 牛传染性鼻气管炎　　　　　　　　D. 牛传染性胸膜炎

答案：C

《跨省调运乳用、种用动物产地检疫规程》3.4.2.2规定，种牛实验室检测疫病种类有口蹄疫、布鲁氏菌病、牛结核病、副结核病、牛传染性鼻气管炎、牛病毒性腹泻/黏膜病。

11. 跨省调运种羊，下列动物疫病需要进入实验室检测的是（　　　）。

A. 炭疽　　　　　　　　　　　　　　B. 羊肠毒血症

C. 绵羊痘和山羊病痘　　　　　　　　D. 蓝舌病

答案：D

《跨省调运乳用、种用动物产地检疫规程》3.4.2.3规定，种羊实验室检测疫病种类有口蹄疫、布鲁氏菌病、蓝舌病、山羊关节炎脑炎。

12. 跨省调运奶牛，下列动物疫病需要进入实验室检测的是（　　　）。

A. 牛流行热　　　B. 牛瘟　　　C. 牛结核病　　　D. 牛肺疫

答案：C

《跨省调运乳用、种用动物产地检疫规程》3.4.2.4规定，奶牛实验室检测疫病种类有口蹄疫、布鲁氏菌病、牛结核病、牛传染性鼻气管炎、牛病毒性腹泻/黏膜病。

13. 跨省调运乳用种用动物检疫，实验室病原学检测时限是（　　　）。

A. 调运前10天　　　B. 调运前20天　　　C. 调运前1个月　　　D. 调运前3个月

答案：D

《跨省调运乳用、种用动物产地检疫规程》规定，跨省调运种用乳用动物实验室检测要求表中病原学检测时限为调运前3个月内。

14. 跨省调运乳用种用动物检疫，实验室抗体检测时限是（　　　）。

A. 调运前10天　　　B. 调运前20天　　　C. 调运前1个月　　　D. 调运前3个月

答案：C

《跨省调运乳用、种用动物产地检疫规程》规定，跨省调运种用乳用动物实验室检测要求表中抗体检测时限为调运前1个月内。

多 选 题

1. 跨省调运乳用、种用动物产地检疫需要查验饲养场的（   ）。

A. 种畜禽生产经营许可证　　　　　　B. 动物防疫条件合格证

C. 无公害认证　　　　　　　　　　　D. 工商营业执照

答案：AB

《跨省调运乳用、种用动物产地检疫规程》3.2.1规定，查验饲养场的《种畜禽生产经营许可证》和《动物防疫条件合格证》。

2. 跨省调运种猪检疫，初产母猪感染猪传染性萎缩性鼻炎典型症状有（   ）。

A. 产仔数少　　　B. 流产　　　C. 产死胎　　　D. 木乃伊胎

答案：ABCD

《跨省调运乳用、种用动物产地检疫规程》3.3.1规定，发现母猪，尤其是初产母猪产仔数少、流产、产死胎、木乃伊胎及发育不正常胎等症状的，怀疑感染猪细小病毒。

3. 跨省调运种猪检疫，有（   ）症状可怀疑感染伪狂犬病毒。

A. 母猪返情　　　B. 母猪空怀　　　C. 公猪睾丸肿胀　　　D. 公猪睾丸萎缩

答案：ABCD

《跨省调运乳用、种用动物产地检疫规程》3.3.2规定，发现母猪返情、空怀，妊娠母猪流产、产死胎、木乃伊等，公猪睾丸肿胀、萎缩等症状的，怀疑感染伪狂犬病毒。

4. 跨省调运种猪检疫，发现（   ）症状可怀疑感染猪支原体性肺炎。

A. 高温　　　　　　　　　　　　　　B. 腹式呼吸、犬坐姿势

C. 连续性痉挛性咳　　　　　　　　　D. 口鼻处有泡沫

答案：BCD

《跨省调运乳用、种用动物产地检疫规程》3.3.3规定，发现动物消瘦、生长发育迟缓、慢性干咳、呼吸短促、腹式呼吸、犬坐姿势、连续性痉挛性咳嗽、口鼻处有泡沫等症状的，怀疑感染猪支原体性肺炎。

5. 跨省调运种猪检疫，发现（   ）症状可怀疑感染猪传染性萎缩性鼻炎。

A. 鼻塞、不能长时间将鼻端留在粉料中采食　　B. 两侧内眼角下方颊部形成"泪斑"

C. 鼻部和颜面变形　　　　　　　　　D. 眼上缘水平上的鼻梁变平变宽

答案：ABCD

《跨省调运乳用、种用动物产地检疫规程》3.3.4规定，发现鼻塞、不能长时间将鼻端留在

粉料中采食、妞血、饲槽沿染有血液、两侧内眼角下方颊部形成"泪斑"、鼻部和颜面变形（上额短缩，前齿咬合不齐等）、鼻端向一侧弯曲或鼻部向一侧歪斜、鼻背部横皱褶逐渐增加、眼上缘水平上的鼻梁变平变宽、生长欠佳等症状的，怀疑感染猪传染性萎缩性鼻炎。

6. 跨省调运种牛检疫，发现（　　　）症状可怀疑感染牛白血病。

A. 体表淋巴结肿大　　　　　　　　B. 乳房萎缩

C. 贫血，可视黏膜苍白　　　　　　D. 后驱麻痹乃至跛行瘫痪

答案：ACD

《跨省调运乳用、种用动物产地检疫规程》3.3.5规定，发现体表淋巴结肿大，贫血，可视黏膜苍白，精神衰弱，食欲不振，体重减轻，呼吸急促，后驱麻痹乃至跛行瘫痪，周期性便秘及腹泻等症状的，怀疑感染牛白血病。

7. 跨省调运奶牛检疫，发现（　　　）症状可怀疑感染乳房炎。

A. 反刍减少、脉搏增速、脱水，全身衰弱、沉郁

B. 乳房发红、肿胀、变硬、疼痛，乳汁显著减少

C. 乳汁中有絮片、凝块，并呈水样

D. 乳腺组织纤维化，乳房萎缩、出现硬结

答案：ABCD

《跨省调运乳用、种用动物产地检疫规程》3.3.6规定，发现奶牛体温升高、食欲减退、反刍减少、脉搏增速、脱水，全身衰弱、沉郁；突然发病，乳房发红、肿胀、变硬、疼痛，乳汁显著减少和异常；乳汁中有絮片、凝块，并呈水样，出现全身症状；乳房有轻微发热、肿胀和疼痛；乳腺组织纤维化，乳房萎缩、出现硬结等症状的，怀疑感染乳房炎。

8. 跨省调运种猪，需要进入实验室检测的动物疫病有（　　　）。

A. 口蹄疫　　　B. 高致病性猪蓝耳病　　C. 猪圆环病毒病　　　D. 猪细小病毒

答案：ABC

《跨省调运乳用、种用动物产地检疫规程》3.4.2.1规定，种猪实验室检测疫病种类有口蹄疫、猪瘟、高致病性猪蓝耳病、猪圆环病毒病、布鲁氏菌病。

9. 跨省调运种牛，需要进入实验室检测的动物疫病有（　　　）。

A. 布鲁氏菌病　　　B. 牛白血病　　　　C. 牛传染性鼻气管炎　　D. 牛结核病

答案：ACD

《跨省调运乳用、种用动物产地检疫规程》3.4.2.2规定，种牛实验室检测疫病种类有口蹄疫、布鲁氏菌病、牛结核病、副结核病、牛传染性鼻气管炎、牛病毒性腹泻、黏膜病。

10. 跨省调运种羊，需要进入实验室检测的动物疫病有（　　　）。

A．布鲁氏菌病　　　　B．羊肠毒血症　　　　C．山羊关节炎脑炎　　　　D．蓝舌病

答案：ACD

《跨省调运乳用、种用动物产地检疫规程》3.4.2.3规定，种羊实验室检测疫病种类有口蹄疫、布鲁氏菌病、蓝舌病、山羊关节炎脑炎。

11. 跨省调运奶牛，需要进入实验室检测的动物疫病有（　　　）。

A．牛流行热　　　　　　　　　　　B．牛病毒性腹泻/黏膜病

C．牛结核病　　　　　　　　　　　D．牛传染性鼻气管炎

答案：BCD

《跨省调运乳用、种用动物产地检疫规程》3.4.2.4规定，奶牛实验室检测疫病种类有口蹄疫、布鲁氏菌病、牛结核病、牛传染性鼻气管炎、牛病毒性腹泻/黏膜病。

12. 跨省调运奶山羊，需要进入实验室检测的动物疫病有（　　　）。

A．羊肠毒血症　　　　B．布鲁氏菌病　　　　C．绵羊痘和山羊病痘　　　　D．口蹄疫

答案：BD

《跨省调运乳用、种用动物产地检疫规程》3.4.2.5规定，奶山羊实验室检测疫病种类有口蹄疫、布鲁氏菌病。

13. 跨省调运种猪动物除按照《生猪产地检疫规程》要求开展临床检查外，还需做（　　　）疫病检查。

A．猪细小病毒　　　　　　　　　　B．伪狂犬病毒

C．猪支原体性肺炎　　　　　　　　D．猪传染性萎缩性鼻炎

答案：ABCD

《跨省调运乳用、种用动物产地检疫规程》3.3规定，按照《生猪产地检疫规程》《反刍动物产地检疫规程》要求开展临床检查外，还需做下列疫病检查：猪细小病毒、伪狂犬病毒、猪支原体性肺炎、猪传染性萎缩性鼻炎。

判 断 题

1. 某养殖场跨省调运5头种猪申报检疫，经临床检查合格且免疫在有效期之内，但没有实验室检测报告，因此官方兽医终止了检疫程序。（　　　）

答案： 对

《跨省调运乳用动物产地检疫规程》4.3规定，无有效的实验室检测报告的，检疫程序终止。

2. 官方兽医因某养殖场无有效的《动物防疫条件合格证》，终止了该场种猪跨省调运的检疫程序。（   ）

答案： 对

《跨省调运乳用、种用动物产地检疫规程》4.2规定，无有效的《种畜禽生产经营许可证》和《动物防疫条件合格证》的，检疫程序终止。

3. 跨省调运种猪应进行实验室检测的动物疫病有口蹄疫、猪瘟、高致病性猪蓝耳病等动物疫病。（   ）

答案： 对

《跨省调运乳用、种用动物产地检疫规程》3.4.2.1规定，种猪：口蹄疫、猪瘟、高致病性猪蓝耳病、猪圆环病毒病、布鲁氏菌病。

4. 跨省调运精液和胚胎的应检测其供体动物相关动物疫病。（   ）

答案： 对

《跨省调运乳用、种用动物产地检疫规程》3.4.2.6规定，精液和胚胎：检测其供体动物相关动物疫病。

5. 跨省调运种猪的检疫对象完全按照《生猪产地检疫规程》进行。

答案： 错

《跨省调运乳用、种用动物产地检疫规程》3.3规定，按照《生猪产地检疫规程》《反刍动物产地检疫规程》要求开展临床检查外，还需做下列疫病检查：3.3.1发现母猪，尤其是初产母猪产仔数少、流产、产死胎、木乃伊胎及发育不正常胎等症状的，怀疑感染猪细小病毒；3.3.2发现母猪返情、空怀，妊娠母猪流产、产死胎、木乃伊等，公猪睾丸肿胀、萎缩等症状的，怀疑感染伪狂犬病毒；3.3.3发现动物消瘦、生长发育迟缓、慢性干咳、呼吸短促、腹式呼吸、犬坐姿势、连续性痉挛性咳嗽、口鼻处有泡沫等症状的，怀疑感染猪支原体性肺炎；3.3.4发现鼻塞、不能长时间将鼻端留在粉料中采食、衄血、饲槽沿染有血液、两侧内眼角下方颊部形成"泪斑"、鼻部和颜面变形（上颌短缩，前齿咬合不齐等）、鼻端向一侧弯曲或鼻部向一侧歪斜、鼻背部横皱摺逐渐增加、眼上缘水平上的鼻梁变平变宽、生长欠佳等症状的，怀疑感染猪传染性萎缩性鼻炎；3.3.5发现体表淋巴节肿大，贫血，可视黏膜苍白，精神衰弱，食欲不振，体重减轻，呼吸急促，后驱麻痹乃至跛行瘫痪，周期性便秘及腹泻等症状的，怀疑感染牛白血病；3.3.6发现奶牛体温升高、食欲减退、反刍减少、脉搏增速、脱水，全身衰弱、沉郁；突然发病，乳房发红、肿胀、变硬、疼痛，乳汁显著减少和异常；乳汁中有絮片、凝块，并呈水样，出现全身症状；乳房有轻微发热、肿胀和疼痛；乳腺组织纤维化，乳房萎缩、出现硬结等症状的，怀疑感染乳房炎。

二十一、跨省调运种禽检疫规程

单 选 题

1. 跨省调运种禽检疫，发现跛行、站立姿势改变、跗关节上方腱囊双侧肿大、难以屈曲等症状的，怀疑感染（　　）。

A. 鸡病毒性关节炎　　　　B. 禽白血病　　　　C. 禽脑脊髓炎　　　　D. 禽网状内皮组织增殖症

答案：A

《跨省调运种禽产地检疫规程》3.3.1规定，发现跛行、站立姿势改变、跗关节上方腱囊双侧肿大、难以屈曲等症状的，怀疑感染鸡病毒性关节炎。

2. 跨省调运种禽检疫，发现消瘦、头部苍白、腹部增大、产蛋下降等症状的，怀疑感染（　　）。

A. 鸡病毒性关节炎　　　　B. 禽白血病　　　　C. 禽脑脊髓炎　　　　D. 禽网状内皮组织增殖症

答案：B

《跨省调运种禽产地检疫规程》3.3.2规定，发现消瘦、头部苍白、腹部增大、产蛋下降等症状的，怀疑感染禽白血病。

3. 跨省调运种禽检疫，发现精神沉郁、反应迟钝、站立不稳、双腿缩于腹下或向外叉开、头颈震颤、共济失调或完全瘫痪等症状，怀疑感染（　　）。

A. 鸡病毒性关节炎　　　　B. 禽白血病　　　　C. 禽脑脊髓炎　　　　D. 禽网状内皮组织增殖症

答案：C

《跨省调运种禽产地检疫规程》3.3.3规定，发现精神沉郁、反应迟钝、站立不稳、双腿缩于腹下或向外叉开、头颈震颤、共济失调或完全瘫痪等症状，怀疑感染禽脑脊髓炎。

4. 跨省调运种禽检疫，发现生长受阻、瘦弱、羽毛发育不良等症状的，怀疑感染（　　）。

A. 鸡病毒性关节炎　　　　B. 禽白血病　　　　C. 禽脑脊髓炎　　　　D. 禽网状内皮组织增殖症

答案：D

《跨省调运种禽产地检疫规程》3.3.4规定，发现生长受阻、瘦弱、羽毛发育不良等症状的，怀疑感染禽网状内皮组织增殖症。

5. 跨省调运种禽实验室检测须由（　　）指定的具有资质的实验室承担。

A. 农业部　　　　　　　　　　　　　　B. 省农业厅

C. 省级动物疫病预防控制中心　　　　　D. 省级动物卫生监督机构

答案：D

《跨省调运种禽产地检疫规程》3.4.1规定，实验室检测须由省级动物卫生监督机构指定的具有资质的实验室承担，并出具检测报告。

多 选 题

1. 《跨省调运种禽产地检疫规程》规定，适用于中国境内跨省（自治区、直辖市）调运（　　　）。

A. 种鸡　　　　　　　B. 种鸭　　　　　　　C. 种鹅　　　　　　　D. 种蛋

答案：ABCD

《跨省调运种禽产地检疫规程》规定，本规程适用于中华人民共和国境内跨省（区、市）调运种鸡、种鸭、种鹅及种蛋的产地检疫。

2. 王某拟从S省跨省调运种鸡5000只，种鸡检疫合格的标准包括的项目有（　　　）。

A. 符合农业部《家禽产地检疫规程》要求

B. 符合农业部规定的种用动物健康标准

C. 提供规定动物疫病的实验室检测报告，检测结果合格

D. 种蛋的收集、消毒记录完整，其供体动物符合本规程规定的标准

答案：ABCD

《跨省调运种禽产地检疫规程》2. 规定，检疫合格标准：2.1符合农业部《家禽产地检疫规程》要求；2.2符合农业部规定的种用动物健康标准；2.3提供本规程规定动物疫病的实验室检测报告，检测结果合格；2.4种蛋的收集、消毒记录完整，其供体动物符合本规程规定的标准；2.5种用雏禽临床检查健康，孵化记录完整。

3. 跨省调运种鸡产地检疫必须进行实验室检测的疫病有（　　　）。

A. 高致病性禽流感　　　　　　　　　　B. 新城疫

C. 禽白血病　　　　　　　　　　　　　D. 禽网状皮内组织增殖症

答案：ABCD

《跨省调运种禽产地检疫规程》3.4.2.1规定，种鸡实验室检测的疫病有高致病性禽流感、新城疫、禽白血病、禽网状内皮组织增殖症。

4. 跨省调运种鸭产地检疫必须进行实验室检测的疫病有（　　　）。

A. 高致病性禽流感　　B. 新城疫　　　　　C. 鸭瘟　　　　　D. 禽白血病

 《跨省调运种禽产地检疫规程》3.4.2.2规定，种鸭实验室检测的疫病有高致病性禽流感、鸭瘟。

5. 跨省调运种鹅产地检疫必须进行实验室检测的疫病有（   ）。

 A. 高致病性禽流感   B. 小鹅瘟

 C. 新城疫   D. 马立克

答案：AB

 《跨省调运种禽产地检疫规程》3.4.2.3规定，种鹅实验室检测的疫病有高致病性禽流感、小鹅瘟。

6. 跨省调运种禽检疫，怀疑感染鸡病毒性关节炎的典型症状有（   ）。

 A. 跛行、站立姿势改变   B. 头部苍白

 C. 跗关节上方腱囊双侧肿大   D. 头颈震颤

答案：AC

 《跨省调运种禽产地检疫规程》3.3.1规定，发现跛行、站立姿势改变、跗关节上方腱囊双侧肿大、难以屈曲等症状的，怀疑感染鸡病毒性关节炎。

7. 跨省调运种禽检疫，怀疑感染禽白血病的典型症状有（   ）。

 A. 消瘦   B. 头部苍白   C. 腹部增大   D. 产蛋下降

答案：ABCD

 《跨省调运种禽产地检疫规程》3.3.2规定，发现消瘦、头部苍白、腹部增大、产蛋下降等症状的，怀疑感染禽白血病。

8. 跨省调运种禽检疫，怀疑感染禽脑脊髓炎的典型症状有（   ）。

 A. 精神沉郁、反应迟钝   B. 站立不稳、双腿缩于腹下

 C. 头颈震颤   D. 共济失调或完全瘫痪

答案：ABCD

 《跨省调运种禽产地检疫规程》3.3.3规定，发现精神沉郁、反应迟钝、站立不稳、双腿缩于腹下或向外叉开、头颈震颤、共济失调或完全瘫痪等症状，怀疑感染禽脑脊髓炎。

9. 跨省调运种禽检疫，怀疑感染禽网状内皮组织增殖症的典型症状有（   ）。

 A. 头颈震颤   B. 生长受阻   C. 瘦弱   D. 羽毛发育不良

答案：BCD

 《跨省调运种禽产地检疫规程》3.3.4规定，发现生长受阻、瘦弱、羽毛发育不良等症状的，怀疑感染禽网状内皮组织增殖症。

10. 跨省调运种蛋检疫时，需要查验养殖场的（　　　）。

A. 种畜禽生产经营许可证　　　　　　B. 动物防疫条件合格证

C. 养殖档案　　　　　　　　　　　　D. 种蛋的采集、消毒等记录

答案：ABCD

《跨省调运种禽产地检疫规程》3.2规定，查验资料：3.2.1查验饲养场《种畜禽生产经营许可证》和《动物防疫条件合格证》；3.2.2按《家禽产地检疫规程》要求查验养殖档案；3.2.3调运种蛋的，还应查验其采集、消毒等记录，确认对应供体及其健康状况。

判　断　题

1. 跨省（区、市）调运种禽检疫，官方兽医应当查验饲养场《种畜禽生产经营许可证》。（　　　）

答案：对

《跨省调运种禽产地检疫规程》3.2.1规定，查验饲养场《种畜禽生产经营许可证》和《动物防疫条件合格证》。

2.《跨省调运种禽产地检疫规程》不适用跨省调运种蛋检疫。（　　　）

答案：错

《跨省调运种禽产地检疫规程》规定，本规程适用于中华人民共和国境内跨省（区、市）调运种鸡、种鸭、种鹅及种蛋的产地检疫。

3. 跨省调运种禽蛋的，还应查验其采集、消毒等记录，确认对应供体及其健康状况。（　　　）

答案：对

《跨省调运种禽产地检疫规程》3.2.3规定，调运种蛋的，还应查验其采集、消毒等记录，确认对应供体及其健康状况。

4. 发现种鸡消瘦、头部苍白、腹部增大、产蛋下降等症状的，怀疑感染禽流感。（　　　）

答案：错

《跨省调运种禽产地检疫规程》3.3.2规定，发现消瘦、头部苍白、腹部增大、产蛋下降等症状的，怀疑感染禽白血病。

5. 发现种鸡精神沉郁、反应迟钝、站立不稳、双腿缩于腹下或向外叉开、头颈震颤、共济失调或完全瘫痪等症状，怀疑感染禽脑脊髓炎。（　　　）

答案：对

《跨省调运种禽产地检疫规程》3.3.3规定，发现精神沉郁、反应迟钝、站立不稳、双腿缩于腹下或向外叉开、头颈震颤、共济失调或完全瘫痪等症状，怀疑感染禽脑脊髓炎。

6. 发现种鸡生长受阻、瘦弱、羽毛发育不良等症状的，怀疑感染禽网状内皮组织增殖症。（　　）

答案：对

《跨省调运种禽产地检疫规程》3.3.4规定，发现生长受阻、瘦弱、羽毛发育不良等症状的，怀疑感染禽网状内皮组织增殖症。

7. 跨省调运种鸡需要进行实验室检测高致病性禽流感、新城疫、禽白血病、禽网状内皮组织增殖症。（　　）

答案：对

《跨省调运种禽产地检疫规程》3.4.2.1规定，种鸡实验室检测的疫病有高致病性禽流感、新城疫、禽白血病、禽网状内皮组织增殖症。

8. 跨省调运种鸭需要进行实验室检测高致病性禽流感、马立克。（　　）

答案：错

《跨省调运种禽产地检疫规程》3.4.2.2规定，种鸭实验室检测的疫病有高致病性禽流感、鸭瘟。

9. 跨省调运种鹅需要进行实验室检测小鹅瘟和新城疫。（　　）

答案：错

《跨省调运种禽产地检疫规程》3.4.2.3规定，种鹅实验室检测的疫病有高致病性禽流感、小鹅瘟。

10. 跨省调运种禽检疫，无有效的实验室检测报告的，检疫程序终止。（　　）

答案：对

《跨省调运种禽产地检疫规程》4.3规定，无有效的实验室检测报告的，检疫程序终止。

二十二、马属动物检疫规程

单 选 题

1. 马属动物产地检疫对象（　　）种。

A. 2　　　　　　　　B. 3　　　　　　　　C. 4　　　　　　　　D. 5

答案：C

《马属动物产地检疫规程》2. 规定，检疫对象马传染性贫血病、马流行性感冒、马鼻疽、马鼻腔肺炎。

2. 下列哪一种病不是马属动物产地检疫对象。（　　）

A. 马传染性贫血病　　B. 非洲马瘟　　C. 马鼻疽　　D. 马鼻腔肺炎

答案：B

同题1。

3. 张某拟出售马12匹，官方兽医发现马出现发热、贫血、出血、黄疸、心脏衰弱、浮肿和消瘦等症状的，怀疑感染（　　）。

A. 马传染性贫血病　　B. 马流行性感冒　　C. 马鼻疽　　D. 马鼻腔肺炎

答案：A

《马属动物产地检疫规程》4.3.2.1规定，出现发热、贫血、出血、黄疸、心脏衰弱、浮肿和消瘦等症状的，怀疑感染马传染性贫血。

4. 官方兽医发现马出现体温升高、精神沉郁；呼吸、脉搏加快；颌下淋巴结肿大；鼻孔一侧（有时两侧）流出浆液性或黏性鼻汁，可见结节、溃疡、瘢痕等症状的，怀疑感染（　　）。

A. 马传染性贫血病　　B. 马流行性感冒　　C. 马鼻疽　　D. 马鼻腔肺炎

答案：C

《马属动物产地检疫规程》4.3.2.2规定，出现体温升高、精神沉郁；呼吸、脉搏加快；颌下淋巴结肿大；鼻孔一侧（有时两侧）流出浆液性或黏性鼻汁，可见鼻疽结节、溃疡、瘢痕等症状的，怀疑感染马鼻疽。

5. 马出现剧烈咳嗽，流浆液性鼻液，偶见黄白色脓性鼻液，结膜潮红肿胀，微黄染，流出浆液性乃至脓性分泌物；精神沉郁，食欲减退，体温达39.5～40℃；呼吸次数增加，脉搏增至每分钟60～80次；四肢或腹部浮肿，发生腱鞘炎；颌下淋巴结轻度肿胀等症状的，怀疑感染（　　）。

A. 马传染性贫血病　　B. 马流行性感冒　　C. 马鼻疽　　D. 马鼻腔肺炎

答案：B

《马属动物产地检疫规程》4.3.2.3规定，出现剧烈咳嗽，严重时发生痉挛性咳嗽；流浆液性鼻液，偶见黄白色脓性鼻液，结膜潮红肿胀，微黄染，流出浆液性乃至脓性分泌物；有的出现结膜浑浊；精神沉郁，食欲减退，体温达39.5～40℃；呼吸次数增加，脉搏增至每分钟60～80次；四肢或腹部浮肿，发生腱鞘炎；颌下淋巴结轻度肿胀等症状的，怀疑感染马流行性感冒。

6. 张某拟出售马12匹，官方兽医发现马出现体温升高，食欲减退；分泌大量浆液乃至黏脓性鼻液，鼻黏膜和眼结膜充血；颌下淋巴结肿胀，四肢腱鞘水肿，怀疑感染（　　）。

A．马传染性贫血病　　B．马流行性感冒　　　C．马鼻疽　　　　　D．马鼻腔肺炎

答案：D

《马属动物产地检疫规程》4.3.2.4规定，出现体温升高，食欲减退；分泌大量浆液乃至黏脓性鼻液，鼻黏膜和眼结膜充血；颌下淋巴结肿胀，四肢腱鞘水肿；妊娠母马流产等症状的，怀疑感染马鼻腔肺炎。

7．官方兽实施马属动物产地检疫需要确认饲养场（　　）未发生相关动物疫病。

A．2个月　　　　　　B．近期　　　　　　　C．6个月　　　　　D．12个月

答案：B

《马属动物产地检疫规程》4.2.1规定，官方兽医应查验饲养场（养殖小区）《动物防疫条件合格证》和养殖档案，了解生产、免疫、监测、诊疗、消毒、无害化处理等情况，确认饲养场（养殖小区）近期未发生相关动物疫病，确认动物已按国家规定进行免疫。

多　选　题

1．马属动物产地检疫对象（　　）。

A．马传染性贫血病　　B．马流行性感冒　　　C．马鼻疽　　　　　D．马鼻腔肺炎

答案：ABCD

《马属动物产地检疫规程》2.规定，检疫对象有马传染性贫血病、马流行性感冒、马鼻疽、马鼻腔肺炎。

2．马属动物出现发热、（　　）、浮肿和消瘦等症状的，怀疑感染马传染性贫血。

A．贫血　　　　　　　B．出血　　　　　　　C．黄疸　　　　　D．心脏衰弱

答案：ABCD

《马属动物产地检疫规程》4.3.2.1规定，出现发热、贫血、出血、黄疸、心脏衰弱、浮肿和消瘦等症状的，怀疑感染马传染性贫血。

3．马属动物出现体温升高、精神沉郁；呼吸、脉搏加快；颌下淋巴结肿大；鼻孔一侧（有时两侧）流出浆液性或黏性鼻汁，可见（　　）等症状的，怀疑感染马鼻疽。

A．鼻疽结节　　　　　B．溃疡　　　　　　　C．瘢痕　　　　　D．水疱

答案：ABC

《马属动物产地检疫规程》4.3.2.2规定，出现体温升高、精神沉郁；呼吸、脉搏加快；颌下淋巴结肿大；鼻孔一侧（有时两侧）流出浆液性或黏性鼻汁，可见鼻疽结节、溃疡、瘢痕等症状的，怀疑感染马鼻疽。

4. 马属动物感染马流行性感冒典型病状有（　　　）。

A．痉挛性咳嗽　　　B．流浆液性鼻液　　　C．四肢或腹部浮肿　　　D．结膜浑浊

答案：ABCD

《马属动物产地检疫规程》4.3.2.3规定，出现剧烈咳嗽，严重时发生痉挛性咳嗽；流浆液性鼻液，偶见黄白色脓性鼻液，结膜潮红肿胀，微黄染，流出浆液性乃至脓性分泌物；有的出现结膜浑浊；精神沉郁，食欲减退，体温达39.5～40℃；呼吸次数增加，脉搏增至每分钟60～80次；四肢或腹部浮肿，发生腱鞘炎；颌下淋巴结轻度肿胀等症状的，怀疑感染马流行性感冒。

5. 马属动物感染马鼻腔肺炎典型病状有（　　　）。

A．浆液乃至黏脓性鼻液　　　　　　　B．鼻黏膜和眼结膜充血

C．四肢腱鞘水肿　　　　　　　　　　D．呼吸次数增加

答案：ABC

《马属动物产地检疫规程》4.3.2.4规定，出现体温升高，食欲减退；分泌大量浆液乃至黏脓性鼻液，鼻黏膜和眼结膜充血；颌下淋巴结肿胀，四肢腱鞘水肿；妊娠母马流产等症状的，怀疑感染马鼻腔肺炎。

6. 马属动物产地检疫时遇到（　　　），应送实验室检测。

A．饲养场不主动配合　　　　　　　　B．怀疑患有规定疫病

C．临床检查发现其他异常情况　　　　D．疫控中心进行流行病学调查

答案：BC

《马属动物产地检疫规程》4.4.1规定，对怀疑患有本规程规定疫病及临床检查发现其他异常情况的，应按相应疫病防治技术规范进行实验室检测。

7. （　　　）适用《马属动物产地检疫规程》规定。

A．人工饲养的马属动物　　　　　　　B．合法捕获的野生马属动物

C．动物园的马属动物　　　　　　　　D．村民役用的马、驴、骡

答案：ABCD

《马属动物产地检疫规程》规定，本规程规定了马属动物（含人工饲养的同种野生马属动物）产地检疫的检疫对象、检疫合格标准、检疫程序、检疫结果处理和检疫记录。本规程适用于中华人民共和国境内马属动物的产地检疫。合法捕获的同种野生动物的产地检疫参照本规程执行。

判 断 题

1.《马属动物检疫规程》规定,规定了马属动物的5种检疫对象。(　　　)

答案:错

《马属动物检疫规程》2. 规定,检疫对象有马传染性贫血病、马流行性感冒、马鼻疽、马鼻腔肺炎。

2. 马属动物感染马传染性贫血会出现发热、贫血、出血、黄疸、心脏衰弱、浮肿和消瘦症状。(　　　)

答案:对

《马属动物检疫规程》4.3.2.1规定,出现发热、贫血、出血、黄疸、心脏衰弱、浮肿和消瘦等症状的,怀疑感染马传染性贫血。

3. 马属动物感染马鼻疽会出现体温升高、精神沉郁;呼吸、脉搏加快;颌下淋巴结肿大等病状。(　　　)

答案:对

《马属动物检疫规程》4.3.2.2规定,出现体温升高、精神沉郁;呼吸、脉搏加快;颌下淋巴结肿大;鼻孔一侧(有时两侧)流出浆液性或黏性鼻汁,可见鼻疽结节、溃疡、瘢痕等症状的,怀疑感染马鼻疽。

4. 马属动物感染马鼻腔肺炎会出现鼻黏膜和眼结膜充血,颌下淋巴结肿胀,四肢腱鞘水肿等病症。(　　　)

答案:对

《马属动物检疫规程》4.3.2.4规定,出现体温升高,食欲减退;分泌大量浆液乃至黏脓性鼻液,鼻黏膜和眼结膜充血;颌下淋巴结肿胀,四肢腱鞘水肿;妊娠母马流产等症状的,怀疑感染马鼻腔肺炎。

5. 动物启运前,动物卫生监督机构需对运载工具进行有效消毒。(　　　)

答案:错

《马属动物检疫规程》5.3规定,动物启运前,动物卫生监督机构须监督畜主或承运人对运载工具进行有效消毒。

二十三、猫产地检疫规程

单 选 题

1. 猫的产地检疫对象有（　　　）种。

A. 2 　　　　　　B. 4 　　　　　　C. 5 　　　　　　D. 6

答案：A

《猫产地检疫规程》2. 规定，检疫对象有狂犬病、猫泛白细胞减少症（猫瘟）。

2. 猫的产地检疫对象是（　　　）和猫泛白细胞减少症（猫瘟）。

A. 布鲁氏菌病　　　B. 利什曼病　　　C. 狂犬病　　　　D. 犬瘟热

答案：C

《猫产地检疫规程》2. 规定，检疫对象有狂犬病、猫泛白细胞减少症（猫瘟）。

3. 猫出现行为异常，有攻击性行为，狂暴不安，发出刺耳的叫声，肌肉震颤，步履蹒跚，流涎等症状的，怀疑感染（　　　）。

A. 狂犬病　　　B. 猫泛白细胞减少症　　C. 布鲁氏菌病　　D. 钩端螺旋体病

答案：A

《猫产地检疫规程》4.3.2.1规定，出现行为异常，有攻击性行为，狂暴不安，发出刺耳的叫声，肌肉震颤，步履蹒跚，流涎等症状的，怀疑感染狂犬病。

4. 猫出现呕吐，体温升高，不食，腹泻，粪便为水样、黏液性或带血，眼鼻有脓性分泌物等症状的，怀疑感染（　　　）。

A. 狂犬病　　　B. 猫泛白细胞减少症　　C. 布鲁氏菌病　　D. 钩端螺旋体病

答案：B

《猫产地检疫规程》4.3.2.2规定，出现呕吐，体温升高，不食，腹泻，粪便为水样、黏液性或带血，眼鼻有脓性分泌物等症状的，怀疑感染猫泛白细胞减少症（猫瘟）。

5. 从事猫的产地检疫的人员要定期进行（　　　）疫苗免疫。

A. 猫瘟　　　　B. 狂犬病　　　　C. 结核病　　　　D. 乙肝

答案：B

《猫产地检疫规程》7.1规定，从事猫产地检疫的人员要定期进行狂犬病疫苗免疫。

多 选 题

1. 猫的产地检疫对象有（   ）。

A. 狂犬病

B. 猫泛白细胞减少症（猫瘟）

C. 犬细小病毒病

D. 利什曼病

答案：AB

《猫产地检疫规程》2. 规定，检疫对象有狂犬病、猫泛白细胞减少症（猫瘟）。

2. 猫的产地检疫时需要查验（   ）。

A. 个人饲养猫的免疫信息

B. 确认狂犬病免疫在有效期内

C. 合法捕获的野生猫科动物的相关证明

D. 动物防疫条件合格证明

答案：ABC

《猫产地检疫规程》4.2规定，查验资料：4.2.1应当了解猫舍养殖情况，确认狂犬病免疫在有效期内，未发生相关动物疫病；4.2.2应当查验个人饲养猫的免疫信息，确认狂犬病免疫在有效期内；4.2.3应当查验人工饲养、合法捕获的野生猫科动物的相关证明。

3. 猫感染狂犬病的明显病状有（   ）。

A. 狂暴不安   B. 有攻击性行为   C. 发出刺耳的叫声   D. 肌肉震颤

答案：ABCD

《猫产地检疫规程》4.3.2.1规定，出现行为异常，有攻击性行为，狂暴不安，发出刺耳的叫声，肌肉震颤，步履蹒跚，流涎等症状的，怀疑感染狂犬病。

4. 猫感染猫泛白细胞减少症（猫瘟）的明显病状有（   ）。

A. 出现呕吐，体温升高

B. 不食，腹泻

C. 粪便为水样、黏液性或带血

D. 眼鼻有脓性分泌物

答案：ABCD

《猫产地检疫规程》4.3.2.2规定，出现呕吐，体温升高，不食，腹泻，粪便为水样、黏液性或带血，眼鼻有脓性分泌物等症状的，怀疑感染猫泛白细胞减少症（猫瘟）。

5. 从事猫的产地检疫的人员要配备（   ）、专用手套等防护设备。

A. 红外测温仪   B. 麻醉吹管   C. 捕捉网   D. 电棍

答案：ABC

《猫产地检疫规程》规定，7.1从事猫产地检疫的人员要定期进行狂犬病疫苗免疫。7.2从事猫产地检疫的人员要配备红外测温仪、麻醉吹管、捕捉网、专用手套等防护设备。

判 断 题

1. 猫的产地检疫对象包括狂犬病、犬瘟热和猫泛白细胞减少症。（   ）

答案：错

《猫产地检疫规程》2. 规定，检疫对象有狂犬病、猫泛白细胞减少症（猫瘟）。

2. 猫有攻击性行为，狂暴不安，发出刺耳的叫声，肌肉震颤，步履蹒跚，流涎等症状的，怀疑感染狂犬病。（   ）

答案：对

《猫产地检疫规程》4.3.2.1规定，出现行为异常，有攻击性行为，狂暴不安，发出刺耳的叫声，肌肉震颤，步履蹒跚，流涎等症状的，怀疑感染狂犬病。

3. 猫出现呕吐，体温升高，不食，腹泻，粪便为水样、黏液性或带血，眼鼻有脓性分泌物等症状的，怀疑感染猫泛白细胞减少症。（   ）

答案：对

《猫产地检疫规程》4.3.2.2规定，出现呕吐，体温升高，不食，腹泻，粪便为水样、黏液性或带血，眼鼻有脓性分泌物等症状的，怀疑感染猫泛白细胞减少症（猫瘟）。

4. 从事猫产地检疫的人员要定期进行猫瘟疫苗免疫。（   ）

答案：错

《猫产地检疫规程》7.1规定，从事猫产地检疫的人员要定期进行狂犬病疫苗免疫。

5. 从事猫产地检疫的人员要配备红外测温仪、麻醉吹管、捕捉网、专用手套等防护设备。（   ）

答案：对

《猫产地检疫规程》7.2规定，从事猫产地检疫的人员要配备红外测温仪、麻醉吹管、捕捉网、专用手套等防护设备。

二十四、蜜蜂产地检疫规程

单 选 题

1. 蜜蜂产地检疫对象有（   ）种。

A. 4   B. 5   C. 6   D. 7

答案：B

《蜜蜂产地检疫规程》3.规定，检疫对象美洲幼虫腐臭病、欧洲幼虫腐臭病、蜜蜂孢子虫病、白垩病、蜂螨病。

2.《蜜蜂产地检疫规程》中蜜蜂的检疫对象不包括（　　）。

A．美洲幼虫腐臭病　　B．瓦螨病　　　　　C．白垩病　　　　　D．欧洲幼虫腐臭病

答案：B

《蜜蜂产地检疫规程》3.规定，检疫对象美洲幼虫腐臭病、欧洲幼虫腐臭病、蜜蜂孢子虫病、白垩病、蜂螨病。

3．官方兽医受理蜜蜂检疫后，蜂群检查按照至少（　　）的比例抽查蜂箱。

A．2%（不少于2箱）　B．3%（不少于3箱）　C．4%（不少于4箱）　D．5%（不少于5箱）

答案：D

《蜜蜂检疫规程》5.3.1.1.2规定，抽样检查按照至少5%（不少于5箱）的比例抽查蜂箱。

4．官方兽医小李拟对检疫合格的蜜蜂出具《动物检疫合格证明》，从原驻地至最远蜜粉源地，有效期不超过（　　）。

A．7天　　　　　　　B．15天　　　　　　C．3个月　　　　　D．6个月

答案：D

《蜜蜂检疫规程》6.1规定，经检疫合格的，出具《动物检疫合格证明》。《动物检疫合格证明》有效期为6个月，且从原驻地至最远蜜粉源地或从最远蜜粉源地至原驻地单程有效，同时在备注栏中标明运输路线。

5．蜜蜂产地检疫，检查子脾上的未封盖幼虫或封盖幼虫和蛹的状况，每群蜂取封盖或未封盖子脾（　　）张以上。

A．1　　　　　　　　B．2　　　　　　　　C．3　　　　　　　D．5

答案：B

《蜜蜂产地检疫规程》5.3.1.2规定，子脾：每群蜂取封盖或未封盖子脾2张以上，主要检查子脾上的未封盖幼虫或封盖幼虫和蛹的状况。

6．经检查发现美洲幼虫腐臭病、欧洲幼虫腐臭病、蜜蜂孢子虫病、白垩病的蜜蜂时，禁止外出流动放蜂，货主应按有关规定处理，临床症状消失（　　）后，无新发病例方可再次申报检疫。

A．14天　　　　　　B．21天　　　　　　C．1周　　　　　　D．1天

答案：C

《蜜蜂检疫规程》6.2.1规定，经检查发现美洲幼虫腐臭病、欧洲幼虫腐臭病、蜜蜂孢子虫病、白垩病时，禁止外出流动放蜂，货主应按有关规定处理，临床症状消失1周后，无新发病例方可再次申报检疫。

7. 检疫蜜蜂在未封盖子脾上，出现虫卵相间的"花子现象"，死亡的小幼虫（2～4日龄）呈淡黄色或黑褐色，无黏性，且发现大量空巢房，有酸臭味，怀疑感染（   ）。

A. 美洲幼虫腐臭病　　B. 欧洲幼虫腐臭病　　C. 蜜蜂孢子虫病　　　D. 白垩病

答案：B

《蜜蜂检疫规程》5.3.2.2规定，在未封盖子脾上，出现虫卵相间的"花子现象"，死亡的小幼虫（2～4日龄）呈淡黄色或黑褐色，无黏性，且发现大量空巢房，有酸臭味，怀疑感染欧洲幼虫腐臭病。

8. 检疫蜜蜂在巢框上或巢门口发现黄棕色粪迹，蜂箱附近场地上出现黑头黑尾、腹部膨大、腹泻、失去飞翔能力的蜜蜂，怀疑感染（   ）。

A. 美洲幼虫腐臭病　　B. 欧洲幼虫腐臭病　　C. 蜜蜂孢子虫病　　　D. 白垩病

答案：C

《蜜蜂检疫规程》5.3.2.3规定，在巢框上或巢门口发现黄棕色粪迹，蜂箱附近场地上出现黑头黑尾、腹部膨大、腹泻、失去飞翔能力的蜜蜂，怀疑感染蜜蜂孢子虫病。

9. 检疫蜜蜂在箱底或巢门口发现大量体表布满菌丝或孢子囊，质地紧密的白垩状幼虫或近黑色的幼虫尸体时，怀疑感染（   ）。

A. 美洲幼虫腐臭病　　B. 欧洲幼虫腐臭病　　C. 蜜蜂孢子虫病　　　D. 白垩病

答案：D

《蜜蜂检疫规程》5.3.2.4规定，在箱底或巢门口发现大量体表布满菌丝或孢子囊，质地紧密的白垩状幼虫或近黑色的幼虫尸体时，怀疑感染蜜蜂白垩病。

10. 检疫蜜蜂在巢门口或附近场地上出现蜂翅残缺不全或无翅的幼蜂爬行，以及死蛹被工蜂拖出等情况时，怀疑感染（   ）。

A. 美洲幼虫腐臭病　　B. 蜂螨病　　　　　　C. 蜜蜂孢子虫病　　　D. 白垩病

答案：B

《蜜蜂检疫规程》5.3.2.5规定，在巢门口或附近场地上出现蜂翅残缺不全或无翅的幼蜂爬行，以及死蛹被工蜂拖出等情况时，怀疑感染蜂螨病。

11. 蜜蜂跨县级区域转地放养蜜蜂时，货主应在蜜蜂到达场地（   ）内向当地县级动物卫生监督机构报告。

A．12小时　　　　　　B．24小时　　　　　　C．3天内　　　　　　D．5天内

答案：B

　　《蜜蜂产地检疫规程》7.1规定，跨县级区域转地放养蜜蜂时，货主应在蜜蜂到达场地24小时内向当地县级动物卫生监督机构报告，并接受监督检查。

12．检疫发现蜂群患蜂螨病时，货主应就地治疗，达到平均寄生密度（螨数/检查蜂数）（　　）以下时，方可再次申报检疫。

A．0.1　　　　　　　　B．0.2　　　　　　　　C．0.3　　　　　　　　D．0.4

答案：A

　　《蜜蜂产地检疫规程》6.2.2规定，经检查发现蜂群患蜂螨病时，货主应就地治疗，达到平均寄生密度（螨数/检查蜂数）0.1以下时，方可再次申报检疫。

13．由蜜蜂修造的，供蜜蜂栖息、育虫、贮存食物的六角形蜡质结构叫（　　）。

A．巢房　　　　　　　B．巢脾　　　　　　　C．子脾　　　　　　　D．蜂群

答案：A

　　《蜜蜂产地检疫规程》2.3规定，巢房是由蜜蜂修造的，供蜜蜂栖息、育虫、贮存食物的六角形蜡质结构，是构成巢脾的基本单位。

14．由蜜蜂筑造、双面布满巢房的蜡质结构叫（　　）。

A．巢房　　　　　　　B．巢脾　　　　　　　C．子脾　　　　　　　D．蜂群

答案：B

　　《蜜蜂产地检疫规程》2.4规定，巢脾是蜂巢的组成部分，由蜜蜂筑造、双面布满巢房的蜡质结构。

15．存在蜜蜂卵、幼虫或蛹的巢脾叫（　　）。

A．巢房　　　　　　　B．巢脾　　　　　　　C．子脾　　　　　　　D．蜂群

答案：C

　　《蜜蜂产地检疫规程》2.5规定，子脾是存在蜜蜂卵、幼虫或蛹的巢脾。

多　选　题

1．官方兽医对报检的蜜蜂须检疫（　　）。

A．美洲幼虫腐臭病　　B．欧洲幼虫腐臭病　　C．蜜蜂孢子虫病　　　D．白垩病

答案：ABCD

《蜜蜂检疫规程》3.规定，检疫对象有美洲幼虫腐臭病、欧洲幼虫腐臭病、蜜蜂孢子虫病、白垩病、蜂螨病。

2. 蜂群是蜜蜂的社会性群体，是蜜蜂自然生存和蜂场饲养管理的基本单位，由（　　　）组成。

A. 蜂王　　　　　　　B. 雄蜂　　　　　　　C. 工蜂　　　　　　　D. 蜂蛹

答案：ABC

《蜜蜂检疫规程》2.1规定，蜂群蜜蜂的社会性群体，是蜜蜂自然生存和蜂场饲养管理的基本单位，由蜂王、雄蜂和工蜂组成。

3. 观察蜜蜂巢门口或附近场地上出现下列（　　　）情况时，怀疑感染蜂螨病。

A. 蜂翅残缺不全　　　B. 死亡幼呈褐色　　　C. 无翅的幼蜂爬行　　　D. 死蛹被工蜂拖出

答案：ACD

《蜜蜂检疫规程》5.3.2.5规定，在巢门口或附近场地上出现蜂翅残缺不全或无翅的幼蜂爬行，以及死蛹被工蜂拖出等情况时，怀疑感染蜂螨病。

4. 检疫蜜蜂时，发现下列（　　　）现象可怀疑感染欧洲幼虫腐臭病。

A. 出现虫卵相间的"花子现象"　　　　　　B. 死亡的小幼虫呈淡黄色或黑褐色

C. 发现大量空巢房，有酸臭味　　　　　　D. 蜂翅残缺不全

答案：ABC

《蜜蜂检疫规程》5.3.2.2规定，在未封盖子脾上，出现虫卵相间的"花子现象"，死亡的小幼虫（2～4日龄）呈淡黄色或黑褐色，无黏性，且发现大量空巢房，有酸臭味，怀疑感染欧洲幼虫腐臭病。

5. 检疫蜜蜂时，发现下列（　　　）现象可怀疑感染蜜蜂孢子虫病。

A. 巢门口发现黄棕色粪迹　　　　　　　　B. 蜂箱附近场地上出现黑头黑尾蜜蜂

C. 蜂箱附近场地上出现腹部膨大蜜蜂　　　D. 蜂箱附近场地上出现失去飞翔能力的蜜蜂

答案：ABCD

《蜜蜂检疫规程》5.3.2.3规定，在巢框上或巢门口发现黄棕色粪迹，蜂箱附近场地上出现黑头黑尾、腹部膨大、腹泻、失去飞翔能力的蜜蜂，怀疑感染蜜蜂孢子虫病。

6. 检疫蜜蜂时，在箱底或巢门口发现大量体表布满（　　　），质地紧密的白垩状幼虫或近黑色的幼虫尸体时，怀疑感染蜜蜂白垩病。

A. 菌丝　　　　　　　B. 孢子囊　　　　　　C. 胶体　　　　　　　D. 黏液

答案：AB

《蜜蜂检疫规程》5.3.2.4规定，在箱底或巢门口发现大量体表布满菌丝或孢子囊，质地紧密的白垩状幼虫或近黑色的幼虫尸体时，怀疑感染蜜蜂白垩病。

7. 子脾是存在蜜蜂（   ）的巢脾。

A. 卵   B. 幼虫   C. 蛹   D. 成虫

答案：ABC

《蜜蜂产地检疫规程》2.5规定，子脾是存在蜜蜂卵、幼虫或蛹的巢脾。

8. 检疫蜜蜂时，箱外观察要调查蜂群（   ）及治疗等情况。

A. 来源   B. 转场   C. 蜜源   D. 发病

答案：ABCD

《蜜蜂产地检疫规程》5.3.1.1.1规定，箱外观察要调查蜂群来源、转场、蜜源、发病及治疗等情况。

9. 蜜蜂检疫合格的标准有（   ）。

A. 蜂场所在地县级区域内未发生本规程规定的动物疫病

B. 按国家无定进行免疫

C. 蜂群临床检查健康

D. 蜂螨平均寄生密度在0.1以下

答案：ACD

《蜜蜂产地检疫规程》4. 规定，检疫合格标准：4.1蜂场所在地县级区域内未发生本规程规定的动物疫病；4.2蜂群临床检查健康；4.3未发生美洲幼虫腐臭病、欧洲幼虫腐臭病、蜜蜂孢子虫病、白垩病及其他规定的疫病，蜂螨平均寄生密度在0.1以下；4.4必要时实验室检测合格。

10. 经检查发现（   ）的蜜蜂时，禁止外出流动放蜂，货主应按有关规定处理，临床症状消失1周后，无新发病例方可再次申报检疫。

A. 美洲幼虫腐臭病   B. 蜜蜂孢子虫病

C. 蜂螨病   D. 白垩病时

答案：ABD

《蜜蜂检疫规程》6.2.1规定，经检查发现美洲幼虫腐臭病、欧洲幼虫腐臭病、蜜蜂孢子虫病、白垩病时，禁止外出流动放蜂，货主应按有关规定处理，临床症状消失1周后，无新发病例方可再次申报检疫。

判　断　题

1. 跨县级区域转地放养蜜蜂时，货主应在蜜蜂到达驻地12小时内向当地动物卫生监督机构报告，并接受监督检查。（　　）

> **答案：错**
>
> 《蜜蜂检疫规程》7.1规定，跨县级区域转地放养蜜蜂时，货主应在蜜蜂到达场地24小时内向当地县级动物卫生监督机构报告，并接受监督检查。

2. 蜜蜂检疫对象包括美洲幼虫腐臭病、欧洲幼虫腐臭病、蜜蜂孢子虫病、白垩病、蜂螨病。（　　）

> **答案：对**
>
> 《蜜蜂检疫规程》3.规定，检疫对象有美洲幼虫腐臭病、欧洲幼虫腐臭病、蜜蜂孢子虫病、白垩病、蜂螨病。

3. 发现美洲幼虫腐臭病时，货主应按规定消毒后外出流动放蜂。（　　）

> **答案：错**
>
> 《蜜蜂检疫规程》6.2.1规定，经检查发现美洲幼虫腐臭病、欧洲幼虫腐臭病、蜜蜂孢子虫病、白垩病时，禁止外出流动放蜂，货主应按有关规定处理，临床症状消失1周后，无新发病例方可再次申报检疫。

4. 发现蜂群患蜂螨病时，货主应将全部群就地销毁。（　　）

> **答案：错**
>
> 《蜜蜂检疫规程》6.2.2规定，经检查发现蜂群患蜂螨病时，货主应就地治疗，达到平均寄生密度（螨数/检查蜂数）0.1以下时，方可再次申报检疫。

5. 发现大量蜜蜂不明原因死亡时，禁止蜂群转场，不得出具《动物检疫合格证明》，并监督货主做好深埋、焚烧等无害化处理。

> **答案：对**
>
> 《蜜蜂检疫规程》6.2.3规定，临床检查时发现大量蜜蜂不明原因死亡时，禁止蜂群转场，不得出具《动物检疫合格证明》，并监督货主做好深埋、焚烧等无害化处理。

二十五、牛屠宰检疫规程

单 选 题

1. 牛的屠宰检疫对象有（　　）种。

A. 6　　　　　　　　B. 8　　　　　　　　C. 10　　　　　　　　D. 12

答案：B

《牛屠宰检疫规程》2. 规定，检疫对象有口蹄疫、牛传染性胸膜肺炎、牛海绵状脑病、布鲁氏菌病、牛结核病、炭疽、牛传染性鼻气管炎、日本血吸虫病。

2. 下列疫病中不属于牛屠宰检疫对象的是（　　）。

A. 口蹄疫　　　　　　B. 炭疽　　　　　　C. 布鲁氏菌病　　　　　　D. 旋毛虫病

答案：D

《牛屠宰检疫规程》2. 规定，检疫对象有口蹄疫、牛传染性胸膜肺炎、牛海绵状脑病、布鲁氏菌病、牛结核病、炭疽、牛传染性鼻气管炎、日本血吸虫病。

3. 牛屠宰检疫，胴体检查主要剖检颈浅淋巴结和（　　）淋巴结。

A. 髂内　　　　　　B. 髂下　　　　　　C. 下颌　　　　　　D. 腹股沟浅

答案：B

《牛屠宰检疫规程》7.3.2规定，淋巴结检查：7.3.2.1颈浅淋巴结（肩前淋巴结）在肩关节前稍上方剖开臂头肌、肩胛横突肌下的一侧颈浅淋巴结，检查切面形状、色泽及有无肿胀、淤血、出血、坏死灶等；7.3.2.2髂下淋巴结（股前淋巴结、膝上淋巴结）剖开一侧淋巴结，检查切面形状、色泽、大小及有无肿胀、淤血、出血、坏死灶等；7.3.2.3必要时剖检腹股沟深淋巴结。

4. 牛屠宰检疫，内脏检查主要剖检系膜淋巴结、支气管淋巴结、（　　）淋巴结。

A. 肝门　　　　　　B. 髂下　　　　　　C. 下颌　　　　　　D. 髂内

答案：A

《牛屠宰检疫规程》7.2规定，取出内脏前，观察胸腔、腹腔有无积液、粘连、纤维素性渗出物。检查心脏、肺脏、肝脏、胃肠、脾脏、肾脏，剖检肠系膜淋巴结、支气管淋巴结、肝门淋巴结，检查有无病变和其他异常。

5. 牛屠宰检疫记录应保存（　　）以上。

A. 1年　　　　　　B. 2年　　　　　　C. 3年　　　　　　D. 10年

答案：D

《牛屠宰检疫规程》8.3规定，检疫记录应保存10年以上。

多 选 题

1. 下列动物疫病是牛的屠宰检疫对象的有（ ）。

A. 口蹄疫、牛传染性胸膜肺炎 　　　　B. 牛海绵状脑病、布鲁氏菌病

C. 牛结核病、炭疽 　　　　　　　　　D. 牛传染性鼻气管炎、日本血吸虫病

答案：ABCD

《牛屠宰检疫规程》2. 规定，检疫对象有口蹄疫、牛传染性胸膜肺炎、牛海绵状脑病、布鲁氏菌病、牛结核病、炭疽、牛传染性鼻气管炎、日本血吸虫病。

2. 牛屠宰检疫，头部检查剖检的淋巴结主要有（ ）。

A. 下颌淋巴结　　　B. 咽后内侧淋巴结　　　C. 肩前淋巴结　　　D. 腹股沟深淋巴结

答案：AB

《牛屠宰检疫规程》7.1.1规定，头部检查：检查鼻唇镜、齿龈及舌面有无水疱、溃疡、烂斑等；剖检一侧咽后内侧淋巴结和两侧下颌淋巴结，同时检查咽喉黏膜和扁桃体有无病变。

3. 牛屠宰检疫，头部主要检查（ ）有无水疱、溃疡、烂斑等。

A. 鼻唇镜　　　　B. 齿龈　　　　C. 舌面　　　　D. 耳根

答案：ABC

《牛屠宰检疫规程》7.1.1规定，头部检查：检查鼻唇镜、齿龈及舌面有无水疱、溃疡、烂斑等；剖检一侧咽后内侧淋巴结和两侧下颌淋巴结，同时检查咽喉黏膜和扁桃体有无病变。

4. 牛屠宰检疫，蹄部主要检查蹄冠、蹄叉皮肤有无（ ）等。

A. 水疱　　　　B. 溃疡　　　　C. 烂斑　　　　D. 结痂

答案：ABCD

《牛屠宰检疫规程》7.1.2规定，蹄部检查：检查蹄冠、蹄叉皮肤有无水疱、溃疡、烂斑、结痂等。

5. 牛屠宰检疫，内脏检查剖检的淋巴结主要有（ ）。

A. 颌下淋巴结　　　B. 肠系膜淋巴结　　　C. 支气管淋巴结　　　D. 肝门淋巴结

答案：BCD

《牛屠宰检疫规程》7.2规定，内脏检查：取出内脏前，观察胸腔、腹腔有无积液、粘连、纤维素性渗出物。检查心脏、肺脏、肝脏、胃肠、脾脏、肾脏，剖检肠系膜淋巴结、支气管淋巴结、肝门淋巴结，检查有无病变和其他异常。

6. 牛屠宰检疫，胴体检查必须剖检的淋巴结有（　　）。

A. 颈浅淋巴结　　　　B. 髂下淋巴结　　　　C. 腹股沟浅淋巴结　　　　D. 腹股沟深淋巴结

答案：AB

《牛屠宰检疫规程》7.3.2规定，胴体检查中淋巴结检查有：7.3.2.1颈浅淋巴结（肩前淋巴结）。7.3.2.2髂下淋巴结。7.3.2.3必要时剖检腹股沟深淋巴结。

7. 牛屠宰检疫时官方兽医发现牛有（　　）等疫病症状的，限制移动，并按照《动物防疫法》《重大动物疫情应急条例》《动物疫情报告管理办法》和《病害动物和病害动物产品生物安全处理规程》等有关规定处理。

A. 口蹄疫　　　　B. 牛海绵状脑病　　　　C. 炭疽　　　　D. 牛传染性胸膜肺炎

答案：ABCD

《牛屠宰检疫规程》6.2.2.1规定，发现有口蹄疫、牛传染性胸膜肺炎、牛海绵状脑病及炭疽等疫病症状的，限制移动，并按照《动物防疫法》《重大动物疫情应急条例》《动物疫情报告管理办法》和《病害动物和病害动物产品生物安全处理规程》等有关规定处理。

8. 牛屠宰检疫，内脏检查的部位包括（　　）。

A. 心脏　　　　B. 肺脏　　　　C. 胃和肠　　　　D. 子宫和睾丸

答案：ABCD

《牛屠宰检疫规程》7.2规定，内脏检查：7.2.1心脏；7.2.2肺脏；7.2.3肝脏；7.2.4肾脏；7.2.5脾脏；7.2.6胃和肠；7.2.7子宫和睾丸。

9. 牛屠宰检疫内脏检查，取出内脏前，观察胸腔、腹腔有无（　　）。

A. 积液　　　　B. 肿块　　　　C. 粘连　　　　D. 纤维素性渗出物

答案：ACD

《牛屠宰检疫规程》7.2规定，内脏检查：取出内脏前，观察胸腔、腹腔有无积液、粘连、纤维素性渗出物。

10. 牛屠宰检疫，胴体整体检查（　　）以及胸腔、腹腔浆膜有无淤血、出血、疹块、脓肿和其他异常等。

A. 皮下组织　　　　B. 脂肪　　　　C. 淋巴结　　　　D. 肌肉

答案：ABCD

《牛屠宰检疫规程》7.3.1规定，整体检查：检查皮下组织、脂肪、肌肉、淋巴结以及胸腔、腹腔浆膜有无淤血、出血、疹块、脓肿和其他异常等。

判　断　题

1. 日本血吸虫病不是牛屠宰检疫的对象。（　　　）

答案：错

《牛屠宰检疫规程》2. 规定，检疫对象：口蹄疫、牛传染性胸膜肺炎、牛海绵状脑病、布鲁氏菌病、牛结核病、炭疽、牛传染性鼻气管炎、日本血吸虫病。

2. 牛屠宰同步检疫应检查鼻唇镜、齿龈及舌面有无水疱、溃疡、烂斑等。（　　　）

答案：对

《牛屠宰检疫规程》7.1.1规定，头部检查：检查鼻唇镜、齿龈及舌面有无水疱、溃疡、烂斑等。

3. 牛屠宰检疫发现牛有口蹄疫症状的应当限制移动，并按照国家有关规定处理。（　　　）

答案：对

《牛屠宰检疫规程》6.2.2.1规定，发现有口蹄疫、牛传染性胸膜肺炎、牛海绵状脑病及炭疽等疫病症状的，限制移动，并按照《动物防疫法》《重大动物疫情应急条例》《动物疫情报告管理办法》和《病害动物和病害动物产品生物安全处理规程》等有关规定处理。

4. 牛屠宰检疫发现有布鲁氏菌病症状的应立即销毁。（　　　）

答案：对

《牛屠宰检疫规程》6.2.2.2规定，发现有布鲁氏菌病、牛结核病、牛传染性鼻气管炎等疫病症状的，病牛按相应疫病的防治技术规范处理，同群牛隔离观察，确认无异常的，准予屠宰。《布鲁氏菌病防治技术规范》4.2.1规定，对患病动物全部扑杀。

5. 牛屠宰检疫应当检查蹄冠、蹄叉皮肤有无水疱、溃疡、烂斑、结痂等。（　　　）

答案：对

《牛屠宰检疫规程》7.1.2规定，蹄部检查：检查蹄冠、蹄叉皮肤有无水疱、溃疡、烂斑、结痂等。

6. 牛屠宰检疫内脏检查需要剖检肠系膜淋巴结、支气管淋巴结、肝门淋巴结。（　　）

答案：对

《牛屠宰检疫规程》7.2规定，内脏检查：取出内脏前，观察胸腔、腹腔有无积液、粘连、纤维素性渗出物。检查心脏、肺脏、肝脏、胃肠、脾脏、肾脏，剖检肠系膜淋巴结、支气管淋巴结、肝门淋巴结，检查有无病变和其他异常。

7. 日本血吸虫病主要存在于肝脏内，必要时应当剖开肝实质、胆囊和胆管检查。（　　）

答案：对

《牛屠宰检疫规程》7.2.3规定，检查肝脏大小、色泽，触检其弹性和硬度，剖开肝门淋巴结，检查有无出血、淤血、肿大、坏死灶等。必要时剖开肝实质、胆囊和胆管，检查有无硬化、萎缩、日本血吸虫等。

8. 牛是反刍动物，胃和肠一般不会发生病变，不需剖检。（　　）

答案：错

《牛屠宰检疫规程》7.2.6规定，胃和肠：检查肠祥、肠浆膜，剖开肠系膜淋巴结，检查形状、色泽及有无肿胀、淤血、出血、粘连、结节等。必要时剖开胃肠，检查内容物、黏膜及有无出血、结节、寄生虫等。

9. 牛胴体检查只需要剖检颈浅淋巴结。（　　）

答案：错

《牛屠宰检疫规程》7.3.2规定，淋巴结检查：7.3.2.1颈浅淋巴结（肩前淋巴结）：在肩关节前稍上方剖开臂头肌、肩胛横突肌下的一侧颈浅淋巴结，检查切面形状、色泽及有无肿胀、淤血、出血、坏死灶等；7.3.2.2髂下淋巴结（股前淋巴结、膝上淋巴结）：剖开一侧淋巴结，检查切面形状、色泽、大小及有无肿胀、淤血、出血、坏死灶等。7.3.2.3必要时剖检腹股沟深淋巴结。

10. 牛屠宰检疫记录应保存2年以上。（　　）

答案：错

《牛屠宰检疫规程》8.3规定，检疫记录应保存10年以上。

二十六、禽屠宰检疫规程

单 选 题

1. 官方兽医小李应对入场屠宰的每车鸡随机抽取（　　　）只进行个体检查。

A. 20～30　　　　　B. 60～100　　　　　C. 50　　　　　D. 10

答案：B

《家禽屠宰检疫规程》5.3规定，临床检查官方兽医应按照《家禽产地检疫规程》中"临床检查"部分实施检查。其中，个体检查的对象包括群体检查时发现的异常禽只和随机抽取的禽只（每车抽60～100只）。

2. 对屠宰家禽抽检的数量日屠宰量在1万只以上的，按照（　　　）的比例抽样检查。

A. 1%　　　　　B. 2%　　　　　C. 4%　　　　　D. 10%

答案：A

《家禽屠宰检疫规程》6.2规定，抽检日屠宰量在1万只以上（含1万只）的，按照1%的比例抽样检查，日屠宰量在1万只以下的抽检60只。抽检发现异常情况的，应适当扩大抽检比例和数量。

3. 对日屠宰家禽在1万只以下的，屠宰检疫应抽检（　　　）只。

A. 20　　　　　B. 40　　　　　C. 60　　　　　D. 80

答案：C

《家禽屠宰检疫规程》6.2规定，抽检日屠宰量在1万只以上（含1万只）的，按照1%的比例抽样检查，日屠宰量在1万只以下的抽检60只。抽检发现异常情况的，应适当扩大抽检比例和数量。

4. 家禽屠宰检疫检查腺胃和肌胃时，剖开腺胃，检查腺胃黏膜和乳头有无肿大、淤血、（　　　）、坏死灶和溃疡等。

A. 变性　　　　　B. 出血　　　　　C. 渗出　　　　　D. 异物

答案：B

《家禽屠宰检疫规程》6.2.9规定，腺胃和肌胃：检查浆膜面有无异常。剖开腺胃，检查腺胃黏膜和乳头有无肿大、淤血、出血、坏死灶和溃疡等；切开肌胃，剥离角质膜，检查肌层内表面有无出血、溃疡等。

5. 家禽屠宰肠道检疫，剖开肠道，检查小肠黏膜有无淤血、出血等，检查盲肠黏膜有无枣核状坏死灶、（　　）等。

A. 淤血　　　　　　B. 出血　　　　　　C. 溃疡　　　　　　D. 结节

答案：C

《家禽屠宰检疫规程》6.2.10规定，肠道：检查浆膜有无异常。剖开肠道，检查小肠黏膜有无淤血、出血等，检查盲肠黏膜有无枣核状坏死灶、溃疡等。

6. 家禽屠宰肝脏和胆囊检疫，检查肝脏形状、大小、色泽及有无出血、坏死灶、结节、肿物等。检查胆囊有无（　　）等。

A. 肿大　　　　　　B. 出血　　　　　　C. 溃疡　　　　　　D. 淤血

答案：A

《家禽屠宰检疫规程》6.2.11规定，肝脏和胆囊：检查肝脏形状、大小、色泽及有无出血、坏死灶、结节、肿物等。检查胆囊有无肿大等。

7. 家禽屠宰脾脏检疫，检查形状、大小、色泽及有无出血和坏死灶、灰白色或灰黄色（　　）等。

A. 淤血　　　　　　B. 肿胀　　　　　　C. 溃疡　　　　　　D. 结节

答案：D

《家禽屠宰检疫规程》6.2.12规定，脾脏：检查形状、大小、色泽及有无出血和坏死灶、灰白色或灰黄色结节等。

8. 家禽屠宰心脏检疫，检查心包和心外膜有无（　　）变化等，心冠状沟脂肪、心外膜有无出血点、坏死灶、结节等。

A. 淤血　　　　　　B. 炎症　　　　　　C. 溃疡　　　　　　D. 出血

答案：B

《家禽屠宰检疫规程》6.2.13规定，心脏：检查心包和心外膜有无炎症变化等，心冠状沟脂肪、心外膜有无出血点、坏死灶、结节等。

9. 家禽屠宰法氏囊检疫，检查有无出血、肿大等。剖检有无出血、干酪样（　　）等。

A. 异物　　　　　　B. 凝血块　　　　　C. 坏死　　　　　　D. 结节

答案：C

《家禽屠宰检疫规程》6.2.14规定，法氏囊（腔上囊）检查有无出血、肿大等。剖检有无出血、干酪样坏死等。

10. 家禽屠宰体腔检疫，检查内部清洁程度和完整度，有无赘生物、（　　）等。

A. 出血　　　　　　B. 寄生虫　　　　　C. 坏死灶　　　　　D. 结节

答案：B

《家禽屠宰检疫规程》规定，6.2.15体腔　检查内部清洁程度和完整度，有无赘生物、寄生虫等。检查体腔内壁有无凝血块、粪便和胆汁污染和其他异常等。

11. 家禽屠宰检疫对象：高致病性禽流感、新城疫、（　　）、鸭瘟、禽痘、小鹅瘟、马立克氏病、鸡球虫病、禽结核病。

A．鸡传染性喉气管　　B．鸡传染性支气管炎　　C．鸡传染性法氏带囊　　D．禽白血病

答案：D

《家禽屠宰检疫规程》2.规定，检疫对象：高致病性禽流感、新城疫、禽白血病、鸭瘟、禽痘、小鹅瘟、马立克氏病、鸡球虫病、禽结核病。

12. 家禽屠宰检疫对象有（　　）种。

A．3　　　　　　　　B．6　　　　　　　　C．9　　　　　　　　D．12

答案：C

同题11。

多　选　题

1. 适用于《家禽屠宰检疫规程》的家禽有（　　）。

A．鸡　　　　　　　B．鸭　　　　　　　C．鹅　　　　　　　D．鹌鹑、鸽子

答案：ABCD

《家禽屠宰检疫规程》规定，本规程适用于中华人民共和国境内鸡、鸭、鹅的屠宰检疫。鹌鹑、鸽子等禽类的屠宰检疫可参照本规程执行。

2. 官方兽医对家禽实施屠宰检疫的检疫对象有（　　）。

A．高致病性禽流感、新城疫　　　　　　　B．禽白血病、鸭瘟、禽痘

C．小鹅瘟、马立克氏病　　　　　　　　　D．鸡球虫病、禽结核病

答案：ABCD

《家禽屠宰检疫规程》2.规定，检疫对象：高致病性禽流感、新城疫、禽白血病、鸭瘟、禽痘、小鹅瘟、马立克氏病、鸡球虫病、禽结核病。

3. 官方兽医实施家禽屠宰检疫时发现有鸭瘟、小鹅瘟、（　　）等疫病症状的，患病家禽按国家有关规定处理。

A. 禽白血病　　　　B. 禽痘　　　　C. 马立克氏病　　　　D. 禽结核

> **答案：ABCD**
>
> 《家禽屠宰检疫规程》5.4.2.2规定，发现有鸭瘟、小鹅瘟、禽白血病、禽痘、马立克氏病、禽结核病等疫病症状的，患病家禽按国家有关规定处理。

4. 官方兽医实施家禽屠宰检疫时，对体表须检查色泽、气味、光洁度、完整性及有无（　　）、溃疡、坏死灶、肿物等。

A. 水肿　　　　B. 痘疮　　　　C. 外伤　　　　D. 化脓

> **答案：ABCD**
>
> 《家禽屠宰检疫规程》6.1.1规定，体表检查：色泽、气味、光洁度、完整性及有无水肿、痘疮、化脓、外伤、溃疡、坏死灶、肿物等。

5. 官方兽医实施家禽屠宰检疫时，须检查冠和髯有无（　　）及形态有无异常等。

A. 出血　　　　B. 水肿　　　　C. 结痂　　　　D. 溃疡

> **答案：ABCD**
>
> 《家禽屠宰检疫规程》6.1.2规定，冠和髯检查有无出血、水肿、结痂、溃疡及形态有无异常等。

6. 官方兽医实施家禽屠宰检疫时，须检查眼睑有无（　　），眼球是否下陷等。

A. 出血　　　　B. 水肿　　　　C. 结痂　　　　D. 溃疡

> **答案：ABC**
>
> 《家禽屠宰检疫规程》6.1.3规定，检查眼睑有无出血、水肿、结痂，眼球是否下陷等。

7. 官方兽医实施家禽屠宰检疫时，须检查爪部有无（　　）、溃疡及结痂等。

A. 出血　　　　B. 淤血　　　　C. 增生　　　　D. 肿物

> **答案：ABCD**
>
> 《家禽屠宰检疫规程》6.1.4规定，爪检查有无出血、淤血、增生、肿物、溃疡及结痂等。

8. 官方兽医对家禽实施屠宰同步检疫，抽检部位应包括（　　）。

A. 脾脏　　　　B. 心脏　　　　C. 法氏囊（腔上囊）　　　　D. 体腔

> **答案：ABCD**
>
> 《家禽屠宰检疫规程》6.2规定，抽检：日屠宰量在1万只以上（含1万只）的，按照1%的比例抽样检查，日屠宰量在1万只以下的抽检60只。抽检发现异常情况的，应适当扩大抽检比例和数量。抽检包括：肌肉、鼻腔、口腔、喉头和气管、气囊、肺脏、肾脏、腺胃、肌胃、肠

道、肝脏、胆囊、脾脏、心脏、法氏囊（腔上囊）、体腔。

9. 官方兽医实施鸡屠宰检疫时发现有高致病性禽流感、新城疫等疫病症状的，应限制移动，并按照（　　）等有关规定处理。

A.《中华人民共和国动物防疫法》　　　　B.《重大动物疫情应急条例》

C.《动物疫情报告管理办法》　　　　　　D.《中华人民共和国畜牧法》

答案：ABC

《家禽屠宰检疫规程》5.4.2.1规定，发现有高致病性禽流感、新城疫等疫病症状的，限制移动，并按照《中华人民共和国动物防疫法》《重大动物疫情应急条例》《动物疫情报告管理办法》和《病害动物和病害动物产品生物安全处理规程》等有关规定处理。

10. 家禽的屠宰检疫对象有（　　）。

A. 高致病性禽流感　　　B. 新城疫　　　C. 鸡球虫病　　　D. 鸭病毒性肝炎

答案：ABC

《家禽屠宰检疫规程》2. 规定，检疫对象：高致病性禽流感、新城疫、禽白血病、鸭瘟、禽痘、小鹅瘟、马立克氏病、鸡球虫病、禽结核病。

判 断 题

1. 禽类的屠宰检疫对象主要是高致病性禽流感、新城疫、禽白血病、鸭瘟、禽痘、小鹅瘟、马立克氏病、鸡球虫病、禽结核病。（　　）

答案：对

《家禽屠宰检疫规程》2. 规定，检疫对象：高致病性禽流感、新城疫、禽白血病、鸭瘟、禽痘、小鹅瘟、马立克氏病、鸡球虫病、禽结核病。

2. 家禽经屠宰检疫合格的，由官方兽医出具《动物检疫合格证明》，加施检疫标志。（　　）

答案：对

《家禽屠宰检疫规程》6.4.1规定，合格的，由官方兽医出具《动物检疫合格证明》，加施检疫标志。

3. 家禽屠宰检疫发现有禽白血病、禽痘、马立克氏病、禽结核病症状的，患病家禽按国家有关规定处理。（　　）

答案：对

　　《家禽屠宰检疫规程》5.4.2.2规定，发现有鸭瘟、小鹅瘟、禽白血病、禽痘、马立克氏病、禽结核病等疫病症状的，患病家禽按国家有关规定处理。

4. 家禽屠宰检疫，日屠宰量在1万只以下的抽检30只。（　　）

答案：错

　　《家禽屠宰检疫规程》6.2规定，抽检：日屠宰量在1万只以上（含1万只）的，按照1%的比例抽样检查，日屠宰量在1万只以下的抽检60只。

5. 家禽屠宰检疫，法氏囊剖检有无寄生虫。（　　）

答案：错

　　《家禽屠宰检疫规程》6.2.14规定，法氏囊（腔上囊）：检查有无出血、肿大等。剖检有无出血、干酪样坏死等。

二十七、犬产地检疫规程

单　选　题

1. 犬的产地检疫对象有（　　）种。

A. 5　　　　　　　　B. 6　　　　　　　　C. 7　　　　　　　　D. 8

答案：C

　　《犬产地检疫规程》2.规定，检疫对象：狂犬病、布鲁氏菌病、钩端螺旋体病、犬瘟热、犬细小病毒病、犬传染性肝炎、利什曼病。

2. 小王拟出售犬12条，应在犬实施狂犬病免疫（　　）后申报检疫，填写检疫申报单。

A. 7天　　　　　　　B. 15天　　　　　　　C. 21天　　　　　　D. 三个月

答案：C

　　《犬产地检疫规程》4.1规定，饲养者应在犬实施狂犬病免疫21天后申报检疫，填写检疫申报单。动物卫生监督机构在接到检疫申报后，根据当地相关动物疫情情况，决定是否予以受理。受理的，应当及时派出官方兽医到现场或到指定地点实施检疫；不予受理的，应说明理由。

3. 下列疫病不在犬检疫对象范围内的是（　　　）。

A. 布鲁氏菌病　　　　B. 钩端螺旋体病　　　C. 肝片吸血虫病　　　D. 利什曼病

答案：C

《犬产地检疫规程》2. 规定，检疫对象：狂犬病、布鲁氏菌病、钩端螺旋体病、犬瘟热、犬细小病毒病、犬传染性肝炎、利什曼病。

4. 犬出现行为反常，易怒，有攻击性，狂躁不安，高度兴奋，流涎等症状的，怀疑感染（　　　）。

A. 狂犬病　　　　B. 布鲁氏菌病　　　C. 犬细小病毒　　　D. 钩端螺旋体病

答案：A

《犬产地检疫规程》4.3.2.1规定，出现行为反常，易怒，有攻击性，狂躁不安，高度兴奋，流涎等症状的，怀疑感染狂犬病。

5. 出现母犬流产、死胎，产后子宫有长期暗红色分泌物，不孕，关节肿大，消瘦；公犬睾丸肿大，关节肿大，极度消瘦等症状的，怀疑感染（　　　）。

A. 狂犬病　　　　B. 布鲁氏菌病　　　C. 犬细小病毒　　　D. 钩端螺旋体病

答案：B

《犬产地检疫规程》4.3.2.2规定，出现母犬流产、死胎，产后子宫有长期暗红色分泌物，不孕，关节肿大，消瘦；公犬睾丸肿大，关节肿大，极度消瘦等症状的，怀疑感染布鲁氏菌病。

6. 犬出现黄疸，血尿，拉稀或黑色便，精神沉郁，消瘦等症状的，怀疑感染（　　　）。

A. 狂犬病　　　　B. 布鲁氏菌病　　　C. 犬细小病毒　　　D. 钩端螺旋体病

答案：D

《犬产地检疫规程》4.3.2.3规定，出现黄疸，血尿，拉稀或黑色便，精神沉郁，消瘦等症状的，怀疑感染钩端螺旋体病。

7. 犬类出现眼鼻脓性分泌物，脚垫粗糙增厚，四肢或全身有节律性的抽搐等症状的，有的出现发热，眼周红肿，打喷嚏，咳嗽，呕吐，腹泻，食欲不振，精神沉郁等症状的，怀疑感染（　　　）。

A. 狂犬病　　　　B. 犬瘟热　　　C. 犬细小病毒　　　D. 钩端螺旋体病

答案：B

《犬产地检疫规程》4.3.2.4规定，出现眼鼻脓性分泌物，脚垫粗糙增厚，四肢或全身有节律性的抽搐等症状的，怀疑感染犬瘟热。

8. 犬出现呕吐，腹泻，粪便呈咖啡色或番茄酱色样血便，带有特殊的腥臭气味等症状的或者出现发热，精神沉郁，不食；严重脱水，眼球下陷，鼻镜干燥，皮肤弹力高度下降，体重明显减轻；突然呼吸困难，心力衰弱等症状的，怀疑感染（　　　）。

A. 狂犬病 　　　 B. 犬瘟热 　　　 C. 犬细小病毒 　　　 D. 钩端螺旋体病

答案：C

《犬产地检疫规程》4.3.2.5规定，出现呕吐，腹泻，粪便呈咖啡色或番茄酱色样血便，带有特殊的腥臭气味等症状的，怀疑感染犬细小病毒病。有些出现发热，精神沉郁，不食；严重脱水，眼球下陷，鼻镜干燥，皮肤弹力高度下降，体重明显减轻；突然呼吸困难，心力衰弱等症状。

9. 犬出现体温升高，精神沉郁；角膜水肿，呈"蓝眼"；呕吐，不食或食欲废绝等症状的，怀疑感染（　　）。

A. 狂犬病 　　　　　　　　　　 B. 犬传染性肝炎

C. 犬细小病毒 　　　　　　　　 D. 利什曼病

答案：B

《犬产地检疫规程》4.3.2.6规定，出现体温升高，精神沉郁；角膜水肿，呈"蓝眼"；呕吐，不食或食欲废绝等症状的，怀疑感染犬传染性肝炎。

10. 犬出现鼻子或鼻口部、耳廓粗糙或干裂、结节或脓疱疹，皮肤黏膜溃疡，淋巴结肿大等症状的，怀疑感染（　　）。

A. 狂犬病 　　　　　　　　　　 B. 犬传染性肝炎

C. 犬细小病毒 　　　　　　　　 D. 利什曼病

答案：D

《犬产地检疫规程》4.3.2.7规定，出现鼻子或鼻口部、耳廓粗糙或干裂、结节或脓疱疹，皮肤黏膜溃疡，淋巴结肿大等症状的，怀疑感染利什曼病。

11. 从事犬的产地检疫的人员要定期进行（　　）疫苗免疫。

A. 犬瘟热 　　　　　　　　　　 B. 狂犬病

C. 结核病 　　　　　　　　　　 D. 乙肝

答案：B

《犬产地检疫规程》7.1规定，从事犬产地检疫的人员要定期进行狂犬病疫苗免疫。

12. 人工饲养、合法捕获的野生犬科动物的产地检疫参照（　　）执行。

A. 犬产地检疫规程 　　　　　　 B. 野生动物检疫规程

C. 动植物检疫法 　　　　　　　 D. 不用检疫

答案：A

《犬产地检疫规程》规定，人工饲养、合法捕获的野生犬科动物的产地检疫参照本规程执行。

多 选 题

1. 王某拟出售犬34条，官方兽医须对犬检疫（　　　）。

A. 狂犬病　　　　　B. 布鲁氏菌病　　　　C. 钩端螺旋体病　　　D. 利什曼病

答案：ABCD

《犬产地检疫规程》2. 规定，检疫对象：狂犬病、布鲁氏菌病、钩端螺旋体病、犬瘟热、犬细小病毒病、犬传染性肝炎、利什曼病。

2. 犬检疫合格的标准有（　　　）。

A. 来自未发生相关动物疫情的区域　　　　　B. 免疫记录齐全，狂犬病免疫在有效期内

C. 需进行实验室疫病检测的，检测结果合格　　D. 临床检查健康

答案：ABCD

《犬产地检疫规程》3.规定，检疫合格标准：3.1来自未发生相关动物疫情的区域；3.2免疫记录齐全，狂犬病免疫在有效期内；3.3临床检查健康；3.4本规程规定需进行实验室疫病检测的，检测结果合格。

3. 下列关于狂犬病的症状叙述正确的是（　　　）。

A. 恐水　　　　　B. 狂躁不安　　　　C. 流涎显著　　　　D. 四肢麻痹

答案：ABCD

《犬产地检疫规程》4.3.2.1规定，出现行为反常，易怒，有攻击性，狂躁不安，高度兴奋，流涎等症状的，怀疑感染狂犬病。有些出现狂暴与沉郁交替出现，表现特殊的斜视和惶恐；自咬四肢、尾及阴部等；意识障碍，反射紊乱，消瘦，声音嘶哑，夹尾，眼球凹陷，瞳孔散大或缩小；下颌下垂，舌脱出口外，流涎显著，后躯及四肢麻痹，卧地不起；恐水等症状。

4. 犬只感染布鲁氏菌病的典型症状有（　　　）。

A. 母犬流产、死胎　　B. 出现黄疸　　　C. 公犬睾丸肿大　　　D. 眼周红肿

答案：AC

《犬产地检疫规程》4.3.2.2规定，出现母犬流产、死胎，产后子宫有长期暗红色分泌物，不孕，关节肿大，消瘦；公犬睾丸肿大，关节肿大，极度消瘦等症状的，怀疑感染布鲁氏菌病。

5. 犬出现（　　　）症状，怀疑感染了犬瘟热。

A. 眼鼻脓性分泌物　　　　　　　　B. 脚垫粗糙增厚

C. 四肢或全身有节律性的抽搐　　　　D. 眼周红肿

答案：ABCD

《犬产地检疫规程》4.3.2.4规定，出现眼鼻脓性分泌物，脚垫粗糙增厚，四肢或全身有节律性的抽搐等症状的，怀疑感染犬瘟热。有的出现发热，眼周红肿，打喷嚏，咳嗽，呕吐，腹泻，食欲不振，精神沉郁等症状。

6. 犬出现（   ）症状，怀疑感染了犬细小病毒病。

A. 眼鼻脓性分泌物

B. 出现呕吐，腹泻

C. 粪便呈咖啡色或番茄酱色样血便

D. 严重脱水，眼球下陷

答案：BCD

《犬产地检疫规程》4.3.2.5规定，出现呕吐，腹泻，粪便呈咖啡色或番茄酱色样血便，带有特殊的腥臭气味等症状的，怀疑感染犬细小病毒病。有些出现发热，精神沉郁，不食；严重脱水，眼球下陷，鼻镜干燥，皮肤弹力高度下降，体重明显减轻；突然呼吸困难，心力衰弱等症状。

7. 犬只感染犬传染性肝炎的典型症状有（   ）。

A. 出现黄疸

B. 精神沉郁；角膜水肿，呈"蓝眼"

C. 呕吐，不食或食欲废绝等症状

D. 四肢或全身有节律性的抽搐

答案：BC

《犬产地检疫规程》4.3.2.6规定，出现体温升高，精神沉郁；角膜水肿，呈"蓝眼"；呕吐，不食或食欲废绝等症状的，怀疑感染犬传染性肝炎。

8. 犬出现（   ）症状，怀疑感染了利什曼病。

A. 鼻子或鼻口部、耳廓粗糙或干裂

B. 鼻子或鼻口部、耳廓结节或脓疱疹

C. 淋巴结肿大

D. 皮肤黏膜溃疡

答案：ABCD

《犬产地检疫规程》4.3.2.7规定，出现鼻子或鼻口部、耳廓粗糙或干裂、结节或脓疱疹，皮肤黏膜溃疡，淋巴结肿大等症状的，怀疑感染利什曼病。有些出现精神沉郁，嗜睡，多饮，呕吐，大面积对称性脱毛，干性脱屑，罕见瘙痒；偶有结膜炎或角膜炎等症状。

9. 从事犬的产地检疫的人员要配备（   ）专用手套等防护设备。

A. 红外测温仪　　　B. 麻醉吹管　　　C. 捕捉网　　　D. 电棍

答案：ABC

《犬产地检疫规程》7.2规定，从事犬产地检疫的人员要配备红外测温仪、麻醉吹管、捕捉网、专用手套等防护设备。

判 断 题

1. 王某携带3只犬的有效狂犬病免疫证明和相应疫病实验室检测报告申报检疫，官方兽医临床检查合格，出具了一张《动物检疫合格证明》。（　　）

答案：错

《农业部关于进一步加强犬和猫产地检疫监管工作的通知》规定，严格开展犬、猫产地检疫：各地动物卫生监督机构要严格依照《动物防疫法》《动物检疫管理办法》和犬、猫产地检疫规程规定，按照法定检疫范围、检疫程序和判定标准，切实做好犬、猫产地检疫工作。调运犬、猫必须逐只按规程实施产地检疫，逐只出具检疫证明。

2. 王某欲调运一条已免疫3天的爱犬，向辖区动物卫生监督机构申报检疫，未予受理。（　　）

答案：对

《犬产地检疫规程》4.1规定，饲养者应在犬实施狂犬病免疫21天后申报检疫，填写检疫申报单。动物卫生监督机构在接到检疫申报后，根据当地相关动物疫情情况，决定是否予以受理。受理的，应当及时派出官方兽医到现场或到指定地点实施检疫；不予受理的，应说明理由。

3. 犬出现行为反常，易怒，有攻击性，狂躁不安，高度兴奋，流涎等症状的，怀疑感染狂犬病。（　　）

答案：对

《犬产地检疫规程》4.3.2.1规定，出现行为反常，易怒，有攻击性，狂躁不安，高度兴奋，流涎等症状的，怀疑感染狂犬病。

4. 犬出现眼鼻脓性分泌物，脚垫粗糙增厚，四肢或全身有节律性的抽搐等症状的，怀疑感染犬瘟热。（　　）

答案：对

《犬产地检疫规程》4.3.2.4规定，出现眼鼻脓性分泌物，脚垫粗糙增厚，四肢或全身有节律性的抽搐等症状的，怀疑感染犬瘟热。

5. 犬出现呕吐，腹泻，粪便呈咖啡色或番茄酱色样血便，带有特殊的腥臭气味等症状的，怀疑感染犬细小病毒病。（　　）

答案：对

《犬产地检疫规程》4.3.2.5规定，出现呕吐，腹泻，粪便呈咖啡色或番茄酱色样血便，带有特殊的腥臭气味等症状的，怀疑感染犬细小病毒病。

二十八、病害动物和病害动物产品生物安全处理规程

单 选 题

1.《病害动物和病害动物产品生物安全处理规程》（GB16548—2006）规定，猪囊虫肉处理的方法是（　　）。

　　A. 按《四部规程》处理　　　　　　　B. 销毁

　　C. 盐腌　　　　　　　　　　　　　　D. 化制

答案：B

《病害动物和病害动物产品生物安全处理规程》3.2.1.1规定，销毁的使用对象：确认为口蹄疫、猪水疱病、猪瘟、非洲猪瘟、牛瘟、牛传染性胸膜肺炎、牛海绵状脑病、痒病、绵羊梅迪/维斯那病、蓝舌病、小反刍兽疫、绵羊痘和山羊痘、山羊关节炎脑炎、高致病性禽流感、鸡新城疫、炭疽、鼻疽、狂犬病、羊快疫、羊肠毒血症、肉毒梭菌中毒症、羊猝狙、马传染性贫血病、猪螺旋体痢疾、猪囊尾蚴、急性猪丹毒、钩端螺旋体病（已黄染肉尸）、布鲁氏菌病、结核病、鸭瘟、兔病毒性出血症、野兔热的染疫动物以及其他严重危害人畜健康的病害动物及其产品。

2.《病害动物和病害动物产品生物安全处理规程》（GB16548—2006）规定，患有猪瘟的猪肉及其内脏需进行（　　）。

　　A. 化制处理　　　　　　　　　　　　B. 高温处理

　　C. 销毁处理　　　　　　　　　　　　D. 盐腌处理

答案：C

《病害动物和病害动物产品生物安全处理规程》3.2.1.1规定，销毁的使用对象：确认为口蹄疫、猪水疱病、猪瘟、非洲猪瘟、牛瘟、牛传染性胸膜肺炎、牛海绵状脑病、痒病、绵羊梅迪/维斯那病、蓝舌病、小反刍兽疫、绵羊痘和山羊痘、山羊关节炎脑炎、高致病性禽流感、鸡新城疫、炭疽、鼻疽、狂犬病、羊快疫、羊肠毒血症、肉毒梭菌中毒症、羊猝狙、马传染性贫血病、猪螺旋体痢疾、猪囊尾蚴、急性猪丹毒、钩端螺旋体病（已黄染肉尸）、布鲁氏菌病、结核病、鸭瘟、兔病毒性出血症、野兔热的染疫动物以及其他严重危害人畜健康的病害动物及其产品。

3.《病害动物和病害动物产品生物安全处理规程》（GB16548—2006）规定，患有口蹄疫的生猪宰后肉尸作（　　）处理。

　　A. 销毁　　　　　　B. 高温　　　　　　C. 盐腌　　　　　　D. 冷冻

答案：A

《病害动物和病害动物产品生物安全处理规程》3.2.1.1规定，销毁的使用对象：确认为口蹄

疫、猪水疱病、猪瘟、非洲猪瘟、牛瘟、牛传染性胸膜肺炎、牛海绵状脑病、痒病、绵羊梅迪/维斯那病、蓝舌病、小反刍兽疫、绵羊痘和山羊痘、山羊关节炎脑炎、高致病性禽流感、鸡新城疫、炭疽、鼻疽、狂犬病、羊快疫、羊肠毒血症、肉毒梭菌中毒症、羊猝狙、马传染性贫血病、猪螺旋体痢疾、猪囊尾蚴、急性猪丹毒、钩端螺旋体病（已黄染肉尸）、布鲁氏菌病、结核病、鸭瘟、兔病毒性出血症、野兔热的染疫动物以及其他严重危害人畜健康的病害动物及其产品。

4.《病害动物和病害动物产品生物安全处理规程》（GB16548—2006）规定，对病害动物尸体和病害动物产品掩埋处理时，掩埋前应对需掩埋的病害动物尸体和病害动物产品实施（　　）处理。

A．消毒　　　　B．焚烧　　　　C．产品分块　　　　D．尸体包裹好

答案：B

《病害动物和病害动物产品生物安全处理规程》3.2.2.2（b）规定，掩埋前应对需掩埋的病害动物尸体和病害动物产品实施焚烧处理。

5.《病害动物和病害动物产品生物安全处理规程》（GB16548—2006）规定，掩埋坑底铺（　　）厚生石灰。

A．1cm　　　　B．2cm　　　　C．5cm　　　　D．10cm

答案：B

《病害动物和病害动物产品生物安全处理规程》3.2.2.2（c）规定，掩埋坑底铺2cm厚生石灰。

6.《病害动物和病害动物产品生物安全处理规程》（GB16548—2006）的规定，掩埋后需将掩埋土夯实，病害动物尸体和病害动物产品上层应距地表（　　）以上。

A．1m　　　　B．1.5m　　　　C．2m　　　　D．50cm

答案：B

《病害动物和病害动物产品生物安全处理规程》3.2.2.2（d）规定，掩埋后需将掩埋土夯实。病害动物尸体和病害动物产品上层应距地表1.5m以上。

7.《病害动物和病害动物产品生物安全处理规程》（GB16548—2006）规定，畜禽病害肉尸及其产品无害化处理中化制适用于（　　）。

A．口蹄疫　　　　B．囊尾蚴病　　　　C．结核病　　　　D．旋毛虫病

答案：D

《病害动物和病害动物产品生物安全处理规程》3.3.1.1规定，化制的适用对象除3.2.1规定的动物疫病以外的其他疫病的染疫动物，以及病变严重、肌肉发生退行性变化的动物的整个尸体或胴体、内脏。3.2.1.1规定销毁的使用对象确认为口蹄疫、猪水疱病、猪瘟、非洲猪瘟、牛瘟、牛传染性胸膜肺炎、牛海绵状脑病、痒病、绵羊梅迪/维斯那病、蓝舌病、小反刍兽疫、

347

绵羊痘和山羊痘、山羊关节炎脑炎、高致病性禽流感、鸡新城疫、炭疽、鼻疽、狂犬病、羊快疫、羊肠毒血症、肉毒梭菌中毒症、羊猝狙、马传染性贫血病、猪螺旋体痢疾、猪囊尾蚴、急性猪丹毒、钩端螺旋体病（已黄染肉尸）、布鲁氏菌病、结核病、鸭瘟、兔病毒性出血症、野兔热的染疫动物以及其他严重危害人畜健康的病害动物及其产品。

8. 《病害动物和病害动物产品生物安全处理规程》（GB16548—2006）规定，对被病原微生物或一般染疫动物的皮毛消毒时，可用2.5%盐酸溶液和15%食盐水溶液等量混合后浸泡消毒，在溶液温度30℃左右，浸泡需要（　　）小时。

A. 12　　　　　　　　B. 24　　　　　　　　C. 36　　　　　　　　D. 40

答案：D

《病害动物及病害动物产品生物安全处理规程》3.3.2.2.2规定，盐酸食盐溶液消毒法用2.5%盐酸溶液和15%食盐水溶液等量混合，将皮张浸泡在此溶液中，并使溶液温度保持在30℃左右，浸泡40h，1m²皮张用10L消毒液，浸泡后捞出沥干，放入2%氢氧化钠溶液中，以中和皮张上酸，再用水冲洗后晾干。也可按100mL25%食盐水溶液中加入盐酸1mL配制消毒液，在室温15℃条件下浸泡48h，皮张与消毒液之比为1：4。浸泡后捞出沥干，再放入1%氢氧化钠溶液中浸泡，以中和皮张上的酸，再用水冲洗后晾干。

9. 《病害动物和病害动物产品生物安全处理规程》（GB16548—2006）规定，盐酸食盐溶液消毒法适用于被病原微生物污染或可疑被污染和一般染疫动物的皮毛消毒，其配制是用（　　）盐酸溶液和（　　）食盐水溶液等量混合而成。

A. 1%，5%　　　　　　　　　　　　B. 1.5%，7.5%

C. 2%，10%　　　　　　　　　　　　D. 2.5%，15%

答案：D

同题8。

10. 《病害动物和病害动物产品生物安全处理规程》（GB16548—2006）规定，碱盐液浸泡消毒法适用于被病原微生物污染的皮毛消毒，碱盐液的浓度是（　　）。

A. 0.5%～1%　　　　B. 1%～1.5%　　　　C. 3%　　　　D. 5%

答案：D

《病害动物和病害动物产品生物安全处理规程》3.3.2.2.4规定，碱盐液浸泡消毒法将皮毛浸入5%碱盐液（饱和盐水内加5%氢氧化钠）中。

11. 《病害动物和病害动物产品生物安全处理规程》（GB16548—2006）规定，碱盐液浸泡消毒法适用于被病原微生物污染的皮毛消毒，在室温条件下浸泡（　　）小时。

A. 8　　　　　　　　B. 12　　　　　　　　C. 18　　　　　　　　D. 24

答案：D

《病害动物和病害动物产品生物安全处理规程》3.3.2.2.4规定，碱盐液浸泡消毒法将皮毛浸入5%碱盐液（饱和盐水内加5%氢氧化钠）中，室温（18～25℃）浸泡24h。

12.《病害动物和病害动物产品生物安全处理规程》（GB16548—2006）规定，煮沸消毒法主要用于染疫动物鬃毛的处理，是将鬃毛于沸水中煮沸（　　）小时。

A. 1～1.5　　　　　　　　　　　　B. 1.5～2

C. 2～2.5　　　　　　　　　　　　D. 2.5～3

答案：C

《病害动物和病害动物产品生物安全处理规程》3.3.2.2.5规定，煮沸消毒法将鬃毛于沸水中煮沸2～2.5h。

多 选 题

1. 按照《病害动物和病害动物产品生物安全处理规程》规定，病害动物和病害动物产品的处理方式包括（　　）和（　　）两种方式。

A. 销毁　　　　　B. 化制　　　　　C. 高温处理　　　　　D. 无害化处理

答案：AD

《病害动物和病害动物产品生物安全处理规程》3.2和3.3规定，处理方式包括销毁和无害化处理。

2.《病害动物和病害动物产品生物安全处理规程》规定，适用于化制的病害动物包括患有以下（　　）疫病的动物。

A. A型口蹄疫　　　　　　　　　　B. 关节炎型布鲁氏菌病

C. 钩端螺旋体病（肉尸尚未黄染）　　D. 疹块型猪丹毒

答案：CD

《病害动物和病害动物产品生物安全处理规程》3.2.1规定，销毁适用对象：确认为口蹄疫、猪水疱病、猪瘟、非洲猪瘟、牛瘟、牛传染性胸膜肺炎、牛海绵状脑病、痒病、绵羊梅迪/维斯那病、蓝舌病、小反刍兽疫、绵羊痘和山羊痘、山羊关节炎脑炎、高致病性禽流感、鸡新城疫、炭疽、鼻疽、狂犬病、羊快疫、羊肠毒血症、肉毒梭菌中毒症、羊猝狙、马传染性贫血病、猪螺旋体痢疾、猪囊尾蚴、急性猪丹毒、钩端螺旋体病（已黄染肉尸）、布鲁氏菌病、结核病、鸭瘟、兔病毒性出血症、野兔热的染疫动物以及其他严重危害人畜健康的病害动物及其产品。疹块型猪丹毒属于亚急性型猪丹毒，与钩端螺旋体病（肉尸尚未黄染）均适用于化制3.3.1规定，化制适用对象除3.2.1规定的动物疫病以外的其他疫病的染疫动物，以及病变严重、肌肉发生退行性变化的动物的整个尸体或胴体、内脏。

3. 按照《病害动物和病害动物产品生物安全处理规程》的规定，病害动物和病害动物产品销毁的适用于（　　　）。

A. 炭疽　　　　　B. 蓝舌病　　　　　C. 鸡新城疫　　　　　D. 高致病性禽流感

答案：ABCD

《病害动物和病害动物产品生物安全处理规程》3.2.1.1规定，确认为口蹄疫、猪水疱病、猪瘟、非洲猪瘟、牛瘟、牛传染性胸膜肺炎、牛海绵状脑病、痒病、绵羊梅迪/维斯那病、蓝舌病、小反刍兽疫、绵羊痘和山羊痘、山羊关节炎脑炎、高致病性禽流感、鸡新城疫、炭疽、鼻疽、狂犬病、羊快疫、羊肠毒血症、肉毒梭菌中毒症、羊猝狙、马传染性贫血病、猪螺旋体痢疾、猪囊尾蚴、急性猪丹毒、钩端螺旋体病（已黄染肉尸）、布鲁氏菌病、结核病、鸭瘟、兔病毒性出血症、野兔热的染疫动物以及其他严重危害人畜健康的病害动物及其产品。

4. 按照《病害动物和病害动物产品生物安全处理规程》的规定，下列染有（　　　）的动物及产品适用于作销毁处理。

A. 狂犬病　　　　　B. 羊快疫　　　　　C. 羊痘　　　　　D. 高致病性禽流感

答案：ABCD

《病害动物和病害动物产品生物安全处理规程》3.2.1.1规定，确认为口蹄疫、猪水疱病、猪瘟、非洲猪瘟、牛瘟、牛传染性胸膜肺炎、牛海绵状脑病、痒病、绵羊梅迪/维斯那病、蓝舌病、小反刍兽疫、绵羊痘和山羊痘、山羊关节炎脑炎、高致病性禽流感、鸡新城疫、炭疽、鼻疽、狂犬病、羊快疫、羊肠毒血症、肉毒梭菌中毒症、羊猝狙、马传染性贫血病、猪螺旋体痢疾、猪囊尾蚴、急性猪丹毒、钩端螺旋体病（已黄染肉尸）、布鲁氏菌病、结核病、鸭瘟、兔病毒性出血症、野兔热的染疫动物以及其他严重危害人畜健康的病害动物及其产品。

5. 《病害动物和病害动物产品生物安全处理规程》规定，病害动物和病害动物产品销毁的操作方法包括（　　　）。

A. 焚毁　　　　　B. 掩埋　　　　　C. 化制　　　　　D. 消毒

答案：AB

《病害动物和病害动物产品生物安全处理规程》3.2.2规定，操作方法包括焚毁和掩埋。

6. 按照《病害动物和病害动物产品生物安全处理规程》的规定，掩埋不适用于（　　　）。

A. 牛海绵状脑病动物及产品、组织　　　　B. 患有炭疽的生猪

C. 痒病的染疫动物及产品、组织　　　　　D. 口蹄疫

答案：ABC

《病害动物和病害动物产品生物安全处理规程》3.2.2.2规定，掩埋本法不适用于患有炭疽等芽孢杆菌类疫病，以及牛海绵状脑病、痒病的染疫动物及产品、组织的处理。

7.《病害动物和病害动物产品生物安全处理规程》规定，对病死但不能确定死亡病因的尸体要在动物卫生监督机构的监督下进行（　　）处理。

A. 冷冻　　　　　　B. 销毁　　　　　　C. 化制　　　　　　D. 无害化处理

答案：BCD

《病害动物和病害动物产品生物安全处理规程》3.2.1.2规定，销毁适用对象包括病死、毒死或不明死因动物的尸体。3.3.1.1规定，化制适用对象除3.2.1规定的动物疫病以外的其他疫病的染疫动物，以及病变严重、肌肉发生退行性变化的动物的整个尸体或胴体、内脏。3.3.2.1规定，消毒适用对象除3.2.1规定的动物疫病以外的其他疫病的染疫动物的生皮、原毛以及未经加工的蹄、骨、角、绒。

8. 按照《病害动物和病害动物产品生物安全处理规程》的规定，病害动物和病害动物产品消毒操作方法包括（　　）。

A. 高温处理法　　　　　　　　　B. 盐酸食盐溶液消毒法

C. 过氧乙酸消毒法　　　　　　　D. 碱盐液浸泡消毒法

答案：ABCD

《病害动物和病害动物产品生物安全处理规程》3.3.2.2规定，操作方法包括高温处理法、盐酸食盐溶液消毒法、过氧乙酸消毒、碱盐液浸泡消毒法、煮沸消毒法。

9. 按照《病害动物和病害动物产品生物安全处理规程》的规定，染疫动物皮毛适用于（　　）操作方法。

A. 高温处理法　　　　　　　　　B. 盐酸食盐溶液消毒法

C. 过氧乙酸消毒法　　　　　　　D. 碱盐液浸泡消毒法

答案：BCD

《病害动物和病害动物产品生物安全处理规程》3.3.2.2.2规定，盐酸食盐溶液消毒法适用于被病原微生物污染或可疑被污染和一般染疫动物的皮毛消毒。3.3.2.2.3规定，过氧乙酸消毒法适用于任何染疫动物的皮毛消毒。3.3.2.2.4规定，碱盐液浸泡消毒法适用于被病原微生物污染的皮张消毒。

10.《病害动物和病害动物产品生物安全处理规程》适用于（　　）的动物和动物产品。

A. 国家规定的染疫动物及其产品

B. 病死毒死或者死因不明的动物尸体

C. 经检验对人畜健康有危害的动物和病害动物产品

D. 国家规定的其他应该进行生物安全处理的动

答案：ABCD

《病害动物和病害动物产品生物安全处理规程》规定，本标准适用于国家规定的染疫动物及其产品、病死毒死或者死因不明的动物尸体、经检验对人畜健康有危害的动物和病害动物产品、国家规定的其他应该进行生物安全处理的动物和动物产品。

11. 按照《病害动物和病害动物产品生物安全处理规程》的规定，掩埋不适用于（   ）。

A. 牛海绵状脑病动物及产品、组织　　　　B. 患有炭疽的生猪

C. 痒病的染疫动物及产品、组织　　　　　D. 口蹄疫

答案：ABC

病害动物和病害动物产品生物安全处理规程》3.2.2.2规定，掩埋不适用于患有炭疽等芽孢杆菌类疫病，以及牛海绵状脑病、痒病的染疫动物及产品、组织的处理。

判　断　题

1.《病害动物和病害动物产品生物安全处理规程》规定了病死动物和病死动物产品的销毁、无害化处理的技术要求。（   ）

答案：错

《病害动物和病害动物产品生物安全处理规程》规定，本标准规定了病害动物和病害动物产品的销毁、无害化处理的技术要求。

2. 对病害动物尸体和病害动物产品掩埋处理时，首先应作焚烧处理，然后按规定掩埋。（   ）

答案：对

《病害动物和病害动物产品生物安全处理规程》3.2.2.2（b）规定，掩埋前应对需掩埋的病害动物尸体和病害动物产品实施焚烧处理。

3. 患有炭疽等芽孢杆菌类疫病的动物及其产品，可以采取掩埋的处理方法。（   ）

答案：错

《病害动物和病害动物产品生物安全处理规程》3.2.2.2规定，掩埋不适用于患有炭疽等芽孢杆菌类疫病，以及牛海绵状脑病、痒病的染疫动物及产品、组织的处理。

4.《病害动物和病害动物产品生物安全处理规程》规定，确诊为狂犬病、小反刍兽疫、猪水疱病疫

病的动物及动物尸体应进行销毁处理。（　　）

答案：对

《病害动物和病害动物产品生物安全处理规程》3.2.1.1规定，销毁适用对象：确认为口蹄疫、猪水疱病、猪瘟、非洲猪瘟、非洲马瘟、牛瘟、牛传染性胸膜肺炎、牛海绵状脑病、痒病、绵羊梅迪/维斯那病、蓝舌病、小反刍兽疫、绵羊痘和山羊痘、高致病性禽流感、鸡新城疫、炭疽、鼻疽、狂犬病、羊快疫、羊肠毒血症、肉毒梭菌中毒症、羊猝狙、马传染性贫血病、猪密螺旋体痢疾、猪囊尾蚴、急性猪丹毒、钩端螺旋体病（已黄染肉尸）、布鲁氏菌病、结核病、鸭瘟、兔病毒性出血症、野兔热的染疫动物以及其他严重危害人畜健康的病害动物及其产品。

二十九、生猪产地检疫规程

单 选 题

1. 生猪产地检疫对象（　　）种。
A. 6　　　　　　　B. 7　　　　　　　C. 8　　　　　　　D. 9

答案：A

《生猪产地检疫规程》2. 规定，检疫对象：口蹄疫、猪瘟、高致病性猪蓝耳病、炭疽、猪丹毒、猪肺疫。

2. 生猪产地检疫对象包括口蹄疫、猪瘟、高致病性猪蓝耳病、炭疽、猪丹毒和（　　）共六种动物疫病。

A. 猪细小病毒病　　B. 猪肺疫　　　　C. 猪乙型脑炎　　　D. 猪副伤寒

答案：B

《生猪产地检疫规程》2. 规定，检疫对象：口蹄疫、猪瘟、高致病性猪蓝耳病、炭疽、猪丹毒、猪肺疫。

3. 周某养猪场拟出售饲养的生猪15头，官方兽医小李必须确认该养殖场（　　）内未发生《生猪产地检疫规程》规定的相关动物疫病。

A. 12个月　　　　　B. 6个月　　　　　C. 3个月　　　　　D. 21天

答案：B

《生猪产地检疫规程》4.2.1规定，官方兽医应查验饲养场（养殖小区）《动物防疫条件合格证》和养殖档案，了解生产、免疫、监测、诊疗、消毒、无害化处理等情况，确认饲养场（养殖小区）6个月内未发生相关动物疫病，确认生猪已按国家规定进行强制免疫，并在有效保护期内。省内调运种猪的，还应查验《种畜禽生产经营许可证》。

4.《生猪产地检疫规程》中的检疫合格标准不包括（　　）。

A. 生猪体重达标 　　　　　　　　B. 临床检查健康

C. 畜禽标识符合规定 　　　　　　D. 进行了强制免疫

答案：A

《生猪产地检疫规程》3. 规定，检疫合格标准：3.1来自非封锁区或未发生相关动物疫情的饲养场（养殖小区）、养殖户；3.2按照国家规定进行了强制免疫，并在有效保护期内；3.3养殖档案相关记录和畜禽标识符合规定；3.4临床检查健康；3.5本规程规定需进行实验室疫病检测的，检测结果合格。

5. 生猪出现高热稽留；呕吐；结膜充血；粪便干硬呈粟状，附有黏液，下痢；皮肤有红斑、疹块，指压褪色等症状的，怀疑感染（　　）。

A. 猪丹毒 　　　B. 猪肺疫 　　　C. 高致病性蓝耳病 　　　D. 猪瘟

答案：A

《生猪产地检疫规程》4.3.2.4规定，出现高热稽留；呕吐；结膜充血；粪便干硬呈粟状，附有黏液，下痢；皮肤有红斑、疹块，指压褪色等症状的，怀疑感染猪丹毒。

6. 生猪出现发热、精神不振、食欲减退、流涎；蹄冠、蹄叉、蹄踵部出现水疱，水疱破裂后表面出血，形成暗红色烂斑，感染造成化脓、坏死、蹄壳脱落，卧地不起；鼻盘、口腔黏膜、舌、乳房出现水疱和糜烂等症状，怀疑感染（　　）。

A. 口蹄疫 　　　B. 猪瘟 　　　C. 高致病性蓝耳病 　　　D. 炭疽

答案：A

《生猪产地检疫规程》4.3.2.1规定，出现发热、精神不振、食欲减退、流涎；蹄冠、蹄叉、蹄踵部出现水疱，水疱破裂后表面出血，形成暗红色烂斑，感染造成化脓、坏死、蹄壳脱落，卧地不起；鼻盘、口腔黏膜、舌、乳房出现水疱和糜烂等症状的，怀疑感染口蹄疫。

7. 生猪出现高热；眼结膜炎、眼睑水肿；咳嗽、气喘、呼吸困难；耳朵、四肢末梢和腹部皮肤发绀；偶见后躯无力、不能站立或共济失调等症状的，怀疑感染（　　）。

A. 猪丹毒 　　　B. 猪肺疫 　　　C. 高致病性蓝耳病 　　　D. 猪瘟

答案：C

《生猪产地检疫规程》4.3.2.3规定，出现高热；眼结膜炎、眼睑水肿；咳嗽、气喘、呼吸困难；耳朵、四肢末梢和腹部皮肤发绀；偶见后躯无力、不能站立或共济失调等症状的，怀疑感染高致病性猪蓝耳病。

8. 生猪出现高热稽留；呕吐；结膜充血；粪便干硬呈粟状，附有黏液，下痢；皮肤有红斑、疹块，指压褪色等症状的，怀疑感染（   ）。

A．猪丹毒　　　　　B．猪肺疫　　　　　C．高致病性蓝耳病　　D．猪瘟

答案：A

《生猪产地检疫规程》4.3.2.4规定，出现高热稽留；呕吐；结膜充血；粪便干硬呈粟状，附有黏液，下痢；皮肤有红斑、疹块，指压褪色等症状的，怀疑感染猪丹毒。

9. 生猪出现高热；呼吸困难，继而哮喘，口鼻流出泡沫或清液；颈下咽喉部急性肿大、变红、高热、坚硬；腹侧、耳根、四肢内侧皮肤出现红斑，指压褪色等症状的，怀疑感染（   ）。

A．猪丹毒　　　　　B．猪肺疫　　　　　C．高致病性蓝耳病　　D．猪瘟

答案：B

《生猪产地检疫规程》4.3.2.5规定，出现高热；呼吸困难，继而哮喘，口鼻流出泡沫或清液；颈下咽喉部急性肿大、变红、高热、坚硬；腹侧、耳根、四肢内侧皮肤出现红斑，指压褪色等症状的，怀疑感染猪肺疫。

10. 生猪出现咽喉、颈、肩胛、胸、腹、乳房及阴囊等局部皮肤出现红肿热痛，坚硬肿块，继而肿块变冷，无痛感，最后中央坏死形成溃疡；颈部、前胸出现急性红肿，呼吸困难、咽喉变窄，窒息死亡等症状的，怀疑感染（   ）。

A．口蹄疫　　　　　B．猪丹毒　　　　　C．炭疽　　　　　D．高致病性猪蓝耳病

答案：C

《生猪产地检疫规程》4.3.2.6规定，咽喉、颈、肩胛、胸、腹、乳房及阴囊等局部皮肤出现红肿热痛，坚硬肿块，继而肿块变冷，无痛感，最后中央坏死形成溃疡；颈部、前胸出现急性红肿，呼吸困难、咽喉变窄，窒息死亡等症状的，怀疑感染炭疽。

11. 生猪出现高热、倦怠、食欲不振、精神委顿、弓腰、腿软、行动缓慢；间有呕吐，便秘腹泻交替；可视黏膜充血、出血或有不正常分泌物、发绀；鼻、唇、耳、下颌、四肢、腹下、外阴等多处皮肤点状出血，指压不褪色等症状，怀疑感染（   ）。

A．猪丹毒　　　　　B．猪肺疫　　　　　C．高致病性蓝耳病　　D．猪瘟

答案：D

《生猪产地检疫规程》4.3.2.2规定，出现高热、倦怠、食欲不振、精神委顿、弓腰、腿软、行动缓慢；间有呕吐，便秘腹泻交替；可视黏膜充血、出血或有不正常分泌物、发绀；鼻、唇、耳、下颌、四肢、腹下、外阴等多处皮肤点状出血，指压不褪色等症状的，怀疑感染猪瘟。

12. 生猪经检疫合格的官方兽医应当出具（   ）。

A. 非疫区证明

B. 动物检疫合格证明

C. 检疫报告单

D. 消毒证明

答案：B

《生猪产地检疫规程》5.1规定，经检疫合格的，出具《动物检疫合格证明》。

13. 生猪经检疫不合格的官方兽医应当出具（   ）。

A. 动物治疗通知单　　B. 动物禁运通知单　　C. 检疫处理通知单　　D. 无害化处理通知单

答案：C

《生猪产地检疫规程》5.2规定，经检疫不合格的，出具《检疫处理通知单》，并按照有关规定处理。

14. 生猪启运前，动物卫生监督机构须监督畜主或承运人对（   ）进行有效消毒。

A. 生猪

B. 运载工具

C. 生猪和运载工具

D. 生猪、运载工具和贩运人

答案：B

《生猪产地检疫规程》5.3规定，生猪启运前，动物卫生监督机构须监督畜主或承运人对运载工具进行有效消毒。

15. 生猪产地检疫申报单和检疫工作记录应保存（   ）个月以上。

A. 1　　　　　　B. 3　　　　　　C. 6　　　　　　D. 12

答案：D

《生猪产地检疫规程》6.3规定，检疫申报单和检疫工作记录应保存12个月以上。

多　选　题

1. 生猪产地检疫的对象有（   ）。

A. 口蹄疫　　　　B. 猪瘟　　　　C. 高致病性蓝耳病　　D. 炭疽

答案：ABCD

《生猪产地检疫规程》2.规定，检疫对象：口蹄疫、猪瘟、高致病性猪蓝耳病、炭疽、猪丹毒、猪肺疫。

2. 张某拟向邻省某县出售生猪55头，官方兽医老张须检疫（   ）。

A. 口蹄疫、猪瘟　　　　　　　　　B. 高致病性蓝耳病、炭疽

C. 猪丹毒、猪肺疫　　　　　　　　D. 伪狂犬病

答案：ABC

《生猪产地检疫规程》2. 规定，检疫对象：口蹄疫、猪瘟、高致病性猪蓝耳病、炭疽、猪丹毒、猪肺疫。

3. 《生猪产地检疫规程》规定，下列（　　　）是生猪产地检疫合格的标准。

A. 瘦肉精检测结果为阳性

B. 按照国家规定进行了强制免疫，并在有效保护期内

C. 养殖档案相关记录和畜禽标识符合规定

D. 临床检查健康

答案：BCD

《生猪产地检疫规程》3. 规定，检疫合格标准：3.1来自非封锁区或未发生相关动物疫情的饲养场（养殖小区）、养殖户；3.2按照国家规定进行了强制免疫，并在有效保护期内；3.3养殖档案相关记录和畜禽标识符合规定；3.4临床检查健康；3.5本规程规定需进行实验室疫病检测的，检测结果合格；3.6省内调运的种猪须符合种用动物健康标准，省内调运精液、胚胎的，其供体动物须符合种用动物健康标准。

4. 生猪产地检疫的基本程序包括（　　　）。

A. 申报受理　　　　　　　　　　　B. 查验资料及畜禽标识

C. 临床检查　　　　　　　　　　　D. 车辆消毒

答案：ABC

《生猪产地检疫规程》4. 规定，检疫程序包括申报受理、查验资料及畜禽标识、临床检查、实验室检测。

5. 生猪产地检疫，实施群体检查主要从（　　　）进行检查。

A. 心态　　　　　B. 静态　　　　　C. 食态　　　　　D. 动态

答案：BCD

《生猪产地检疫规程》4.3.1.1规定，群体检查从静态、动态和食态等方面进行检查。主要检查生猪群体精神状况、外貌、呼吸状态、运动状态、饮水饮食情况及排泄物状态等。

6. 猪群体检查主要检查生猪群体（　　　）及排泄物状态等。

A. 精神状况　　　　B. 呼吸状态　　　　C. 运动状态　　　　D. 饮水饮食情况

答案：ABCD

《生猪产地检疫规程》4.3.1.1规定，群体检查从静态、动态和食态等方面进行检查。主要检查生猪群体精神状况、外貌、呼吸状态、运动状态、饮水饮食情况及排泄物状态等。

7. 生猪产地检疫，实施个体检查主要通过（　　　）等方法进行检查。

A. 视诊　　　　　　　B. 触诊　　　　　　　C. 问诊　　　　　　　D. 听诊

答案：ABD

《生猪产地检疫规程》4.3.1.2规定，个体检查通过视诊、触诊和听诊等方法进行检查。主要检查生猪个体精神状况、体温、呼吸、皮肤、被毛、可视黏膜、胸廓、腹部及体表淋巴结，排泄动作及排泄物性状等。

8. 猪个体检查主要检查生猪个体精神状况（　　　）及体表淋巴结，排泄动作及排泄物性状等。

A. 体温　　　　　　　B. 呼吸　　　　　　　C. 皮肤　　　　　　　D. 可视黏膜

答案：ABCD

《生猪产地检疫规程》4.3.1.2规定，个体检查通过视诊、触诊和听诊等方法进行检查。主要检查生猪个体精神状况、体温、呼吸、皮肤、被毛、可视黏膜、胸廓、腹部及体表淋巴结，排泄动作及排泄物性状等。

9. 猪感染口蹄疫会出现（　　　）。

A. 发热、流涎

B. 蹄冠、蹄叉、蹄踵部出现水疱，卧地不起

C. 粪便干硬呈粟状，附有黏液，下痢鼻盘

D. 口腔黏膜、舌、乳房出现水疱和糜烂

答案：ABD

《生猪产地检疫规程》4.3.2.1规定，出现发热、精神不振、食欲减退、流涎；蹄冠、蹄叉、蹄踵部出现水疱，水疱破裂后表面出血，形成暗红色烂斑，感染造成化脓、坏死、蹄壳脱落，卧地不起；鼻盘、口腔黏膜、舌、乳房出现水疱和糜烂等症状的，怀疑感染口蹄疫。

10. 猪感染高致病性猪蓝耳病会出现（　　　）。

A. 眼结膜炎、眼睑水肿

B. 咳嗽、气喘、呼吸困难

C. 耳朵、四肢末梢和腹部皮肤发绀

D. 狂躁不安

答案：ABC

《生猪产地检疫规程》4.3.2.3规定，出现高热；眼结膜炎、眼睑水肿；咳嗽、气喘、呼吸困难；耳朵、四肢末梢和腹部皮肤发绀；偶见后躯无力、不能站立或共济失调等症状的，怀疑感染高致病性猪蓝耳病。

11. 猪感染猪瘟会出现（　　　）。

A. 高热、倦怠、食欲不振

B. 间有呕吐，便秘腹泻交替

C. 耳朵、四肢末梢和腹部皮肤发绀

D. 可视黏膜充血、出血或有不正常分泌物、发绀

答案：ABD

《生猪产地检疫规程》4.3.2.2规定，出现高热、倦怠、食欲不振、精神委顿、弓腰、腿软、行动缓慢；间有呕吐，便秘腹泻交替；可视黏膜充血、出血或有不正常分泌物、发绀；鼻、唇、耳、下颌、四肢、腹下、外阴等多处皮肤点状出血，指压不褪色等症状的，怀疑感染猪瘟。

12. 猪感染炭疽会出现（　　　）。

A. 咽喉、颈、肩胛、胸、腹等出现红肿热痛　　　B. 耳朵、四肢末梢和腹部皮肤发绀

C. 颈部、前胸出现急性红肿　　　D. 形成坏死形成溃疡

答案：ACD

《生猪产地检疫规程》4.3.2.6规定，及阴囊等局部皮肤出现红肿热痛，坚硬肿块，继而肿块变冷，无痛感，最后中央坏死形成溃疡；颈部、前胸出现急性红肿，呼吸困难、咽喉变窄，窒息死亡等症状的，怀疑感染炭疽。

13. 猪感染猪肺疫会出现（　　　）症状。

A. 呼吸困难，继而哮喘　　　B. 口鼻流出泡沫或清液

C. 颈下咽喉部急性肿大、变红、高热、坚硬　　　D. 腹侧、耳根、四肢内侧皮肤出现红斑

答案：ABCD

《生猪产地检疫规程》4.3.2.5规定，出现高热；呼吸困难，继而哮喘，口鼻流出泡沫或清液；颈下咽喉部急性肿大、变红、高热、坚硬；腹侧、耳根、四肢内侧皮肤出现红斑，指压褪色等症状的，怀疑感染猪肺疫。

14. 猪感染猪丹毒会出现（　　　）症状。

A. 高热稽留　　　B. 粪便干硬呈粟状，附有黏液

C. 结膜充血　　　D. 皮肤有红斑、疹块

答案：ABCD

《生猪产地检疫规程》4.3.2.4规定，出现高热稽留；呕吐；结膜充血；粪便干硬呈粟状，附有黏液，下痢；皮肤有红斑、疹块，指压褪色等症状的，怀疑感染猪丹毒。

15. 生猪产地检疫工作记录应填写（　　　）。

A. 畜主姓名　　　B. 检疫时间　　　C. 检疫动物种类　　　D. 检疫证明编号

答案：ABCD

《生猪产地检疫规程》6.2规定，官方兽医须填写检疫工作记录，详细登记畜主姓名、地址、检疫申报时间、检疫时间、检疫地点、检疫动物种类、数量及用途、检疫处理、检疫证明编号等，并由畜主签名。

判 断 题

1. 生猪产地检疫对象包括口蹄疫、猪瘟、高致病性猪蓝耳病、炭疽、猪丹毒、猪肺疫。（　　）

答案：对

《生猪产地检疫规程》2.规定，检疫对象：口蹄疫、猪瘟、高致病性猪蓝耳病、炭疽、猪丹毒、猪肺疫。

2. 猪感染口蹄疫的明显症状是蹄冠、蹄叉、蹄踵、鼻盘、口腔黏膜、舌、乳房出现水疱和糜烂等症状。（　　）

答案：对

《生猪产地检疫规程》4.3.2.1规定，出现发热、精神不振、食欲减退、流涎；蹄冠、蹄叉、蹄踵部出现水疱，水疱破裂后表面出血，形成暗红色烂斑，感染造成化脓、坏死、蹄壳脱落，卧地不起；鼻盘、口腔黏膜、舌、乳房出现水疱和糜烂等症状的，怀疑感染口蹄疫。

3. 猪感染高致病性蓝耳病的明显症状是呼吸困难以及耳朵、四肢末梢和腹部皮肤发绀。（　　）

答案：对

《生猪产地检疫规程》4.3.2.3规定，出现高热；眼结膜炎、眼睑水肿；咳嗽、气喘、呼吸困难；耳朵、四肢末梢和腹部皮肤发绀；偶见后躯无力、不能站立或共济失调等症状的，怀疑感染高致病性猪蓝耳病。

4. 猪感染猪丹毒的明显症状是皮肤有红斑、疹块，指压褪色等症状。（　　）

答案：对

《生猪产地检疫规程》4.3.2.4规定，出现高热稽留；呕吐；结膜充血；粪便干硬呈粟状，附有黏液，下痢；皮肤有红斑、疹块，指压褪色等症状的，怀疑感染猪丹毒。

5. 猪感染炭疽的明显症状是皮肤有黑斑、疹块症状。（　　）

答案：错

《生猪产地检疫规程》4.3.2.6规定，咽喉、颈、肩胛、胸、腹、乳房及阴囊等局部皮肤出现红肿热痛，坚硬肿块，继而肿块变冷，无痛感，最后中央坏死形成溃疡；颈部、前胸出现急性红肿，呼吸困难、咽喉变窄，窒息死亡等症状的，怀疑感染炭疽。

三十、兔产地检疫规程

单 选 题

1. 兔的产地检疫对象有（　　）种。

A. 3　　　　　　　B. 4　　　　　　　C. 5　　　　　　　D. 6

答案：B

《兔产地检疫规程》2.规定，检疫对象：兔病毒性出血病（兔瘟）、兔黏液瘤病、野兔热、兔球虫病。

2. 兔子临床出现体温升高41℃以上，全身性出血，鼻孔中流出泡沫状血液等症状的，怀疑感染（　　）。

A. 兔痘　　　　　B. 兔黏膜瘤病　　　　C. 兔传染性水泡性口炎　　D. 兔瘟

答案：D

《兔产地检疫规程》4.3.2.1规定，出现体温升高到41℃以上，全身性出血，鼻孔中流出泡沫状血液等症状的，怀疑感染兔病毒性出血病（兔瘟）。

3. 兔出现全身各处皮肤次发性肿瘤样结节，眼睑水肿，口、鼻和眼流出黏液性或粘脓性分泌物；头部似狮子头状；上下唇、耳根、肛门及外生殖器充血和水肿，破溃流出淡黄色浆液等症状的，怀疑感染（　　）。

A. 兔病毒性出血病　　B. 兔黏液瘤病　　　C. 野兔热　　　　D. 兔球虫病

答案：B

《兔产地检疫规程》4.3.2.2规定，出现全身各处皮肤次发性肿瘤样结节，眼睑水肿，口、鼻和眼流出黏液性或粘脓性分泌物；头部似狮子头状；上下唇、耳根、肛门及外生殖器充血和水肿，破溃流出淡黄色浆液等症状的，怀疑感染兔黏液瘤病。

4. 兔出现食欲废绝，运动失调；高度消瘦，衰竭，体温升高；颌下、颈下、腋下和腹股沟等处淋巴结肿大、质硬；鼻腔流浆液性鼻液，偶尔伴有咳嗽等症状的，怀疑感染（　　）。

A. 兔病毒性出血病　　B. 兔黏液瘤病　　　C. 野兔热　　　　D. 兔球虫病

答案：C

《兔产地检疫规程》4.3.2.3规定，出现食欲废绝，运动失调；高度消瘦，衰竭，体温升高；颌下、颈下、腋下和腹股沟等处淋巴结肿大、质硬；鼻腔流浆液性鼻液，偶尔伴有咳嗽等症状的，怀疑感染野兔热。

5. 兔出现食欲减退或废绝，精神沉郁，动作迟缓，伏卧不动，眼、鼻分泌物增多，眼结膜苍白或黄染，唾液分泌增多，口腔周围被毛潮湿，腹泻或腹泻与便秘交替出现，尿频或常呈排尿姿势，后肢和肛门周围被粪便污染，腹围增大，肝区触诊疼痛的，怀疑感染（ ）。

A. 兔病毒性出血病　　B. 兔黏液瘤病　　　C. 野兔热　　　　D. 兔球虫病

答案：D

《兔产地检疫规程》4.3.2.4规定，出现食欲减退或废绝，精神沉郁，动作迟缓，伏卧不动，眼、鼻分泌物增多，眼结膜苍白或黄染，唾液分泌增多，口腔周围被毛潮湿，腹泻或腹泻与便秘交替出现，尿频或常呈排尿姿势，后肢和肛门周围被粪便污染，腹围增大，肝区触诊疼痛，后期出现神经症状，极度衰竭死亡的，怀疑感染兔球虫病。

6. 对兔怀疑患有（ ）和兔球虫病的，应按照国家有关标准进行实验室检测。

A. 黏液瘤病　　　　　　　　　　　　B. 兔病毒性出血病（兔瘟）
C. 野兔热　　　　　　　　　　　　　D. 兔球虫病

答案：B

《兔产地检疫规程》4.4.1规定，对怀疑患有兔病毒性出血病（兔瘟）和兔球虫病的，应按照国家有关标准进行实验室检测。

多 选 题

1. 兔的产地检疫对象包括（ ）。

A. 兔病毒性出血病　　B. 兔黏液瘤病　　　C. 野兔热　　　　D. 兔球虫病

答案：ABCD

《兔产地检疫规程》2.规定，检疫对象：兔病毒性出血病（兔瘟）、兔黏液瘤病、野兔热、兔球虫病。

2. 兔感染兔病毒性出血病（兔瘟）的症状有（ ）。

A. 体温41℃以上　　　　　　　　　　B. 全身性出血
C. 全身抽搐　　　　　　　　　　　　D. 鼻孔中流出泡沫状血液

答案：ABD

《兔产地检疫规程》4.3.2.1规定，出现体温升高到41℃以上，全身性出血，鼻孔中流出泡沫状血液等症状的，怀疑感染兔病毒性出血病（兔瘟）。

3. 感染兔黏液瘤病的明显症状有（　　　）。

A. 肿瘤样结节，眼睑水肿

B. 口、鼻和眼流出黏液性

C. 头部似狮子头状

D. 上下唇、耳根、肛门及外生殖器充血和水肿

答案：ABCD

《兔产地检疫规程》4.3.2.2规定，出现全身各处皮肤次发性肿瘤样结节，眼睑水肿，口、鼻和眼流出黏液性或黏脓性分泌物；头部似狮子头状；上下唇、耳根、肛门及外生殖器充血和水肿，破溃流出淡黄色浆液等症状的，怀疑感染兔黏液瘤病。

4. 感染野兔热的明显症状有（　　　）。

A. 食欲废绝，运动失调

B. 尿频或常呈排尿姿势

C. 高度消瘦，衰竭，体温升高

D. 颌下、颈下、腋下和腹股沟等处淋巴结肿大、质硬

答案：ACD

《兔产地检疫规程》4.3.2.3规定，出现食欲废绝，运动失调；高度消瘦，衰竭，体温升高；颌下、颈下、腋下和腹股沟等处淋巴结肿大、质硬；鼻腔流浆液性鼻液，偶尔伴有咳嗽等症状的，怀疑感染野兔热。

5. 兔球虫病的典型症状有（　　　）。

A. 食欲减退或废绝，精神沉郁，动作迟缓，伏卧不动

B. 眼、鼻分泌物增多，眼结膜苍白或黄染

C. 唾液分泌增多，口腔周围被毛潮湿

D. 尿频或常呈排尿姿势

答案：ABCD

《兔产地检疫规程》4.3.2.4规定，出现食欲减退或废绝，精神沉郁，动作迟缓，伏卧不动，眼、鼻分泌物增多，眼结膜苍白或黄染，唾液分泌增多，口腔周围被毛潮湿，腹泻或腹泻与便秘交替出现，尿频或常呈排尿姿势，后肢和肛门周围被粪便污染，腹围增大，肝区触诊疼痛，后期出现神经症状，极度衰竭死亡的，怀疑感染兔球虫病。

6. 对兔怀疑患有（　　　）的，应按照国家有关标准进行实验室检测。

A. 黏液瘤病
B. 兔病毒性出血病（兔瘟）

C. 野兔热
D. 兔球虫病

> **答案：BD**
>
> 《兔产地检疫规程》4.4.1规定，对怀疑患有兔病毒性出血病（兔瘟）和兔球虫病的，应按照国家有关标准进行实验室检测。

判　断　题

1. 兔的检疫对象包括兔病毒性出血病（兔瘟）、兔黏液瘤病、野兔热、兔球虫病。（　　　）

> **答案：对**
>
> 《兔产地检疫规程》2.规定，检疫对象：兔病毒性出血病（兔瘟）、兔黏液瘤病、野兔热、兔球虫病。

2. 出现体温升高41℃以上，全身性出血，鼻孔中流出泡沫状血液等症状的，怀疑感染兔病毒性出血病（兔瘟）。

> **答案：对**
>
> 《兔产地检疫规程》4.3.2.1规定，出现体温升高到41℃以上，全身性出血，鼻孔中流出泡沫状血液等症状的，怀疑感染兔病毒性出血病（兔瘟）。

3. 兔感染兔黏液瘤病的症状有全身各处皮肤次发性肿瘤样结节，头似狮子头状。（　　　）

> **答案：对**
>
> 《兔产地检疫规程》4.3.2.2规定，出现全身各处皮肤次发性肿瘤样结节，眼睑水肿，口、鼻和眼流出黏液性或黏脓性分泌物；头部似狮子头状；上下唇、耳根、肛门及外生殖器充血和水肿，破溃流出淡黄色浆液等症状的，怀疑感染兔黏液瘤病。

4. 兔感染野兔热会出现上下唇、耳根、肛门及外生殖器充血和水肿现象。（　　　）

> **答案：错**
>
> 《兔产地检疫规程》4.3.2.3规定，出现食欲废绝，运动失调；高度消瘦，衰竭，体温升高；颌下、颈下、腋下和腹股沟等处淋巴结肿大、质硬；鼻腔流浆液性鼻液，偶尔伴有咳嗽等症状的，怀疑感染野兔热。

5. 兔感染球虫病后期出现神经症状，极度衰竭死亡。（　　　）

答案：对

《兔产地检疫规程》4.3.2.4规定，出现食欲减退或废绝，精神沉郁，动作迟缓，伏卧不动，眼、鼻分泌物增多，眼结膜苍白或黄染，唾液分泌增多，口腔周围被毛潮湿，腹泻或腹泻与便秘交替出现，尿频或常呈排尿姿势，后肢和肛门周围被粪便污染，腹围增大，肝区触诊疼痛，后期出现神经症状，极度衰竭死亡的，怀疑感染兔球虫病。

三十一、羊屠宰检疫规程

单 选 题

1. 羊屠宰检疫记录应保存（　　）以上。

A. 6个月　　　　　　B. 12个月　　　　　　C. 2年　　　　　　D. 10年

答案：B

《羊屠宰检疫规程》8.3规定，检疫记录应保存12个月以上。

2. 下列疫病中不属于羊屠宰检疫对象的是（　　）。

A. 口蹄疫　　　　　　B. 炭疽　　　　　　C. 布鲁氏菌病　　　　　　D. 旋毛虫病

答案：D

《羊屠宰检疫规程》2. 规定，检疫对象：口蹄疫、痒病、小反刍兽疫、绵羊痘和山羊痘、炭疽、布鲁氏菌病、肝片吸虫病、棘球蚴病。

3. 羊胴体检查主要剖检颈浅淋巴结和（　　）淋巴结。

A. 髂内　　　　　　B. 髂下　　　　　　C. 下颌　　　　　　D. 腹股沟浅

答案：B

《羊屠宰检疫规程》7.3.2规定，淋巴结检查：7.3.2.1颈浅淋巴结（肩前淋巴结）在肩关节前稍上方剖开臂头肌、肩胛横突肌下的一侧颈浅淋巴结，检查切面形状、色泽及有无肿胀、淤血、出血、坏死灶等；7.3.2.2髂下淋巴结（股前淋巴结、膝上淋巴结）剖开一侧淋巴结，检查切面形状、色泽、大小及有无肿胀、淤血、出血、坏死灶等；7.3.2.3必要时剖检腹股沟深淋巴结。

4. 羊屠宰检疫对象有（　　）种。

A. 4　　　　　　B. 6　　　　　　C. 8　　　　　　D. 10

答案：C

《羊屠宰检疫规程》2. 规定，检疫对象：口蹄疫、痒病、小反刍兽疫、绵羊痘和山羊痘、炭疽、布鲁氏菌病、肝片吸虫病、棘球蚴病。

5. 羊屠宰检疫，头部检查必要时剖检（　　）淋巴结。

A. 髂内　　　　　　　B. 胫浅　　　　　　　C. 下颌　　　　　　　D. 咽后内侧

答案：C

《羊屠宰检疫规程》7.1.1规定，头部检查：检查鼻镜、齿龈、口腔黏膜、舌及舌面有无水疱、溃疡、烂斑等。必要时剖开下颌淋巴结，检查形状、色泽及有无肿胀、淤血、出血、坏死灶等。

多 选 题

1. 羊屠宰检疫，内脏检查剖检的淋巴结主要有（　　）。

A. 颌下淋巴结　　　B. 肠系膜淋巴结　　　C. 支气管淋巴结　　　D. 肝门淋巴结

答案：BCD

《羊屠宰检疫规程》7.2规定，内脏检查：取出内脏前，观察胸腔、腹腔有无积液、粘连、纤维素性渗出物。检查心脏、肺脏、肝脏、胃肠、脾脏、肾脏，剖检支气管淋巴结、肝门淋巴结、肠系膜淋巴结等，检查有无病变和其他异常。

2. 羊屠宰检疫，胴体上必须剖检的淋巴结有（　　）。

A. 颌下淋巴结　　　B. 髂下淋巴结　　　C. 颈浅淋巴结　　　D. 腹股沟深淋巴结

答案：BCD

《羊屠宰检疫规程》7.3.2规定，淋巴结检查：7.3.2.1颈浅淋巴结（肩前淋巴结）在肩关节前稍上方剖开臂头肌、肩胛横突肌下的一侧颈浅淋巴结，检查切面形状、色泽及有无肿胀、淤血、出血、坏死灶等；7.3.2.2髂下淋巴结（股前淋巴结、膝上淋巴结）剖开一侧淋巴结，检查切面形状、色泽、大小及有无肿胀、淤血、出血、坏死灶等；7.3.2.3必要时检查腹股沟深淋巴结。

3. 官方兽医对屠宰的羊须检疫（　　）等动物疫病。

A. 口蹄疫、痒病　　　　　　　　　　B. 小反刍兽疫、绵羊痘和山羊痘

C. 炭疽、布鲁氏菌病　　　　　　　　D. 肝片吸虫病、棘球蚴病

答案：ABCD

《羊屠宰检疫规程》2. 规定，检疫对象：口蹄疫、痒病、小反刍兽疫、绵羊痘和山羊痘、炭疽、布鲁氏菌病、肝片吸虫病、棘球蚴病。

4. 官方兽医宰前检疫发现羊有（　　　）等疫病症状的，限制移动，并按照《动物防疫法》《重大动物疫情应急条例》《动物疫情报告管理办法》和《病害动物和病害动物产品生物安全处理规程》等有关规定处理。

 A. 口蹄疫   B. 小反刍兽疫   C. 炭疽   D. 痒病

> **答案：ABCD**
>
> 《羊屠宰检疫规程》6.2.2.1规定，发现有口蹄疫、痒病、小反刍兽疫、绵羊痘和山羊痘、炭疽等疫病症状的，限制移动，并按照《动物防疫法》《重大动物疫情应急条例》《动物疫情报告管理办法》和《病害动物和病害动物产品生物安全处理规程》等有关规定处理。

5. 羊的屠宰检疫对象有（　　　）。

 A. 口蹄疫   B. 布鲁氏菌病   C. 蓝舌病   D. 炭疽

> **答案：ABD**
>
> 《羊屠宰检疫规程》2. 规定，检疫对象：口蹄疫、痒病、小反刍兽疫、绵羊痘和山羊痘、炭疽、布鲁氏菌病、肝片吸虫病、棘球蚴病。

判　断　题

1. 羊的屠宰检疫对象有6种。（　　　）

> **答案：错**
>
> 《羊屠宰检疫规程》2. 规定，检疫对象：口蹄疫、痒病、小反刍兽疫、绵羊痘和山羊痘、炭疽、布鲁氏菌病、肝片吸虫病、棘球蚴病。

2. 羊的屠宰检疫对象不包括棘球蚴病。（　　　）

> **答案：错**
>
> 《羊屠宰检疫规程》2. 规定，检疫对象：口蹄疫、痒病、小反刍兽疫、绵羊痘和山羊痘、炭疽、布鲁氏菌病、肝片吸虫病、棘球蚴病。

3. 官方兽医宰前检疫发现有布鲁氏菌病症状的，病羊按布鲁氏菌病防治技术规范处理，同群羊隔离观察，确认无异常的，准予屠宰。（　　　）

> **答案：对**
>
> 《羊屠宰检疫规程》6.2.2.2规定，发现有布鲁氏菌病症状的，病羊按布鲁氏菌病防治技术规范处理，同群羊隔离观察，确认无异常的，准予屠宰。

4. 羊的肾脏可以食用，为不破坏其完整性检疫时不能用刀剖检。（　　）

答案：错

《羊屠宰检疫规程》7.2.4规定，肾脏：剥离两侧肾被膜（两刀），检查弹性、硬度及有无贫血、出血、淤血等。必要时剖检肾脏。

5. 羊屠宰检疫，脾脏主要检查其弹性、颜色、大小等。（　　）

答案：对

《羊屠宰检疫规程》7.2.5规定，脾脏：检查弹性、颜色、大小等。必要时剖检脾实质。

三十二、猪屠宰检疫规程

单 选 题

1. 猪的屠宰检疫对象有（　　）种。

A. 10　　　　　　　B. 11　　　　　　　C. 12　　　　　　　D. 13

答案：D

《生猪屠宰检疫规程》2.规定，检疫对象：口蹄疫、猪瘟、高致病性猪蓝耳病、炭疽、猪丹毒、猪肺疫、猪副伤寒、猪Ⅱ型链球菌病、猪支原体肺炎、副猪嗜血杆菌病、丝虫病、猪囊尾蚴病、旋毛虫病。

2. 下列疫病中不属于生猪屠宰检疫对象的是（　　）。

A. 猪丹毒　　　　　B. 伪狂犬病　　　　C. 猪瘟　　　　　　D. 猪肺疫

答案：B

同题1。

3. 某生猪屠宰场拟屠宰生猪50头，应在屠宰前（　　）申报检疫。

A. 3天　　　　　　B. 15天　　　　　　C. 24小时　　　　　D. 6小时

答案：D

《生猪屠宰检疫规程》5.1规定，申报受理场（厂、点）方应在屠宰前6小时申报检疫，填写检疫申报单。官方兽医接到检疫申报后，根据相关情况决定是否予以受理。受理的，应当及时实施宰前检查；不予受理的，应说明理由。

4. 官方兽医小李应在屠宰前（　　　）内，按照《生猪产地检疫规程》中"临床检查"部分对生猪实施检查。

A．6小时　　　　　　B．12小时　　　　　　C．24小时　　　　　　D．2小时

答案：D

《生猪屠宰检疫规程》6.1规定，屠宰前2小时内，官方兽医应按照《生猪产地检疫规程》中"临床检查"部分实施检查。

5. 官方兽医经检查确认为无碍于肉食安全且濒临死亡的生猪，视情况进行（　　　）。

A．准宰　　　　　　B．禁宰　　　　　　C．急宰　　　　　　D．缓宰

答案：C

《生猪屠宰检疫规程》6.2.2.5规定，确认为无碍于肉食安全且濒临死亡的生猪，视情况进行急宰。

6. 猪旋毛虫病镜检采样的主要部位是（　　　）。

A．腰肌　　　　　　B．膈肌　　　　　　C．股内侧肌　　　　　　D．肩胛外侧肌

答案：B

《生猪屠宰检疫规程》7.4规定，旋毛虫检查：取左右膈脚各30克左右，与胴体编号一致，撕去肌膜，感官检查后镜检。

7. 官方兽医小李进行猪旋毛虫检查，应取左右膈脚各（　　　）左右。

A．10克　　　　　　B．30克　　　　　　C．50克　　　　　　D．100克

答案：B

《生猪屠宰检疫规程》7.4规定，旋毛虫检查：取左右膈脚各30克左右，与胴体编号一致，撕去肌膜，感官检查后镜检。

8. 《生猪屠宰检疫规程》规定，检查腰肌有无猪囊尾蚴时，是沿荐椎与腰椎结合部两侧肌纤维方向切开（　　　）厘米左右的切口。

A．5　　　　　　B．8　　　　　　C．10　　　　　　D．15

答案：C

《生猪屠宰检疫规程》7.3.3规定，腰肌沿荐椎与腰椎结合部两侧肌纤维方向切开10厘米左右的切口，检查有无猪囊尾蚴。

9. 猪囊尾蚴检验部位是（　　　）。

A．咬肌　　　　　　B．心肌　　　　　　C．腿肌　　　　　　D．膈肌角

答案：A

　　《生猪屠宰检疫规程》7.1.4规定，剖检两侧咬肌，充分暴露剖面，检查有无猪囊尾蚴。

10.《生猪屠宰检疫规程》规定下颌淋巴结检查应在（　　）进行。

A. 放血后退毛前　　　B. 宰前　　　　　　C. 卸猪头时　　　　　D. 卸猪头后

答案：A

　　《生猪屠宰检疫规程》7.1.3规定，放血后退毛前，沿放血孔纵向切开下颌区，直到颌骨高峰区，剖开两侧下颌淋巴结，视检有无肿大、坏死灶（紫、黑、灰、黄），切面是否呈砖红色，周围有无水肿、胶样浸润等。

11. 生猪屠宰检疫检查肝脏时，视检肝脏（　　）、大小、色泽，触检弹性，观察有无淤血、肿胀、变性、黄染、坏死、硬化、肿物、结节、纤维素性渗出物、寄生虫等病变。

A. 形状　　　　　　　B. 肿胀　　　　　　C. 重量　　　　　　D. 拉力

答案：A

　　《生猪屠宰检疫规程》7.2.3规定，肝脏：视检肝脏形状、大小、色泽，触检弹性，观察有无淤血、肿胀、变性、黄染、坏死、硬化、肿物、结节、纤维素性渗出物、寄生虫等病变。剖开肝门淋巴结，检查有无出血、淤血、肿胀、坏死等。必要时剖检胆管。

12. 生猪屠宰检疫记录应保存（　　）个月以上。

A. 6　　　　　　　　　B. 12　　　　　　　C. 24　　　　　　　D. 48

答案：B

　　《生猪屠宰检疫规程》8.3规定，检疫记录应保存12个月以上。

13. 与屠宰操作相对应，对同一头猪的（　　）、内脏等统一编号进行检疫。

A. 头　　　　　　　　B. 蹄　　　　　　　C. 胴体　　　　　　D. 以上都是

答案：D

　　《生猪屠宰检疫规程》7. 规定，同步检疫与屠宰操作相对应，对同一头猪的头、蹄、内脏、胴体等统一编号进行检疫。

14. 生猪屠宰检疫入场（厂、点）监督查验不包括（　　）。

A. 查证验物　　　　B. 车辆检查　　　　C. 询问情况　　　　D. 临床检查

答案：B

　　《生猪屠宰检疫规程》4. 规定，入场（厂、点）监督查验：4.1查证验物；4.2询问，了解生猪运输途中有关情；4.3临床检查；4.4结果处理；4.5消毒。

15. 生猪屠宰检疫同步检查胃和肠时需要剖检（   ）。

A. 髂内淋巴结   B. 髂下淋巴结   C. 支气管淋巴结   D. 肠系膜淋巴结

答案：D

《生猪屠宰检疫规程》7.2.5规定，胃和肠：视检胃肠浆膜，观察大小、色泽、质地，检查有无淤血、出血、坏死、胶冻样渗出物和粘连。对肠系膜淋巴结做长度不少于20厘米的弧形切口，检查有无淤血、出血、坏死、溃疡等病变。必要时剖检胃肠，检查黏膜有无淤血、出血、水肿、坏死、溃疡。

多 选 题

1. 生猪屠宰检疫主要包括（   ）等内容。

A. 头蹄及体表检查   B. 胴体检查   C. 内脏检查   D. 旋毛虫检查

答案：ABCD

《生猪屠宰检疫规程》7. 规定，同步检疫：7.1头蹄及体表检查；7.2内脏检查；7.3胴体检查；7.4旋毛虫检查；7.5复检；7.6结果处理；7.7官方兽医在同步检疫过程中应做好卫生安全防护。

2.《生猪屠宰检疫规程》规定，猪囊尾蚴检查的主要部位是（   ）。

A. 咬肌   B. 股内侧肌   C. 两侧腰肌   D. 隔肌

答案：AC

《生猪屠宰检疫规程》7.1.4规定，剖检两侧咬肌，充分暴露剖面，检查有无猪囊尾蚴。7.3.3腰肌沿荐椎与腰椎结合部两侧肌纤维方向切开10厘米左右切口，检查有无猪囊尾蚴。

3. 下列选项（   ）不全是生猪屠宰检疫对象。

A. 口蹄疫、猪瘟、高致病性猪蓝耳病、炭疽

B. 猪丹毒、猪肺疫、猪副伤寒、猪Ⅱ型链球菌病、猪细小病毒病

C. 猪支原体肺炎、副猪嗜血杆菌病、丝虫病

D. 猪囊尾蚴病、旋毛虫病、细颈囊尾蚴、猪弓形虫病

答案：BD

《生猪屠宰检疫规程》2. 规定，检疫对象：口蹄疫、猪瘟、高致病性猪蓝耳病、炭疽、猪丹毒、猪肺疫、猪副伤寒、猪Ⅱ型链球菌病、猪支原体肺炎、副猪嗜血杆菌病、丝虫病、猪囊尾蚴病、旋毛虫病。

4. 生猪进入屠宰场（厂、点），官方兽医小李应实施（　　）和检疫结果处理以及检疫记录等操作程序。

　　A. 监督查验　　　　　B. 检疫申报受理　　　C. 宰前检查　　　D. 同步检疫

答案：ABCD

　　《生猪屠宰检疫规程》1. 规定，本规程规定了生猪进入屠宰场（厂、点）监督查验、检疫申报、宰前检查、同步检疫、检疫结果处理以及检疫记录等操作程序。

5. 官方兽医小李对即将屠宰的生猪实施检疫，检疫对象应包含（　　）。

　　A. 口蹄疫、猪瘟、高致病性猪蓝耳病

　　B. 炭疽、猪丹毒、猪肺疫、猪副伤寒

　　C. 猪Ⅱ型链球菌病、猪支原体肺炎、副猪嗜血杆菌病

　　D. 丝虫病、猪囊尾蚴病、旋毛虫病

答案：ABCD

　　《生猪屠宰检疫规程》2. 规定，检疫对象：口蹄疫、猪瘟、高致病性猪蓝耳病、炭疽、猪丹毒、猪肺疫、猪副伤寒、猪Ⅱ型链球菌病、猪支原体肺炎、副猪嗜血杆菌病、丝虫病、猪囊尾蚴病、旋毛虫病。

6. 生猪屠宰检疫的合格标准是（　　）。

　　A. 入场（厂、点）时，具备有效的《动物检疫合格证明》，畜禽标识符合国家规定

　　B. 无规定的传染病和寄生虫病

　　C. 需要进行实验室疫病检测的，检测结果合格

　　D. 履行生猪屠宰检疫规程规定的检疫程序，检疫结果符合规定

答案：ABCD

　　《生猪屠宰检疫规程》3. 规定，检疫合格标准：3.1入场（厂、点）时，具备有效的《动物检疫合格证明》，畜禽标识符合国家规定；3.2无规定的传染病和寄生虫病；3.3需要进行实验室疫病检测的，检测结果合格；3.4履行本规程规定的检疫程序，检疫结果符合规定。

7. 官方兽医小李对入屠宰场（厂、点）生猪监督查验的内容有（　　）。

　　A. 查证验物　　　　　B. 查验畜禽标识　　　C. 询问运输途中有关情况　　D. 临床检查

答案：ABCD

　　《生猪屠宰检疫规程》4. 规定，入场（厂、点）监督查验：4.1查证验物查验入场（厂、点）生猪的《动物检疫合格证明》和佩戴的畜禽标识；4.2询问了解生猪运输途中有关情况；4.3临床检查检查生猪群体的精神状况、外貌、呼吸状态及排泄物状态等情况；4.4结果处理为《动物检疫合格证明》有效、证物相符、畜禽标识符合要求、临床检查健康，方可入场，并回收

《动物检疫合格证明》。

8. 屠宰生猪发现有（　　）等疫病症状的，应当限制移动。

A. 口蹄疫　　　　　B. 猪瘟　　　　　C. 高致病性猪蓝耳病　D. 炭疽

答案：ABCD

《生猪屠宰检疫规程》6.2.2.1规定，发现有口蹄疫、猪瘟、高致病性猪蓝耳病、炭疽等疫病症状的，限制移动，并按照《中华人民共和国动物防疫法》《重大动物疫情应急条例》《动物疫情报告管理办法》和《病害动物和病害动物产品生物安全处理规程》等有关规定处理。

9. 驻场官方兽医小李发现张某即将屠宰的5头生猪有口蹄疫症状，应当立即报告疫情，并按照（　　）等有关规定处理。

A.《中华人民共和国动物防疫法》　　　　　B.《重大动物疫情应急条例》

C.《动物疫情报告管理办法》　　　　　D.《病害动物和病害动物产品生物安全处理规程》

答案：ABCD

《生猪屠宰检疫规程》6.2.2.1规定，发现有口蹄疫、猪瘟、高致病性猪蓝耳病、炭疽等疫病症状的，限制移动，并按照《中华人民共和国动物防疫法》《重大动物疫情应急条例》《动物疫情报告管理办法》和《病害动物和病害动物产品生物安全处理规程》等有关规定处理。

10. 官方兽医发现生猪有（　　）等疫病症状的，患病猪按国家有关规定处理，同群猪隔离观察。

A. 猪丹毒、猪肺疫　　　　　B. 猪Ⅱ型链球菌病、猪支原体肺炎

C. 副猪嗜血杆菌病、猪副伤寒　　　　　D. 口蹄疫、猪瘟

答案：ABC

《生猪屠宰检疫规程》6.2.2.2规定，发现有猪丹毒、猪肺疫、猪Ⅱ型链球菌病、猪支原体肺炎、副猪嗜血杆菌病、猪副伤寒等疫病症状的，患病猪按国家有关规定处理，同群猪隔离观察，确认无异常的，准予屠宰；隔离期间出现异常的，按《病害动物和病害动物产品生物安全处理规程》等有关规定处理。

11. 官方兽医小李应监督屠宰场对处理患病生猪的（　　）等进行消毒。

A. 待宰圈　　　　　B. 急宰间　　　　　C. 隔离圈　　　　　D. 肉品冷库

答案：ABC

《生猪屠宰检疫规程》6.3规定，监督场（厂、点）方对处理患病生猪的待宰圈、急宰间以及隔离圈等进行消毒。

12. 实施同步检疫时，官方兽医应对同一头猪的（　　）等统一编号进行检疫。

A. 头　　　　　B. 蹄　　　　　C. 内脏　　　　　D. 胴体

答案：ABCD

《生猪屠宰检疫规程》7. 规定，同步检疫与屠宰操作相对应，对同一头猪的头、蹄、内脏、胴体等统一编号进行检疫。

13. 实施生猪屠宰同步检疫时，官方兽医小李应检查头蹄及体表的内容有（　　　）。

A. 视检体表的完整性、颜色
B. 观察吻突、齿龈和蹄部
C. 剖检两侧下颌淋巴结
D. 检查有无猪囊尾蚴

答案：ABCD

《生猪屠宰检疫规程》7.1规定，头蹄及体表检查：7.1.1视检体表的完整性、颜色，检查有无本规程规定疫病引起的皮肤病变、关节肿大等；7.1.2观察吻突、齿龈和蹄部有无水疱、溃疡、烂斑等；7.1.3放血后退毛前，沿放血孔纵向切开下颌区，直到颌骨高峰区，剖开两侧下颌淋巴结，视检有无肿大、坏死灶（紫、黑、灰、黄），切面是否呈砖红色，周围有无水肿、胶样浸润等；7.1.4剖检两侧咬肌，充分暴露剖面，检查有无猪囊尾蚴。

14. 实施生猪同步检疫时，取出猪内脏前，官方兽医小李应（　　　）。

A. 观察胸腔、腹腔有无积液、粘连、纤维素性渗出物
B. 检查脾脏、肠系膜淋巴结有无肠炭疽
C. 视检肺脏形状、大小、色泽
D. 视检肝脏形状、大小、色泽

答案：AB

《生猪屠宰检疫规程》7.2规定，内脏检查取出内脏前，观察胸腔、腹腔有无积液、粘连、纤维素性渗出物。检查脾脏、肠系膜淋巴结有无肠炭疽。取出内脏后，检查心脏、肺脏、肝脏、脾脏、胃肠、支气管淋巴结、肝门淋巴结等。

15. 实施生猪同步检疫时，取出猪内脏后，官方兽医小李应检查（　　　）。

A. 心脏、肺脏
B. 肝脏、脾脏
C. 胃肠
D. 支气管淋巴结、肝门淋巴结

答案：ABCD

《生猪屠宰检疫规程》7.2规定，内脏检查取出内脏前，观察胸腔、腹腔有无积液、粘连、纤维素性渗出物。检查脾脏、肠系膜淋巴结有无肠炭疽。取出内脏后，检查心脏、肺脏、肝脏、脾脏、胃肠、支气管淋巴结、肝门淋巴结等。

16. 实施生猪同步检疫时，官方兽医小李应对猪心脏（　　　）。

A. 视检心包
B. 切开心包膜，检查有无变性、心包积液、渗出、淤血、出血、坏死等症状

C. 在与左纵沟平行的心脏后缘房室分界处纵剖心脏

D. 检查心内膜、心肌、血液凝固状态、二尖瓣及有无虎斑心、菜花样赘生物、寄生虫等

答案：ABCD

《生猪屠宰检疫规程》7.2.1规定，心脏视检心包，切开心包膜，检查有无变性、心包积液、渗出、淤血、出血、坏死等症状。在与左纵沟平行的心脏后缘房室分界处纵剖心脏，检查心内膜、心肌、血液凝固状态、二尖瓣及有无虎斑心、菜花样赘生物、寄生虫等。

17. 实施生猪同步检疫时，官方兽医小李应对猪肺脏（　　　）。

A. 视检肺脏形状、大小、色泽，触检弹性

B. 检查肺实质有无坏死、萎陷、气肿、水肿、淤血、脓肿、实变、结节、纤维素性渗出物等

C. 剖开一侧支气管淋巴结，检查有无出血、淤血、肿胀、坏死等

D. 必要时剖检气管、支气管

答案：ABCD

《生猪屠宰检疫规程》7.2.2规定，肺脏视检肺脏形状、大小、色泽，触检弹性，检查肺实质有无坏死、萎陷、气肿、水肿、淤血、脓肿、实变、结节、纤维素性渗出物等。剖开一侧支气管淋巴结，检查有无出血、淤血、肿胀、坏死等。必要时剖检气管、支气管。

18. 实施生猪同步检疫时，官方兽医小李应对猪肝脏（　　　）。

A. 视检肝脏形状、大小、色泽，触检弹性

B. 观察有无淤血、肿胀、变性、黄染、坏死、硬化、肿物、结节、纤维素性渗出物、寄生虫等病变

C. 剖开肝门淋巴结，检查有无出血、淤血、肿胀、坏死等

D. 必要时剖检胆管

答案：ABCD

《生猪屠宰检疫规程》7.2.3规定，肝脏视检肝脏形状、大小、色泽，触检弹性，观察有无淤血、肿胀、变性、黄染、坏死、硬化、肿物、结节、纤维素性渗出物、寄生虫等病变。剖开肝门淋巴结，检查有无出血、淤血、肿胀、坏死等。必要时剖检胆管。

19. 实施生猪同步检疫时，官方兽医小李应对猪脾脏（　　　）。

A. 视检脾脏形状、大小、色泽

B. 触检脾脏弹性

C. 检查有无肿胀、淤血、坏死灶、边缘出血性梗死、被膜隆起及粘连等

D. 必要时剖检脾实质

答案：ABCD

《生猪屠宰检疫规程》7.2.4规定，脾脏视检形状、大小、色泽，触检弹性，检查有无肿

胀、淤血、坏死灶、边缘出血性梗死、被膜隆起及粘连等。必要时剖检脾实质。

20. 实施生猪同步检疫时，官方兽医小李应对猪胃肠检查（　　）。

A. 视检胃肠浆膜，观察大小、色泽、质地

B. 检查有无淤血、出血、坏死、胶冻样渗出物和粘连

C. 对肠系膜淋巴结做长度不少于20厘米的弧形切口，检查有无淤血、出血、坏死、溃疡等病变

D. 必要时剖检胃肠，检查黏膜有无淤血、出血、水肿、坏死、溃疡

答案：ABCD

《生猪屠宰检疫规程》7.2.5规定，胃和肠视检胃肠浆膜，观察大小、色泽、质地，检查有无淤血、出血、坏死、胶冻样渗出物和粘连。对肠系膜淋巴结做长度不少于20厘米的弧形切口，检查有无淤血、出血、坏死、溃疡等病变。必要时剖检胃肠，检查黏膜有无淤血、出血、水肿、坏死、溃疡。

21. 实施生猪同步检疫时，官方兽医小李检查猪胴体两侧腹股沟浅淋巴结，目的是检查有无（　　）等病变。

A. 淤血　　　　　　B. 水肿　　　　　　C. 出血　　　　　　D. 坏死

答案：ABCD

《生猪屠宰检疫规程》7.3.2规定，淋巴结检查剖开腹部底壁皮下、后肢内侧、腹股沟皮下环附近的两侧腹股沟浅淋巴结，检查有无淤血、水肿、出血、坏死、增生等病变。必要时剖检腹股沟深淋巴结、髂下淋巴结及髂内淋巴结。

22. 实施生猪同步检疫时，官方兽医小李检查猪胴体两侧腹股沟浅淋巴结时，如发现有病变，还应剖检（　　）。

A. 腹股沟深淋巴结　　B. 髂下淋巴结　　C. 髂内淋巴结　　D. 腘淋巴结

答案：ABC

《生猪屠宰检疫规程》7.3.2规定，淋巴结检查剖开腹部底壁皮下、后肢内侧、腹股沟皮下环附近的两侧腹股沟浅淋巴结，检查有无淤血、水肿、出血、坏死、增生等病变。必要时剖检腹股沟深淋巴结、髂下淋巴结及髂内淋巴结。

23. 生猪屠宰同步检疫合格的，官方兽医小李应履行（　　）职责。

A. 出具《动物检疫合格证明》　　　　B. 加盖检疫验讫印章

C. 对分割包装的肉品加施检疫标志　　D. 鉴定肉品质量

答案：ABC

《生猪屠宰检疫规程》7.6.1规定，合格的，由官方兽医出具《动物检疫合格证明》加盖检

疫验讫印章，对分割包装的肉品加施检疫标志。

24．猪同步检疫后，官方兽医小李应做好（　　　）等环节记录。

A．入场监督查验　　　　B．检疫申报　　　　C．宰前检查　　　　D．同步检疫

答案：ABCD

《生猪屠宰检疫规程》8.2规定，官方兽医应做好入场监督查验、检疫申报、宰前检查、同步检疫等环节记录。

25．猪同步检疫，头蹄检查应观察（　　　）有无水疱、溃疡、烂斑等。

A．吻突　　　　B．耳朵　　　　C．齿龈　　　　D．蹄部

答案：ACD

《生猪屠宰检疫规程》7.1.2规定，观察吻突、齿龈和蹄部有无水疱、溃疡、烂斑等。

判　断　题

1．对屠宰的动物，场（厂、点）方应在屠宰前6小时申报检疫，填写检疫申报单。（　　　）

答案：对

《生猪屠宰检疫规程》5.1规定，申报受理场（厂、点）方应在屠宰前6小时申报检疫，填写检疫申报单。官方兽医接到检疫申报后，根据相关情况决定是否予以受理。受理的，应当及时实施宰前检查；不予受理的，应说明理由。

2．官方兽医应当回收进入生猪屠宰场附具的《动物检疫合格证明》，填写屠宰检疫记录。回收的《动物检疫合格证明》应当保存十个月以上。（　　　）

答案：错

《生猪屠宰检疫规程》8.规定，检疫记录：8.1官方兽医应监督指导屠宰场（厂、点）方做好待宰、急宰、生物安全处理等环节各项记录；8.2官方兽医应做好入场监督查验、检疫申报、宰前检查、同步检疫等环节记录；8.3检疫记录应保存12个月以上。

3．生猪屠宰检疫对象有13种。（　　　）

答案：对

《生猪屠宰检疫规程》2.规定，检疫对象：口蹄疫、猪瘟、高致病性猪蓝耳病、炭疽、猪丹毒、猪肺疫、猪副伤寒、猪Ⅱ型链球菌病、猪支原体肺炎、副猪嗜血杆菌病、丝虫病、猪囊

尾蚴病、旋毛虫病。

4. 猪屠宰检疫头蹄检查要观察吻突、齿龈和蹄部有无寄生虫。(　　)

答案：错

《生猪屠宰检疫规程》7.1.2规定，观察吻突、齿龈和蹄部有无水疱、溃疡、烂斑等。

5. 猪屠宰检疫剖检两侧咬肌，充分暴露剖面，检查有无旋毛虫。(　　)

答案：错

《生猪屠宰检疫规程》7.1.4规定，剖检两侧咬肌，充分暴露剖面，检查有无猪囊尾蚴。

6. 屠宰检疫生猪，心脏剖检主要检查心内膜、心肌、血液凝固状态、二尖瓣及有无虎斑心、菜花样赘生物、寄生虫等。(　　)

答案：对

《生猪屠宰检疫规程》7.2.1规定，心脏：视检心包，切开心包膜，检查有无变性、心包积液、渗出、淤血、出血、坏死等症状。在与左纵沟平行的心脏后缘房室分界处纵剖心脏，检查心内膜、心肌、血液凝固状态、二尖瓣及有无虎斑心、菜花样赘生物、寄生虫等。

7. 生猪屠宰检疫，对肠系膜淋巴结做长度不少于10厘米的弧形切口，检查有无淤血、出血、坏死、溃疡等病变。(　　)

答案：错

《生猪屠宰检疫规程》7.2.5规定，胃和肠：视检胃肠浆膜，观察大小、色泽、质地，检查有无淤血、出血、坏死、胶冻样渗出物和粘连。对肠系膜淋巴结做长度不少于20厘米的弧形切口，检查有无淤血、出血、坏死、溃疡等病变。必要时剖检胃肠，检查黏膜有无淤血、出血、水肿、坏死、溃疡。

8. 屠宰检疫生猪，沿荐椎与腰椎结合部两侧肌纤维方向切开5厘米左右切口，检查有无猪囊尾蚴。(　　)

答案：错

《生猪屠宰检疫规程》7.3.3规定，腰肌：沿荐椎与腰椎结合部两侧肌纤维方向切开10厘米左右切口，检查有无猪囊尾蚴。

9. 生猪屠宰检疫，旋毛虫检查应取左右膈脚各10克左右。(　　)

答案：错

《生猪屠宰检疫规程》7.4规定，旋毛虫检查：取左右膈脚各30克左右，与胴体编号一致，撕去肌膜，感官检查后镜检。

10. 生猪下颌淋巴结的检查应在猪去头后进行。（　　　）

答案：错

《生猪屠宰检疫规程》7.1.3规定，放血后退毛前，沿放血孔纵向切开下颌区，直到颌骨高峰区，剖开两侧下颌淋巴结，视检有无肿大、坏死灶（紫、黑、灰、黄），切面是否呈砖红色，周围有无水肿、胶样浸润等。

三十三、动物疫病防治技术规范

单　选　题

1. 狂犬病的潜伏期一般为（　　　），短的为10天，长的可达一年以上。

A. 1个月　　　　　B. 3个月　　　　　C. 6个月　　　　　D. 10个月

答案：C

《狂犬病防治技术规范》2.1规定，流行特点：本病的潜伏期一般为6个月，短的为10天，长的可达一年以上。

2. 猪链球菌病的潜伏期为（　　　）。

A. 3天　　　　　B. 7天　　　　　C. 14天　　　　　D. 21天

答案：B

《猪链球菌病应急防治技术规范》2.2.1规定，本规范规定本病的潜伏期为7天。

3. 高致病性禽流感的潜伏期为从几小时到数天，最长可达（　　　）。

A. 3天　　　　　B. 7天　　　　　C. 14天　　　　　D. 21天

答案：D

《高致病性禽流感防治技术规范》2.2.1规定，急性发病死亡或不明原因死亡，潜伏期从几小时到数天，最长可达21天。

4. 发生狂犬病疫情时，疫区的划定为疫点边缘外延（　　　）所在区域。

A. 3公里　　　　　B. 5公里　　　　　C. 7公里　　　　　D. 10公里

答案：A

《狂犬病防治技术规范》4.2.1.2规定，疫区疫点边缘向外延伸3公里所在区域。疫区划分时注意考虑当地的饲养环境和天然屏障（如河流、山脉等）。

5. 发生狂犬病疫情时，受威胁区的划定为疫区边缘外延（   ）所在区域。

A. 3公里 　　　　 B. 5公里 　　　　 C. 7公里 　　　　 D. 10公里

答案：B

《狂犬病防治技术规范》4.2.1.3规定，受威胁区　疫区边缘向外延伸5公里所在区域。

6. 发生高致病性猪蓝耳病疫情时，疫区的划定为疫点边缘外延（   ）的区域。

A. 3公里 　　　　 B. 5公里 　　　　 C. 7公里 　　　　 D. 10公里

答案：A

《高致病性猪蓝耳病防治技术规范》4.2.1规定，划定疫点、疫区、受威胁区　疫区：指疫点边缘向外延3公里范围内的区域。根据疫情的流行病学调查、免疫状况、疫点周边的饲养环境、天然屏障（如河流、山脉等）等因素综合评估后划定。

7. 发生高致病性猪蓝耳病疫情时，受威胁区的划定为疫区边缘外延（   ）的区域。

A. 3公里 　　　　 B. 5公里 　　　　 C. 7公里 　　　　 D. 10公里

答案：B

《高致病性猪蓝耳病防治技术规范》4.2.1规定，划定疫点、疫区、受威胁区　受威胁区：由疫区边缘向外延伸5公里的区域划为受威胁区。

8. 发生猪链球菌病疫情时，疫区的划定为疫点边缘外延（   ）所在区域。

A. 1公里 　　　　 B. 3公里 　　　　 C. 5公里 　　　　 D. 7公里

答案：A

《猪链球菌病应急防治技术规范》4.2.1规定，划定疫点、疫区、受威胁区由所在地县级以上兽医行政主管部门划定疫点、疫区、受威胁区。疫区：指以疫点为中心，半径1公里范围内的区域。在实际划分疫区时，应考虑当地饲养环境和自然屏障（如河流、山脉等）以及气象因素，科学确定疫区范围。

9. 发生猪链球菌病疫情时，受威胁区的划定为疫区边缘外延（   ）的区域。

A. 1公里 　　　　 B. 3公里 　　　　 C. 5公里 　　　　 D. 7公里

答案：B

《猪链球菌病应急防治技术规范》4.2.1规定，划定疫点、疫区、受威胁区由所在地县级以上兽医行政主管部门划定疫点、疫区、受威胁区。受威胁区：指疫区外顺延3公里范围内的区域。

10. 发生口蹄疫病疫情时，疫区的划定为疫点边缘外延（　　）所在区域。

A. 1公里　　　　　　　B. 3公里　　　　　　　C. 5公里　　　　　　　D. 7公里

答案：B

《口蹄疫防治技术规范》3.1:2规定，疫区：由疫点边缘向外延伸3公里内的区域。

11. 发生口蹄疫病疫情时，受威胁区的划定为疫区边缘外延（　　）的区域。

A. 3公里　　　　　　　B. 5公里　　　　　　　C. 7公里　　　　　　　D. 10公里

答案：D

《口蹄疫防治技术规范》3.1.3规定，受威胁区由疫区边缘向外延伸10公里的区域。

12. 发生高致病性猪蓝耳病疫情时，由所在地县级以上（　　）划定疫点、疫区、受威胁区。

A. 动物防疫预防控制中心　　　　　　　　B. 兽医行政管理部门

C. 动物卫生监督机构　　　　　　　　　　D. 人民政府

答案：B

《高致病性猪蓝耳病防治技术规范》4.2.1规定，划定疫点、疫区、受威胁区　由所在地县级以上兽医行政管理部门划定疫点、疫区、受威胁区。

13. 发生高致病性猪蓝耳病疫情时，由所在地县级以上（　　）发布封锁令。

A. 动物防疫预防控制中心　　　　　　　　B. 兽医行政管理部门

C. 动物卫生监督机构　　　　　　　　　　D. 人民政府

答案：D

《高致病性猪蓝耳病防治技术规范》4.2.2规定，封锁疫区由当地兽医行政管理部门向当地县级以上人民政府申请发布封锁令，对疫区实施封锁：在疫区周围设置警示标志；在出入疫区的交通路口设置动物检疫消毒站，对出入的车辆和有关物品进行消毒；关闭生猪交易市场，禁止生猪及其产品运出疫区。

14. 发生动物疫情实施封锁，按规定处理完毕（　　）天后可以解除高致病性猪蓝耳病疫区封锁。

A. 7　　　　　　　　　B. 10　　　　　　　　　C. 14　　　　　　　　　D. 21

答案：C

《高致病性猪蓝耳病防治技术规范》4.2.2.7规定，解除封锁：疫区内最后一头病猪扑杀或死亡后14天以上，未出现新的疫情；在当地动物疫控机构的监督指导下，对相关场所和物品实施终末消毒。经当地动物疫控机构审验合格，由当地兽医行政管理部门提出申请，由原发布封锁令的人民政府宣布解除封锁。

15. 发生动物疫情实施封锁，按规定处理完毕（　　）天后可以解除高致病性禽流感疫区封锁。

A. 7　　　　　　　　B. 10　　　　　　　　C. 14　　　　　　　　D. 21

答案：D

《高致病性禽流感防治技术规范》4.3.8.1规定，解除封锁的条件：疫点、疫区内所有禽类及其产品按规定处理完毕21天以上，监测未出现新的传染源；在当地动物防疫监督机构的监督指导下，完成相关场所和物品终末消毒；受威胁区按规定完成免疫。

16. 发生动物疫情实施封锁，按规定处理完毕（　　）天后可以解除猪链球菌病疫区封锁。

A. 7　　　　　　　　B. 10　　　　　　　　C. 14　　　　　　　　D. 21

答案：C

《猪链球菌病应急防治技术规范》4.2.7规定，封锁令的解除：疫点内所有猪及其产品按规定处理后，在动物防疫监督机构的监督指导下，对有关场所和物品进行彻底消毒。最后一头病猪扑杀14天后，经动物防疫监督机构审验合格，由当地兽医行政管理部门向原发布封锁令的同级人民政府申请解除封锁。

17. 发生动物疫情实施封锁，按规定处理完毕（　　）天后可以解除口蹄疫防疫区封锁。

A. 10　　　　　　　　B. 14　　　　　　　　C. 20　　　　　　　　D. 21

答案：B

《口蹄疫防治技术规范》3.3.6.1规定，口蹄疫疫情解除的条件：疫点内最后1头病畜死亡或扑杀后连续观察至少14天，没有新发病例；疫区、受威胁区紧急免疫接种完成；疫点经终末消毒；疫情监测阴性。新血清型口蹄疫疫情解除的条件：疫点内最后1头病畜死亡或扑杀后连续观察至少14天没有新发病例；疫区、受威胁区紧急免疫接种完成；疫点经终末消毒；对疫区和受威胁区的易感动物进行疫情监测，结果为阴性。

18. 发生动物疫情实施封锁，按规定处理完毕（　　）天后可以解除小反刍兽疫疫区封锁。

A. 7　　　　　　　　B. 10　　　　　　　　C. 14　　　　　　　　D. 21

答案：D

《小反刍兽疫防治技术规范》4.2.9规定，解除封锁：疫点内最后一只羊死亡或扑杀，并按规定进行消毒和无害化处理后至少21天，疫区、受威胁区经监测没有新发病例时，经当地动物疫病预防控制机构审验合格，由兽医行政管理部门向原发布封锁令的人民政府申请解除封锁，由该人民政府发布解除封锁令。

19. 发生动物疫情实施封锁，按规定处理完毕（　　）天后可以解除炭疽病疫区封锁。

A. 7   B. 10   C. 20   D. 21

答案：C

《炭疽防治技术规范》4.2.3.5规定，封锁令的解除：最后1头患病动物死亡或患病动物和同群动物扑杀处理后20天内不再出现新的病例，进行终末消毒后，经动物防疫监督机构审验合格后，由当地兽医主管部门向原发布封锁令的机关申请发布解除封锁令。

20. 发生动物疫情实施封锁，按规定处理完毕（　　）天后可以解除猪瘟疫区封锁。

A. 7   B. 10   C. 14   D. 21

答案：B

《猪瘟防治技术规范》4.2.6规定，封锁令的解除疫点内所有病死猪、被扑杀的猪按规定进行处理，疫区内没有新的病例发生，彻底消毒10天后，经当地动物防疫监督机构审验合格，当地兽医主管部门提出申请，由原封锁令发布机关解除封锁。

21. （　　）根据最终确诊结果，确认高致病性禽流感疫情。

A. 省级动物卫生监督机构   B. 省级动物疫病预防控制中心
C. 国务院兽医行政管理部门   D. 国家禽流感参考实验室

答案：C

《高致病性禽流感防治技术规范》3.5规定，国务院兽医行政管理部门根据最终确诊结果，确认高致病性禽流感疫情。

22. 小反刍兽疫特急性病例在剖检时可见支气管肺炎和（　　）充血。

A. 直肠   B. 小肠   C. 十二指肠   D. 回盲肠瓣

答案：D

《农业部小反刍兽疫防治技术规范》2.2.6规定，特急性病例发热后突然死亡，无其他症状，在剖检时可见支气管肺炎和回盲肠瓣充血。

23. 炭疽病畜舍消毒用（　　）。

A. 10%石灰乳   B. 20%漂白粉   C. 30%草木灰   D. 75%酒精

答案：B

《炭疽防治技术规范》附件2《无害化处理》规定，房屋、厩舍处理开放式房屋、厩舍可用5%福尔马林喷洒消毒三遍，每次浸渍2小时。也可用20%漂白粉液喷雾，200mL/平方米，作用2小时。

24. 怀孕母畜布鲁氏菌病的主要临床症状是（　　）。

A. 下痢   B. 便秘   C. 流产   D. 咳嗽

答案：C

《布鲁氏菌防治技术规范》2.2规定，潜伏期一般为14～180天。最显著症状是怀孕母畜发生流产，流产后可能发生胎衣滞留和子宫内膜炎，从阴道流出污秽不洁、恶臭的分泌物。新发病的畜群流产较多；老疫区畜群发生流产的较少，但发生子宫内膜炎、乳房炎、关节炎、胎衣滞留、久配不孕的较多。公畜往往发生睾丸炎、附睾炎或关节炎。

25. 炭疽病呈暴发流行时（   ），要报请同级人民政府对疫区实行封锁；人民政府在接到封锁报告后，应立即发布封锁令，并对疫区实施封锁。

A. 1个县10天内发现5头以上的患病动物　　B. 1个县5天内发现10头以上的患病动物

C. 2个县10天内发现5头以上的患病动物　　D. 2个县5天内发现10头以上的患病动物

答案：A

《炭疽防治技术规范》4.2.3规定，本病呈暴发流行时（1个县10天内发现5头以上的患病动物），要报请同级人民政府对疫区实行封锁；人民政府在接到封锁报告后，应立即发布封锁令，并对疫区实施封锁。

多 选 题

1. 符合高致病性猪蓝耳病的选项是（   ）。

A. 是由猪繁殖与呼吸综合征病毒变异株引起的

B. 是一种急性高致死性疫病

C. 仔猪的发病率可达100%、死亡率可达50%以上

D. 发病猪脾脏边缘或表面出现梗死灶，显微镜下见出血性梗死

答案：ABCD

《高致病性猪蓝耳病防治技术规范》规定，高致病性猪蓝耳病是由猪繁殖与呼吸综合征（俗称蓝耳病）病毒变异株引起的一种急性高致死性疫病。仔猪发病率可达100%、死亡率可达50%以上，母猪流产率可达30%以上，育肥猪也可发病死亡是其特征。2.1.1临床指标：体温明显升高，可达41℃以上；眼结膜炎、眼睑水肿；咳嗽、气喘等呼吸道症状；部分猪后躯无力、不能站立或共济失调等神经症状；仔猪发病率可达100%、死亡率可达50%以上，母猪流产率可达30%以上，成年猪也可发病死亡。2.1.2病理指标：可见脾脏边缘或表面出现梗死灶，显微镜下见出血性梗死；肾脏呈土黄色，表面可见针尖至小米粒大出血点斑，皮下、扁桃体、心脏、膀胱、肝脏和肠道均可见出血点和出血斑。显微镜下见肾间质性炎，心脏、肝脏和膀胱出血性、渗出性炎等病变；部分病例可见胃肠道出血、溃疡、坏死。

2. 农业部《小反刍兽疫防治技术规范》规定了小反刍兽疫的（　　　）等技术要求。

A. 诊断报告　　　　　B. 疫情监测　　　　　C. 应急处置　　　　　D. 预防控制

答案：ABCD

《小反刍兽疫防治技术规范》规定，本规范规定了小反刍兽疫的诊断报告、疫情监测、预防控制和应急处置等技术要求。

3. 猪链球菌病主要经（　　　）感染。

A. 消化道　　　　　B. 呼吸道　　　　　C. 生殖道　　　　　D. 损伤的皮肤

答案：ABD

《猪链球菌病应急防治技术规范》2.1规定，流行特点：猪链球菌也可感染人。本菌除广泛存在于自然界外，也常存在于正常动物和人的呼吸道、消化道、生殖道等。感染发病动物的排泄物、分泌物、血液、内脏器官及关节内均有病原体存在。病猪和带菌猪是本病的主要传染源，对病死猪的处置不当和运输工具的污染是造成本病传播的重要因素。本病主要经消化道、呼吸道和损伤的皮肤感染。

4. 人主要通过（　　　）感染布鲁氏菌。

A. 皮肤　　　　　B. 黏膜　　　　　C. 消化道　　　　　D. 呼吸道

答案：ABCD

《布鲁氏菌病防治技术规范》2.1规定，流行特点：人主要通过皮肤、黏膜、消化道和呼吸道感染，尤其以感染羊种布鲁氏菌、牛种布鲁氏菌最为严重。猪种布鲁氏菌感染人较少见，犬种布鲁氏菌感染人罕见，绵羊附睾种布鲁氏菌、沙林鼠种布鲁氏菌基本不感染人。

5. 炭疽病的典型症状为（　　　）。

A. 皮肤疹块　　　　　B. 突然死亡　　　　　C. 天然孔出血　　　　　D. 尸僵不全

答案：BCD

《炭疽防治技术规范》2.2.2规定，典型症状：本病主要呈急性经过，多以突然死亡、天然孔出血、尸僵不全为特征。

6. 发生狂犬病疫情时，对疫点采取的措施有（　　　）。

A. 扑杀患病动物和被患病动物咬伤的其他动物

B. 对扑杀和发病死亡的动物进行无害化处理

C. 对所有的犬、猫进行一次狂犬病紧急强化免疫，并限制其流动

D. 对污染的用具、笼具、场所等全面消毒

答案：ABCD

《狂犬病防治技术规程》4.2.2.1规定，疫点处理措施扑杀患病动物和被患病动物咬伤的其他动物，并对扑杀和发病死亡的动物进行无害化处理；对所有犬、猫进行一次狂犬病紧急强化免疫，并限制其流动；对污染的用具、笼具、场所等全面消毒。

7. 关于狂犬病的描述，正确的是（　　　　）。

A. 狂犬病是人畜共患病　　　　　　　　B. 狂犬病是二类动物疫病

C. 狂犬病是仅犬科动物感染的疫病　　　D. 狂犬病是由狂犬病毒引起的

答案：ABD

《狂犬病防治技术规范》规定，狂犬病（Rabies）是由弹状病毒科狂犬病毒属狂犬病毒引起的人兽共患烈性传染病。我国将其列为二类动物疫病。

8. 布鲁氏菌病最显著症状是怀孕母畜发生流产，老疫区畜群发生流产的较少，但发生（　　　　）的较多。

A. 子宫内膜炎　　　　B. 脑膜炎　　　　C. 关节炎　　　　D. 胎衣滞留

答案：ACD

《布鲁氏菌病防治技术规范》2.2规定，临床症状：潜伏期一般为14～180天。最显著症状是怀孕母畜发生流产，流产后可能发生胎衣滞留和子宫内膜炎，从阴道流出污秽不洁、恶臭的分泌物。新发病的畜群流产较多；老疫区畜群发生流产的较少，但发生子宫内膜炎、乳房炎、关节炎、胎衣滞留、久配不孕的较多。公畜往往发生睾丸炎、附睾炎或关节炎。

9. 猪瘟病理变化为（　　　　）。

A. 淋巴结水肿、出血，呈现大理石样变

B. 肾脏呈土黄色，表面可见针尖状出血点

C. 全身浆膜、黏膜广泛性出血

D. 脾不肿大，边缘有暗紫色突出表面的出血性梗死

答案：ABCD

《猪瘟防治技术规范》2.3规定，病理变化：2.3.1淋巴结水肿、出血，呈现大理石样变；2.3.2肾脏呈土黄色，表面可见针尖状出血点；2.3.3全身浆膜、黏膜和心脏、膀胱、胆囊、扁桃体均可见出血点和出血斑，脾脏边缘出现梗死灶；2.3.4脾不肿大，边缘有暗紫色突出表面的出血性梗死；2.3.5慢性猪瘟在回肠末端、盲肠和结肠常见"纽扣状"溃疡。

10. 新城疫剖检病变有（　　　　）。

A. 脑膜充血和出血　　　　　　　　　　B. 全身黏膜和浆膜出血

C. 腺胃黏膜水肿，乳头和乳头间有出血点　D. 盲肠扁桃体肿大、出血、坏死

答案：ABCD

《新城疫防治技术规范》2.3.1规定，大体病变：主要表现为全身黏膜和浆膜出血，以呼吸道和消化道为严重，腺胃黏膜水肿，其乳头和乳头间有出血点，或有溃疡和坏死，盲肠扁桃体肿大、出血、坏死。十二指肠和直肠黏膜出血，并有纤维素性坏死病变。脑膜充血和出血。鼻道、喉、气管黏膜充血，偶有出血，肺可见淤血和水肿。

11. 口蹄疫易感动物包括（　　）。

A. 羊　　　　　　　　B. 牛　　　　　　　　C. 猪　　　　　　　　D. 马

答案：ABC

《口蹄疫防治技术规范》2.1.1.1规定，偶蹄动物，包括牛科动物（牛、瘤牛、水牛、牦牛）、绵羊、山羊、猪及所有野生反刍和猪动物均易感，驼科动物（骆驼、单峰骆驼、美洲驼、美洲骆马）易感性较低。

12. 高致病性禽流感的临床症状，急性发病死亡或不明原因死亡，潜伏期从几小时到数天，最长可达21天，表现为（　　）。

A. 脚鳞出血　　　　　　　　　　B. 鸡冠出血或发绀、头部和面部水肿

C. 鸭、鹅等水禽可见神经和腹泻症状　　D. 产蛋突然下降

答案：ABCD

《高致病性禽流感防治技术规范》2.2规定，临床症状：2.2.1急性发病死亡或不明原因死亡，潜伏期从几小时到数天，最长可达21天；2.2.2脚鳞出血；2.2.3鸡冠出血或发绀、头部和面部水肿；2.2.4鸭、鹅等水禽可见神经和腹泻症状，有时可见角膜炎症，甚至失明；2.2.5产蛋突然下降。

13. 小反刍兽疫受威胁区应采取的措施有（　　）。

A. 禁止活羊调入、调出

B. 加强对羊饲养场、屠宰场、交易市场的监测

C. 必要时，对羊群进行免疫，建立免疫隔离带

D. 扑杀易感动物

答案：ABC

《小反刍兽疫防治技术规范》4.2.5规定，受威胁区应采取的措施：4.2.5.1加强检疫监管，禁止活羊调入、调出，反刍动物产品调运必须进行严格检疫；4.2.5.2加强对羊饲养场、屠宰场、交易市场的监测，及时掌握疫情动态。4.2.5.3必要时，对羊群进行免疫，建立免疫隔离带。

14. 发生高致病性禽流感疫点应采取的措施有（　　）。

A. 扑杀所有的禽只，销毁所有病死禽、被扑杀禽及其禽类产品

B．对禽类排泄物、被污染饲料、垫料、污水等进行无害化处理

C．对养殖场所有人员紧急免疫接种

D．对被污染的物品、交通工具、用具、禽舍、场地进行彻底消毒

答案：ABD

《高致病性禽流感防治技术规范》4.3.3规定，疫点内应采取的措施：4.3.3.1扑杀所有的禽只，销毁所有病死禽、被扑杀禽及其禽类产品；4.3.3.2对禽类排泄物、被污染饲料、垫料、污水等进行无害化处理；4.3.3.3对被污染的物品、交通工具、用具、禽舍、场地进行彻底消毒。

15．发生高致病性禽流感疫区应采取的措施有（　　）。

A．扑杀疫区内所有家禽，并进行无害化处理，同时销毁相应的禽类产品

B．禁止禽类进出疫区及禽类产品运出疫区

C．对禽类排泄物、被污染饲料、垫料、污水等按国家规定标准进行无害化处理

D．对所有与禽类接触过的物品、交通工具、用具、禽舍、场地进行彻底消毒

答案：ABCD

《高致病性禽流感防治技术规范》4.3.4规定，疫区内应采取的措施：4.3.4.1扑杀疫区内所有家禽，并进行无害化处理，同时销毁相应的禽类产品；4.3.4.2禁止禽类进出疫区及禽类产品运出疫区；4.3.4.3对禽类排泄物、被污染饲料、垫料、污水等按国家规定标准进行无害化处理；4.3.4.4对所有与禽类接触过的物品、交通工具、用具、禽舍、场地进行彻底消毒。

16．发生高致病性禽流感受威胁区应采取的措施有（　　）。

A．对所有易感禽类进行紧急强制免疫，建立完整的免疫档案

B．对所有禽类实行疫情监测，掌握疫情动态

C．关闭疫点及周边13公里内所有家禽及其产品交易市场

D．流行病学调查、疫源分析与追踪调查

答案：ABCD

《高致病性禽流感防治技术规范》4.3.5规定，受威胁区内应采取的措施：4.3.5.1对所有易感禽类进行紧急强制免疫，建立完整的免疫档案；4.3.5.2对所有禽类实行疫情监测，掌握疫情动态。4.3.6规定，关闭疫点及周边13公里内所有家禽及其产品交易市场。4.3.7规定，流行病学调查、疫源分析与追踪调查。

17．口蹄疫疫情解除的条件有（　　）。

A．疫点内最后1头病畜死亡或扑杀后连续观察至少14天，没有新发病例

B．疫区、受威胁区紧急免疫接种完成

C．疫点经终末消毒，疫情监测阴性

D．省级疫控中心检查验收合格

答案：ABC

《口蹄疫防治技术规范》3.3.6.1规定，口蹄疫疫情解除的条件：疫点内最后1头病畜死亡或扑杀后连续观察至少14天，没有新发病例；疫区、受威胁区紧急免疫接种完成；疫点经终末消毒；疫情监测阴性。

18．狂暴型狂犬病可分为（　　）。

A．前驱期　　　　　B．后驱期　　　　　C．兴奋期　　　　　D．麻痹期

答案：ACD

《狂犬病防治技术规范》2.2.1.1规定，狂暴型：可分为前驱期、兴奋期和麻痹期。

19．猪感染口蹄疫的临床症状有（　　）。

A．卧地不起　　　　　　　　　　B．唇部、蹄叉等部位出现水泡

C．发病后期，水泡破溃、结痂　　D．成年猪死亡率高

答案：ABC

《口蹄疫防治技术规范》2.1.2规定，临床症状：2.1.2.1牛呆立流涎，猪卧地不起，羊跛行；2.1.2.2唇部、舌面、齿龈、鼻镜、蹄踵、蹄叉、乳房等部位出现水泡；2.1.2.3发病后期，水泡破溃、结痂，严重者蹄壳脱落，恢复期可见瘢痕、新生蹄甲；2.1.2.4传播速度快，发病率高；成年动物死亡率低，幼畜常突然死亡且死亡率高，仔猪常成窝死亡。

20．符合口蹄疫病的（　　）指标之一，即可定为疑似口蹄疫病例。

A．病原学检测　　　B．流行病学特点　　　C．临床诊断　　　D．病理诊断

答案：BCD

《口蹄疫防治技术规范》2.2.1规定，疑似口蹄疫病例。符合该病的流行病学特点和临床诊断或病理诊断指标之一，即可定为疑似口蹄疫病例。

判　断　题

1．高致病性禽流感的典型临床症状是脚鳞出血，鸡冠出血或发绀、头部和脸部水肿。（　　）

答案：对

《高致病性禽流感防治技术规范》4.3规定，临床诊断指标：4.3.1急性发病死亡，急性死亡病例有时未见明显病变。4.3.2脚鳞出血。4.3.3鸡冠出血或发绀、头部和脸部水肿。4.3.4鸭鹅等水禽可见神经和腹泻症状，有时可见角膜炎症，甚至失明。

2. 发生口蹄疫疫情后，疫区内的所有易感动物必须全部扑杀并进行无害化处理。（　　）

答案：错

《口蹄疫防治技术规范》3.3.3规定，对疫区采取的措施：3.3.3.1在疫区周围设置警示标志，在出入疫区的交通路口设置动物检疫消毒站，执行监督检查任务，对出入的车辆和有关物品进行消毒；3.3.3.2所有易感畜进行紧急强制免疫，建立完整的免疫档案；3.3.3.3关闭家畜产品交易市场，禁止活畜进出疫区及产品运出疫区；3.3.3.4对交通工具、畜舍及用具、场地进行彻底消毒；3.3.3.5对易感家畜进行疫情监测，及时掌握疫情动态；3.3.3.6必要时，可对疫区内所有易感动物进行扑杀和无害化处理。

3. 布鲁氏菌是一种细胞内寄生的病原菌，主要侵害动物的淋巴系统和生殖系统。（　　）

答案：对

《布鲁氏菌病防治技术规范》2.规定，流行特点：布鲁氏菌是一种细胞内寄生的病原菌，主要侵害动物的淋巴系统和生殖系统。病畜主要通过流产物、精液和乳汁排菌，污染环境。

4. 牛、羊、猪、马都能感染狂犬病。（　　）

答案：对

《狂犬病防治技术规范》2.2.3规定，其他动物：牛、羊、猪、马等动物发生狂犬病时，多表现为兴奋、性亢奋、流涎和具有攻击性，最后麻痹衰竭致死。

5. 山羊和绵羊是小反刍兽疫唯一的自然宿主，山羊比绵羊更易感。（　　）

答案：对

《小反刍兽疫防治技术规范》2.1.1规定，山羊和绵羊是本病唯一的自然宿主，山羊比绵羊更易感。

6. 某地发生高致病性禽流感疫情，当疫点、疫区内所有禽类及其产品按规定处理完毕14天以上，监测未出现新的传染源，当地兽医主管部门可向发布封锁令的人民政府申请发布解除封锁令。（　　）

答案：错

《高致病性禽流感防治技术规范》4.3.8.1规定，解除封锁的条件：疫点、疫区内所有禽类及其产品按规定处理完毕21天以上，监测未出现新的传染源；在当地动物防疫监督机构的监督指导下，完成相关场所和物品终末消毒；受威胁区按规定完成免疫。

7. 省级动物防疫监督机构确认为高致病性禽流感疑似疫情的，必须派专人将病料送国家禽流感参考实验室做病毒分离与鉴定，进行最终确诊。（　　）

答案：对

《高致病性禽流感防治技术规范》5.7规定，监测结果处理：监测结果逐级汇总上报至中国动物疫病预防控制中心。发现病原学和非免疫血清学阳性禽，要按照《国家动物疫情报告管理办法》的有关规定立即报告，并将样品送国家禽流感参考实验室进行确诊，确诊阳性的，按有关规定处理。

8. 猪瘟的预防与控制以免疫为主，采取"扑杀和免疫相结合"的综合性防治措施。（　　　）

答案：对

《猪瘟防治技术规范》5.规定，预防与控制：以免疫为主，采取"扑杀和免疫相结合"的综合性防治措施。

9. 国家对高致病性禽流感实行计划免疫制度，免疫密度必须达到100%，抗体合格率达到90%以上。（　　　）

答案：错

《高致病性禽流感防治技术规范》6.1规定，国家对高致病性禽流感实行强制免疫制度，免疫密度必须达到100%，抗体合格率达到70%以上。

10. 猪链球菌病是由溶血性链球菌引起的人畜共患疫病，该病是我国规定的一类动物疫病。（　　　）

答案：错

《猪链球菌病应急防治技术规范》猪链球菌病是由溶血性链球菌引起的人畜共患疫病，该病是我国规定的二类动物疫病。

11. 口蹄疫感染动物康复期不带毒。（　　　）

答案：错

《口蹄疫防治技术规范》2.1.1.2规定，传染源主要为潜伏期感染及临床发病动物。感染动物呼出物、唾液、粪便、尿液、乳、精液及肉和副产品均可带毒。康复期动物可带毒。

12. 疑似口蹄疫病例，病原学检测方法任何一项阳性，可判定为确诊口蹄疫病例。（　　　）

答案：对

《口蹄疫防治技术规范》2.2.2规定，确诊口蹄疫病例：疑似口蹄疫病例，病原学检测方法任何一项阳性，可判定为确诊口蹄疫病例。

13. 发现有兴奋、狂暴、流涎、具有明显攻击性等典型症状的犬，应立即采取措施予以扑杀。（　　　）

答案：对

《狂犬病防治技术规范》4.1.1规定，发现有兴奋、狂暴、流涎、具有明显攻击性等典型症状的犬，应立即采取措施予以扑杀。

14. 发现被患狂犬病动物咬伤的动物，畜主应立即将其隔离。（　　）

答案：对

《狂犬病防治技术规范》4.1.2规定，发现有被患狂犬病动物咬伤的动物后，畜主应立即将其隔离，限制其移动。

15. 高致病性猪蓝耳病是由猪繁殖与呼吸综合征（俗称蓝耳病）病毒变异株引起的一种急性高致死性疫病。（　　）

答案：对

《高致病性猪蓝耳病防治技术规范》规定，高致病性猪蓝耳病是由猪繁殖与呼吸综合征（俗称蓝耳病）病毒变异株引起的一种急性高致死性疫病。

16. 高致病性禽流感病可经过呼吸道、消化道感染，也可通过气源性媒介传播。（　　）

答案：对

《高致病性禽流感防治技术规范》2.1.3规定，病毒传播主要通过接触感染禽（野鸟）及其分泌物和排泄物、污染的饲料、水、蛋托（箱）、垫草、种蛋、鸡胚和精液等媒介，经呼吸道、消化道感染，也可通过气源性媒介传播。

17. 口蹄疫受威胁区划定由疫区边缘向外延伸5千米的区域。（　　）

答案：错

《口蹄疫防治技术规范》3.1.3规定，受威胁区由疫区边缘向外延伸10公里的区域。

18. 人感染布鲁氏菌主要通过皮肤、黏膜、消化道和呼吸道感染，尤其以感染羊种布鲁氏菌、牛种布鲁氏菌最为严重。（　　）

答案：对

《布鲁氏菌病防治技术规范》规定，人主要通过皮肤、黏膜、消化道和呼吸道感染，尤其以感染羊种布鲁氏菌、牛种布鲁氏菌最为严重。

三十四、动物检疫申报点建设管理规范

多 选 题

1. 为了规范动物检疫申报点建设和管理，根据（   ）有关规定，制定了《动物检疫申报点建设管理规范》。

A.《中华人民共和国动物防疫法》　　　　　B.《中华人民共和国畜牧法》

C.《动物检疫管理办法》　　　　　　　　　D.《重大动物疫情应急条例》

答案：AC

《动物检疫申报点建设管理规范》第一条规定，为了规范动物检疫申报点建设和管理，根据《中华人民共和国动物防疫法》和《动物检疫管理办法》有关规定，制定本规范。

2. 省级兽医主管部门应当按照（   ）的原则，制定辖区内动物检疫申报点建设规划。

A. 公正公开　　　　B. 统筹规划　　　　C. 合理布局　　　　D. 高效便民

答案：BCD

《动物检疫申报点建设管理规范》规定，省级兽医主管部门应当按照统筹规划、合理布局、高效便民的原则，制定辖区内动物检疫申报点建设规划。

3. 动物检疫申报点承担的职责有（   ）。

A. 接受产地检疫、屠宰检疫申报，对申报材料进行审查

B. 对受理的检疫申报及时派员实施检疫

C. 宣传动物检疫有关法律法规和动物疫病防控知识

D. 对检疫申报和检疫实施情况按规定汇总并上报

答案：ABCD

《动物检疫申报点建设管理规范》第五条规定，动物检疫申报点承担以下职责：（一）接受产地检疫、屠宰检疫申报；（二）对申报材料进行审查；（三）对受理的检疫申报及时派员实施检疫；（四）宣传动物检疫有关法律法规和动物疫病防控知识；（五）对检疫申报和检疫实施情况按规定汇总并上报。

4. 检疫申报点公示内容包括（   ）。

A. 检疫申报依据、检疫范围、检疫对象

B. 检疫申报时限、检疫申报程序

C. 管辖范围、辖区官方兽医及指定兽医专业人员信息

D. 检疫申报点联系方式、监督电话

答案：ABCD

《动物检疫申报点建设管理规范》第六条第五项规定，在明显位置设置公示牌。公示内容包括检疫申报依据、检疫范围、检疫对象、检疫申报时限、检疫申报程序、管辖范围、辖区官方兽医及指定兽医专业人员信息、检疫申报点联系方式、监督电话等内容。

判 断 题

1. 《动物检疫申报点建设管理规范》适用于中华人民共和国境内动物检疫申报点的建设和管理工作。（　　）

答案：对

《动物检疫申报点建设管理规范》第二条规定，本规范适用于中华人民共和国境内动物检疫申报点的建设和管理工作。

2. 动物检疫申报点工作人员接到检疫申报后，对受理的检疫申报，应当立即派出官方兽医按照《动物检疫管理办法》及检疫规程等有关要求实施检疫。（　　）

答案：错

《动物检疫申报点建设管理规范》第七条第三项规定，动物检疫申报点工作人员接到检疫申报后，对受理的检疫申报，应当及时派出官方兽医按照《动物检疫管理办法》及检疫规程等有关要求实施检疫。

3. 动物检疫申报点工作人员应当掌握辖区内动物品种、数量、分布、规模化程度、疫情、免疫、动物流通以及屠宰加工等基本信息及变动情况，并做好记录。（　　）

答案：对

《动物检疫申报点建设管理规范》第八条规定，动物检疫申报点工作人员应当掌握辖区内动物品种、数量、分布、规模化程度、疫情、免疫、动物流通以及屠宰加工等基本信息及变动情况，并做好记录。

三十五、动物卫生监督证章标志填写及应用规范

单 选 题

1.《动物检疫合格证明》中的数量、到达时效必须用（　　）填写。

A. 阿拉伯数字　　　　　B. 简写汉字　　　　　C. 大写汉字　　　　　D. 可以不填写

答案：C

　　《动物卫生监督证章标志填写及应用规范》规定，数量和单位连写，不留空格。数量及单位以汉字填写，如叁头、肆只、陆匹、壹佰羽；到达时效：视运抵到达地点所需时间填写，最长不超过5天，用汉字填写。

2.《动物检疫合格证明》上（　　）可用简写汉字填写。

A. 签发的日期　　　　　B. 数量　　　　　C. 有效期　　　　　D. 单位

答案：A

　　《动物卫生监督证章标志填写及应用规范》规定，签发日期：用简写汉字填写，如二〇一二年四月十六日。

3. 出具《动物检疫合格证明》（动物A）的运抵到达时效最长不超过（　　）。

A. 5天　　　　　B. 7天　　　　　C. 10天　　　　　D. 15天

答案：A

　　《动物卫生监督证章标志填写及应用规范》规定，《动物检疫合格证明》（动物A）到达时效：视运抵到达地点所需时间填写，最长不得超过5天，用汉字填写。

4. 出具《动物检疫合格证明》（产品A）的运抵到达时效最长不超过（　　）。

A. 5天　　　　　B. 7天　　　　　C. 10天　　　　　D. 15天

答案：B

　　《动物卫生监督证章标志填写及应用规范》规定，《动物检疫合格证明》（产品A）到达时效：视运抵到达地点所需时间填写，最长不得超过7天，用汉字填写。

5.《动物检疫合格证明》（动物B）适用范围为（　　）。

A. 本省境内　　　　　B. 全国　　　　　C. 县境内　　　　　D. 当地

答案：A

　　《动物卫生监督证章标志填写及应用规范》规定，《动物检疫合格证明》（动物B）适用范

围为省内出售或运输动物产品。

6.《动物检疫合格证明》（产品A）适用于（　　　）流通。

A. 本省境内 B. 跨省 C. 县境内 D. 当地

答案：B

　　《动物卫生监督证章标志填写及应用规范》规定，《动物检疫合格证明》（产品A）适用范围为用于跨省境出售或运输动物产品。

7. 下列生猪产品名称填写正确的是（　　　）。

A. 猪肉 B. 肉 C. 猪肉分割 D. 五花肉

答案：A

　　《动物卫生监督证章标志填写及应用规范》规定，填写动物产品的名称，如"猪肉""牛皮""羊毛"等，不得只填写为"肉""皮""毛"。

8.《动物检疫合格证明》（动物A）启运地点填写要求，饲养场的动物填写生产地的（　　　）和饲养场名称。

A. 省、县名 B. 省、市、县名 C. 省、市名 D. 市、县名

答案：D

　　《动物卫生监督证章标志填写及应用规范》规定，饲养场（养殖小区）、交易市场的动物填写生产地的市、县名和饲养场（养殖小区）、交易市场名称；散养动物填写生产地的市、县、乡、村名。

9.《动物检疫合格证明》（动物A）承运人填写要求，填写动物承运者的名称或姓名；公路运输的，填写（　　　）。

A. 货主单位或姓名 B. 开车人姓名

C. 车辆行驶证上法定车主名称或名字 D. 随行人员姓名

答案：C

　　《动物卫生监督证章标志填写及应用规范》规定，《动物检疫合格证明》（动物A）承运人：填写动物承运者的名称或姓名；公路运输的，填写车辆行驶证上法定车主名称或名字。

10.《动物检疫合格证明》牲畜耳标号填写要求，牲畜耳标号只需填写顺序号的（　　　），可另附纸填写。

A. 前5位 B. 前3位 C. 后3位 D. 后5位

答案：C

《动物卫生监督证章标志填写及应用规范》规定，牲畜耳标号：由货主在申报检疫时提供，官方兽医实施现场检疫时进行核查。牲畜耳标号只需填写顺序号的后3位，可另附纸填写，并注明本检疫证明编号，同时加盖动物卫生监督所检疫专用章。

11.《动物检疫合格证明》货主一栏为个人的，填写个人姓名；货主为单位的，填写（　　　）。

A. 单位名称　　　　　B. 法人代表姓名　　　　C. 随货人员姓名　　　　D. 司机姓名

答案：A

《动物卫生监督证章标志填写及应用规范》规定，货主：货主为个人的，填写个人姓名；货主为单位的，填写单位名称。联系电话：填写移动电话，无移动电话的，填写固定电话。

12. 动物卫生监督证章标志的出具机构及人员必须是依法享有出证职权者，并经（　　　）方为有效。

A. 签字、盖章　　　　B. 签字　　　　　　　C. 盖章　　　　　　　D. 告知

答案：A

《动物卫生监督证章标志填写及应用规范》规定，动物卫生监督证章标志的出具机构及人员必须是依法享有出证职权者，并经签字盖章方为有效。

13.《动物检疫合格证明》运载工具消毒情况一栏应注明（　　　）。

A. 消毒时间　　　　　B. 消毒地点　　　　　C. 消毒方法　　　　　D. 消毒药名称

答案：D

《动物卫生监督证章标志填写及应用规范》规定，运载工具消毒情况要写明消毒药名称。

多 选 题

1.《动物检疫合格证明》必须填写货主姓名、数量及单位、（　　　）、官方兽医（检疫员）签名、签发日期、盖加检疫专用章等内容。

A. 启运地点　　　　　B. 到达地点　　　　　C. 牲畜耳标号　　　　D. 用途

答案：ABCD

《动物卫生监督证章标志填写及应用规范》规定，项目填写：货主、动物种类、数量及单位、用途、启运地点、到达地点、牲畜耳标号、签发日期。

2. 在《动物检疫合格证明》（产品A、产品B）中，产品名称填写正确的是（　　　）。

A. 猪肉　　　　　　　B. 熟牛皮　　　　　　C. 羊毛　　　　　　　D. 胚胎

答案：AC

《动物卫生监督证章标志填写及应用规范》规定，项目填写产品名称：填写动物产品的名称，如"猪肉""牛皮""羊毛"等。

3.《动物检疫合格证明》（动物A、动物B）填写牲畜耳标号说法正确的是（　　　）。

A. 耳标号由货主在申报检疫时提供，官方兽医实施现场检疫时进行核查

B. 牲畜耳标号只需填写顺序号的后3位

C. 可另附纸填写，并注明本检疫证明编号

D. 附页应加盖动物卫生监督所检疫专用章

答案：ABCD

《动物卫生监督证章标志填写及应用规范》规定，项目填写牲畜耳标号：由货主在申报检疫时提供，官方兽医实施现场检疫时进行核查。牲畜耳标号只需填写顺序号的后3位，可另附纸填写，并注明本检疫证明编号，同时加盖动物卫生监督所检疫专用章。

4. 在《动物检疫合格证明》中，数量及单位填写正确的是（　　　）。

A. 数量和单位连写，不留空格（顶格写）

B. 数量和单位分别写，留空格（顶格写）

C. 数量以阿拉伯数字填写，单位以汉字填写

D. 数量及单位以汉字填写

答案：AD

《动物卫生监督证章标志填写及应用规范》规定，项目填写数量及单位：数量和单位连写，不留空格。数量及单位以汉字填写。

5. 在《动物检疫合格证明》中，货主名称填写正确的是（　　　）。

A. 货主为个人的，填写个人姓名　　　　B. 经纪人的名称

C. 货主为单位的，填写单位名称　　　　D. 经纪人的单位名称

答案：AC

《动物卫生监督证章标志填写及应用规范》规定，项目填写货主：货主为个人的，填写个人姓名；货主为单位的，填写单位名称。联系电话：填写移动电话，无移动电话的，填写固定电话。

6. 2011年6月开始使用的新版《动物检疫合格证明》分为（　　　）。

A.《动物检疫合格证明》（动物A）　　　B.《动物检疫合格证明》（动物B）

C.《动物检疫合格证明》（产品A）　　　D.《动物检疫合格证明》（产品B）

答案：ABCD

《动物卫生监督证章标志填写及应用规范》规定。

7. 有效《动物检疫合格证明》的构成要素有（　　　）。

A. 由法定的机构和检疫人员签发的 　　　　B. 必须收费的

C. 必须是证物相符的 　　　　　　　　　　D. 必须是按企业签字的

答案：AC

《动物卫生监督证章标志填写及应用规范》规定，动物卫生监督证章标志的出具机构及人员必须是依法享有出证职权者，并经签字盖章方为有效；必须证物相符。

8. 在《动物检疫合格证明》中，动物名称填写正确的是（　　　）。

A. 猪 　　　　　　B. 牛 　　　　　　C. 肥猪 　　　　　　D. 青年鸡

答案：AB

《动物卫生监督证章标志填写及应用规范》规定，填写动物的名称，如猪、牛、羊、马、骡、驴、鸭、鸡、鹅、兔等。

9. 如作为分销换证用，在《动物检疫合格证明》（产品A、B）备注栏注明（　　　）。

A. 产品品质情况 　　B. 产品价格 　　C. 原检疫证明号码 　　D. 必要的基本信息

答案：CD

《动物卫生监督证章标志填写及应用规范》规定，如作为分销换证用，应在此注明原检疫证明号码及必要的基本信息。

10. 检疫处理通知单适用于（　　　）。

A. 产地检疫 　　B. 屠宰检疫 　　C. 市场检疫 　　D. 运输检疫

答案：AB

《动物卫生监督证章标志填写及应用规范》规定，检疫处理通知单适用于产地检疫、屠宰检疫发现不合格动物和动物产品的处理。

11. 检疫处理通知单应载明（　　　）。

A. 动物和动物产品种类 　　　　　　　　B. 名称

C. 量 　　　　　　　　　　　　　　　　D. 来源

答案：ABC

《动物卫生监督证章标志填写及应用规范》规定，检疫处理通知单应载明动物和动物产品种类、名称、数量，数量应大写。

判 断 题

1.《动物卫生监督证章标志的填写及应用规范》规定，动物卫生监督证章标志用钢笔、圆珠笔、签字笔填写。（　　）

答案：错
《动物卫生监督证章标志填写及应用规范》规定，动物卫生监督证章标志用蓝色或黑色钢笔、签字笔或打印填写。

2. 动物检疫证明格式或样式由农业部统一制定，动物检疫标志格式或样式由各省、自治区、直辖市兽医主管部门制定。（　　）

答案：错
《动物卫生监督证章标志填写及应用规范》规定，农业部统一设计了动物卫生监督证章标志样式。

3.《动物检疫合格证明》（动物A、动物B）的牲畜耳标号需填写顺序号的后两位数，可另附纸填写，并注明本检疫证明编号，同时加盖动物卫生监督所检疫专用章。（　　）

答案：错
《动物卫生监督证章标志填写及应用规范》规定，牲畜耳标号：由货主在申报检疫时提供，官方兽医实施现场检疫时进行核查。牲畜耳标号只需填写顺序号的后3位，可另附纸填写，并注明本检疫证明编号，同时加盖动物卫生监督所检疫专用章。

4. 不得将动物卫生监督证章标志填写不规范的责任转嫁给合法持证人。（　　）

答案：对
《动物卫生监督证章标志填写及应用规范》规定，不得将动物卫生监督证章标志填写不规范的责任转嫁给合法持证人。

三十六、公路动物防疫监督检查站管理办法

单 选 题

1. 公路动物防疫监督检查站，是指按照《中华人民共和国动物防疫法》规定设立的（　　）动物防疫监督检查站。

A. 临时性　　　　　B. 永久性　　　　　C. 应急性　　　　　D. 长期性

答案：A

《公路动物防疫监督检查站管理办法》第二条规定，本办法所称公路动物防疫监督检查站，是指按照《中华人民共和国动物防疫法》规定设立的临时性动物防疫监督检查站。

2. 根据动物防疫工作需要，经（　　）批准，可设立公路动物防疫监督检查站。

A. 农业部　　　　　　　B. 省级人民政府　　　　C. 市级人民政府　　　　D. 县级人民政府

答案：B

《公路动物防疫监督检查站管理办法》第四条规定，公路动物防疫监督检查站由省级人民政府兽医行政管理部门根据动物防疫工作需要向省级人民政府申请，经省级人民政府批准后方可设立，同时报农业部备案

3. 公路动物防疫监督检查站的监督管理工作，可委托（　　）管理本辖区内公路动物防疫监督检查站。

A. 省级兽医行政管理部门　　　　　　　　B. 市级兽医行政管理部门

C. 县级兽医行政管理部门　　　　　　　　D. 县级动物卫生监督机构

答案：C

《公路动物防疫监督检查站管理办法》第五条规定，省级人民政府兽医行政管理部门主管本省（自治区、直辖市）公路动物防疫监督检查站的监督管理工作，可委托县级人民政府兽医行政管理部门管理本辖区内公路动物防疫监督检查站。

4. （　　）具体负责公路动物防疫监督检查站的监督管理和业务指导工作。

A. 省级兽医主管部门　　　　　　　　　　B. 省级动物卫生监督机构

C. 所在市动物防疫卫生监督机构　　　　　D. 所在县畜牧兽医局

答案：B

《公路动物防疫监督检查站管理办法》第五条规定，省级动物卫生监督机构具体负责本省（自治区、直辖市）公路动物防疫监督检查站的监督管理和业务指导工作，可委托县级动物卫生监督机构具体负责辖区内公路动物防疫监督检查站的监督管理和业务指导工作。

5. 公路动物防疫监督检查站是（　　）的派出机构。

A. 乡镇动物卫生监督所　　　　　　　　　B. 动物卫生监督机构

C. 畜牧兽医行政管理部门　　　　　　　　D. 动物疫病预防控制中心

答案：B

《公路动物防疫监督检查站管理办法》第五条规定，公路动物防疫监督检查站是动物卫生监督机构的派出机构。

多 选 题

1. 公路动物防疫监督检查站的设置要遵循（　　　）的原则。

A. 统筹规划　　　　B. 合理布局　　　　C. 强化监管　　　　D. 准入管理

答案：AB

《公路动物防疫监督检查站管理办法》第三条规定，公路动物防疫监督检查站的设置要遵循统筹规划、合理布局的原则。

2. 公路动物防疫监督检查站的主要职责是（　　　）。

A. 查验相关证明，检查运输的动物及动物产品

B. 根据防控重大动物疫病的需要，对动物、动物产品的运载工具实施消毒

C. 对不符合动物防疫有关法律、法规和国家规定的，按有关规定处理

D. 发现动物疫情，按有关规定报告并采取相应处理措施

答案：ABCD

《公路动物防疫监督检查站管理办法》第六条规定，公路动物防疫监督检查站的主要职责：（一）查验相关证明，检查运输的动物及动物产品；（二）根据防控重大动物疫病的需要，对动物、动物产品的运载工具实施消毒；（三）对不符合动物防疫有关法律、法规和国家规定的，按有关规定处理；（四）发现动物疫情，按有关规定报告并采取相应处理措施；（五）对动物防疫监督检查的有关情况进行登记。

3. 公路动物防疫监督检查站应当具备的条件是（　　　）。

A. 有固定的办公场所　　　　　　　　B. 有检查、消毒场地

C. 有消毒、检疫、监督等设施设备　　D. 有执行监督检查任务需要的工作人员

答案：ABCD

《公路动物防疫监督检查站管理办法》第七条规定，公路动物防疫监督检查站应当具备下列条件：（一）有固定的办公场所；（二）有检查、消毒场地；（三）有夜间监督检查所需的照明设施、标志及人员安全防护设施设备；（四）有消毒、检疫、监督等设施设备；（五）有执行监督检查任务需要的工作人员。

4. 公路动物防疫监督检查站工作人员对运输的动物、动物产品实施检查后，对（　　　）的，在检疫证明上加盖全国统一格式的"公路动物防疫监督检查站监督检查专用章"，并做好相关登记。

A. 符合规定　　　　B. 证物相符　　　　C. 检查合格　　　　D. 基本健康

答案：ABC

《公路动物防疫监督检查站管理办法》第七条规定，公路动物防疫监督检查站工作人员对

运输的动物、动物产品实施检查后，对符合规定、证物相符、检查合格的，在检疫证明上加盖全国统一格式的"公路动物防疫监督检查站监督检查专用章"，并做好相关登记。

5. 公路动物防疫监督检查站应当在醒目位置公示（　　　）及职责、执法程序和内容、收费标准和处罚依据、上岗人员情况，以及省、地、县动物卫生监督机构的监督电话，接受社会监督。

A．主管机关　　　　　B．设站依据　　　　　C．设站布局　　　　　D．执法依据

答案：ABD

《公路动物防疫监督检查站管理办法》第十一条规定，公路动物防疫监督检查站应当在醒目位置公示主管机关、设站依据、执法依据及职责、执法程序和内容、收费标准和处罚依据、上岗人员情况，以及省、地、县动物卫生监督机构的监督电话，接受社会监督。

判 断 题

1. 公路动物防疫监督检查站执法人员在监督检查时，只需要查证，可以不了解和观察动物在运输途中有无死亡和其他异常现象。（　　　）

答案：错

《公路动物防疫监督检查站管理办法》第十条规定，公路动物防疫监督检查站工作人员对运输的动物、动物产品实施检查后，对符合规定、证物相符、检查合格的，在检疫证明上加盖全国统一格式的"公路动物防疫监督检查站监督检查专用章"，并做好相关登记。

2. 公路动物防疫监督检查站执法人员检查结束后，监督畜（货）主或承运人对运载动物及动物产品的车辆实施消毒。（　　　）

答案：错

《公路动物防疫监督检查站管理办法》第六条规定，公路动物防疫监督检查站的主要职责：对动物、动物产品的运载工具实施消毒。

3. 公路动物防疫监督检查站工作人员应着装整齐、持证上岗，坚守工作岗位，做到严格执法、热情服务。（　　　）

答案：对

《公路动物防疫监督检查站管理办法》第九条规定，公路动物防疫监督检查站工作人员应着装整齐、持证上岗，坚守工作岗位，做到严格执法、热情服务。

三十七、农业部关于畜牧兽医行政执法六条禁令

多 选 题

1. 下列哪些项是农业部关于畜牧兽医行政执法六条禁令的规定（　　　）。

A. 严禁发现违法行为不查处　　　　　B. 严禁不检疫就出证

C. 严禁不按规定实施饲料兽药质量监测　　D. 严禁倒卖动物卫生监督证章标志

> **答案：ABCD**
>
> 《农业部关于畜牧兽医行政执法六条禁令》规定，严禁只收费不检疫；严禁不检疫就出证；严禁重复检疫收费；严禁倒卖动物卫生证章标志；严禁不按规定实施饲料兽药质量监测；严禁发现违法行为不查处。

2. 违反农业部关于畜牧兽医行政执法六条禁令者，视情节轻重，按现行干部管理权限，可以给予（　　　）处分。

A. 通报批评　　　　B. 记过　　　　C. 撤职　　　　D. 劝退

> **答案：BC**
>
> 《农业部关于畜牧兽医行政执法六条禁令》规定，违反禁令者，将视情节轻重，按现行干部管理权限，分别给予记过、记大过、降职、撤职、开除等处分。构成犯罪的，移交司法机关追究刑事责任。

3. 违反农业部关于畜牧兽医行政执法六条禁令者，视情节轻重，按现行干部管理权限，可以给予（　　　）处分。

A. 记大过　　　　B. 记过　　　　C. 撤职　　　　D. 降职

> **答案：ABCD**
>
> 《农业部关于畜牧兽医行政执法六条禁令》规定，违反禁令者，将视情节轻重，按现行干部管理权限，分别给予记过、记大过、降职、撤职、开除等处分。构成犯罪的，移交司法机关追究刑事责任。

判 断 题

1. 农业部关于畜牧兽医行政执法六条禁令规定，严禁倒卖动物卫生证章标志。（　　　）

答案：对

《农业部关于畜牧兽医行政执法六条禁令》规定，严禁只收费不检疫；严禁不检疫就出证；严禁重复检疫收费；严禁倒卖动物卫生证章标志；严禁不按规定实施饲料兽药质量监测；严禁发现违法行为不查处。

2. 严禁不检疫就出证不是农业部关于畜牧兽医行政执法六条禁令规定。（　　）

答案：错

《农业部关于畜牧兽医行政执法六条禁令》规定，严禁只收费不检疫；严禁不检疫就出证；严禁重复检疫收费；严禁倒卖动物卫生证章标志；严禁不按规定实施饲料兽药质量监测；严禁发现违法行为不查处。

三十八、农业行政执法文书制作规范

单 选 题

1. 有关查封（扣押）的表述错误的是（　　）。

A. 查封（扣押）财物清单一式二份，由当事人和执法机关分别保存

B. 查封（扣押）决定书应当载明当事人的姓名或者名称、地址

C. 查封（扣押）决定书不需要载明申请行政复议的途径和期限

D. 查封（扣押）时，应当在相关场所、设施或者财物加贴封条

答案：C

《农业行政执法文书制作规范》第二十五条规定，查封（扣押）决定书应当载明下列事项：（一）当事人的姓名或者名称、地址；（二）查封（扣押）的理由、依据和期限；（三）查封（扣押）场所、设施或者财物的名称、数量等；（四）申请行政复议或者提起行政诉讼的途径和期限；（五）执法机关的名称、印章和日期。查封（扣押）财物清单一式二份，由当事人和执法机关分别保存。查封（扣押）时，应当在相关场所、设施或者财物加贴封条，封条应当标明日期，并加盖执法机关印章。

2. 下列有关证据登记保存表述错误的是（　　）。

A. 证据登记保存清单是指农业执法机关在查处案件过程中，对可能灭失或者以后难以取得的证据进行登记保存时使用的文书

B. 执法机关应当根据需要选择就地或异地保存

C. 证据登记保存清单中应当对被保存物品的名称、规格、数量、生产日期、生产单位作清楚记录

D. 证据登记保存的相关物品不用加贴封条

答案：D

《农业行政执法文书制作规范》第二十三条规定，证据登记保存清单是指农业执法机关在查处案件过程中，对可能灭失或者以后难以取得的证据进行登记保存时使用的文书。执法机关应当根据需要选择就地或异地保存。执法机关可以在证据登记保存的相关物品和场所加贴封条，封条应当标明日期，并加盖执法机关印章。文书中应当对被保存物品的名称、规格、数量、生产日期、生产单位作清楚记录。

3. 执法文书首页不够记录时，可以附纸记录，但应（   ）。

A. 注明页码　　　　B. 相关人员签名　　　　C. 注明日期　　　　D. 以上都有

答案：D

《农业行政执法文书制作规范》第十二条规定，执法文书首页不够记录时，可以附纸记录，但应当注明页码，由相关人员签名并注明日期。

4. 有些文书应当当场交当事人阅读或者向当事人宣读，并当事人逐页签字盖章或捺指印确认，下列选项完全正确的是（   ）。

A. 询问笔录、案件处理意见书　　　　B. 现场检查笔录、责令改正通知书

C. 现场勘验笔录、行政处罚决定书　　　　D. 查封现场笔录、听证笔录

答案：D

《农业行政执法文书制作规范》第十一条第一款规定，询问笔录、现场检查（勘验）笔录、查封（扣押）现场笔录、听证笔录等文书，应当场交当事人阅读或者向当事人宣读，并由当事人逐页签字盖章或捺指印确认。

5. 文书中当事人情况应当按要求填写，以下选项错误的是（   ）。

A. 根据案件情况确定"个人"或者"单位"，"个人""单位"两栏不能同时填写

B. 当事人为个人的，姓名应填写身份证或户口簿上的姓名；住址应填写常住地址或居住地址；"年龄"应以公历周岁为准

C. 当事人为法人或者其他组织的，填写的单位名称、法定代表人（负责人）、地址等事项应与实际经营信息一致

D. 当事人名称前后应当一致

答案：C

《农业行政执法文书制作规范》第十条规定，文书中当事人情况应当按如下要求填写：（一）根据案件情况确定"个人"或者"单位"，"个人"、"单位"两栏不能同时填写；（二）当事人为个人的，姓名应填写身份证或户口簿上的姓名，住址应填写常住地址或居住地址，

"年龄"应以公历周岁为准;(三)当事人为法人或者其他组织的,填写的单位名称、法定代表人(负责人)、地址等事项应与工商登记注册信息一致;(四)当事人名称前后应一致。

6. 下列文书中不用编注案号的是(　　)。

A. 查封(扣押)决定书　　　　　　　　B. 强制执行申请书

C. 证据登记保存清单　　　　　　　　　D. 案件移送函

答案:C

《农业行政执法文书制作规范》第九条第一款规定,当场处罚决定书、行政处罚立案审批表、查封(扣押)决定书、解除查封(扣押)决定书、行政处罚事先告知书、行政处罚决定书、履行行政处罚决定催告书、强制执行申请书、案件移送函应当编注案号。

7. (　　)是指农业执法机关从非生产单位取得样品,为确认样品的真实生产单位,向标签标注的生产单位发出的文书。

A. 抽样取证凭证　　　　　　　　　　　B. 检验报告

C. 证据登记保存清单　　　　　　　　　D. 产品确认通知书

答案:D

《农业行政执法文书制作规范》第二十一条第一款规定,产品确认通知书是指农业执法机关从非生产单位取得样品,为确认样品的真实生产单位,向标签标注的生产单位发出的文书。

8. (　　)是指农业执法机关适用简易程序,现场作出处罚决定的文书。

A. 行政处罚事先告知书　　　　　　　　B. 行政处罚决定书

C. 当场处罚决定书　　　　　　　　　　D. 案件处理意见书

答案:C

《农业行政执法文书制作规范》第十六条第一款规定,当场处罚决定书是指农业执法机关适用简易程序,现场作出处罚决定的文书。

9. 需要交付当事人的外部文书中设有签收栏的,由当事人直接签收;也可以由其(　　)代签收,并注明与当事人的关系。

A. 亲属　　　　B. 直系亲属　　　　C. 成年直系亲属　　　　D. 邻居或者单位

答案:C

《农业行政执法文书制作规范》第十四条第一款规定,需要交付当事人的外部文书中设有签收栏的,由当事人直接签收;也可以由其成年直系亲属代签收,并注明与当事人的关系。

10. 文书设定的栏目,应当逐项填写,不得遗漏和随意修改。无需填写内容的,应当(　　)。

A. 用斜线划去　　　B. 用双横线划去　　　C. 填写"无"字　　　D. 空白,无需填写内容

答案：A

《农业行政执法文书制作规范》第六条第一款规定，文书设定的栏目，应当逐项填写，不得遗漏和随意修改。无需填写的，应当用斜线划去。

11.（ ）是指执法人员对与涉嫌违法行为有关的物品、场所等进行检查的文字图形记载和描述。

A. 现场检查（勘验）笔录　　　　　　　B. 登记物品处理通知书

C. 罚没物品处理记录　　　　　　　　　D. 证据登记保存清单

答案：A

《农业行政执法文书制作规范》第十九条第一款规定，现场检查（勘验）笔录是指执法人员对与涉嫌违法行为有关的物品、场所等进行检查或者勘验的文字图形记载和描述。

12. 登记保存物品处理通知书应当写明（ ）姓名（或名称）、登记保存作出的时间及具体处理决定。

A. 举报者　　　　　B. 执法者　　　　　C. 当事人　　　　　D. 处理人

答案：C

《农业行政执法文书制作规范》第二十四条规定，处理通知书应当写明当事人姓名（或名称）、登记保存作出的时间及具体处理决定。

13. 行政处罚事先告知书有两种格式，执法机关应当根据案件是否符合（ ），决定适用一般案件文书或听证案件文书。

A. 简易程序条件　　B. 一般程序条件　　C. 听证条件　　D. 从轻减轻处罚条件

答案：C

《农业行政执法文书制作规范》第三十条第二款规定，执法机关应当根据案件是否符合听证条件，决定适用一般案件文书或听证案件文书。

14. 案件文书材料按照下列（ ）顺序整理归档。①行政处罚决定书；②检验报告、销售单据、许可证等有关证据材料；③履行行政处罚决定催告书、强制执行申请书、案件移送函等；④罚没物品处理记录等；⑤立案审批表。

A.①②③④⑤　　　B.⑤②④①③　　　C.①⑤②④③　　　D.⑤②①④③

答案：C

《农业行政执法文书制作规范》第四十五条规定，案件文书材料按照下列顺序整理归档：（一）案卷封面；（二）卷内目录；（三）行政处罚决定书；（四）立案审批表；（五）当事人身份证明；（六）询问笔录、现场检查（勘验）笔录、抽样取证凭证、证据登记保存清单、登记物品处理通知书、查封（扣押）决定书、解除查封（扣押）决定书、鉴定意见等文书；（七）

检验报告、销售单据、许可证等有关证据材料；（八）案件处理意见书、行政处罚事先告知书等；（九）行政处罚听证会通知书、听证笔录、行政处罚听证会报告书等听证文书；（十）行政处罚决定审批表；（十一）送达回证等回执证明文件；（十二）执行的票据等材料；（十三）罚没物品处理记录等；（十四）履行行政处罚决定催告书、强制执行申请书、案件移送函等；（十五）行政处罚结案报告；（十六）备考表。

15. 行政处罚立案审批表"简要案情"栏，应当写明当事人涉嫌违法的事实、证据等简要情况以及涉嫌违反的相关法律规定，并由（　　）签名。

A. 举报者　　　　　B. 受案人　　　　　C. 违法者　　　　　D. 执法机关负责人

答案：B

《农业行政执法文书制作规范》第十七条第三款规定，"简要案情"栏应当写明当事人涉嫌违法的事实、证据等简要情况以及涉嫌违反的相关法律规定，并由受案人签名。

16.《农业行政执法文书制作》中规定：在调查取证阶段文书中"案由"应当填写为（　　）。

A. 违法行为定性　　　　　　　　　　　B. 违法行为定性+案

C. 涉嫌+违法行为定性+案　　　　　　　D. 当事人名称+涉嫌+违法行为定性+案

答案：C

《农业行政执法文书制作规范》第八条第二款规定，在立案和调查取证阶段文书中"案由"填写为"涉嫌+违法行为定性+案"。

17. 农业行政执法文书中的文书中的编号、时间、价格、数量等应当使用（　　）。

A. 罗马数字　　　　B. 阿拉伯数字　　　　C. 汉字　　　　D. 简写汉字

答案：B

《农业行政执法文书制作规范》第六条第二款规定，文书中的编号、时间、价格、数量等应当使用阿拉伯数字。

多 选 题

1. 有关农业行政执法文书说法正确的是（　　）。

A. 农业行政执法文书分为内部文书和外部文书

B. 外部文书是指农业执法机关对外使用，仅对行政相对人具有法律效力的文书

C. 农业法律法规授权的执法机构在文书中不能按农业执法机关对待

D. 内部文书是指在农业行政机关或农业法律法规授权的执法机构内部使用

答案：AD

《农业行政执法文书制作规范》第四条规定，农业行政执法文书分为内部文书和外部文书。内部文书是指在农业行政机关或农业法律法规授权的执法机构（以下统称"农业执法机关"）内部使用，记录内部工作流程，规范执法工作运转程序的文书。外部文书是指农业执法机关对外使用，对执法机关和行政相对人均具有法律效力的文书。

2. 有关送达回证的说法正确的是（　　　）。

A."送达单位"指违法的单位

B."送达人"指执法机关的执法人员或执法机关委托的有关人员

C."收件人"不是当事人时，应当在备注栏中注明其身份和与当事人的关系

D."受送达人"指案件当事人

答案：BCD

《农业行政执法文书制作规范》第三十六条规定，送达回证是指农业执法机关将执法文书送达当事人的回执证明文书；"送达单位"指执法机关；"送达人"指执法机关的执法人员或执法机关委托的有关人员；"受送达人"指案件当事人；"收件人"不是当事人时，应当在备注栏中注明其身份和与当事人的关系。

3. 有关案件处理意见书的说法正确的是（　　　）。

A. 案件处理意见书是指案件调查结束后，执法人员就案件调查经过、证据材料、调查结论及处理意见报请执法机关负责人审批的文书

B."调查结论及处理意见"栏应当由执法人员根据案件调查情况和有关法律、法规和规章的规定提出处理意见

C."执法机构意见""法制机构意见"栏，由执法人员写"同意"

D. 从重、从轻或者减轻处罚的，应当写明理由

答案：ABD

《农业行政执法文书制作规范》第二十八条规定，案件处理意见书是指案件调查结束后，执法人员就案件调查经过、证据材料、调查结论及处理意见报请执法机关负责人审批的文书。"调查结论及处理意见"栏应当由执法人员根据案件调查情况和有关法律、法规和规章的规定提出处理意见。据以立案的违法事实不存在的，应当写明建议终结调查并结案等内容；对依法应给予行政处罚的，应当写明给予行政处罚的种类、幅度及法律依据等。从重、从轻或者减轻处罚的，应当写明理由。"执法机构意见""法制机构意见"栏，应当分别写明具体审核意见并由负责人签名。"执法机关意见"栏，由农业执法机关负责人写明意见。对重大、复杂或者争议较大的案件，应当注明经执法机关负责人集体讨论。

4. 下列有关询问笔录说法正确的是（　　　）。

A. 询问内容包括案件发生的时间、地点、情形、事实经过、因果关系及后果等

B. 询问时应当有两名以上执法人员在场，并做到一个被询问人一份笔录，可一问多答

C. 询问人提出的问题，如被询问人不回答或者拒绝回答的，应当写明被询问人的态度

D. 询问笔录是指为查明案件事实，收集证据，向相关人员调查了解有关案件情况的文字记载

答案：ACD

《农业行政执法文书制作规范》第十八条规定，询问笔录是指为查明案件事实，收集证据，而向相关人员调查了解有关案件情况的文字记载。询问笔录应当记录被询问人提供的与案件有关的全部情况，包括案件发生的时间、地点、情形、事实经过、因果关系及后果等。询问时应当有两名以上执法人员在场，并做到一个被询问人一份笔录，一问一答。询问人提出的问题，如被询问人不回答或者拒绝回答的，应当写明被询问人的态度，如"不回答"或者"沉默"等，并用括号标记。

5. 查封（扣押）现场笔录应当记录（　　　）以及其他有关情况。

A. 查封（扣押）决定书及财物清单送达　　　　B. 当事人到场

C. 实施查封（扣押）过程　　　　D. 当事人陈述申辩

答案：ABCD

《农业行政执法文书制作规范》第二十六条第二款规定，查封（扣押）现场笔录是指执法人员对实施查封（扣押）的现场情况所做的文字记载。查封（扣押）现场笔录应当记录查封（扣押）决定书及财物清单送达、当事人到场、实施查封（扣押）过程、当事人陈述申辩以及其他有关情况。

6. 农业行政处罚机关整理案件材料立卷归档描述正确的是（　　　）。

A. 一般程序案件应当按照一案一卷进行组卷

B. 卷内文书材料应当齐全完整，无重份或多余材料

C. 案卷应当制作封面、卷内目录和备考表

D. 备考表应当填写卷中需要说明的情况，并由立卷人、检查人签名

答案：ABCD

《农业行政执法文书制作规范》第四十二条第一款、第四十三条、第四十四条第一、四款规定，一般程序案件应当按照一案一卷进行组卷；材料过多的，可一案多卷；卷内文书材料应当齐全完整，无重份或多余材料；案卷应当制作封面、卷内目录和备考表；备考表应当填写卷中需要说明的情况，并由立卷人、检查人签名。

7. 根据《农业行政执法文书制作规范》，下列说法正确的（　　　）。

A. 农业行政执法文书应当按照规定的格式制作

B. 文书应当使用公文语体，语言规范、简练、严谨、严实

C. 农业行政处罚案件终结后，由案件调查人员填写《行政处罚结案报告》即可结案

D. 执法文书首页不够记录时，可以附纸记录，但应当注明页码，由相关人员签名并注明日期

答案：ABD

《农业行政执法文书制作规范》第五条第一款、第七条第一款、第三十八条第一款规定，农业行政执法文书应当按照规定的格式填写或打印制作；文书应当使用公文语体，语言规范、简练、严谨、平实；行政处罚结案报告是指案件终结后，执法人员报请执法机关负责人批准结案的文书。第十二条 执法文书首页不够记录时，可以附纸记录，但应当注明页码，由相关人员签名并注明日期。

8. 根据《农业行政执法文书制作规范》，以下说法正确的有（   ）。

A. 农业行政执法文书应当按照规定的格式填写或打印制作

B. 执法文书首页不够记录时，可以附纸记录，但应当注明页码，由相关人员签名并注明日期

C. 对现场绘制的勘验图、拍摄的照片和摄像、录音等资料应当在笔录中注明

D. 一般程序案件应当按照一案一卷进行组卷

答案：ABCD

《农业行政执法文书制作规范》第五条第一款、第十二条、第十九条第四款、第四十二条第一款规定，农业行政执法文书应当按照规定的格式填写或打印制作；执法文书首页不够记录时，可以附纸记录，但应当注明页码，由相关人员签名并注明日期；对现场绘制的勘验图、拍摄的照片和摄像、录音等资料应当在笔录中注明；一般程序案件应当按照一案一卷进行组卷；材料过多的，可一案多卷。

9. 行政处罚立案审批表中"案件来源"栏应当按照检查发现、有关部门移送、监督抽检、（   ）等情况据实填写。

A. 媒体曝光

B. 上级交办

C. 群众举报或投诉

D. 违法行为人交待

答案：ABCD

《农业行政执法文书制作规范》第十七条第二款规定，"案件来源"栏应当按照检查发现、群众举报或投诉、上级交办、有关部门移送、媒体曝光、监督抽检、违法行为人交待等情况据实填写。

10. 以下（   ）执法文书，应当场交当事人阅读或者向当事人宣读，并由当事人逐页签字盖章或捺指印确认。

A. 询问笔录

B. 当场处罚决定书

C. 现场检查（勘验）笔录

D. 查封（扣押）现场笔录

答案：ACD

《农业行政执法文书制作规范》第十一条第一款规定，询问笔录、现场检查（勘验）笔录、查封（扣押）现场笔录、听证笔录等文书，应当场交当事人阅读或者向当事人宣读，并由当事人逐页签字盖章或捺指印确认。当事人拒绝签字盖章或拒不到场的，执法人员应当在笔录中注明，并可以邀请在场的其他人员签字。

11.（　　）应当在相关场所、设施或者财物加贴封条，封条应当标明日期，并加盖执法机关印章。

A．查封（扣押）时　　B．证据登记保存时　　C．抽样取证时　　D．产品确认时

答案：AB

《农业行政执法文书制作规范》第二十三条第三款、第二十五条第四款规定，执法机关可以在证据登记保存的相关物品和场所加贴封条，封条应当标明日期，并加盖执法机关印章；查封（扣押）时，应当在相关场所、设施或者财物加贴封条，封条应当标明日期，并加盖执法机关印章。

12.《农业行政执法文书制作规范》规定，文书中（　　）的审核或审批意见应表述明确，没有歧义。

A．执法机构　　　　B．法制机构　　　　C．检验机构　　　　D．执法机关

答案：ABD

《农业行政执法文书制作规范》第十三条规定，文书中执法机构、法制机构、执法机关的审核或审批意见应表述明确，没有歧义。

13. 卷内目录应当包括（　　）和备注等内容，按卷内文书材料排列顺序逐件填写。

A．序号　　　　　　B．立卷人　　　　　C．页号　　　　　　D．题名

答案：ACD

《农业行政执法文书制作规范》第四十四条第三款规定，卷内目录应当包括序号、题名、页号和备注等内容，按卷内文书材料排列顺序逐件填写。

14. 询问笔录应当记录被询问人提供的与案件有关的全部情况，包括案件发生的（　　）等。

A．情形　　　　　　B．事实经过　　　　C．因果关系及后果　　D．时间、地点

答案：ABCD

《农业行政执法文书制作规范》第十八条第二款规定，询问笔录应当记录被询问人提供的与案件有关的全部情况，包括案件发生的时间、地点、情形、事实经过、因果关系及后果等。

15. 当场处罚决定书、行政处罚立案审批表、查封（扣押）决定书、解除查封（扣押）决定书、强制执行申请书、案件移送函及（　　）应当编注案号。

A．履行行政处罚决定催告书　　　　　B．现场检查（勘验）笔录

C．行政处罚决定书　　　　　　　　　D．行政处罚事先告知书

答案：ACD

《农业行政执法文书制作规范》第九条第一款规定，当场处罚决定书、行政处罚立案审批表、查封（扣押）决定书、解除查封（扣押）决定书、行政处罚事先告知书、行政处罚决定书、履行行政处罚决定催告书、强制执行申请书、案件移送函应当编注案号。

16．农业行政执法文书的内容必须符合有关法律、法规和规章的规定，做到（　　　）。

A．格式统一　　　　B．内容完整　　　　C．表述清楚　　　　D．用语规范

答案：ABCD

《农业行政执法文书制作规范》第三条规定，农业行政执法文书的内容必须符合有关法律、法规和规章的规定，做到格式统一、内容完整、表述清楚、用语规范。

17．农业行政执法文书制作规范适用于（　　　）等农业行政执法文书的制作。

A．监督检查　　　　B．行政强制　　　　C．行政处罚　　　　D．行政许可

答案：ABC

《农业行政执法文书制作规范》第二条规定，本规范适用于监督检查、行政强制、行政处罚等农业行政执法文书的制作。

判　断　题

1．案卷封面的题名为违法行为定性，如关于经营无检疫合格证明的动物产品案。（　　　）

答案：错

《农业行政执法文书制作规范》第四十四条第二款规定，封面应当包括执法机关名称、题名、办案起止时间、保管期限、卷内件（页）数等。封面题名应当由当事人和违法行为定性两部分组成，如关于×××无农药登记证生产农药案。

2．当场处罚决定书是指农业行政处罚机关适用一般程序，现场作出处罚决定的文书。（　　　）

答案：错

《农业行政执法文书制作规范》第十六条第一款规定，当场处罚决定书是指农业执法机关适用简易程序，现场作出处罚决定的文书。

3. 制作询问笔录时应当有两名以上执法人员在场，并做到一个被询问人一份笔录，可以多问一答或者一问多答。（   ）

> **答案：错**
>
> 《农业行政执法文书制作规范》第十八条规定，询问笔录是指为查明案件事实，收集证据，而向相关人员调查了解有关案件情况的文字记载。询问笔录应当记录被询问人提供的与案件有关的全部情况，包括案件发生的时间、地点、情形、事实经过、因果关系及后果等。询问时应当有两名以上执法人员在场，并做到一个被询问人一份笔录，一问一答。

4. 根据《农业行政执法文书制作规范》，作出处罚决定所依据的法律、法规、规章应当写明全称，列明适用的条、款即可。（   ）

> **答案：错**
>
> 《农业行政执法文书制作规范》第三十五条第四款规定，作出处罚决定所依据的法律、法规、规章应当写明全称，列明适用的条、款、项、目，并引用法条原文。

5. 行政处罚决定书等需要编"案号"的文书。"案号"为"行政区划简称+执法机关简称+执法类别+行为种类简称（罚）+序号"。（   ）

> **答案：错**
>
> 《农业行政执法文书制作规范》第九条规定，当场处罚决定书、行政处罚立案审批表、查封（扣押）决定书、解除查封（扣押）决定书、行政处罚事先告知书、行政处罚决定书、履行行政处罚决定催告书、强制执行申请书、案件移送函应当编注案号。"案号"为"行政区划简称+执法机关简称+执法类别+行为种类简称（如立、告、罚等）+年份+序号"。

6. 行政处罚一般程序案件应当按照一案一卷进行组卷。（   ）

> **答案：对**
>
> 《农业行政执法文书制作规范》第四十二条第一款规定，一般程序案件应当按照一案一卷进行组卷；材料过多的，可一案多卷。

7. 行政处罚决定书是指农业执法机关依法适用简易程序，对当事人作出行政处罚决定的文书。（   ）

> **答案：错**
>
> 《农业行政执法文书制作规范》第三十五第一款规定，行政处罚决定书是指农业执法机关依法适用一般程序，对当事人作出行政处罚决定的文书。

8. 案卷装订前应当做好文书材料的检查。对字迹难以辨认的材料，应当重写替换。（　　）

答案：错

《农业行政执法文书制作规范》第四十九条规定，案卷装订前应当做好文书材料的检查。文书材料上的订书钉等金属物应当去掉。对破损的文书材料应当进行修补或复制。小页纸应当用A4纸托底粘贴。纸张大于卷面的材料，应当按卷宗大小先对折再向外折叠。对字迹难以辨认的材料，应当附上抄件。

9. 案件移送函应当写明受移送单位名称、移送案件的基本情况及移送依据。（　　）

答案：对

《农业行政执法文书制作规范》第四十一条第二款规定，案件移送函应当写明受移送单位名称、移送案件的基本情况及移送依据。

10. 需要交付当事人的外部文书中设有签收栏的，由当事人直接签收；也可以由其亲属代签收，并注明与当事人的关系。（　　）

答案：错

《农业行政执法文书制作规范》第十四条第一款规定，需要交付当事人的外部文书中设有签收栏的，由当事人直接签收；也可以由其成年直系亲属代签收，并注明与当事人的关系。

11. 行政处罚决定书、行政处罚立案审批表、案件处理意见书、现场检查（勘验）笔录、案件移送函等应当编注案号。（　　）

答案：错

《农业行政执法文书制作规范》第九条第一款规定，当场处罚决定书、行政处罚立案审批表、查封（扣押）决定书、解除查封（扣押）决定书、行政处罚事先告知书、行政处罚决定书、履行行政处罚决定催告书、强制执行申请书、案件移送函应当编注案号。

12. 农业行政执法文书分为内部文书和外部文书。（　　）

答案：对

《农业行政执法文书制作规范》第四条第一款规定，农业行政执法文书分为内部文书和外部文书。

三十九、人畜共患传染病名录

单 选 题

1. 根据《人畜共患传染病名录》（农业部第1149号公告）的规定，属于人畜共患病的是（　　）。

A. 口蹄疫　　　　　B. 猪Ⅱ型链球菌病　　C. 伪狂犬病　　　　D. 球虫病

答案：B

《人畜共患传染病名录》：牛海绵状脑病、高致病性禽流感、狂犬病、炭疽、布鲁氏菌病、弓形虫病、棘球蚴病、钩端螺旋体病、沙门氏菌病、牛结核病、日本血吸虫病、猪乙型脑炎、猪Ⅱ型链球菌病、旋毛虫病、猪囊尾蚴病、马鼻疽、野兔热、大肠杆菌病（O157：H7）、李氏杆菌病、类鼻疽、放线菌病、肝片吸虫病、丝虫病、Q热、禽结核病、利什曼病共26种。

2. 根据《人畜共患传染病名录》（农业部第1149号公告）的规定，下列全部属于人畜共患传染病的选项是（　　）。

A. 禽结核病、旋毛虫病　　　　　　　B. 猪瘟、旋毛虫病

C. 猪丹毒、血吸虫病　　　　　　　　D. 猪流行腹泻、伪狂犬病

答案：A

《人畜共患传染病名录》：牛海绵状脑病、高致病性禽流感、狂犬病、炭疽、布鲁氏菌病、弓形虫病、棘球蚴病、钩端螺旋体病、沙门氏菌病、牛结核病、日本血吸虫病、猪乙型脑炎、猪Ⅱ型链球菌病、旋毛虫病、猪囊尾蚴病、马鼻疽、野兔热、大肠杆菌病（O157：H7）、李氏杆菌病、类鼻疽、放线菌病、肝片吸虫病、丝虫病、Q热、禽结核病、利什曼病共26种。

3.《人畜共患传染病名录》（农业部第1149号公告）的规定，人畜共患传染病共有（　　）种。

A. 23　　　　　　　B. 24　　　　　　　C. 25　　　　　　　D. 26

答案：D

《人畜共患传染病名录》：牛海绵状脑病、高致病性禽流感、狂犬病、炭疽、布鲁氏菌病、弓形虫病、棘球蚴病、钩端螺旋体病、沙门氏菌病、牛结核病、日本血吸虫病、猪乙型脑炎、猪Ⅱ型链球菌病、旋毛虫病、猪囊尾蚴病、马鼻疽、野兔热、大肠杆菌病（O157：H7）、李氏杆菌病、类鼻疽、放线菌病、肝片吸虫病、丝虫病、Q热、禽结核病、利什曼病共26种。

4. 根据《人畜共患传染病名录》（农业部第1149号公告）的规定，下列属于人畜共患传染病（　　）。

A. 高致病性猪蓝耳病　　B. 禽结核病　　　　C. 猪瘟　　　　　　D. 新城疫

答案：B

《人畜共患传染病名录》：牛海绵状脑病、高致病性禽流感、狂犬病、炭疽、布鲁氏菌病、弓形虫病、棘球蚴病、钩端螺旋体病、沙门氏菌病、牛结核病、日本血吸虫病、猪乙型脑炎、猪Ⅱ型链球菌病、旋毛虫病、猪囊尾蚴病、马鼻疽、野兔热、大肠杆菌病（O157：H7）、李氏杆菌病、类鼻疽、放线菌病、肝片吸虫病、丝虫病、Q热、禽结核病、利什曼病共26种。

5. 根据《人畜共患传染病名录》（农业部第1149号公告）的规定，下列属于人畜共患传染病（   ）。

A. 高致病性猪蓝耳病   B. 布鲁氏菌病   C. 猪丹毒   D. 小反刍兽疫

答案：B

《人畜共患传染病名录》：牛海绵状脑病、高致病性禽流感、狂犬病、炭疽、布鲁氏菌病、弓形虫病、棘球蚴病、钩端螺旋体病、沙门氏菌病、牛结核病、日本血吸虫病、猪乙型脑炎、猪Ⅱ型链球菌病、旋毛虫病、猪囊尾蚴病、马鼻疽、野兔热、大肠杆菌病（O157：H7）、李氏杆菌病、类鼻疽、放线菌病、肝片吸虫病、丝虫病、Q热、禽结核病、利什曼病共26种。

6. 根据《人畜共患传染病名录》（农业部第1149号公告）的规定，下列属于人畜共患传染病（   ）。

A. 猪囊尾蚴病   B. 非洲猪瘟   C. 口蹄疫   D. 绵羊痘

答案：A

《人畜共患传染病名录》：牛海绵状脑病、高致病性禽流感、狂犬病、炭疽、布鲁氏菌病、弓形虫病、棘球蚴病、钩端螺旋体病、沙门氏菌病、牛结核病、日本血吸虫病、猪乙型脑炎、猪Ⅱ型链球菌病、旋毛虫病、猪囊尾蚴病、马鼻疽、野兔热、大肠杆菌病（O157：H7）、李氏杆菌病、类鼻疽、放线菌病、肝片吸虫病、丝虫病、Q热、禽结核病、利什曼病共26种。

多 选 题

1. 根据《人畜共患传染病名录》（农业部第1149号公告）的规定，下列属于人畜共患传染病的是（   ）。

A. 猪丹毒   B. 口蹄疫   C. 弓形虫病   D. 狂犬病

答案：CD

《人畜共患传染病名录》：牛海绵状脑病、高致病性禽流感、狂犬病、炭疽、布鲁氏菌病、弓形虫病、棘球蚴病、钩端螺旋体病、沙门氏菌病、牛结核病、日本血吸虫病、猪乙型脑炎、猪Ⅱ型链球菌病、旋毛虫病、猪囊尾蚴病、马鼻疽、野兔热、大肠杆菌病（O157：H7）、李氏杆菌病、类鼻疽、放线菌病、肝片吸虫病、丝虫病、Q热、禽结核病、利什曼病。

2. 根据《人畜共患传染病名录》（农业部第1149号公告）的规定，下列属于人畜共患传染病的是（　　）。

A. 高致病性禽流感　　B. 猪Ⅱ型链球菌病　　C. 猪乙型脑炎　　D. 猪支原体肺炎

答案：ABC

《人畜共患传染病名录》：牛海绵状脑病、高致病性禽流感、狂犬病、炭疽、布鲁氏菌病、弓形虫病、棘球蚴病、钩端螺旋体病、沙门氏菌病、牛结核病、日本血吸虫病、猪乙型脑炎、猪Ⅱ型链球菌病、旋毛虫病、猪囊尾蚴病、马鼻疽、野兔热、大肠杆菌病（O157∶H7）、李氏杆菌病、类鼻疽、放线菌病、肝片吸虫病、丝虫病、Q热、禽结核病、利什曼病。

3. 根据《人畜共患传染病名录》（农业部第1149号公告）的规定，下列属于人畜共患传染病的是（　　）。

A. 蓝舌病　　　　B. 猪肺疫　　　　C. 棘球蚴病　　　　D. 沙门氏菌病

答案：CD

《人畜共患传染病名录》：牛海绵状脑病、高致病性禽流感、狂犬病、炭疽、布鲁氏菌病、弓形虫病、棘球蚴病、钩端螺旋体病、沙门氏菌病、牛结核病、日本血吸虫病、猪乙型脑炎、猪Ⅱ型链球菌病、旋毛虫病、猪囊尾蚴病、马鼻疽、野兔热、大肠杆菌病（O157∶H7）、李氏杆菌病、类鼻疽、放线菌病、肝片吸虫病、丝虫病、Q热、禽结核病、利什曼病。

4. 根据《人畜共患传染病名录》（农业部第1149号公告）的规定，下列属于人畜共患传染病的是（　　）。

A. 肝片吸虫病　　B. 布鲁氏菌病　　C. 马鼻疽　　D. 狂犬病

答案：ABCD

《人畜共患传染病名录》：牛海绵状脑病、高致病性禽流感、狂犬病、炭疽、布鲁氏菌病、弓形虫病、棘球蚴病、钩端螺旋体病、沙门氏菌病、牛结核病、日本血吸虫病、猪乙型脑炎、猪Ⅱ型链球菌病、旋毛虫病、猪囊尾蚴病、马鼻疽、野兔热、大肠杆菌病（O157∶H7）、李氏杆菌病、类鼻疽、放线菌病、肝片吸虫病、丝虫病、Q热、禽结核病、利什曼病。

5. 根据《人畜共患传染病名录》（农业部第1149号公告）的规定，下列属于人畜共患病的是（　　）。

A. 狂犬病　　　　B. 犬瘟热　　　　C. 高致病性禽流感　　D. 炭疽

答案：ACD

《人畜共患传染病名录》：牛海绵状脑病、高致病性禽流感、狂犬病、炭疽、布鲁氏菌病、弓形虫病、棘球蚴病、钩端螺旋体病、沙门氏菌病、牛结核病、日本血吸虫病、猪乙型脑炎、猪Ⅱ型链球菌病、旋毛虫病、猪囊尾蚴病、马鼻疽、野兔热、大肠杆菌病（O157∶H7）、李氏杆菌病、类鼻疽、放线菌病、肝片吸虫病、丝虫病、Q热、禽结核病、利什曼病。

6. 患有人畜共患传染病的人员不可以直接从事的活动包括（　　　）。

A. 诊疗　　　　　　　　　　　　　B. 易感动物饲养

C. 易感动物屠宰、经营、隔离　　　D. 易感动物运输

答案：ABCD

《动物防疫法》第二十三条规定，患有人畜共患传染病的人员不得直接从事动物诊疗以及易感染动物的饲养、屠宰、经营、隔离、运输等活动。

判　断　题

1. 牛海绵状脑病、高致病性禽流感、布鲁氏菌病、猪乙型脑炎都是人畜共患传染病。（　　　）

答案：对

《人畜共患传染病名录》：牛海绵状脑病、高致病性禽流感、狂犬病、炭疽、布鲁氏菌病、弓形虫病、棘球蚴病、钩端螺旋体病、沙门氏菌病、牛结核病、日本血吸虫病、猪乙型脑炎、猪Ⅱ型链球菌病、旋毛虫病、猪囊尾蚴病、马鼻疽、野兔热、大肠杆菌病（O157：H7）、李氏杆菌病、类鼻疽、放线菌病、肝片吸虫病、丝虫病、Q热、禽结核病、利什曼病。

2. 猪丹毒是人畜共患病。（　　　）

答案：错

《人畜共患传染病名录》：牛海绵状脑病、高致病性禽流感、狂犬病、炭疽、布鲁氏菌病、弓形虫病、棘球蚴病、钩端螺旋体病、沙门氏菌病、牛结核病、日本血吸虫病、猪乙型脑炎、猪Ⅱ型链球菌病、旋毛虫病、猪囊尾蚴病、马鼻疽、野兔热、大肠杆菌病（O157：H7）、李氏杆菌病、类鼻疽、放线菌病、肝片吸虫病、丝虫病、Q热、禽结核病、利什曼病。

3. 日本血吸虫病是一种人畜共患寄生性吸虫病。（　　　）

答案：对

《人畜共患传染病名录》：牛海绵状脑病、高致病性禽流感、狂犬病、炭疽、布鲁氏菌病、弓形虫病、棘球蚴病、钩端螺旋体病、沙门氏菌病、牛结核病、日本血吸虫病、猪乙型脑炎、猪Ⅱ型链球菌病、旋毛虫病、猪囊尾蚴病、马鼻疽、野兔热、大肠杆菌病（O157：H7）、李氏杆菌病、类鼻疽、放线菌病、肝片吸虫病、丝虫病、Q热、禽结核病、利什曼病。

4. 结核病是人畜共患传染病。（　　　）

答案：对

《人畜共患传染病名录》：牛海绵状脑病、高致病性禽流感、狂犬病、炭疽、布鲁氏菌病、弓形虫病、棘球蚴病、钩端螺旋体病、沙门氏菌病、牛结核病、日本血吸虫病、猪乙型脑炎、猪Ⅱ型链球菌病、旋毛虫病、猪囊尾蚴病、马鼻疽、野兔热、大肠杆菌病（O157：H7）、李氏杆菌病、类鼻疽、放线菌病、肝片吸虫病、丝虫病、Q热、禽结核病、利什曼病。

四十、乳用动物健康标准

多　选　题

1. 下列属于奶牛健康标准的是（　　　）。

A. 按国家规定开展重大疫病强制免疫工作，免疫抗体合格率达到国家规定要求，免疫档案齐全

B. 饲养场（养殖小区）引进奶牛必须严格执行检疫和隔离观察制度

C. 按国家规定加施畜禽标识，养殖档案齐全

D. 按照国家动物疫病监测计划对口蹄疫、牛瘟、牛肺疫、布鲁氏菌病、结核病、炭疽进行监测，监测结果符合规定要求

答案：ABCD

《乳用动物健康标准》规定，奶牛健康标准：1.饲养场（养殖小区）符合农业部规定的动物防疫条件，并取得县级以上地方人民政府兽医主管部门颁发的《动物防疫条件合格证》；2.按国家规定开展重大疫病强制免疫工作，免疫抗体合格率达到国家规定要求，免疫档案齐全；3.饲养场（养殖小区）引进奶牛必须严格执行检疫和隔离观察制度；4.开展定期消毒、灭鼠杀虫；5.按国家规定加施畜禽标识，养殖档案齐全；6.未发生口蹄疫、布鲁氏菌病、结核病、炭疽、牛瘟、牛肺疫和牛海绵状脑病等动物疫病；7.临床健康；8.按照国家动物疫病监测计划对口蹄疫、牛瘟、牛肺疫、布鲁氏菌病、结核病、炭疽进行监测，监测结果符合规定要求；9.经农业部批准进行布鲁氏菌病免疫的，免疫抗体检测合格；不进行布鲁氏菌病免疫的，血清学检测结果应为阴性；结核病经变态反应检测为阴性。

2.《乳用动物健康标准》规定的奶牛健康标准中，饲养场未发生（　　　）等动物疫病。

A. 口蹄疫、布鲁菌病 　　　　　　　　B. 结核病、炭疽

C. 牛流行热、牛病毒性腹泻 　　　　　D. 牛瘟、牛肺疫、牛海绵状脑病

答案：ABD

《乳用动物健康标准》规定，奶牛健康标准：未发生口蹄疫、布鲁菌病、结核病、炭疽、牛瘟、牛肺疫和牛海绵状脑病等动物疫病。

3. 奶山羊健康标准是指奶山羊按照国家动物疫病监测计划对（　　　　）进行监测，监测结果符合规定要求。

A. 口蹄疫　　　　　B. 山羊关节型脑炎　　　　C. 山羊痘　　　　D. 小反刍兽疫

答案：ACD

《乳用动物健康标准》规定，奶山羊健康标准是指奶山羊　按照国家动物疫病监测计划对口蹄疫、山羊痘、小反刍兽疫进行监测，监测结果符合规定要求。

判　断　题

1. 《乳用动物健康标准》所指乳用动物是用于生产供人类食用或加工用生鲜乳的奶牛、奶山羊等动物。（　　　）

答案：对

《乳用动物健康标准》规定，所指乳用动物是指用于生产供人类食用或加工用生鲜乳的奶牛、奶山羊等动物。

2. 奶牛、奶山羊布鲁氏菌病、结核病检测比例为50%。（　　　）

答案：错

《乳用动物健康标准》规定，奶牛、奶山羊布鲁氏菌病、结核病检测比例为100%。

四十一、一、二、三类动物疫病病种名录

单　选　题

1. 下列不属于一类动物疫病的病种是（　　　）。

A. 猪水疱病　　　　B. 牛海绵状脑病　　　　C. 羊痘　　　　D. 狂犬病

答案：D

《一二三类动物疫病病种目录》一类动物疫病（17种），口蹄疫、猪水疱病、猪瘟、非洲猪瘟、高致病性猪蓝耳病、非洲马瘟、牛瘟、牛传染性胸膜肺炎、牛海绵状脑病、痒病、蓝舌病、小反刍兽疫、绵羊痘和山羊痘、高致病性禽流感、新城疫、鲤春病毒血症、白斑综合征。

2. 下列不属于一类动物疫病的病种是（　　　）。

A. 猪水疱病 　　　　B. 猪瘟 　　　　C. 非洲猪瘟 　　　　D. 猪丹毒

答案：D

《一二三类动物疫病病种目录》一类动物疫病（17种），口蹄疫、猪水疱病、猪瘟、非洲猪瘟、高致病性猪蓝耳病、非洲马瘟、牛瘟、牛传染性胸膜肺炎、牛海绵状脑病、痒病、蓝舌病、小反刍兽疫、绵羊痘和山羊痘、高致病性禽流感、新城疫、鲤春病毒血症、白斑综合征。

3. 下列不属于一类动物疫病的病种是（　　　）。

A. 牛海绵状脑病 　　B. 痒病 　　　　C. 蓝舌病 　　　　D. 鸡传染性支气管炎

答案：D

《一二三类动物疫病病种目录》一类动物疫病（17种），口蹄疫、猪水疱病、猪瘟、非洲猪瘟、高致病性猪蓝耳病、非洲马瘟、牛瘟、牛传染性胸膜肺炎、牛海绵状脑病、痒病、蓝舌病、小反刍兽疫、绵羊痘和山羊痘、高致病性禽流感、新城疫、鲤春病毒血症、白斑综合征。

4. 下列不属于一类动物疫病的病种是（　　　）。

A. 高致病性禽流感 　B. 鸡新城疫 　　C. 禽白血病 　　　D. 非洲马瘟

答案：C

《一二三类动物疫病病种目录》一类动物疫病（17种），口蹄疫、猪水疱病、猪瘟、非洲猪瘟、高致病性猪蓝耳病、非洲马瘟、牛瘟、牛传染性胸膜肺炎、牛海绵状脑病、痒病、蓝舌病、小反刍兽疫、绵羊痘和山羊痘、高致病性禽流感、新城疫、鲤春病毒血症、白斑综合征。

5. 下列不属于一类动物疫病的病种是（　　　）。

A. 牛传染性胸膜肺炎 　　　　　　　B. 小反刍兽疫

C. 羊痘 　　　　　　　　　　　　　D. 牛结核病

答案：D

《一二三类动物疫病病种目录》一类动物疫病（17种），口蹄疫、猪水疱病、猪瘟、非洲猪瘟、高致病性猪蓝耳病、非洲马瘟、牛瘟、牛传染性胸膜肺炎、牛海绵状脑病、痒病、蓝舌病、小反刍兽疫、绵羊痘和山羊痘、高致病性禽流感、新城疫、鲤春病毒血症、白斑综合征。

6. 下列不属于二类动物疫病的病种是（　　　）。

A. 狂犬病 　　　　B. 炭疽 　　　　C. 弓形虫病 　　　　D. 口蹄疫

答案：D

《一二三类动物疫病病种目录》二类动物疫病（77种），多种动物共患病（9种）：狂犬病、布鲁氏菌病、炭疽、伪狂犬病、魏氏梭菌病、副结核病、弓形虫病、棘球蚴病、钩端螺旋体病。

7. 下列不属于二类动物疫病的病种是（　　）。

A. 牛传染性鼻气管炎　　　　　　　B. 牛瘟

C. 牛白血病　　　　　　　　　　　D. 牛恶性卡他热

答案：B

　　《一二三类动物疫病病种目录》二类动物疫病（77种），牛病（8种）：牛结核病、牛传染性鼻气管炎、牛恶性卡他热、牛白血病、牛出血性败血病、牛梨形虫病（牛焦虫病）、牛锥虫病、日本血吸虫病。

8. 下列不属于二类动物疫病的病种是（　　）。

A. 牛出血性败血病　　　　　　　　B. 牛结核

C. 牛传染胸膜肺炎　　　　　　　　D. 牛焦虫病

答案：C

　　《一二三类动物疫病病种目录》二类动物疫病（77种），牛病（8种）：牛结核病、牛传染性鼻气管炎、牛恶性卡他热、牛白血病、牛出血性败血病、牛梨形虫病（牛焦虫病）、牛锥虫病、日本血吸虫病。

9. 下列不属于二类动物疫病的病种是（　　）。

A. 牛病毒性腹泻病　　B. 日本血吸虫病　　C. 牛恶性卡他热　　D. 牛白血病

答案：A

　　《一二三类动物疫病病种目录》二类动物疫病（77种），牛病（8种）：牛结核病、牛传染性鼻气管炎、牛恶性卡他热、牛白血病、牛出血性败血病、牛梨形虫病（牛焦虫病）、牛锥虫病、日本血吸虫病。

10. 下列不属于二类动物疫病的病种是（　　）。

A. 猪细小病毒病　　　　　　　　　B. 猪繁殖与呼吸综合征

C. 蓝舌病　　　　　　　　　　　　D. 旋毛虫病

答案：C

　　《一二三类动物疫病病种目录》二类动物疫病（77种），猪病（12种）：猪繁殖与呼吸综合征（经典猪蓝耳病）、猪乙型脑炎、猪细小病毒病、猪丹毒、猪肺疫、猪链球菌病、猪传染性萎缩性鼻炎、猪支原体肺炎、旋毛虫病、猪囊尾蚴病、猪圆环病毒病、副猪嗜血杆菌病。

11. 下列不属于二类动物疫病的病种是（　　）。

A. 猪丹毒　　　　　　B. 猪肺疫　　　　　　C. 猪链球菌病　　　　D. 猪副伤寒

答案：D

　　《一二三类动物疫病病种目录》二类动物疫病（77种），猪病（12种）：猪繁殖与呼吸综合征（经典猪蓝耳病）、猪乙型脑炎、猪细小病毒病、猪丹毒、猪肺疫、猪链球菌病、猪传染性萎缩性鼻炎、猪支原体肺炎、旋毛虫病、猪囊尾蚴病、猪圆环病毒病、副猪嗜血杆菌病。

12. 下列不属于二类动物疫病的病种是（　　）。

A. 丝虫病　　　　　　B. 弓形虫病　　　　　C. 旋毛虫病　　　　　D. 棘球蚴病

　　答案：A

　　《一二三类动物疫病病种目录》二类动物疫病（77种），多种动物共患病（9种）：狂犬病、布鲁氏菌病、炭疽、伪狂犬病、魏氏梭菌病、副结核病、弓形虫病、棘球蚴病、钩端螺旋体病；猪病（12种）：猪繁殖与呼吸综合征（经典猪蓝耳病）、猪乙型脑炎、猪细小病毒病、猪丹毒、猪肺疫、猪链球菌病、猪传染性萎缩性鼻炎、猪支原体肺炎、旋毛虫病、猪囊尾蚴病、猪圆环病毒病、副猪嗜血杆菌病。

13. 下列不属于二类动物疫病的病种是（　　）。

A. 低致病性禽流感　　B. 鸡传染性支气管炎　　C. 鸡传染性法氏囊病　　D. 禽结核病

　　答案：D

　　《一二三类动物疫病病种目录》二类动物疫病（77种），禽病（18种）：鸡传染性喉气管炎、鸡传染性支气管炎、传染性法氏囊病、马立克氏病、产蛋下降综合征、禽白血病、禽痘、鸭瘟、鸭病毒性肝炎、鸭浆膜炎、小鹅瘟、禽霍乱、鸡白痢、禽伤寒、鸡败血支原体感染、鸡球虫病、低致病性禽流感、禽网状内皮组织增殖症。

14. 下列不属于二类动物疫病的病种是（　　）。

A. 鸡新城疫　　　　　B. 禽霍乱　　　　　　C. 鸡白痢　　　　　　D. 小鹅瘟

　　答案：A

　　《一二三类动物疫病病种目录》二类动物疫病（77种），禽病（18种）：鸡传染性喉气管炎、鸡传染性支气管炎、传染性法氏囊病、马立克氏病、产蛋下降综合征、禽白血病、禽痘、鸭瘟、鸭病毒性肝炎、鸭浆膜炎、小鹅瘟、禽霍乱、鸡白痢、禽伤寒、鸡败血支原体感染、鸡球虫病、低致病性禽流感、禽网状内皮组织增殖症。

15. 下列属于一类传染病的是（　　）。

A. 狂犬病　　　　　　B. 炭疽　　　　　　　C. 猪瘟　　　　　　　D. 马流感

　　答案：C

　　《一二三类动物疫病病种目录》一类动物疫病（17种），口蹄疫、猪水疱病、猪瘟、非洲猪瘟、高致病性猪蓝耳病、非洲马瘟、牛瘟、牛传染性胸膜肺炎、牛海绵状脑病、痒病、蓝舌病、小反刍兽疫、绵羊痘和山羊痘、高致病性禽流感、新城疫、鲤春病毒血症、白斑综合征。

16. 新城疫是由（　　　）引起的一种高度接触性禽类烈性传染病，世界动物卫生组织将其列为必须报告的动物疫病，我国将其列为（　　　）类动物疫病。

A. 寄生虫，二　　　　　B. 细菌，一　　　　　C. 病毒，一　　　　　D. 病毒，二

答案：C

《一二三类动物疫病病种目录》一类动物疫病（17种），口蹄疫、猪水疱病、猪瘟、非洲猪瘟、高致病性猪蓝耳病、非洲马瘟、牛瘟、牛传染性胸膜肺炎、牛海绵状脑病、痒病、蓝舌病、小反刍兽疫、绵羊痘和山羊痘、高致病性禽流感、新城疫、鲤春病毒血症、白斑综合征；新城疫是由病毒引起的一种高度接触性禽类烈性传染病。

17. 猪伪狂犬病是由（　　　）引起的传染病，我国将其列为（　　　）类动物疫病。

A. 病毒，一　　　　　B. 寄生虫，二　　　　　C. 病毒，二　　　　　D. 细菌，二

答案：C

《一二三类动物疫病病种目录》二类动物疫病（77种），猪病（12种）：猪繁殖与呼吸综合征（经典猪蓝耳病）、猪乙型脑炎、猪细小病毒病、猪丹毒、猪肺疫、猪链球菌病、猪传染性萎缩性鼻炎、猪支原体肺炎、旋毛虫病、猪囊尾蚴病、猪圆环病毒病、副猪嗜血杆菌病；猪伪狂犬病是由病毒引起的传染病。

18. 高致病性猪蓝耳病是由（　　　）引起的传染病，我国将其列为（　　　）类动物疫病。

A. 病毒，一　　　　　B. 寄生虫，二　　　　　C. 病毒，二　　　　　D. 细菌，二

答案：A

《一二三类动物疫病病种目录》一类动物疫病（17种），口蹄疫、猪水疱病、猪瘟、非洲猪瘟、高致病性猪蓝耳病、非洲马瘟、牛瘟、牛传染性胸膜肺炎、牛海绵状脑病、痒病、蓝舌病、小反刍兽疫、绵羊痘和山羊痘、高致病性禽流感、新城疫、鲤春病毒血症、白斑综合征；高致病性猪蓝耳病是由病毒引起的传染病。

19. 炭疽是由炭疽芽孢杆菌引起的一种人畜共患传染病，该病是我国规定的（　　　）动物疫病。

A. 一类　　　　　B. 二类　　　　　C. 三类　　　　　D. 四类

答案：B

《一二三类动物疫病病种目录》二类动物疫病（77种），多种动物共患病（9种）：狂犬病、布鲁氏菌病、炭疽、伪狂犬病、魏氏梭菌病、副结核病、弓形虫病、棘球蚴病、钩端螺旋体病。

多 选 题

1. 根据《一、二、三类动物疫病病种名录》（农业部第1125号公告）的规定，下列属于一类动物疫病的病种是（　　）。

A. 猪水疱病　　　　B. 牛海绵状脑病　　　　C. 羊痘　　　　D. 狂犬病

答案：ABC

《一、二、三类动物疫病病种名录》一类动物疫病（17种），口蹄疫、猪水疱病、猪瘟、非洲猪瘟、高致病性猪蓝耳病、非洲马瘟、牛瘟、牛传染性胸膜肺炎、牛海绵状脑病、痒病、蓝舌病、小反刍兽疫、绵羊痘和山羊痘、高致病性禽流感、新城疫、鲤春病毒血症、白斑综合征。

2. 下列（　　）等动物疫病，属于农业部第1125号公告公布的一类动物疫病。（　　）

A. 非洲马瘟　　　　B. 牛瘟　　　　C. 绵羊痘　　　　D. 炭疽

答案：ABC

《一、二、三类动物疫病病种名录》一类动物疫病（17种），口蹄疫、猪水疱病、猪瘟、非洲猪瘟、高致病性猪蓝耳病、非洲马瘟、牛瘟、牛传染性胸膜肺炎、牛海绵状脑病、痒病、蓝舌病、小反刍兽疫、绵羊痘和山羊痘、高致病性禽流感、新城疫、鲤春病毒血症、白斑综合征。

3. 根据《一、二、三类动物疫病病种名录》（农业部第1125号公告）的规定，均为一类动物疫病病种的选项有（　　）。

A. 蓝舌病、牛瘟、牛肺疫　　　　　　B. 非洲猪瘟、猪瘟、猪水疱病

C. 新城疫、非洲马瘟、痒病　　　　　D. 牛结核病、狂犬病、猪丹毒

答案：BC

《一、二、三类动物疫病病种名录》一类动物疫病（17种），口蹄疫、猪水疱病、猪瘟、非洲猪瘟、高致病性猪蓝耳病、非洲马瘟、牛瘟、牛传染性胸膜肺炎、牛海绵状脑病、痒病、蓝舌病、小反刍兽疫、绵羊痘和山羊痘、高致病性禽流感、新城疫、鲤春病毒血症、白斑综合征。

4. 根据《一、二、三类动物疫病病种名录》（农业部第1125号公告）规定，下列属于二类动物疫病的病种是（　　）。

A. 狂犬病　　　　B. 炭疽　　　　C. 弓形虫病　　　　D. 牛肺疫

答案：ABC

《一、二、三类动物疫病病种名录》一类动物疫病（17种），口蹄疫、猪水疱病、猪瘟、非洲猪瘟、高致病性猪蓝耳病、非洲马瘟、牛瘟、牛传染性胸膜肺炎、牛海绵状脑病、痒病、蓝舌病、小反刍兽疫、绵羊痘和山羊痘、高致病性禽流感、新城疫、鲤春病毒血症、白斑综合征；二类动物疫病（77种）多种动物共患病（9种）：狂犬病、布鲁氏菌病、炭疽、伪狂

犬病、魏氏梭菌病、副结核病、弓形虫病、棘球蚴病、钩端螺旋体病。

5. 根据《一、二、三类动物疫病病种名录》（农业部第1125号公告）的规定，下列不属于二类动物疫病的病种是（　　）。

A. 牛瘟　　　　　B. 日本血吸虫病　　　　C. 牛恶性卡他热　　　　D. 牛海绵状脑病

答案：AD

《一、二、三类动物疫病病种名录》一类动物疫病（17种），口蹄疫、猪水疱病、猪瘟、非洲猪瘟、高致病性猪蓝耳病、非洲马瘟、牛瘟、牛传染性胸膜肺炎、牛海绵状脑病、痒病、蓝舌病、小反刍兽疫、绵羊痘和山羊痘、高致病性禽流感、新城疫、鲤春病毒血症、白斑综合征；二类动物疫病（77种）牛病（8种）：牛结核病、牛传染性鼻气管炎、牛恶性卡他热、牛白血病、牛出血性败血病、牛梨形虫病（牛焦虫病）、牛锥虫病、日本血吸虫病。

6. 根据《一、二、三类动物疫病病种名录》（农业部第1125号公告）的规定，下列属于三类动物疫病的病种是（　　）。

A. 伪狂犬病　　　　　B. 猪流行性感冒　　　　C. 猪副伤寒　　　　D. 猪密螺旋体痢疾

答案：BCD

《一、二、三类动物疫病病种名录》二类动物疫病（77种），多种动物共患病（9种）：狂犬病、布鲁菌病、炭疽、伪狂犬病、魏氏梭菌病、副结核病、弓形虫病、棘球蚴病、钩端螺旋体病；三类动物疫病（63种）猪病（4种）：猪传染性胃肠炎、猪流行性感冒、猪副伤寒、猪密螺旋体痢疾。

7. 根据《一、二、三类动物疫病病种名录》（农业部第1125号公告）的规定，下列属于三类动物疫病的病种是（　　）。

A. 牛流行热　　　　　B. 牛毛滴虫病　　　　C. 牛皮蝇蛆病　　　　D. 牛锥虫病

答案：ABC

《一、二、三类动物疫病病种名录》二类动物疫病（77种），牛病（8种）：牛结核病、牛传染性鼻气管炎、牛恶性卡他热、牛白血病、牛出血性败血病、牛梨形虫病（牛焦虫病）、牛锥虫病、日本血吸虫病；三类动物疫病（63种）牛病（5种）：牛流行热、牛病毒性腹泻/黏膜病、牛生殖器弯曲杆菌病、毛滴虫病、牛皮蝇蛆病。

8. 根据《一、二、三类动物疫病病种名录》（农业部第1125号公告）的规定，下列不属于三类动物疫病的病种是（　　）。

A. 禽霍乱　　　　　B. 禽结核病　　　　C. 禽伤寒　　　　D. 禽痘

答案：ACD

《一、二、三类动物疫病病种名录》二类动物疫病（77种），禽病（18种）：鸡传染性喉气管炎、鸡传染性支气管炎、传染性法氏囊病、马立克氏病、产蛋下降综合征、禽白血病、禽痘、鸭瘟、鸭病毒性肝炎、鸭浆膜炎、小鹅瘟、禽霍乱、鸡白痢、禽伤寒、鸡败血支原体感染、鸡球虫病、低致病性禽流感、禽网状内皮组织增殖症；三类动物疫病（63种）禽病（4种）：鸡病毒性关节炎、禽传染性脑脊髓炎、传染性鼻炎、禽结核病。

9. 根据《一、二、三类动物疫病病种名录》（农业部第1125号公告）的规定，下列属于三类动物疫病的是（　　）。

A. 大肠杆菌病　　　　B. 丝虫病　　　　C. 绵羊地方性流产　　D. 猪传染性萎缩性鼻炎

答案：ABC

《一、二、三类动物疫病病种名录》二类动物疫病（77种），猪病（12种）：猪繁殖与呼吸综合征（经典猪蓝耳病）、猪乙型脑炎、猪细小病毒病、猪丹毒、猪肺疫、猪链球菌病、猪传染性萎缩性鼻炎、猪支原体肺炎、旋毛虫病、猪囊尾蚴病、猪圆环病毒病、副猪嗜血杆菌病；三类动物疫病（63种）多种动物共患病（8种）：大肠杆菌病、李氏杆菌病、类鼻疽、放线菌病、肝片吸虫病、丝虫病、附红细胞体病、Q热绵羊和山羊病（6种）：肺腺瘤病、传染性脓疱、羊肠毒血症、干酪性淋巴结炎、绵羊疥癣，绵羊地方性流产。

10. 根据《一、二、三类动物疫病病种名录》（农业部第1125号公告）的规定，下列不属于三类动物疫病的病种是（　　）。

A. 禽霍乱　　　　B. 禽结核病　　　　C. 禽伤寒　　　　D. 鸡败血支原体病

答案：ACD

《一、二、三类动物疫病病种名录》二类动物疫病（77种），禽病（18种）：鸡传染性喉气管炎、鸡传染性支气管炎、传染性法氏囊病、马立克氏病、产蛋下降综合征、禽白血病、禽痘、鸭瘟、鸭病毒性肝炎、鸭浆膜炎、小鹅瘟、禽霍乱、鸡白痢、禽伤寒、鸡败血支原体感染、鸡球虫病、低致病性禽流感、禽网状内皮组织增殖症；三类动物疫病（63种）禽病（4种）：鸡病毒性关节炎、禽传染性脑脊髓炎、传染性鼻炎、禽结核病。

11. 根据《一、二、三类动物疫病病种名录》（农业部第1125号公告）的规定，下列属于三类动物疫病的病种是（　　）。

A. 牛流行热　　　　B. 牛毛滴虫病　　　　C. 牛皮蝇蛆病　　　　D. 牛锥虫病

答案：ABC

《一、二、三类动物疫病病种名录》二类动物疫病（77种），牛病（8种）：牛结核病、牛传染性鼻气管炎、牛恶性卡他热、牛白血病、牛出血性败血病、牛梨形虫病（牛焦虫病）、牛锥虫病、日本血吸虫病；三类动物疫病（63种）牛病（5种）：牛流行热、牛病毒性腹泻/粘膜病、牛生殖器弯曲杆菌病、毛滴虫病、牛皮蝇蛆病。

12. 根据《一、二、三类动物疫病病种名录》（农业部第1125号公告）的规定，下列属于三类动物疫病的病种是（　　）。

A．伪狂犬病　　　　　B．猪传染性胃肠炎　　　C．猪副伤寒　　　D．猪密螺旋体痢疾

答案：BCD

《一、二、三类动物疫病病种名录》二类动物疫病（77种），多种动物共患病（9种）：狂犬病、布鲁氏菌病、炭疽、伪狂犬病、魏氏梭菌病、副结核病、弓形虫病、棘球蚴病、钩端螺旋体病；三类动物疫病（63种）猪病（4种）：猪传染性胃肠炎、猪流行性感冒、猪副伤寒、猪密螺旋体痢疾。

13. 根据《一、二、三类动物疫病病种名录》（农业部第1125号公告）的规定，下列属于二类动物疫病的病种是（　　）。

A．鸡新城疫　　　　　B．禽霍乱　　　　　C．鸡白痢　　　　D．小鹅瘟

答案：BCD

《一、二、三类动物疫病病种名录》一类动物疫病（17种），口蹄疫、猪水疱病、猪瘟、非洲猪瘟、高致病性猪蓝耳病、非洲马瘟、牛瘟、牛传染性胸膜肺炎、牛海绵状脑病、痒病、蓝舌病、小反刍兽疫、绵羊痘和山羊痘、高致病性禽流感、新城疫、鲤春病毒血症、白斑综合征；二类动物疫病（77种）禽病（18种）：鸡传染性喉气管炎、鸡传染性支气管炎、传染性法氏囊病、马立克氏病、产蛋下降综合征、禽白血病、禽痘、鸭瘟、鸭病毒性肝炎、鸭浆膜炎、小鹅瘟、禽霍乱、鸡白痢、禽伤寒、鸡败血支原体感染、鸡球虫病、低致病性禽流感、禽网状内皮组织增殖症。

14. 根据《一、二、三类动物疫病病种名录》（农业部第1125号公告）的规定，下列属于二类动物疫病的病种是（　　）。

A．禽传染性脑脊髓炎　　　　　　　　B．鸡传染性支气管炎

C．鸡传染性法氏囊病　　　　　　　　D．鸡传染性喉气管炎

答案：BCD

《一、二、三类动物疫病病种名录》二类动物疫病（77种），禽病（18种）：鸡传染性喉气管炎、鸡传染性支气管炎、传染性法氏囊病、马立克氏病、产蛋下降综合征、禽白血病、禽痘、鸭瘟、鸭病毒性肝炎、鸭浆膜炎、小鹅瘟、禽霍乱、鸡白痢、禽伤寒、鸡败血支原体感染、鸡球虫病、低致病性禽流感、禽网状内皮组织增殖症；三类动物疫病（63种）禽病（4种）：鸡病毒性关节炎、禽传染性脑脊髓炎、传染性鼻炎、禽结核病。

15. 根据《一、二、三类动物疫病病种名录》（农业部第1125号公告）的规定，下列属于二类动物

疫病的病种是（　　）。

A．鸡新城疫　　　　B．鸭瘟　　　　C．鸭病毒性肝炎　　　D．禽痘

答案：BCD

《一、二、三类动物疫病病种名录》一类动物疫病（17种），口蹄疫、猪水疱病、猪瘟、非洲猪瘟、高致病性猪蓝耳病、非洲马瘟、牛瘟、牛传染性胸膜肺炎、牛海绵状脑病、痒病、蓝舌病、小反刍兽疫、绵羊痘和山羊痘、高致病性禽流感、新城疫、鲤春病毒血症、白斑综合征。二类动物疫病（77种）禽病（18种），鸡传染性喉气管炎、鸡传染性支气管炎、传染性法氏囊病、马立克氏病、产蛋下降综合征、禽白血病、禽痘、鸭瘟、鸭病毒性肝炎、鸭浆膜炎、小鹅瘟、禽霍乱、鸡白痢、禽伤寒、鸡败血支原体感染、鸡球虫病、低致病性禽流感、禽网状内皮组织增殖症。

16．根据《一、二、三类动物疫病病种名录》（农业部第1125号公告）的规定，下列属于二类动物疫病的病种是（　　）。

A．高致病性禽流感　　B．鸡产蛋下降综合征　　C．禽白血病　　　D．鸡马立克氏病

答案：BCD

《一、二、三类动物疫病病种名录》一类动物疫病（17种），口蹄疫、猪水疱病、猪瘟、非洲猪瘟、高致病性猪蓝耳病、非洲马瘟、牛瘟、牛传染性胸膜肺炎、牛海绵状脑病、痒病、蓝舌病、小反刍兽疫、绵羊痘和山羊痘、高致病性禽流感、新城疫、鲤春病毒血症、白斑综合征。二类动物疫病（77种）禽病（18种），鸡传染性喉气管炎、鸡传染性支气管炎、传染性法氏囊病、马立克氏病、产蛋下降综合征、禽白血病、禽痘、鸭瘟、鸭病毒性肝炎、鸭浆膜炎、小鹅瘟、禽霍乱、鸡白痢、禽伤寒、鸡败血支原体感染、鸡球虫病、低致病性禽流感、禽网状内皮组织增殖症。

17．根据《一、二、三类动物疫病病种名录》（农业部第1125号公告）的规定，下列不属于二类动物疫病的病种是（　　）。

A．牛瘟　　　　　B．日本血吸虫病　　　C．牛恶性卡他热　　　D．牛海绵状脑病

答案：AD

《一、二、三类动物疫病病种名录》一类动物疫病（17种），口蹄疫、猪水疱病、猪瘟、非洲猪瘟、高致病性猪蓝耳病、非洲马瘟、牛瘟、牛传染性胸膜肺炎、牛海绵状脑病、痒病、蓝舌病、小反刍兽疫、绵羊痘和山羊痘、高致病性禽流感、新城疫、鲤春病毒血症、白斑综合征。二类动物疫病（77种）牛病（8种），牛结核病、牛传染性鼻气管炎、牛恶性卡他热、牛白血病、牛出血性败血病、牛梨形虫病（牛焦虫病）、牛锥虫病、日本血吸虫病。

18．根据《一、二、三类动物疫病病种名录》（农业部第1125号公告）的规定，下列属于二类动物疫病的病种是（　　）。

A. 牛瘟　　　　　　B. 牛结核病　　　　　C. 牛锥虫病　　　　　D. 牛海绵状脑病

答案：BC

　　《一、二、三类动物疫病病种名录》一类动物疫病（17种），口蹄疫、猪水疱病、猪瘟、非洲猪瘟、高致病性猪蓝耳病、非洲马瘟、牛瘟、牛传染性胸膜肺炎、牛海绵状脑病、痒病、蓝舌病、小反刍兽疫、绵羊痘和山羊痘、高致病性禽流感、新城疫、鲤春病毒血症、白斑综合征。二类动物疫病（77种）牛病（8种），牛结核病、牛传染性鼻气管炎、牛恶性卡他热、牛白血病、牛出血性败血病、牛梨形虫病（牛焦虫病）、牛锥虫病、日本血吸虫病。

19. 根据《一、二、三类动物疫病病种名录》（农业部第1125号公告）的规定，下列属于二类动物疫病的病种是（　　）。

　　A. 牛传染性鼻气管炎　　B. 牛海绵状脑病　　　　C. 牛白血病　　　　　D. 牛恶性卡他热

答案：ACD

　　《一、二、三类动物疫病病种名录》一类动物疫病（17种），口蹄疫、猪水疱病、猪瘟、非洲猪瘟、高致病性猪蓝耳病、非洲马瘟、牛瘟、牛传染性胸膜肺炎、牛海绵状脑病、痒病、蓝舌病、小反刍兽疫、绵羊痘和山羊痘、高致病性禽流感、新城疫、鲤春病毒血症、白斑综合征。二类动物疫病（77种）牛病（8种），牛结核病、牛传染性鼻气管炎、牛恶性卡他热、牛白血病、牛出血性败血病、牛梨形虫病（牛焦虫病）、牛锥虫病、日本血吸虫病。

20. 根据《一、二、三类动物疫病病种名录》（农业部第1125号公告）的规定，下列属于二类动物疫病的病种是（　　）。

　　A. 牛出血性败血病　　B. 牛结核病　　　　　C. 牛传染胸膜肺炎　　D. 牛焦虫病

答案：ABD

　　《一、二、三类动物疫病病种名录》一类动物疫病（17种），口蹄疫、猪水疱病、猪瘟、非洲猪瘟、高致病性猪蓝耳病、非洲马瘟、牛瘟、牛传染性胸膜肺炎、牛海绵状脑病、痒病、蓝舌病、小反刍兽疫、绵羊痘和山羊痘、高致病性禽流感、新城疫、鲤春病毒血症、白斑综合征。二类动物疫病（77种）牛病（8种），牛结核病、牛传染性鼻气管炎、牛恶性卡他热、牛白血病、牛出血性败血病、牛梨形虫病（牛焦虫病）、牛锥虫病、日本血吸虫病。

21. 根据《一、二、三类动物疫病病种名录》（农业部第1125号公告）的规定，下列属于二类动物疫病的病种是（　　）。

　　A. 猪乙型脑炎　　　　B. 猪肺疫　　　　　　C. 猪囊尾蚴病　　　　D. 口蹄疫

答案：ABC

　　《一、二、三类动物疫病病种名录》一类动物疫病（17种），口蹄疫、猪水疱病、猪瘟、非洲猪瘟、高致病性猪蓝耳病、非洲马瘟、牛瘟、牛传染性胸膜肺炎、牛海绵状脑病、痒病、蓝舌病、小反刍兽疫、绵羊痘和山羊痘、高致病性禽流感、新城疫、鲤春病毒血症、白斑综合征。二类动物疫病（77种）猪病（12种），猪繁殖与呼吸综合征（经典猪蓝耳病）、猪乙型脑炎、猪细小病毒病、猪丹毒、猪肺疫、猪链球菌病、猪传染性萎缩性鼻炎、猪支原体肺炎、旋毛虫病、猪囊尾蚴病、猪圆环病毒病、副猪嗜血杆菌病。

22. 根据《一、二、三类动物疫病病种名录》（农业部第1125号公告）的规定，下列属于二类动物疫病的病种是（　　）。

　　A. 猪传染性萎缩性鼻炎　　　　　　　　B. 猪支原体肺炎

　　C. 旋毛虫病　　　　　　　　　　　　　D. 丝虫病

答案：ABC

　　《一、二、三类动物疫病病种名录》二类动物疫病（77种），猪病（12种）：猪繁殖与呼吸综合征（经典猪蓝耳病）、猪乙型脑炎、猪细小病毒病、猪丹毒、猪肺疫、猪链球菌病、猪传染性萎缩性鼻炎、猪支原体肺炎、旋毛虫病、猪囊尾蚴病、猪圆环病毒病、副猪嗜血杆菌病。三类动物疫病（63种）多种动物共患病（8种），大肠杆菌病、李氏杆菌病、类鼻疽、放线菌病、肝片吸虫病、丝虫病、附红细胞体病、Q热。

23. 根据《一、二、三类动物疫病病种名录》（农业部第1125号公告）的规定，下列属于二类动物疫病的病种是（　　）。

　　A. 猪丹毒　　　　B. 猪肺疫　　　　C. 猪链球菌病　　　　D. 大肠杆菌病

答案：ABC

　　《一、二、三类动物疫病病种名录》二类动物疫病（77种），猪病（12种）：猪繁殖与呼吸综合征（经典猪蓝耳病）、猪乙型脑炎、猪细小病毒病、猪丹毒、猪肺疫、猪链球菌病、猪传染性萎缩性鼻炎、猪支原体肺炎、旋毛虫病、猪囊尾蚴病、猪圆环病毒病、副猪嗜血杆菌病。三类动物疫病（63种）多种动物共患病（8种），大肠杆菌病、李氏杆菌病、类鼻疽、放线菌病、肝片吸虫病、丝虫病、附红细胞体病、Q热。

24. 根据《一、二、三类动物疫病病种名录》（农业部第1125号公告）的规定，下列属于二类动物疫病的病种是（　　）。

　　A. 猪传染性萎缩性鼻炎　　　　　　　　B. 猪细小病毒病

　　C. 猪繁殖与呼吸综合征　　　　　　　　D. 猪乙型脑炎

答案：ABCD

　　《一、二、三类动物疫病病种名录》二类动物疫病（77种），猪病（12种）：猪繁殖与呼吸综合征（经典猪蓝耳病）、猪乙型脑炎、猪细小病毒病、猪丹毒、猪肺疫、猪链球菌病、猪传染性萎缩性鼻炎、猪支原体肺炎、旋毛虫病、猪囊尾蚴病、猪圆环病毒病、副猪嗜血杆菌病。

25. 根据《一、二、三类动物疫病病种名录》（农业部第1125号公告）的规定，下列属于二类动物疫病的是（　　）。

　　A. 猪副伤寒　　　　　　B. 马巴贝斯虫病　　　　C. 马传染性贫血　　　D. 副结核病

　　答案：BCD

　　《一、二、三类动物疫病病种名录》二类动物疫病（77种），多种动物共患病（9种）：狂犬病、布鲁氏菌病、炭疽、伪狂犬病、魏氏梭菌病、副结核病、弓形虫病、棘球蚴病、钩端螺旋体病；牛病（8种）：牛结核病、牛传染性鼻气管炎、牛恶性卡他热、牛白血病、牛出血性败血病、牛梨形虫病（牛焦虫病）、牛锥虫病、日本血吸虫病；马病（5种）：马传染性贫血、马流行性淋巴管炎、马鼻疽、马巴贝斯虫病、伊氏锥虫病。三类动物疫病（63种）猪病（4种），猪传染性胃肠炎、猪流行性感冒、猪副伤寒、猪密螺旋体痢疾。

26. 根据《一、二、三类动物疫病病种名录》（农业部第1125号公告）的规定，下列属于一类动物疫病的病种是（　　）。

　　A. 鸡球虫病　　　　　　B. 高致病性禽流感　　　C. 新城疫　　　　　　D. 禽痘

　　答案：BC

　　《一、二、三类动物疫病病种名录》一类动物疫病（17种），口蹄疫、猪水疱病、猪瘟、非洲猪瘟、高致病性猪蓝耳病、非洲马瘟、牛瘟、牛传染性胸膜肺炎、牛海绵状脑病、痒病、蓝舌病、小反刍兽疫、绵羊痘和山羊痘、高致病性禽流感、新城疫、鲤春病毒血症、白斑综合征。二类动物疫病（77种）禽病（18种），鸡传染性喉气管炎、鸡传染性支气管炎、传染性法氏囊病、马立克氏病、产蛋下降综合征、禽白血病、禽痘、鸭瘟、鸭病毒性肝炎、鸭浆膜炎、小鹅瘟、禽霍乱、鸡白痢、禽伤寒、鸡败血支原体感染、鸡球虫病、低致病性禽流感、禽网状内皮组织增殖症。

27. 根据《一、二、三类动物疫病病种名录》（农业部第1125号公告）的规定，下列属于一类动物疫病的病种是（　　）。

　　A. 牛海绵状脑病　　　　B. 痒病　　　　　　　　C. 蓝舌病　　　　　　D. 鸡低致病性禽流感

　　答案：ABC

　　《一、二、三类动物疫病病种名录》一类动物疫病（17种），口蹄疫、猪水疱病、猪瘟、非洲猪瘟、高致病性猪蓝耳病、非洲马瘟、牛瘟、牛传染性胸膜肺炎、牛海绵状脑病、痒病、蓝舌病、小反刍兽疫、绵羊痘和山羊痘、高致病性禽流感、新城疫、鲤春病毒血症、白斑综合征。二类动物疫病（77种）禽病（18种），鸡传染性喉气管炎、鸡传染性支气管炎、传染性法氏囊病、马立克氏病、产蛋下降综合征、禽白血病、禽痘、鸭瘟、鸭病毒性肝炎、鸭浆膜炎、小鹅瘟、禽霍乱、鸡白痢、禽伤寒、鸡败血支原体感染、鸡球虫病、低致病性禽流感、禽网状内皮组织增殖症。

28. 根据《一、二、三类动物疫病病种名录》（农业部第1125号公告）的规定，属于一类动物疫病的病种是（　　　）。

　　A．猪圆环病毒　　　　B．猪瘟　　　　　　C．非洲猪瘟　　　　D．猪乙型脑炎

> **答案：BC**
>
> 《一、二、三类动物疫病病种名录》一类动物疫病（17种），口蹄疫、猪水疱病、猪瘟、非洲猪瘟、高致病性猪蓝耳病、非洲马瘟、牛瘟、牛传染性胸膜肺炎、牛海绵状脑病、痒病、蓝舌病、小反刍兽疫、绵羊痘和山羊痘、高致病性禽流感、新城疫、鲤春病毒血症、白斑综合征。二类动物疫病（77种）猪病（12种），猪繁殖与呼吸综合征（经典猪蓝耳病）、猪乙型脑炎、猪细小病毒病、猪丹毒、猪肺疫、猪链球菌病、猪传染性萎缩性鼻炎、猪支原体肺炎、旋毛虫病、猪囊尾蚴病、猪圆环病毒病、副猪嗜血杆菌病。

29. 根据《一、二、三类动物疫病病种名录》（农业部第1125号公告）的规定，下列属于一类动物疫病的病种是（　　　）。

　　A．牛瘟　　　　　　　　　　　　B．牛传染性胸膜肺炎

　　C．牛海绵状脑病　　　　　　　　D．牛结核病

> **答案：ABC**
>
> 《一、二、三类动物疫病病种名录》一类动物疫病（17种），口蹄疫、猪水疱病、猪瘟、非洲猪瘟、高致病性猪蓝耳病、非洲马瘟、牛瘟、牛传染性胸膜肺炎、牛海绵状脑病、痒病、蓝舌病、小反刍兽疫、绵羊痘和山羊痘、高致病性禽流感、新城疫、鲤春病毒血症、白斑综合征。二类动物疫病（77种）牛病（8种），牛结核病、牛传染性鼻气管炎、牛恶性卡他热、牛白血病、牛出血性败血病、牛梨形虫病（牛焦虫病）、牛锥虫病、日本血吸虫病。

30. 根据《一、二、三类动物疫病病种名录》（农业部第1125号公告）的规定，下列属于一类动物疫病的病种是（　　　）。

　　A．蓝舌病　　　　　　B．牛瘟　　　　　　C．新城疫　　　　　　D．炭疽

> **答案：ABC**
>
> 《一、二、三类动物疫病病种名录》一类动物疫病（17种），口蹄疫、猪水疱病、猪瘟、非洲猪瘟、高致病性猪蓝耳病、非洲马瘟、牛瘟、牛传染性胸膜肺炎、牛海绵状脑病、痒病、蓝舌病、小反刍兽疫、绵羊痘和山羊痘、高致病性禽流感、新城疫、鲤春病毒血症、白斑综合征。二类动物疫病（77种）多种动物共患病（9种），狂犬病、布鲁氏菌病、炭疽、伪狂犬病、魏氏梭菌病、副结核病、弓形虫病、棘球蚴病、钩端螺旋体病。

31. 根据《一、二、三类动物疫病病种名录》（农业部第1125号公告）的规定，下列属于一类动物疫病的病种是（　　　）。

　　A．猪水疱病　　　　B．牛海绵状脑病　　　　C．羊痘　　　　　　D．狂犬病

答案：ABC

《一、二、三类动物疫病病种名录》一类动物疫病（17种），口蹄疫、猪水疱病、猪瘟、非洲猪瘟、高致病性猪蓝耳病、非洲马瘟、牛瘟、牛传染性胸膜肺炎、牛海绵状脑病、痒病、蓝舌病、小反刍兽疫、绵羊痘和山羊痘、高致病性禽流感、新城疫、鲤春病毒血症、白斑综合征。二类动物疫病（77种）多种动物共患病（9种），狂犬病、布鲁氏菌病、炭疽、伪狂犬病、魏氏梭菌病、副结核病、弓形虫病、棘球蚴病、钩端螺旋体病。

32. 根据《一、二、三类动物疫病病种名录》（农业部第1125号公告）的规定，下列属于二类动物疫病的病种是（　　）。

A．猪副伤寒　　　　　B．马巴贝斯虫病　　　　C．马传染性贫血　　　D．副结核病

答案：BCD

《一、二、三类动物疫病病种名录》二类动物疫病（77种），多种动物共患病（9种）：狂犬病、布鲁氏菌病、炭疽、伪狂犬病、魏氏梭菌病、副结核病、弓形虫病、棘球蚴病、钩端螺旋体病；牛病（8种）：牛结核病、牛传染性鼻气管炎、牛恶性卡他热、牛白血病、牛出血性败血病、牛梨形虫病（牛焦虫病）、牛锥虫病、日本血吸虫病；马病（5种）：马传染性贫血、马流行性淋巴管炎、马鼻疽、马巴贝斯虫病、伊氏锥虫病。三类动物疫病（63种）猪病（4种），猪传染性胃肠炎、猪流行性感冒、猪副伤寒、猪密螺旋体痢疾。

33. 不属于农业部规定的一类疫病是（　　）。

A．狂犬病　　　　　B．猪瘟　　　　　C．炭疽　　　　　D．新城疫

答案：AC

《一、二、三类动物疫病病种名录》一类动物疫病（17种），口蹄疫、猪水疱病、猪瘟、非洲猪瘟、高致病性猪蓝耳病、非洲马瘟、牛瘟、牛传染性胸膜肺炎、牛海绵状脑病、痒病、蓝舌病、小反刍兽疫、绵羊痘和山羊痘、高致病性禽流感、新城疫、鲤春病毒血症、白斑综合征。

34. 属于农业部规定的一类疫病是（　　）。

A．小反刍兽疫　　　B．口蹄疫　　　　　C．高致病性猪蓝耳病　　D．布鲁氏菌病

答案：ABC

《一、二、三类动物疫病病种名录》一类动物疫病（17种），口蹄疫、猪水疱病、猪瘟、非洲猪瘟、高致病性猪蓝耳病、非洲马瘟、牛瘟、牛传染性胸膜肺炎、牛海绵状脑病、痒病、蓝舌病、小反刍兽疫、绵羊痘和山羊痘、高致病性禽流感、新城疫、鲤春病毒血症、白斑综合征。

35. 不属于农业部规定的一类疫病是（　　）。

A．狂犬病　　　　　B．猪瘟　　　　　C．炭疽　　　　　D．新城疫

答案：AC

《一、二、三类动物疫病病种名录》一类动物疫病（17种），口蹄疫、猪水疱病、猪瘟、非洲猪瘟、高致病性猪蓝耳病、非洲马瘟、牛瘟、牛传染性胸膜肺炎、牛海绵状脑病、痒病、蓝舌病、小反刍兽疫、绵羊痘和山羊痘、高致病性禽流感、新城疫、鲤春病毒血症、白斑综合征。

判 断 题

1. 口蹄疫、狂犬病、高致病性禽流感都属一类动物疫病。（   ）

答案：错

《一二三类动物疫病病种名录》一类动物疫病（17种），口蹄疫、猪水疱病、猪瘟、非洲猪瘟、高致病性猪蓝耳病、非洲马瘟、牛瘟、牛传染性胸膜肺炎、牛海绵状脑病、痒病、蓝舌病、小反刍兽疫、绵羊痘和山羊痘、高致病性禽流感、新城疫、鲤春病毒血症、白斑综合征。

2. 山羊关节炎脑炎、梅迪-维斯纳病属于二类动物疫病。（   ）

答案：对

《一二三类动物疫病病种目录》二类动物疫病（77种），绵羊和山羊病（2种）：山羊关节炎脑炎、梅迪-维斯纳病。

3. 我国将炭疽列为二类动物疫病。（   ）

答案：对

《一二三类动物疫病病种目录》二类动物疫病（77种），多种动物共患病（9种）：狂犬病、布鲁氏菌病、炭疽、伪狂犬病、魏氏梭菌病、副结核病、弓形虫病、棘球蚴病、钩端螺旋体病。

4. 猪链球菌病是我国规定的一类动物疫病。（   ）

答案：错

《一二三类动物疫病病种目录》二类动物疫病（77种），猪病（12种）：猪繁殖与呼吸综合征（经典猪蓝耳病）、猪乙型脑炎、猪细小病毒病、猪丹毒、猪肺疫、猪链球菌病、猪传染性萎缩性鼻炎、猪支原体肺炎、旋毛虫病、猪囊尾蚴病、猪圆环病毒病、副猪嗜血杆菌病。

四十二、最高人民法院、最高人民检察院关于办理危害食品安全刑事案件适用法律若干问题的解释

单 选 题

1. 生产、销售有毒、有害食品，造成十人以上严重食物中毒或者其他严重食源性疾病的，应当认定为刑法第一百四十四条规定的（　　）。

A. 致人死亡或者有其他特别严重情节　　　B. 对人体健康造成严重危害

C. 其他严重情节　　　D. 致人死亡

答案：B

《最高人民法院、最高人民检察院关于办理危害食品安全刑事案件适用法律若干问题的解释》第五条规定，生产、销售有毒、有害食品，具有本解释第二条规定情形之一的，应当认定为刑法第一百四十四条规定的"对人体健康造成严重危害"。

2. 生产、销售有毒、有害食品，生产、销售金额五十万元以上的，应当认定为刑法第一百四十四条规定的（　　）。

A. 致人死亡或者有其他特别严重情节　　　B. 对人体造成严重危害

C. 其他严重情节　　　D. 致人死亡

答案：A

《最高人民法院、最高人民检察院关于办理危害食品安全刑事案件适用法律若干问题的解释》第七条规定，生产、销售有毒、有害食品，生产、销售金额五十万元以上，或者具有本解释第四条规定的情形之一的，应当认定为刑法第一百四十四条规定的"致人死亡或者有其他特别严重情节"。

3. 在食用农产品种植、养殖、销售、运输、贮存等过程中，使用禁用农药、兽药等禁用物质或者其他有毒、有害物质的，按照刑法第一百四十四条的规定以（　　）定罪处罚。

A. 生产、销售有毒、有害食品罪　　　B. 生产、销售伪劣产品罪

C. 非法经营罪　　　D. 生产、销售不符合安全标准的食品罪

答案：A

《最高人民法院、最高人民检察院关于办理危害食品安全刑事案件适用法律若干问题的解释》第九条第二款规定，在食用农产品种植、养殖、销售、运输、贮存等过程中，使用禁用农药、兽药等禁用物质或者其他有毒、有害物质的，适用前款（依照刑法第一百四十四条的规定以生产、销售有毒、有害食品罪定罪处罚）的规定定罪处罚。

4. 以提供给他人生产、销售食品为目的，违反国家规定，生产、销售国家禁止用于食品生产、销售的非食品原料、情节严重的，依照刑法第二百二十五条的规定以（　　　）定罪处罚。

A. 生产、销售有毒、有害食品罪　　　　　　B. 生产、销售伪劣产品罪

C. 非法经营罪　　　　　　　　　　　　　　D. 生产、销售不符合安全标准的食品罪

答案：C

《最高人民法院、最高人民检察院关于办理危害食品安全刑事案件适用法律若干问题的解释》第十一条第一款规定，以提供给他人生产、销售食品为目的，违反国家规定，生产、销售国家禁止用于食品生产、销售的非食品原料，情节严重的，依照刑法第二百二十五条的规定以非法经营罪定罪处罚。

5. 违反国家规定，私设生猪屠宰厂（场）从事生猪屠宰、销售等经营活动，情节严重的，依照刑法第二百二十五条的规定以（　　　）定罪处罚。

A. 生产、销售有毒、有害食品罪　　　　　　B. 生产、销售伪劣产品罪

C. 非法经营罪　　　　　　　　　　　　　　D. 生产、销售不符合安全标准的食品罪

答案：C

《最高人民法院、最高人民检察院关于办理危害食品安全刑事案件适用法律若干问题的解释》第十二条第一款规定，违反国家规定，私设生猪屠宰厂（场），从事生猪屠宰、销售等经营活动，情节严重的，依照刑法第二百二十五条的规定以非法经营罪定罪处罚。

6.《最高人民法院、最高人民检察院关于办理危害食品安全刑事案件适用法律若干问题的解释》（法释〔2013〕12号）自（　　　）起施行。

A. 2013年4月28日　　B. 2013年5月4日　　C. 2013年5月1日　　D. 2013年7月1日

答案：B

《最高人民法院、最高人民检察院关于办理危害食品安全刑事案件适用法律若干问题的解释》前言规定，《最高人民法院、最高人民检察院关于办理危害食品安全刑事案件适用法律若干问题的解释》已于2013年4月28日由最高人民法院审判委员会第1576次会议、2013年4月28日由最高人民检察院第十二届检察委员会第5次会议通过，现予公布，自2013年5月4日起施行。

多 选 题

1. 生产、销售不符合食品安全标准的食品，具有下列（　　　）情形之一的，认定为刑法第一百四十三条规定的"足以造成严重食物中毒事故或者其他严重食源性疾病"。

2. 在食用农产品种植、养殖、销售、运输、贮存等过程中，违反食品安全标准，超限量或者超范围滥用添加剂、农药、兽药等，足以造成严重食物中毒事故或者其他严重食源性疾病的，依据刑法第一百四十三条的规定以生产、销售不符合安全标准的食品罪定罪处罚。（　　）

答案：对

《最高人民法院、最高人民检察院关于办理危害食品安全刑事案件适用法律若干问题的解释》第八条规定，在食品加工、销售、运输、贮存等过程中，违反食品安全标准，超限量或者超范围滥用食品添加剂，足以造成严重食物中毒事故或者其他严重食源性疾病的，依照刑法第一百四十三条的规定以生产、销售不符合安全标准的食品罪定罪处罚。在食用农产品种植、养殖、销售、运输、贮存等过程中，违反食品安全标准，超限量或者超范围滥用添加剂、农药、兽药等，足以造成严重食物中毒事故或者其他严重食源性疾病的，适用前款的规定定罪处罚。

3. 在食用农产品种植、养殖、销售、运输、贮存等过程中，使用禁用农药、兽药等禁用物质或者其他有毒、有害物质的，按照刑法第一百四十四条的规定以生产、销售有毒、有害食品罪定罪处罚。（　　）

答案：对

《最高人民法院、最高人民检察院关于办理危害食品安全刑事案件适用法律若干问题的解释》第九条规定，在食品加工、销售、运输、贮存等过程中，掺入有毒、有害的非食品原料，或者使用有毒、有害的非食品原料加工食品的，依照刑法第一百四十四条的规定以生产、销售有毒、有害食品罪定罪处罚。在食用农产品种植、养殖、销售、运输、贮存等过程中，使用禁用农药、兽药等禁用物质或者其他有毒、有害物质的，适用前款的规定定罪处罚。在保健食品或者其他食品中非法添加国家禁用药物等有毒、有害物质的，适用第一款的规定定罪处罚。

4. 在养殖食用动物过程中，使用禁用兽药等禁用物质或者其他有毒、有害物质的，按照刑法第一百四十四条的规定以生产、销售有毒、有害食品罪定罪处罚。（　　）

答案：对

《最高人民法院、最高人民检察院关于办理危害食品安全刑事案件适用法律若干问题的解释》第九条规定，在食品加工、销售、运输、贮存等过程中，掺入有毒、有害的非食品原料，或者使用有毒、有害的非食品原料加工食品的，依照刑法第一百四十四条的规定以生产、销售有毒、有害食品罪定罪处罚。在食用农产品种植、养殖、销售、运输、贮存等过程中，使用禁用农药、兽药等禁用物质或者其他有毒、有害物质的，适用前款的规定定罪处罚。在保健食品或者其他食品中非法添加国家禁用药物等有毒、有害物质的，适用第一款的规定定罪处罚。

5. 违反国家规定，私设生猪屠宰厂（场），从事生猪屠宰、销售等经营活动情节严重的，同时又构成生产、销售不符合安全标准的食品罪，生产、销售有毒、有害食品罪等其他犯罪的，依照处罚较重

的规定定罪处罚。（　　　）

> 答案：对
>
> 《最高人民法院、最高人民检察院关于办理危害食品安全刑事案件适用法律若干问题的解释》第十二条规定，违反国家规定，私设生猪屠宰厂（场），从事生猪屠宰、销售等经营活动，情节严重的，依照刑法第二百二十五条的规定以非法经营罪定罪处罚。实施前款行为，同时又构成生产、销售不符合安全标准的食品罪，生产、销售有毒、有害食品罪等其他犯罪的，依照处罚较重的规定定罪处罚。

6. 生产、销售不符合食品安全标准的食品，有毒、有害食品，符合刑法第一百四十三条、第一百四十四条规定的，以生产、销售不符合安全标准的食品罪或者生产销售有毒、有害食品罪定罪处罚。（　　　）

> 答案：对
>
> 《最高人民法院、最高人民检察院关于办理危害食品安全刑事案件适用法律若干问题的解释》第十三条第一款规定，生产、销售不符合食品安全标准的食品，有毒、有害食品，符合刑法第一百四十三条、第一百四十四条规定的，以生产、销售不符合安全标准的食品罪或者生产、销售有毒、有害食品罪定罪处罚。同时构成其他犯罪的，依照处罚较重的规定定罪处罚。

7. 出售明知饲喂"瘦肉精"的牛羊，应依法追究刑事责任。（　　　）

> 答案：对
>
> 《最高人民法院最高人民检察院关于办理非法生产、销售、使用禁止在饲料和动物饮用水中使用的药品等刑事案件具体应用法律若干问题的解释》第三条规定，使用盐酸克仑特罗等禁止在饲料和动物饮用水中使用的药品或者含有该类药品的饲料养殖供人食用的动物，或者销售明知是使用该类药品或者含有该类药品的饲料养殖的供人食用的动物的，依照刑法第一百四十四条的规定，以生产、销售有毒、有害食品罪追究刑事责任。
>
> 盐酸克仑特罗俗称"瘦肉精"。

8. 严禁任何单位和个人非法生产、销售或以其他方式提供"瘦肉精"等有害物质。如有违反，依照《中华人民共和国刑法》第二百二十五条规定，对当事人移送公安机关，以非法经营罪追究刑事责任。（　　　）

> 答案：对
>
> 《最高人民法院最高人民检察院关于办理非法生产、销售、使用禁止在饲料和动物饮用水中使用的药品等刑事案件具体应用法律若干问题的解释》第一、二条规定，未取得药品生产、经营许可证件和批准文号，非法生产、销售盐酸克仑特罗等禁止在饲料和动物饮用水中使用的

药品，扰乱药品市场秩序，情节严重的，依照刑法第二百二十五条第（一）项的规定，以非法经营罪追究刑事责任。在生产、销售的饲料中添加盐酸克仑特罗等禁止在饲料和动物饮用水中使用的药品，或者销售明知是添加有该类药品的饲料，情节严重的，依照刑法第二百二十五条第（四）项的规定，以非法经营罪追究刑事责任。

四十三、中华人民共和国农业部公告第2516号

单 选 题

1. 中华人民共和国农业部公告第2516号要求，家禽养殖场（户）应当按照《中华人民共和国动物防疫法》和农业部的有关规定做好家禽H7N9流感（   ）等工作，确保家禽和家禽产品的卫生安全。

A. 实验室检测　　　　B. 定期抽检　　　　C. 检测、剔除　　　　D. 疫情监测

答案：C

中华人民共和国农业部公告第2516号要求，家禽养殖场（户）应当按照《中华人民共和国动物防疫法》和农业部的有关规定做好家禽H7N9流感检测、剔除等工作，确保家禽和家禽产品的卫生安全。

2. 中华人民共和国农业部公告第2516号要求，家禽出栏前（   ）天内，采样送当地县级以上动物疫病预防控制机构实验室或具备H7N9流感检测资质的实验室检测。

A. 21　　　　　　　　B. 30　　　　　　　　C. 60　　　　　　　　D. 90

答案：A

中华人民共和国农业部公告第2516号要求，跨省调运活禽的家禽养殖场（户）应主动做好家禽H7N9流感送样检测工作。在家禽出栏前21天内，按规定委托执业兽医或乡村兽医平行采集家禽血清学样品和病原学样品（雏禽应采集种蛋来源种禽的血清学样品和病原学样品），并于采样后48小时内送当地县级以上动物疫病预防控制机构实验室或具备H7N9流感检测资质的实验室。

3. 中华人民共和国农业部公告第2516号要求，跨省调运活禽的家禽养殖场（户）采样应覆盖所有待出栏或雏禽种蛋生产的禽舍，每次采样数量不得低于（   ）羽。

A. 10　　　　　　　　B. 20　　　　　　　　C. 30　　　　　　　　D. 40

答案：C

中华人民共和国农业部公告第2516号要求，跨省调运活禽的家禽养殖场（户）应主动做好家禽H7N9流感送样检测工作。在家禽出栏前21天内，按规定委托执业兽医或乡村兽医平行采集家禽血清学样品和病原学样品（雏禽应采集种蛋来源种禽的血清学样品和病原学样品），并于采样后48小时内送当地县级以上动物疫病预防控制机构实验室或具备H7N9流感检测资质的实验室。采样应覆盖所有待出栏或雏禽种蛋生产的禽舍，每次采样数量不得低于30羽，同时应做好记录备查。

多 选 题

1. 中华人民共和国农业部公告第2516号要求，在跨省调运活禽检疫申报受理时，要严格查验检测报告。下列属于不得出具动物检疫合格证明情形的是（ ）。

A. 无检测报告

B. 检测报告中H7N9流感血清学检测结果呈阳性

C. 检测报告签发日期超过采样日期21天的

D. 其他无动物疫病检测资质的机构出具的检测报告

答案：ABC

中华人民共和国农业部公告第2516号要求，跨省调运活禽的，家禽养殖场（户）凭检测报告申报产地检疫。动物卫生监督机构受理检疫时，要严格查验检测报告，对无检测报告、检测报告中H7N9流感血清学检测结果呈阳性或检测报告签发日期超过采样日期21天的，不得出具动物检疫合格证明。

2. 中华人民共和国农业部公告第2516号要求，各级动物卫生监督机构要强化执法力度，对违法（ ）家禽的，依法严厉查处。

A. 宰杀 　　　　B. 出售 　　　　C. 运输 　　　　D. 养殖

答案：BC

中华人民共和国农业部公告第2516号要求，各级兽医主管部门要加强疫苗生产、销售和使用的监督管理，对非法制售、使用疫苗的，一律依法从重处罚；各级动物卫生监督机构要强化执法力度，对违法出售、运输家禽的，依法严厉查处。

判 断 题

1. 中华人民共和国农业部公告第2516号要求，县级以上动物疫病预防控制机构实验室接到样品后应及时开展血清学检测，并出具检测报告。（　　）

答案：对

中华人民共和国农业部公告第2516号要求，县级以上动物疫病预防控制机构实验室或具备H7N9流感检测资质的实验室接到样品后应及时开展血清学检测，并出具检测报告。

2. 中华人民共和国农业部公告第2516号要求，检出H7N9流感血清学阳性的，送样单位（个人）和检测单位应立即向当地动物卫生监督机构报告。（　　）

答案：错

中华人民共和国农业部公告第2516号要求，检出H7N9流感血清学阳性的，送样单位（个人）和检测单位应立即向当地兽医主管部门报告。

3. 中华人民共和国农业部公告第2516号要求，检出H7N9流感血清学阳性的，相关养殖场（户）要立即采取有效措施，转移阳性禽群。（　　）

答案：错

中华人民共和国农业部公告第2516号要求，检出H7N9流感血清学阳性的，相关养殖场（户）要立即采取有效措施，隔离阳性禽群，不得擅自出售或转移场所。

四十四、公安机关受理行政执法机关移送涉嫌犯罪案件规定

单 选 题

1. 公安机关在受理行政机关移送案件时，对材料不全的，应当在接受案件的二十四小时内书面告知移送的行政执法机关在（　　）日内补正。

A. 3　　　　　　　　　B. 5　　　　　　　　　C. 7　　　　　　　　　D. 10

答案：A

《公安机关受理行政执法机关移送涉嫌犯罪案件规定》（2016年）第二条第三款规定，对材料不全的，应当在接受案件的二十四小时内书面告知移送的行政执法机关在三日内补正。但不得以材料不全为由，不接受移送案件。

2. 公安机关对行政机关移送的案件决定不立案的，应当制作不予立案通知书，连同案卷材料在（   ）日内送达移送案件的行政执法机关。

A. 3   B. 5   C. 7   D. 10

> **答案：A**
>
> 《公安机关受理行政执法机关移送涉嫌犯罪案件规定》（2016年）第四条第二款规定，决定立案的，应当书面通知移送案件的行政执法机关。对决定不立案的，应当说明理由，制作不予立案通知书，连同案卷材料在三日内送达移送案件的行政执法机关。

多　选　题

1. 公安机关审查发现涉嫌犯罪案件移送（   ）的，可以就证明有犯罪事实的相关证据要求等提出补充调查意见，商请移送案件的行政执法机关补充调查。

A. 材料不全的　　　　　　　　　　B. 证据不充分的

C. 移送涉嫌犯罪罪名不正确的　　　D. 适用法律不正确的

> **答案：AB**
>
> 《公安机关受理行政执法机关移送涉嫌犯罪案件规定》（2016年）第五条规定，公安机关审查发现涉嫌犯罪案件移送材料不全、证据不充分的，可以就证明有犯罪事实的相关证据要求等提出补充调查意见，商请移送案件的行政执法机关补充调查。必要时，公安机关可以自行调查。

2. 行政执法机关在移送涉嫌犯罪案件时，应当向公安机关移送（   ）材料。

A. 案件移送书　　B. 案件调查报告　　C. 涉案物品清单　　　D. 检验报告或者鉴定意见

> **答案：ABCD**
>
> 《公安机关受理行政执法机关移送涉嫌犯罪案件规定》（2016年）第二条规定，对行政执法机关移送的涉嫌犯罪案件，公安机关应当接受，及时录入执法办案信息系统，并检查是否附有下列材料：（一）案件移送书，载明移送机关名称、行政违法行为涉嫌犯罪罪名、案件主办人及联系电话等。案件移送书应当附移送材料清单，并加盖移送机关公章；（二）案件调查报告，载明案件来源、查获情况、嫌疑人基本情况、涉嫌犯罪的事实、证据和法律依据、处理建议等；（三）涉案物品清单，载明涉案物品的名称、数量、特征、存放地等事项，并附采取行政强制措施、现场笔录等表明涉案物品来源的相关材料；（四）附有鉴定机构和鉴定人资质证明或者其他证明文件的检验报告或者鉴定意见；（五）现场照片、询问笔录、电子数据、视听资料、认定意见、责令整改通知书等其他与案件有关的证据材料。

3. 行政机关移送涉嫌犯罪案件，案件调查报告应当载明（　　　）。

A. 案件来源、查获情况　　　　　　　　B. 嫌疑人基本情况

C. 涉嫌犯罪的事实、证据和法律依据　　D. 处理建议

> **答案：ABCD**
>
> 《公安机关受理行政执法机关移送涉嫌犯罪案件规定》（2016年）第二条第二项规定，案件调查报告，载明案件来源、查获情况、嫌疑人基本情况、涉嫌犯罪的事实、证据和法律依据、处理建议等。

4. 移送案件的行政执法机关在移送案件后，需要作出责令停产停业、吊销许可证等行政处罚，或者在相关（　　　）中，需要使用已移送公安机关证据材料的，公安机关应当协助。

A. 行政复议　　　　B. 行政诉讼　　　　C. 行政许可　　　　D. 国家赔偿

> **答案：AB**
>
> 《公安机关受理行政执法机关移送涉嫌犯罪案件规定》（2016年）第六条第三款规定，移送案件的行政执法机关在移送案件后，需要作出责令停产停业、吊销许可证等行政处罚，或者在相关行政复议、行政诉讼中，需要使用已移送公安机关证据材料的，公安机关应当协助。

判　断　题

1. 公安机关不得以行政机关移送案件材料不全为由，不接受移送案件。（　　　）

> **答案：对**
>
> 《公安机关受理行政执法机关移送涉嫌犯罪案件规定》（2016年）第二条第二款规定，对材料不全的，应当在接受案件的二十四小时内书面告知移送的行政执法机关在三日内补正。但不得以材料不全为由，不接受移送案件。

2. 对行政机关移送的案件决定立案的，公安机关应当自立案之日起5日内与行政执法机关交接涉案物品以及与案件有关的其他证据材料。（　　　）

> **答案：错**
>
> 《公安机关受理行政执法机关移送涉嫌犯罪案件规定》（2016年）第六条规定，对决定立案的，公安机关应当自立案之日起三日内与行政执法机关交接涉案物品以及与案件有关的其他证据材料。

四十五、农业行政处罚程序规定

单 选 题

1. 农业行政处罚案件自立案之日起，应当在（　　）个月内作出处理决定。

A. 1　　　　　　　B. 2　　　　　　　C. 3　　　　　　　D. 4

答案：C

《农业行政处罚程序规定》第四十一条规定，农业行政处罚案件自立案之日起，应当在三个月内作出处理决定；特殊情况下三个月内不能作出处理的，报经上一级农业行政处罚机关批准可以延长至一年。

2. 当事人在听证中，有权对案件调查人员提出的证据（　　）并提出新的证据。

A. 审查　　　　　　B. 拒绝　　　　　　C. 调查　　　　　　D. 质证

答案：D

《农业行政处罚程序规定》第四十八条第二项规定，有权对案件调查人员提出的证据质证并提出新的证据。

3. 农业行政处罚案件自立案之日起，在规定的时间内不能作出处理的，报经上一级农业行政处罚机关批准可以延长至（　　）。

A. 3个月　　　　　B. 6个月　　　　　C. 1年　　　　　　D. 20个月

答案：C

《农业行政处罚程序规定》第四十一条规定，农业行政处罚案件自立案之日起，应当在三个月内作出处理决定；特殊情况下三个月内不能作出处理的，报经上一级农业行政处罚机关批准可以延长至一年。

多 选 题

1.《询问笔录》经被询问人阅核后，由（　　）签名或者盖章。

A. 询问人　　　　　B. 被询问人　　　　C. 见证人　　　　　D. 其他相关人员

答案：AB

《农业行政处罚程序规定》第二十八条规定，执法人员询问证人或当事人（以下简称被询问人），应当制作《询问笔录》。笔录经被询问人阅核后，由询问人和被询问人签名或者盖章。被询问人拒绝签名或盖章的，由询问人在笔录上注明情况。

2. 在证据可能（　　　）的情况下，经农业行政处罚机关负责人批准，可以先行登记保存。

A．灭失 　　　 B．不宜保存 　　　 C．不宜固定 　　　 D．以后难以取得

答案：AD

《农业行政处罚程序规定》第三十一条第二款规定，在证据可能灭失或者以后难以取得的情况下，经农业行政处罚机关负责人批准，可以先行登记保存。

3. 农业行政处罚机关对抽样取证、登记保存、查封扣押的物品，农业行政处罚机关应当制作（　　　）。

A．《抽样取证凭证》 　　　　　　　　 B．《证据登记保存清单》

C．《查封（扣押）决定书》 　　　　　 D．《查封（扣押）清单》

答案：ABCD

《农业行政处罚程序规定》第三十二条第二款规定，对抽样取证、登记保存、查封扣押的物品，农业行政处罚机关应当制作《抽样取证凭证》《证据登记保存清单》《查封（扣押）决定书》和《查封（扣押）清单》。

4. 先行登记保存物品时，就地由当事人保存的，当事人或者有关人员不得（　　　）。

A．使用 　　　 B．销售 　　　 C．转移 　　　 D．损毁或者隐匿

答案：ABCD

《农业行政处罚程序规定》第三十四条第一款规定，先行登记保存物品时，就地由当事人保存的，当事人或者有关人员不得使用、销售、转移、损毁或者隐匿。

5. 农业行政处罚机关对先行登记保存的证据，为防止损害公共利益，需要（　　　）的，依法进行处理。

A．销毁 　　　 B．无害化处理 　　　 C．没收 　　　 D．检验

答案：AB

《农业行政处罚程序规定》第三十五条第四项规定，为防止损害公共利益，需要销毁或者无害化处理的，依法进行处理。

6. 听证参加人由听证（　　　）、案件调查人员、当事人及其委托代理人组成。

A．主持人 　　　 B．听证员 　　　 C．书记员 　　　 D．处罚机关主要负责人

答案：ABC

《农业行政处罚程序规定》第四十六条规定，听证参加人由听证主持人、听证员、书记员、案件调查人员、当事人及其委托代理人组成。

判　断　题

1. 农业行政综合执法机构和受委托的农业管理机构应当以农业行政主管部门的名义实施农业行政处罚。（　　）

答案：对
《农业行政处罚程序规定》第五条规定，农业行政综合执法机构和受委托的农业管理机构应当以农业行政主管部门的名义实施农业行政处罚。

2. 被询问人在《询问笔录》上拒绝签名或盖章的，询问人可以请知情人或在场人员在笔录上签名。（　　）

答案：错
《农业行政处罚程序规定》第二十八条规定，执法人员询问证人或当事人（以下简称被询问人），应当制作《询问笔录》。笔录经被询问人阅核后，由询问人和被询问人签名或者盖章。被询问人拒绝签名或盖章的，由询问人在笔录上注明情况。

3. 执法人员对与案件有关的物品或者场所进行现场检查或者勘验检查时，应当通知当事人到场。（　　）

答案：对
《农业行政处罚程序规定》第二十九条第二款规定，执法人员对与案件有关的物品或者场所进行现场检查或者勘验检查时，应当通知当事人到场，制作《现场检查（勘验）笔录》，当事人拒不到场或拒绝签名盖章的，应当在笔录中注明，并可以请在场的其他人员见证。

4. 农业行政处罚机关抽样送检的，应当将检测结果及时告知当事人。（　　）

答案：对
《农业行政处罚程序规定》第三十三条规定，农业行政处罚机关抽样送检的，应当将检测结果及时告知当事人。

5. 案件调查人员的回避未被决定前，停止对案件的调查处理。（　　）

答案：错

《农业行政处罚程序规定》第三十六条第二款规定，回避未被决定前，不得停止对案件的调查处理。

6. 举行听证当事人不能到场的，可以口头委托代理人参加听证。（ ）

答案：错

《农业行政处罚程序规定》第四十六条第三款规定，当事人委托代理人参加听证的，应当提交授权委托书。

四十六、国家突发重大动物疫情应急预案

单 选 题

1.《国家突发重大动物疫情应急预案》规定，重大动物疫情的预警依次用（ ）表示特别严重、严重、较重和一般四个预警级别。

A. 红色、黄色、橙色和蓝色　　　　B. 橙色、红色、黄色和蓝色
C. 红色、橙色、蓝色和黄色　　　　D. 红色、橙色、黄色和蓝色

答案：D

《国家突发重大动物疫情应急预案》3.2规定，预警：各级人民政府兽医行政管理部门根据动物防疫监督机构提供的监测信息，按照重大动物疫情的发生、发展规律和特点，分析其危害程度、可能的发展趋势，及时做出相应级别的预警，依次用红色、橙色、黄色和蓝色表示特别严重、严重、较重和一般四个预警级别。

2.《国家突发重大动物疫情应急预案》规定，对可能发生的高致病性禽流感疫情，由农业部向全国作出相应疫情级别的预警，（ ）代表疫情特别严重。

A. 红色　　　　B. 橙色　　　　C. 黄色　　　　D. 蓝色

答案：A

《国家突发重大动物疫情应急预案》3.2规定，预警：各级人民政府兽医行政管理部门根据动物防疫监督机构提供的监测信息，按照重大动物疫情的发生、发展规律和特点，分析其危害程度、可能的发展趋势，及时做出相应级别的预警，依次用红色、橙色、黄色和蓝色表示特别严重、严重、较重和一般四个预警级别。

3.《国家突发重大动物疫情应急预案》规定，对可能发生的猪瘟，由农业部向全国作出相应疫情级别的预警，（ ）代表疫情严重。

A. 红色　　　　　B. 橙色　　　　　C. 黄色　　　　　D. 蓝色

答案：B

《国家突发重大动物疫情应急预案》3.2规定，预警：各级人民政府兽医行政管理部门根据动物防疫监督机构提供的监测信息，按照重大动物疫情的发生、发展规律和特点，分析其危害程度、可能的发展趋势，及时做出相应级别的预警，依次用红色、橙色、黄色和蓝色表示特别严重、严重、较重和一般四个预警级别。

4.《国家突发重大动物疫情应急预案》规定，对可能发生的口蹄疫，由农业部向全国作出相应疫情级别的预警，（　　）代表疫情较重。

A. 红色　　　　　B. 橙色　　　　　C. 黄色　　　　　D. 蓝色

答案：C

《国家突发重大动物疫情应急预案》3.2规定，预警：各级人民政府兽医行政管理部门根据动物防疫监督机构提供的监测信息，按照重大动物疫情的发生、发展规律和特点，分析其危害程度、可能的发展趋势，及时做出相应级别的预警，依次用红色、橙色、黄色和蓝色表示特别严重、严重、较重和一般四个预警级别。

5.《国家突发重大动物疫情应急预案》规定，对可能发生的高致病性禽流感疫情，由农业部向全国作出相应疫情级别的预警，（　　）代表疫情一般。

A. 红色　　　　　B. 橙色　　　　　C. 黄色　　　　　D. 蓝色

答案：D

《国家突发重大动物疫情应急预案》3.2规定，预警：各级人民政府兽医行政管理部门根据动物防疫监督机构提供的监测信息，按照重大动物疫情的发生、发展规律和特点，分析其危害程度、可能的发展趋势，及时做出相应级别的预警，依次用红色、橙色、黄色和蓝色表示特别严重、严重、较重和一般四个预警级别。

6.《国家突发重大动物疫情应急预案》规定，突发重大动物疫情特别重大的用（　　）表示。

A. Ⅰ级　　　　　B. Ⅱ级　　　　　C. Ⅲ级　　　　　D. Ⅳ级

答案：A

《国家突发重大动物疫情应急预案》1.3规定，突发重大动物疫情分级：根据突发重大动物疫情的性质、危害程度、涉及范围，将突发重大动物疫情划分为特别重大（Ⅰ级）、重大（Ⅱ级）、较大（Ⅲ级）和一般（Ⅳ级）四级。

7.《国家突发重大动物疫情应急预案》规定，突发重大动物疫情重大的用（　　）表示。

A. Ⅰ级　　　　　B. Ⅱ级　　　　　C. Ⅲ级　　　　　D. Ⅳ级

答案：B

《国家突发重大动物疫情应急预案》1.3规定，突发重大动物疫情分级：根据突发重大动物疫情的性质、危害程度、涉及范围，将突发重大动物疫情划分为特别重大（Ⅰ级）、重大（Ⅱ级）、较大（Ⅲ级）和一般（Ⅳ级）四级。

8.《国家突发重大动物疫情应急预案》规定，突发重大动物疫情较大的用（   ）表示。

A．Ⅰ级   B．Ⅱ级   C．Ⅲ级   D．Ⅳ级

答案：C

《国家突发重大动物疫情应急预案》1.3规定，突发重大动物疫情分级：根据突发重大动物疫情的性质、危害程度、涉及范围，将突发重大动物疫情划分为特别重大（Ⅰ级）、重大（Ⅱ级）、较大（Ⅲ级）和一般（Ⅳ级）四级。

9.《国家突发重大动物疫情应急预案》规定，突发重大动物疫情特别重大的用（   ）表示。

A．Ⅰ级   B．Ⅱ级   C．Ⅲ级   D．Ⅳ级

答案：D

《国家突发重大动物疫情应急预案》1.3规定，突发重大动物疫情分级：根据突发重大动物疫情的性质、危害程度、涉及范围，将突发重大动物疫情划分为特别重大（Ⅰ级）、重大（Ⅱ级）、较大（Ⅲ级）和一般（Ⅳ级）四级。

10.《国家突发重大动物疫情应急预案》规定，（   ）在国务院统一领导下，负责组织、协调全国突发重大动物疫情应急处理工作。

A．农业部   B．卫生部

C．国家兽医局   D．国家疫病预防控制中心

答案：A

《国家突发重大动物疫情应急预案》2.1规定，应急指挥机构：农业部在国务院统一领导下，负责组织、协调全国突发重大动物疫情应急处理工作。

11.《国家突发重大动物疫情应急预案》规定，县级以上（   ）在本级人民政府统一领导下，负责组织、协调本行政区域内突发重大动物疫情应急处理工作。

A．动物疫病预防控制机构   B．动物卫生监督机构

C．兽医行政主管部门   D．以上都不是

答案：C

《国家突发重大动物疫情应急预案》规定，县级以上地方人民政府兽医行政管理部门在本级人民政府统一领导下，负责组织、协调本行政区域内突发重大动物疫情应急处理工作。

12.《国家突发重大动物疫情应急预案》规定，省级突发重大动物疫情应急指挥部由（ ）有关部门组成。

A. 省级人民政府   B. 省级兽医行政主管部门

C. 省级动物疫病预防控制中心   D. 以上都对

答案：A

《国家突发重大动物疫情应急预案》2.1.2规定，省级突发重大动物疫情应急指挥部的职责：省级突发重大动物疫情应急指挥部由省级人民政府有关部门组成，省级人民政府主管领导担任总指挥。

13.《国家突发重大动物疫情应急预案》规定，（ ）主要负责突发重大动物疫情报告，现场流行病学调查，对封锁、隔离、紧急免疫、无害化处理等措施的实施进行指导、落实和监督。

A. 动物防疫监督机构   B. 兽医行政主管部门

C. 人民政府   D. 以上都不是

答案：A

《国家突发重大动物疫情应急预案》2.4.1规定，动物防疫监督机构：主要负责突发重大动物疫情报告，现场流行病学调查，开展现场临床诊断和实验室检测，加强疫病监测，对封锁、隔离、紧急免疫、扑杀、无害化处理、消毒等措施的实施进行指导、落实和监督。

14.《国家突发重大动物疫情应急预案》规定，突发重大动物疫情应急处理要采取（ ）的方式，有效控制疫情发展。

A. 边调查   B. 边处理   C. 边核实   D. 以上都是

答案：D

《国家突发重大动物疫情应急预案》4.1规定，应急响应的原则：突发重大动物疫情应急处理要采取边调查、边处理、边核实的方式，有效控制疫情发展。

15.《国家突发重大动物疫情应急预案》规定，未发生突发重大动物疫情的地方，当地（ ）接到疫情通报后，要组织做好人员、物资等应急准备工作。

A. 人民政府   B. 兽医行政管理部门

C. 动物卫生监督机构   D. 动物疫病预防控制机构

答案：B

《国家突发重大动物疫情应急预案》4.1规定，应急响应的原则：未发生突发重大动物疫情的地方，当地人民政府兽医行政管理部门接到疫情通报后，要组织做好人员、物资等应急准备工作，采取必要的预防控制措施，防止突发重大动物疫情在本行政区域内发生，并服从上一级人民政府兽医行政管理部门的统一指挥，支援突发重大动物疫情发生地的应急处理工作。

多 选 题

1.《国家突发重大动物疫情应急预案》编制的目的是（　　　）。

A. 及时、有效地预防、控制和扑灭突发重大动物疫情

B. 最大程度地减轻突发重大动物疫情对畜牧业及公众健康造成的危害

C. 保持经济持续稳定健康发展

D. 保障人民身体健康安全

答案：ABCD

《国家突发重大动物疫情应急预案》1.1规定，编制目的：及时、有效地预防、控制和扑灭突发重大动物疫情，最大程度地减轻突发重大动物疫情对畜牧业及公众健康造成的危害，保持经济持续稳定健康发展，保障人民身体健康安全。

2.《国家突发重大动物疫情应急预案》规定，国家突发重大动物疫情时的工作原则是（　　　）。

A. 统一领导，分级管理　　　　　　　　B. 快速反应，高效运转

C. 预防为主，群防群控　　　　　　　　D. 层级指挥，减少损失

答案：ABC

《国家突发重大动物疫情应急预案》1.5规定，工作原则：（1）统一领导，分级管理；（2）快速反应，高效运转；（3）预防为主，群防群控。

3.《国家突发重大动物疫情应急预案》规定，发生突发重大动物疫情时，（　　　）可根据本级人民政府兽医行政管理部门的建议和实际工作需要，决定是否成立全国和地方应急指挥部。

A. 国务院　　　　　　　　　　　　　　B. 县级以上地方人民政府

C. 农业部　　　　　　　　　　　　　　D. 县级以上动物卫生监督机构

答案：AB

《国家突发重大动物疫情应急预案》2.1规定，应急指挥机构：国务院和县级以上地方人民政府根据本级人民政府兽医行政管理部门的建议和实际工作需要，决定是否成立全国和地方应急指挥部。

4.《国家突发重大动物疫情应急预案》规定，（　　　）兽医行政管理部门必须组建突发重大动物疫情专家委员会。

A. 国家　　　　　B. 省级　　　　　C. 市级　　　　　D. 县级

答案：AB

《国家突发重大动物疫情应急预案》2.3规定，专家委员会：农业部和省级人民政府兽医行政管理部门组建突发重大动物疫情专家委员会。市（地）级和县级人民政府兽医行政管理部门

可根据需要，组建突发重大动物疫情应急处理专家委员会。

5.《国家突发重大动物疫情应急预案》规定，发生突发重大动物疫情的责任报告单位包括（　　　）。

A. 有关动物饲养、经营和动物产品生产、经营的单位

B. 各动物疫病国家参考实验室和相关科研院校

C. 出入境检验检疫机构

D. 各类动物诊疗机构等相关单位

答案：ABCD

《国家突发重大动物疫情应急预案》3.3.1规定，责任报告单位：a. 县级以上地方人民政府所属动物防疫监督机构；b. 各动物疫病国家参考实验室和相关科研院校；c. 出入境检验检疫机构；d. 兽医行政管理部门；e. 县级以上地方人民政府；f. 有关动物饲养、经营和动物产品生产、经营的单位，各类动物诊疗机构等相关单位。

6.《国家突发重大动物疫情应急预案》规定，发生突发重大动物疫情的责任报告人包括（　　　）。

A. 动物防疫监督机构的官方兽医　　　　B. 出入境检验检疫机构的兽医人员

C. 各类动物诊疗机构的兽医　　　　　　D. 饲养、经营动物和生产、经营动物产品的人员

答案：ABCD

《国家突发重大动物疫情应急预案》3.3.1规定，责任报告人：执行职务的各级动物防疫监督机构、出入境检验检疫机构的兽医人员；各类动物诊疗机构的兽医；饲养、经营动物和生产、经营动物产品的人员。

7.《国家突发重大动物疫情应急预案》规定，疫情报告内容包括（　　　）等。

A. 疫情发生的时间、地点和发病的动物种类品种

B. 动物来源、临床症状、发病数量和死亡数量

C. 是否有人员感染

D. 已采取的控制措施

答案：ABCD

《国家突发重大动物疫情应急预案》3.3.4规定，报告内容：疫情发生的时间、地点、发病的动物种类和品种、动物来源、临床症状、发病数量、死亡数量、是否有人员感染、已采取的控制措施、疫情报告的单位和个人、联系方式等。

8.《国家突发重大动物疫情应急预案》规定，关于突发重大动物疫情应急响应的终止，下列说法正确的是（　　　）。

A. 重大突发动物疫情由省级人民政府兽医行政管理部门对疫情控制情况进行评估，提出终止应急措施的建议，按程序报批宣布，并向农业部报告

B. 较大突发动物疫情由市（地）级人民政府兽医行政管理部门对疫情控制情况进行评估，提出终止应急措施的建议，按程序报批宣布，并向省级人民政府兽医行政管理部门报告

C. 一般突发动物疫情，由县级人民政府兽医行政管理部门对疫情控制情况进行评估，提出终止应急措施的建议，按程序报批宣布，并向上一级和省级人民政府兽医行政管理部门报告

D. 疫区内所有的动物及其产品按规定处理后，经过该疫病的至少两个最长潜伏期无新的病例出现

答案：ABC

《国家突发重大动物疫情应急预案》4.4规定，突发重大动物疫情应急响应的终止：突发重大动物疫情应急响应的终止需符合以下条件：疫区内所有的动物及其产品按规定处理后，经过该疫病的至少一个最长潜伏期无新的病例出现。特别重大突发动物疫情由农业部对疫情控制情况进行评估，提出终止应急措施的建议，按程序报批宣布。重大突发动物疫情由省级人民政府兽医行政管理部门对疫情控制情况进行评估，提出终止应急措施的建议，按程序报批宣布，并向农业部报告。较大突发动物疫情由市（地）级人民政府兽医行政管理部门对疫情控制情况进行评估，提出终止应急措施的建议，按程序报批宣布，并向省级人民政府兽医行政管理部门报告。一般突发动物疫情，由县级人民政府兽医行政管理部门对疫情控制情况进行评估，提出终止应急措施的建议，按程序报批宣布，并向上一级和省级人民政府兽医行政管理部门报告。

判　断　题

1.《国家突发重大动物疫情应急预案》规定，将突发重大动物疫情划分为特别重大（Ⅳ级）、重大（Ⅲ级）、较大（Ⅱ级）和一般（Ⅰ级）四级。（　　　）

答案：错

《国家突发重大动物疫情应急预案》1.3规定，突发重大动物疫情分级：根据突发重大动物疫情的性质、危害程度、涉及范围，将突发重大动物疫情划分为特别重大（Ⅰ级）、重大（Ⅱ级）、较大（Ⅲ级）和一般（Ⅳ级）四级。

2.《国家突发重大动物疫情应急预案》适用于突然发生，造成或者可能造成畜牧业生产损失和社会公众健康损害的动物疫情的应急处理工作。（　　　）

答案：错

《国家突发重大动物疫情应急预案》1.4规定，适用范围：本预案适用于突然发生，造成或者可能造成畜牧业生产严重损失和社会公众健康严重损害的重大动物疫情的应急处理工作。

3.《国家突发重大动物疫情应急预案》规定，县级以上动物疫病预防控制机构应在本级人民政府统一领导下，负责组织、协调本行政区域内突发重大动物疫情应急处理工作。（　　　）

答案：错

《国家突发重大动物疫情应急预案》规定，县级以上地方人民政府兽医行政管理部门在本级人民政府统一领导下，负责组织、协调本行政区域内突发重大动物疫情应急处理工作。

4.《国家突发重大动物疫情应急预案》规定，发生突发重大动物疫情时，国务院和县级以上地方人民政府可根据本级人民政府兽医行政管理部门的建议和实际工作需要，决定是否成立全国和地方应急指挥部。（　　）

答案：对

《国家突发重大动物疫情应急预案》2.1规定，应急指挥机构：国务院和县级以上地方人民政府根据本级人民政府兽医行政管理部门的建议和实际工作需要，决定是否成立全国和地方应急指挥部。

5.《国家突发重大动物疫情应急预案》规定，省级突发重大动物疫情应急指挥部由省级人民政府有关部门组成，省级人民政府主管领导担任总指挥。（　　）

答案：对

《国家突发重大动物疫情应急预案》2.1.2规定，省级突发重大动物疫情应急指挥部的职责：省级突发重大动物疫情应急指挥部由省级人民政府有关部门组成，省级人民政府主管领导担任总指挥。

6. 国务院负责全国突发重大动物疫情应急处理的日常管理工作。（　　）

答案：错

《国家突发重大动物疫情应急预案》2.2规定，日常管理机构：农业部负责全国突发重大动物疫情应急处理的日常管理工作。

7.《国家突发重大动物疫情应急预案》规定，县级以上人民政府负责本行政区域内突发重大动物疫情应急的协调、管理工作。（　　）

答案：错

《国家突发重大动物疫情应急预案》2.2规定，日常管理机构：市（地）级、县级人民政府兽医行政管理部门负责本行政区域内突发重大动物疫情应急处置的日常管理工作。

8.《国家突发重大动物疫情应急预案》规定，出入境检验检疫机构负责加强对出入境动物及动物产品的检验检疫、疫情报告、消毒处理、流行病学调查和宣传教育等。（　　）

答案：对

《国家突发重大动物疫情应急预案》2.4.2规定，出入境检验检疫机构：负责加强对出入境动物及动物产品的检验检疫、疫情报告、消毒处理、流行病学调查和宣传教育等。

9.《国家突发重大动物疫情应急预案》规定，任何单位和个人有权向各级人民政府及其有关部门报告突发重大动物疫情及其隐患。（　　　）

答案：对

《国家突发重大动物疫情应急预案》3.3规定，报告：任何单位和个人有权向各级人民政府及其有关部门报告突发重大动物疫情及其隐患，有权向上级政府部门举报不履行或者不按照规定履行突发重大动物疫情应急处理职责的部门、单位及个人。

10.《国家突发重大动物疫情应急预案》规定，任何单位和个人有权向上级政府部门举报不履行或者不按照规定履行突发重大动物疫情应急处理职责的部门、单位及个人。（　　　）

答案：对

《国家突发重大动物疫情应急预案》3.3规定，报告：任何单位和个人有权向各级人民政府及其有关部门报告突发重大动物疫情及其隐患，有权向上级政府部门举报不履行或者不按照规定履行突发重大动物疫情应急处理职责的部门、单位及个人。

11.《国家突发重大动物疫情应急预案》规定，突发重大动物疫情时，各级动物防疫监督机构应按国家有关规定报告疫情；其他责任报告单位和个人以电话或书面形式报告。（　　　）

答案：对

《国家突发重大动物疫情应急预案》3.3.2规定，报告形式：各级动物防疫监督机构应按国家有关规定报告疫情；其他责任报告单位和个人以电话或书面形式报告。

12.《国家突发重大动物疫情应急预案》规定，对在突发重大动物疫情的预防、报告、调查、控制和处理过程中，有玩忽职守、失职、渎职等违纪违法行为的，依据有关法律法规追究当事人的责任。（　　　）

答案：对

《国家突发重大动物疫情应急预案》5.3规定，责任：对在突发重大动物疫情的预防、报告、调查、控制和处理过程中，有玩忽职守、失职、渎职等违纪违法行为的，依据有关法律法规追究当事人的责任。